SHIYOU ZUANJING GONGCHENG JI XIANGGUAN JISHU LUNWENJI

石油钻井工程及相关技术论文集

赵炬肃 著

江苏大学出版社
JIANGSU UNIVERSITY PRESS
镇 江

图书在版编目(CIP)数据

石油钻井工程及相关技术论文集 / 赵炬肃著. — 镇
江：江苏大学出版社，2014.9
ISBN 978-7-81130-816-7

Ⅰ.①石… Ⅱ.①赵… Ⅲ.①油气钻井－钻井工程－
文集 Ⅳ.①TE21－53

中国版本图书馆 CIP 数据核字(2014)第 197615 号

石油钻井工程及相关技术论文集

著　者/赵炬肃
责任编辑/杨海濒
出版发行/江苏大学出版社
地　址/江苏省镇江市梦溪园巷 30 号(邮编：212003)
电　话/0511-84446464(传真)
网　址/http://press.ujs.edu.cn
排　版/镇江新民洲印刷有限公司
印　刷/句容市排印厂
经　销/江苏省新华书店
开　本/710 mm×1 000 mm　1/16
印　张/24
字　数/459 千字
版　次/2014 年 9 月第 1 版　2014 年 9 月第 1 次印刷
书　号/ISBN 978-7-81130-816-7
定　价/52.00 元

如有印装质量问题请与本社营销部联系(电话：0511-84440882)

2009 年 5 月 18 日 在华东油气田钻井现场

2009 年 10 月 2 日在江苏草舍油田 50510 井队钻井平台检验数据

2010 年 9 月 16 日参加贵州全国钻井液技术研讨会

2011 年 9 月 8 日在中石化集团公司钻井液研讨班讲课

序

　　看了赵炬肃的《石油钻井工程及相关技术论文集》书稿，让我重新认识了他。欣然提笔，为之作序。

　　本书作者是中国石油学会会员、中国石油学会钻井液与完井液组第三届委员会委员、中国石油化工集团公司华东石油工程有限公司六普钻井分公司科协副主席、高级工程师，有40多年现场钻井工程技术工作的经历，亲历了华东油气田、新疆塔河油田、东北腰英台油田等的开发，取得了多项省、部级科研成果和奖励。该论文集是作者于1984—2013年期间，在《石油钻探技术》《钻井液与完井液》《钻井工程》《油气藏评价与开发》等石油工程专业期刊上发表的60余篇论文中，精选40余篇编辑成集，内容包括钻井工程、钻井液、固井、油层保护、油田环境保护、钻井机械、盐岩开发、页岩气开发、新材料研发、新工艺课题研究等方面，在钻井工程、钻井液、油田环保等技术领域，具有较鲜明的华东油气田钻井工程技术特色。

　　作者在工作中钻研业务、善于创新，解决了多项钻井生产技术难题，对华东油气田钻井及开发做出了贡献。同时，作者在繁忙的工作之余，勤于笔耕，关注钻井工程技术的创新与发展，认真思索和总结钻井生产实践经验，并在一定深度上进行理论探索，撰写成文，这是十分难能可贵的。

　　很骄傲，在我们的队伍里有这样的专业技术人员出版个人专著，这在中国石油化工集团公司华东石油局尚属首次。论文集是作者理论知识和实际工作经验结合的总结，也是他汗水和智慧的结晶，更是他对石油事业孜孜以求的真实写照。论文集从不同方面探讨和总结了苏北定向井、水平井、盐岩开发井技术；新疆塔河盐下井、超深井技术；东北腰英台深井、欠平衡钻井技术；钻井液技术等，在石油钻井工程方面具有较高的学术水平和实用价值。

　　相信，该论文集的正式出版，将对石油钻井技术人员及石油院校相关专业师生具有一定的参考价值，并对今后华东油气田钻井工程技术的发展起到积极的推动作用。

中国石化集团公司华东石油局副局长
华东石油工程有限公司总经理、党委书记

2010.7.23

前　言

在我国,石油、天然气钻井工程漫长而曲折的发展历程中,每前进一步都离不开科技工作的支持。采用新工艺、新技术不仅能够降低钻井工作者的劳动强度,提高工程效率,减少井下复杂情况及事故的发生,而且,还能够大大提升钻井公司的油气勘探能力,从而发现更多的油气田,给企业和社会带来更多、更好的经济效益。此外,钻井科技的不断进步,还为减少采油过程中造成的污染,保护环境,实现绿色采油提供了便利。

作为从事油气田勘探与开发的一名石油工程技术人员,笔者一直把争当优秀科技工作者,作为自己奋斗终生的目标。40多年来,笔者对于钻井事业始终充满热爱和激情,对于油气勘探科研工作始终保持那么一股钻劲和韧性。

笔者于1972年投身石油钻井工程事业。开始时,从钻井内钳工、井架工、泥浆工做起。1991年毕业于中国地质大学武汉干部管理学院钻探工程专业,以后还曾先后到成都理工学院、山东大学进修钻探工程、油田化学等专业技术和知识。经过坚持不懈的刻苦自学、高等学校系统的专业培养以及长期深入石油钻井工程一线开展具体的科研活动,笔者逐步成长为技术员、助工、工程师、主任工程师、高级工程师,并当选为中国石油学会钻井液与完井液学组第三届委员会委员,在全国石油工程钻井液与完井液理论研究方面占有一席之地。

在多年的钻井生涯中,笔者的足迹踏遍华东油气田、东北腰英台油田、河北冀东油田、新疆塔河油田、陕西定边油田、山西和贵州煤层气(页岩气)田、湖北盐岩开发油气田钻井施工单位,参与了400余口井的施工和技术服务。特别值得一提的是,1987年、1995年先后参加了原地质矿产部第一口定向井(草10井)、水平井(苏平1井)的施工。2003年3月~8月参加了新疆塔河油田沙106井深井盐膏层钻井技术课题研究。该井完钻井深达6 066 m,为塔河油田第一口盐下超深井,取得了日产原油达260.2 m^3,天然气2.26万 m^3的重大突破。沙106井取得的成果已经在塔河油田实际钻井中得到推广和应用。2006年,笔者现场指导了新疆塔河油田托普2井(钻井井深6 925 m,创造了当时中国石油化工集团公司第三超深井记录)的施工,该井下入177.8 mm尾管6 835.57 m,创造中国石油化工集团公司新纪录。同时,在井深6 870~6 905 m处发现了巨厚油层,实现了托普区域油气勘探重大突破。

　　笔者还主持和参加了原地质矿产部、中国石油化工集团公司油田事业部、华东油气田新型防塌钻井液研发、定向井和水平井钻井及钻井液技术、钻井污水处理及采油井含油污水处理技术、第一口三维绕障水平井（草平 1 井）技术、调整井井控技术应用、二氧化碳开发井钻井工艺技术、新疆塔河油田超深井盐膏层钻井技术、超深井钻井工艺技术、长裸眼钻井技术应用、玛北 1 井钻井技术先导试验、东北腰英台油田欠平衡钻井和海外加蓬项目钻井技术及工艺等课题的研究。

　　从事石油钻井技术工作 40 多年来，笔者撰写学术论文 60 余篇，参与了"中国石油化工集团公司华东石油局'十二五'石油钻井工程规划"的编写；2011 和 2013 年还作为主笔先后完成了"中国石油开发志·华东石油篇（钻井工程）"和"江苏省志·石油志（钻井工程篇）"的编写工作。先后获得原地质矿产部科技成果三等奖 2 次，四等奖 1 次；获得江苏省科委 1987、1988 年度优秀青年"五小"成果一等奖 1 次；江苏省科委 1989、1990 年度优秀青年"五小"成果二等奖 1 次；获得中国石油化工集团公司华东石油局科技成果奖 8 次；获 2005、2006 年度江苏省镇江市优秀科技工作者称号，2010 年度中国石油化工集团公司华东石油局优秀科技工作者称号。

　　笔者在石油钻井工程战线奋斗了整整 42 个春秋，还有两年多的时间就将退休。抚今追昔，往事历历在目。为了给自己奋斗数十年的科研工作作一个小结，同时，更为今生难以割舍的钻井工程事业再尽一份绵薄之力，笔者从 2013 年起就开始精心挑选、整理多年来主持和参加有关钻井工程科研项目所撰写的研究论文和报告，并拟以《石油钻井工程及相关技术论文集》出版。

　　本书汇集 48 篇论文，包括了华东油气田定向井（水平井）、套管开窗侧钻井、钻井及钻井液技术、新型油田助剂研发和油气层保护技术、双驱钻井技术推广应用；钻井生产效果分析；新疆塔河油田深层盐膏层钻井工艺、超深井钻井液、长裸眼井壁稳定技术；海外工程项目新技术应用等学术论文。此外，还包括华东油气田钻井污水处理、采油含油污水回收及处理技术、浅层水平井工艺、欠平衡钻井技术，新疆塔河油田超深井钻井工艺、固井技术、水力脉冲空化射流技术应用等内容。从理论、技术、经济等角度出发，结合应用效果，较全面阐述了相关技术的有效性和实用性。

　　在著书过程中，笔者得到了中国石油化工集团公司华东石油局、华东石油工程有限公司、六普钻井分公司领导及四川正蓉实业有限公司、河北硅谷化工有限公司、江苏镇江建民建设工程有限公司、江苏华建商品混凝土有限公司、江苏镇江劲马空调有限公司、镇江市溧阳商会等单位的大力支持和帮助，在此一并表示衷心感谢！

　　由于时间仓促，水平有限，书中难免会有错误和不足之处，敬请广大读者批评指正。

赵炬肃

2014 年 7 月

目　录

环空钻井液流态对井壁稳定的影响初探

赵炬肃

(中国石油化工集团公司华东石油工程有限公司六普钻井分公司,江苏 镇江 212003)

钻井时井壁稳定问题是带有普遍性的技术难题。造成井壁不稳定的因素是多方面的,有地质因素、机械因素、物理因素以及泥页岩吸水水化等。本文着重就现场钻井时环空钻井液流态的选择对井壁稳定的因素作一些探讨。

钻井技术人员普遍认为:钻井液环空保持平板层流不仅对井壁的冲刷破坏小,而且具有良好的携岩能力、井径规则等特点。采用喷射钻井工艺,要求环空低返速下的平板层流,以满足增加钻头水功率和井底净化的需要,避免紊流对井壁的冲蚀,及由此而产生的井壁不稳定问题。

近4年来,江苏的喷射钻井、低固相非分散聚合物钻井液、地层压力检测预测3项钻井工艺试验结果表明,钻井液环空流态的选择,应根据各井段地层、井身结构、钻具组合等因素进行综合考虑,才能获得提高钻井效率和井壁稳定性的效果。

苏北凹陷区(溱潼、高邮)地层特点:第四系和上第三系地层疏松易坍,泥岩易于缩径,砂岩易于渗漏。下第三系戴一段(E_d^1)和阜宁组(E_f)是严重水敏性地层,极易剥落坍塌,形成极度超径,甚至导致卡钻事故。尤其戴一段(E_d^1)和阜四段(E_f^4)黑色泥岩吸水崩散,钻进后时间不长,即可能形成掉块和坍塌,对钻进造成一定困难,是需要解决钻进中难题的主要层段。

鉴于上述地层特点,钻井水力设计中环空流态的选择大致划分为以下两种:

(1)戴南组(E_d)以上地层成岩性差,可钻性好,平均机械钻速达80 m/h,疏松砂岩高达120 m/h,地层相对稳定,环空紊流所造成的冲刷井壁作用对该段地层影响小,而具备一定的水力作用去减薄井壁上的泥饼厚度,避免了提钻抽吸,对井壁稳定是有益的。同时,在喷射钻井中有助于发挥钻头水力能量的直接破岩效果。此段尚可不考虑环空水力冲刷对井壁的破坏影响,即选择较大的排量(215.9 mm井眼、35 L/s)紊流钻进。

(2)戴一段(E_d^1)以下阜宁组(E_f)黑色泥岩地层,地层埋藏深,钻井周期长,尤其戴一段(E_d^1)与阜四段(E_f^4)岩层界面极为破碎,对环空钻井液高返速下的冲刷非常敏感,选择环空层流对该地层的井壁稳定是重要的。

下面以苏泰 161 井为例做一分析,该井段用聚合物钻井液,钻具组合:215.9 mm钻头 + 177.8 mm 钻铤 + 158.8 mm 钻铤 + 127.0 mm 钻杆,现场钻井液流变参数应用环空临界返速,幂律 Z 公式判断环空层、紊流。即:

$$AV_c = \left[\frac{3.878 \times 10^4 K}{\rho}\right]^{\frac{1}{2-n}} \left[\frac{2.4}{D_h - D_p} \cdot \left(\frac{2n+1}{3n}\right)\right]^{\frac{n}{2-n}}$$

AV 小于 AV_c 为层流;AV 大于 AV_c 为紊流。

幂律 $Z = 800\left(\dfrac{AV}{AV_c}\right)^{2-n}$。

Z 小于 800 为层流;Z 大于 800 为紊流。

式中:n——流型指数;

$\quad K$——稠度系数,kg/m^2;

$\quad D_h$——钻头直径,cm;

$\quad D_p$——钻杆或钻铤直径,cm;

$\quad \rho$——钻井液密度,g/cm^3;

$\quad AV$——钻井液上返速度,m/s;

$\quad AV_c$——钻井液临界上返速度,m/s。

按理论井径计算结果:

二开 ~2 500 m,钻杆、钻铤环空均为紊流;

2 500 ~3 500 m,钻杆环空呈平板层流,钻铤环空均为紊流(钻铤按 177.8 mm 计算)。

该井终孔测井戴一段(E_d^1)和阜宁组黑色泥岩地层井径对比见表 1:

表1　该井终孔测井戴一段(E_d^1)和阜宁组黑色泥岩地层井径对比

井段/m	地层	平均井径/mm	井径扩大率/%
2 500 ~2 750	E_d^1 为主,部分 E_f^4 黑色泥岩	240	11
	(E_d^1 与 E_f^4 交界面 280)		30
3 230 ~3 400	E_f^3 黑色泥岩	310	44
3 400 ~3 500	E_f^2 黑色泥岩	240	11

从表1看出,2 500 m 后虽然钻杆环空保持了平板层流,但阜宁组黑色泥岩井段井径扩大仍相当严重,阜四段 ~阜三段井径扩大率达30% ~44%,而且在此段钻井中发生井壁垮塌 3 次,划眼时间 174.40 h,占全井事故及停待时间的 78.5%。很明显,环空紊流对易垮地层的破坏性冲蚀是严重的。同时,根据该地区近几年所钻的几十口井井径资料分析,证明钻杆、钻铤环空流态对井壁稳定作用中,钻杆部位保持层流对易垮地层稳定具有一定的作用,但环空流态影响井壁的最大威胁是钻

铤环空。

目前钻井现场普遍采用的钻具组合为:247.6 mm 钻头 + 203.2 mm 钻铤 + 127.0 mm钻杆或215.9 mm 钻头 + 177.8 mm 钻铤 + 127.0 mm 钻杆。钻铤环空在上述固定的井眼、钻具结构、钻井液密度,排量及流型指数 n 不改变的情况下,实现层流就十分困难。反之,钻铤与井壁之间的间隙稍增大,平板层流的实现就变为容易。所以完全依赖调整钻井液流变性能,耗费大量昂贵处理剂来控制钻井液环空流态是不实际的。

在上面的两种钻具组合下,如实现高稠度系数 K 值下的钻铤环空层流,必然导致流变性能变差,黏度(本书中的"黏度"均指"马氏漏斗黏度",以下不再作具体说明)、切力增加、结构强度大、长时间循环使井壁泥皮增厚。起钻时易抽垮井壁。苏144 井在井深 3 100 m 就出现了上述问题,下钻遇阻,提钻抽汲。从表面现象看,表观黏度的正常范围(40 s),而测定的流变性能:$PV = 14$ MPa·s,$YP = 10 \sim 12$ Pa,$n = 0.40$,$K = 3.63$,维护高切力下的钻杆、钻铤环空平板层流,其结果井内情况没有得到改善,相反最后导致了卡钻,以事故终井。显然,较小的环空间隙实现高 K 值层流是不妥的。

以苏 163 井为例分析在 215.9 mm 钻头 + 177.8 mm 钻铤 + 127.0 mm 钻杆组合下,177.8 mm 钻铤井内的总长 100 m 在环空紊流是冲蚀情况。

凹陷区井深 3 000 m 以后,进尺 100 m 的纯钻进时间平均按 2 m/h 计算,需50 h 钻穿,即某一段地层要经过 50 h 的紊流冲蚀方能到达钻杆环空层流区。由此可见,钻铤部位的井眼所需钻穿的时间愈长,紊流对井壁的冲刷愈有利。如果在典型的水敏性阜四段地层中钻进,没有高质量抑制垮塌的钻井液类型、流变性能及环空流态,确保井壁稳定是非常困难的。以上分析认为:苏北地区所钻许多井在阜宁组地层发生井壁失稳问题,除其他原因外,与钻铤部位的环空紊流冲刷有直接关系。同时也说明我们普遍没有高度重视环空流态的控制和研究,这也是阜宁组黑色泥岩井段井径过于扩大,井壁经常垮塌的一个主要原因。

影响环空流态的因素除钻井液性能、排量以外,钻具组合配备是否合理也是一个方面,见表2。

表 2　两种钻具使用对比情况

钻具组合	排量/(L/s)	PV/(MPa·s)	YP/Pa	n	K/(kg/m²)	上返速度/(m/s) 钻杆处	钻铤处	临界返速/(m/s) 钻杆处	钻铤处	Z 钻杆处	钻铤处	环空流态描述
215.9 mm 钻头 +158.8 mm 钻铤 +127.0 mm 钻杆	20	11	12	0.56	0.70	0.83	1.19	1.11	1.32	571	689	钻杆、钻铤均为层流

续表2

钻具组合	排量/(L/s)	PV/(MPa·s)	YP/Pa	n	K/(kg/m²)	上返速度/(m/s)		临界返速/(m/s)		Z		环空流态描述
						钻杆处	钻铤处	钻杆处	钻铤处	钻杆处	钻铤处	
215.9 mm 钻头 + 177.8 mm 钻铤 + 127.0 mm 钻杆	20	11	12	0.56	0.70	0.83	1.70	1.11	1.54	571	922	钻杆环空层流,钻铤环空紊流

注:选用现场一般数据

从表 2 对比得出结论:在相同的排量和钻井液性能条件下,177.8 mm 钻铤改为 158.8 mm 钻铤,由于增加了环空间隙,钻铤环空钻井液返速低于临界流速,Z 小于 800,很明显,环空流态由紊流转变为层流。

此外,美国学者威尔逊在"如何钻一口有用的井"一文中指出,一般在软地层 215.9 mm 井眼应采用 158.8 mm 钻铤,硬地层中采用 171.4 mm 钻铤。英、法、日、中国合作在渤海、黄海钻井都用 158.8 mm 钻铤组合(钻铤重量增加),这种钻具组合与粗钻铤相同具有防斜效果。

归纳:华东油气田井壁不稳定首先是水化作用和压力不平衡所致,钻井液液流的冲刷在地层失稳的基础上必然加剧其失控。所以在易垮地层中钻井,钻杆、钻铤环空流态控制是相当重要的。一口井的工程设计在了解地层情况和设计良好的钻井液类型、流变性能的前提下,钻具几何尺寸的选用应在防井斜的同时,必须考虑到对井眼稳定的影响,这样做有助于环空层流的实现,必将会大大减少井内事故的发生。

本文发表于《石油钻探技术》1984 年第 3 期

聚合物——腐殖酸钾钻井液在苏沙 1 井的应用

赵炬肃

(中国石油化工集团公司华东石油工程有限公司六普钻井分公司,江苏 镇江 212003)

六普在多年使用聚合物钻井液的基础上,为解决苏北上第三系地层的坍塌问题,满足喷射钻井的工艺要求,在苏沙 1 井选用了聚合物——腐殖酸钾(KHM)钻井液,完钻顺利,达到了预期效果,实践证明它具有较强的防坍塌能力。

一、基本情况

苏沙 1 井位于高邮构造,该地区的地层特点是上部的东台、盐城、三垛组地层泥岩容易发生塑性变形,导致缩径,砂岩易于渗漏;下部第三系属水敏性地层,钻井过程中剥落坍塌严重,最典型的为戴一段和阜四段地层。据沙垫地区所钻的五口井统计,每口井平均划眼时间为 216 h,最严重的是苏 156 井钻遇阜四段后,第三天便开始出现井塌问题,全井因划眼损失时间达 661.42 h,严重影响了钻井生产。为此,近两年来我们将腐殖酸钾(KHM——成都拷胶厂、江西萍乡腐殖酸工业公司生产,粉状产品,钾离子含量 14%)作为一种防塌剂,开展了室内试验和几口井的现场应用。室内试验(省略)。

另据十一普 PHP(聚丙烯酰胺,广州南中化工厂生产,粉状产品,分子量为 200万 ~250 万,水解度 30%)——KHM 钻井液浸泡防塌试验资料表明:PHP 加量在 $3 \times 10^{-4} ~5 \times 10^{-4}$ mg/L,KHM 2% ~3% ,试样浸泡时间在 20 天内保持完整。

从试验结果看出,应用钾离子降低页岩膨胀能力的机理,KHM 与 PHP 配合使用有助于提高防坍塌能力和钻井液性能稳定性,随着 KHM 含量的增加,其防坍塌能力增强,且热稳定性好。

二、现场应用概况

(一) 聚合物 KHM 钻井液的形成

PAN——六普、江都化工厂生产,液体产品,浓度为 20% 。二开后,逐步向钻井液中加入 PHP、NPAN 和 KHM,在短时间内形成初步的聚合物 KHM 钻井液体系,加入量按设计要求执行。在第四系和上第三系地层中主要是防止黏土层缩径和砂层垮塌,所以在处理过程中,须注意 PHP 的加量和浓度,防止钻井液发生全絮凝现象。

根据本井的地质设计,进入戴南组地层前 KHM 加量维护在 1% 左右,钻遇戴一段后速将 KHM 加量提高到 2%~3%,以增加钾离子在钻井液中的含量。同时以地层压力检测、预测为依据,及时调整钻井液密度,平衡压力钻进。

（二）加量要求

PHP(水解度 30%):加量 300~500 mg/L;

NPAN(浓度 20%):加量 200~300 mg/L;

KHM(粉状):加量 1%,逐渐提高到 3%。

（三）使用过程

下入表层套管后,在基浆中开始加入 PHP、NPAN 溶液,将性能控制在黏度 30~35 s,密度在 1.10 g/cm³ 以内,失水小于 6 mL、pH 值 7.5 以上。通过除沙器、除泥器清除钻井液中的高固相,维护其低密度,充分发挥泵水功率,提高钻速。

根据设计在 913 m 开始加入 KHM 1 000 kg(干加),钻井液黏度、失水有所下降,流动性变好。试验数据(略)。

在井深 1 900 m 加入 KHM 1 000 kg(干加),累计加量达 2 500 kg,黏度继续下降,由原来的 30~35 s 降为 22~25 s,其他性能基本不变,并发现 1 900~2 250 m 井段的 6 个钻井回次(包括取心),黏度始终保持在 25~28 s,性能极为稳定。据计算 KHM 加量约在钻井液总量的 1.3%~1.5%。

KHM 加量为 1% 后,钻井液的黏度、失水降低,形成的泥饼薄而致密。随着加量增大,失水量可以降得更低。

该井设计在 2 100 m 左右进入阜四段,我们强调钻井液的预处理,即在保持原良好性能的基础上,重点提高钻井液中聚合物含量和 KHM 含量。其具体措施如下:

（1）增加 PHP、PAN 用量,用烧碱溶液调节 pH 值到 9.0,使性能稳定。目的促使 PHP 分子链上的吸附基与井壁的泥页岩之间形成多点吸附,增强井壁岩层的塑性强度,形成一定厚度的吸附壁,防止滤液的大量渗入,减少阜四段黑色泥岩水化膨胀。并用 NPAN 进一步降低失水量。

（2）KHM 加量由原来 1% 提高到 2%~3%,增加钻井液中钾离子浓度。利用伊利石晶体结构的特点,晶片间六角环中含有钾离子,其离子直径(2.66 A°)与六角环直径(2.88 A°)近似,钾离子落入六角环中不易脱离,且通过钾离子能将两晶片吸得更紧,使水分子不容易进入晶片间,起到抑制垮塌的作用。

（3）控制流变性能,动/塑比在 0.6~0.8,改善井底清岩条件。根据邻井资料,对该井地层压力进行了检测和预测,其结果用 d_c 曲线测地层压力 GF 值最高点在

2 025~2 030 m 处,附加系数在 0.03~0.06,即钻井液密度选择应在 1.14~1.17 g/cm³ 以内,阜四段 *GF* 值在 1.04~1.08 g/cm³ 之间,属正常压力区间,说明钻井液密度的选择是合理的。

所以,在阜四段地层中,控制钻井液的化学平衡,是防坍塌的关键。

根据上述分析,采用每趟钻补充 PHP 20~25 kg、PAN 500 kg、NKHM 1 000 kg,并注意配制部分新浆,增加膨润土含量,起到调节流变性能的作用。补充 KHM 加量应采取"加强两头,维持中间"的方案,即下钻到底后,先用 PHP、NPAN 调整性能,钻进的初期干加 KHM 500 kg,钻头使用后期补充 250~500 kg,提钻前性能相对稳定。

该井完井深度 2 743.82 m,用了 1.08 个台月(包括取心 3 次),平均机械效率 7.01 m/h,聚合物——腐殖酸钾(KHM)钻井液配合喷射钻井起到了积极的作用。

三、主要成效

(一)提高了防阜宁组黑色泥岩坍塌的能力

KHM 配聚合物钻井液的抑制作用,主要是利用钾离子和 PHP 的共同特点,在泥页岩表面形成一个较强的吸附膜,封闭了黏土结构而起到防止水化膨胀的作用,因而增强了防坍塌能力。本井 7 号钻头钻进中,因水龙头盘根被刺,共更换 8 次,累计 12.67 h,修复后次次开泵成功,提下畅通,无阻、卡显示,充分证实了该钻井液的防坍塌能力。

(二)井径规则,提高了测井成功率

从苏沙 1 井电测井资料分析,戴二段以上地层井径扩大率仅为 6.5%,戴一段—阜二段地层扩大率为 11%,与邻井(苏 122、156 井)比较,扩大率分别降低了 14% 和 27.8%,综合测井一次成功。

(三)降失水效果明显

当 KHM 加量在 1%~1.5% 时,钻井液失水量可以大大降低,泥饼光滑而致密。在井深 1 500~1 900 m 处,失水由原来 6 mL 降为 3.5 mL。这种性能基本保持到终井。

(四)稀释能力强,流变性能较理想

该钻井液体系全井黏度均控制在 25~35 s 之间,循环进口黏度与出口黏度基本差异小,流变性能好。即塑黏 33,动切力 11,动/塑比为 0.7。反映了聚合物—腐殖酸钾(KHM)钻井液具有良好的剪切稀释能力,有助于井壁稳定,减小压力激动,减少复杂情况发生,利于提高机械钻速。

参考文献

［1］吴隆杰:《多效防塌处理剂——腐殖酸钾的研究与应用》,《钻井泥浆》,1980 年第 3 期。

［2］十一普:《关于聚丙烯酰胺——腐殖酸钾低固相泥浆试验》,《钻井泥浆》,1980 年第 3 期。

［3］罗平亚:《适合于喷射钻井的泥浆体系的研究》,《钻井泥浆》,1986 年第 1 期。

本文发表于《石油钻探技术》1986 年第 4 期,省略了部分表格。本文获得了六普 1987 年首届科技论文评选一等奖、江苏省科委 1987—1988 年度优秀青工"五小"成果一等奖

石油钻井污水连续处理技术及
装置(ZW-8型)研究

赵炬肃[1],文茂刚[2]

(1. 中国石油化工集团公司华东石油工程有限公司六普钻井分公司,江苏 镇江 212003;
2. 重庆市环境保护工业公司,重庆 404100)

一、研究项目来源

为了消除钻井污水对施工周围的污染,保护环境,华东石油局立项投资,由六普钻井分公司与重庆市环境保护工业公司于 1986 年 10 月签订了"石油钻井施工现场污水处理工艺技术"科研项目合同,项目研究期限为:1986 年 11 月—1987 年 12 月。

二、主要研究任务和研究设计

1. 实验数据的分析及整理,生产现场污水处理工艺流程的制定,设计和制造钻井污水处理装置,以及现场运行的调试工作。

2. 整套设备要求能够连续处理污水和污泥脱水,钻井污水经装置处理后,要求达到下列技术指标:

(1) 钻井污水中悬浮物在 2 000 mg/L 以下时,处理能力为 8 m^3/h,处理后石油类污染物小于或等于 10 mg/L,pH 值、悬浮物含量达到国家排放标准,色度达到 100 倍(稀释倍数法)以下;

(2) 污泥脱水后,含水率降到 85% 以下,能堆积。

3. 整套装置要求小型、牢固,便于操作、拆卸和运输。

研究过程:

为了加快项目研制进程,在重庆市环保局、华东石油局的积极支持下,双方成立了研究小组,经过一年时间的调研和课题攻关,完成了项目研究内容和技术指标。

调研、研究设计:

(1) 项目组于 1986 年 11 月赴四川石油管理局川东矿区钻井现场、苏北油气区 4014、4017 井队井场调研,并在现场取污水样品,实验室做混凝沉淀试验。通过对试验数据的分析和优选,对钻井污水处理技术的可行性进行了认证,认为钻井污水可以用混凝沉淀方法进行处理,并在此基础上提出了初步设计方案。

(2) 为了减少装置运输周转环节和时间,重庆市环境保护工业公司完成钻井污水处理装置设计以后,委托合肥市环保公司万象金属非标准设备厂代为加工,1987 年 5 月完成整套设备的加工任务,按照设计要求检验合格后,交付华东石油地质局六普 6003 井队投入试用。

三、钻井污水来源及混凝沉淀特征研究

(一) 钻井污水的来源和特点

钻井污水主要来自钻井过程中钻台、钻具的冲洗、泥浆净化设备振动筛、除砂器、除泥器等设备的冲洗;柴油机冷却水、泥浆泵和钻井液罐中部分钻井液外溢等。

钻台下排水沟中的污水,主要是起下钻作业和冲洗钻台形成的。一般情况下,污水量较少,但在冲洗钻台时,污水量比较大,且浓度也较高。

钻井液泵、钻井液罐旁排水沟,一般水量较少。污水主要来自冲洗设备和设备渗漏。柴油机和发电机旁排水沟的废水,主要来自设备冷却水的擦洗设备形成的污水,以及设备使用过程中渗漏的机油、柴油等。

综合上述,钻井污水主要是在钻井过程中起下钻作业钻井液的流失和钻井液循环系统的渗漏,冲洗地面设备和钻井工具上的泥浆和油污,以及柴油机、发电机冷却水等汇集而成的。因而污水中形成污染的成分以钻井液为主,混有部分机油、柴油及井下带来的有害物质。由于钻井液成分的变化,钻井污水中的有害成分也不一样。

钻井过程中常用的钻井液是由黏土、水、处理剂配制而成的,为达到钻井工艺的要求,随地层、井深的不同,加入的处理剂也不完全相同。一般来说,钻井深度越深,对钻井液的技术要求越高,加入的化学处理剂品种和数量越多,甚至还需要混入一定数量的原油或废油。

六普两个钻井队钻井液成分分析:

4014 井队(苏角 1 井),井深 2 900 m,使用钻井液类型:PHP-PAN-腐殖酸钾钻井液;钻井液成分:黏土 60 kg/m³、烧碱 1 kg/m³、PHP $3 \times 10^{-4} \sim 5 \times 10^{-4}$、PAN $2 \times 10^{-3} \sim 2.5 \times 10^{-3}$、腐殖酸钾 $2 \sim 3$ kg/m³、钻屑 120 kg/m³。

5003 井队(N-10 井),井深 1 000 m,使用钻井液类型:铁铬盐钙处理钻井液;钻井液成分:膨润土 80 kg/m³、烧碱 $1 \sim 1.5$ kg/m³、铁铬盐 $2 \sim 3$ kg/m³、石灰或水泥 0.5 kg/m³、腐殖酸钾 2 kg/m³、钻屑 100 kg/m³。

井场排水量,据井队估计日排放量约 60 m³。由于污水的水质和水量变化大,污水中含有各种化学处理剂,因此钻井污水的处理难度较大。

（二）钻井污水室内试验

1. 混凝沉淀实验

取回的污水样品由实验室作混凝沉淀实验。分别选用碱式氯化铝、硫酸亚铁作混凝剂，PHP作絮凝剂。通过多次反复实验，摸索出一个规律：当混凝剂选择恰当时，悬浮物浓度在 2 000 mg/L 以下的正常情况下，混凝剂投加量约 0.3 ~ 1 g/L，高分子絮凝剂约 5 ~ 10 mg/L，5 min 后污泥沉降比在 10% ~ 25% 之间。在实验中发现，混凝效果与药剂投加顺序有关，如同时投加混凝剂和高分子絮凝剂，或先加高分子絮凝剂，则混凝沉淀效果较差，甚至不出现矾花。

2. 混凝机理分析

由于钻井污水中含污染物，以钻井液为主要成分，因此，污水的性质受钻井液类型及所加化学处理剂的制约，其悬浮微粒以黏土为主，多带负电荷，由于双电层作用，污水具有一定的稳定性。钻井污水一般偏碱性，pH 值在 8 左右。

在污水处理过程中，投加电解质铝盐或铁盐后形成金属离子水解和聚合反应过程，即发生絮凝作用，同时带有吸附架桥作用，逐渐产生矾花。但在钻井污水中所形成的矾花细小不易沉降，这时再加入 PHP，通过高分子的吸附架桥作用，使形成的矾花逐渐变大变厚实，从而大大加快沉降的速度。

如果在铝盐或铁盐加入之前，先加入 PHP，将会导致对胶体颗粒的保护，再进行混凝就比较困难了。

3. 结论

经以上实验和混凝机理分析表明：钻井污水可采用混凝沉淀方法进行处理，根据钻井污水的性质，选择适当的混凝剂和高分子絮凝剂，按照一定的投入程序和加入量，就可以通过混合、反应，形成粗大容易下沉的矾花，再经过沉降分离，使污水得到净化。

四、污水连续处理工艺流程

根据现场调研和对钻井污水混凝沉淀特性的研究，制定了钻井污水处理工艺流程。处理设备主要为污水处理和污泥处理两大主体装置，隔油池和调节池为预处理部分。

配套设备及运行机理。

隔油池和调节池：隔油池和调节池为土建工程部分，主要作用是对污水进行预处理，去除污水中的浮油和沉渣。

外接污水泵：它是主体设备以外的动力设备，其作用是将经预处理后的污水抽送到主体设备的水箱，水泵运行受水箱液位仪器控制。

水箱：水箱起到污水中转作用，其容积不小于污水泵 5 min 出水量。

污水泵:选用 IS85 - 50 - 160D 自灌式水泵。吸水管上有闸门,并设计有投药管;出水管上设有闸门和冲塞式流量计,用来调节控制污水处理量。

反应沉淀器:分为反应器和沉淀器两部分。反应器采用折板反应,其速度梯度满足:$G_1 = 60 \sim 100\ \text{s}^{-1}$、$G_2 = 30 \sim 50\ \text{s}^{-1}$、$G_3 = 15 \sim 25\ \text{s}^{-1}$。总停留时间为 6 ~ 7 min。沉淀器采用上向游斜管装置,计量槽为 90°三角堰计量设计,操作运行时作粗略计量用。

污泥调节箱:位于沉淀器后,离心机前,起污泥调节作用,以保证沉淀器正常排泥,离心机能够正常运转。

离心脱水机:设计用四川江北机械厂生产的 WL-200 型卧式卸料沉降离心机,脱水后泥饼含水量在 85% 以下,可堆积,便于填埋。

投药系统:该系统设计有 2 个溶药箱和 2 台加药泵,分别供投加混凝剂和高分子絮凝剂用。系统可根据水质变化情况,选用不同的混凝剂和高分子絮凝剂,以及不同的投加位置。

五、主要技术指标和外形尺寸

1. 主要技术指标

当污水悬浮物浓度在 2 000 mg/L 以下,钻井污水经装置处理后可达到以下指标。

处理水量:	8 m^3/h
pH 值:	6 ~ 9
悬浮物浓度:	小于 200 mg/L
石油类:	小于 10 mg/L
污泥脱水机处理量:	1.2 m^3/h
污泥脱水后含水率:	小于 85%(可堆积)
电机总功率:	12 kW
设备总重量:	7 100 kg

2. 外形尺寸(见表 1)

表 1 污水处理设备外形尺寸

名　称	外形尺寸(长×宽×高)/mm	净重/kg
反应沉淀器	2 520 × 2 112 × 4 700	4 000
电控、投药、污泥处理装置	3 900 × 1 960 × 2 550	3 600

六、装置运行结论

钻井污水处理装置加工检验合格后,1987 年 5 月中旬运往江苏泰兴 6003 井队

N12 井进行工业性运行。

华东石油地质局与重庆市环境保护工业公司技术人员,通过室内试验,最终选择硫酸铝、聚丙烯酰胺(PHP)作为处理剂,从 6 月 23 日到 7 月 10 日进行试运行,将设备调试合格后,交付污水处理小组使用和管理,7 月 15 日开始投入正常使用。

从 1987 年 6 月到 1988 年 8 月,该装置连续运行半年之久。项目组请泰兴市环境保护监测站对处理后的水质进行监测,泰兴监测站对处理前后的水质测试结果证明:钻井污水经装置处理后,水质主要技术指标(即 pH 值、悬浮物含量、石油类)已达到《GB 3550—83 石油开发工业水污染物排放标准》第二级 I 类标准。COD 去除率达到 60% 以上,剩余污泥经离心脱水后,含水率降低到 85% 以下,能够堆积,处理后水色度在 100 倍(稀释倍数法)以下,达到了本项目设计要求。

通过工业性运行,该装置需要改进的建议:

(1)进一步提高一体化、自动化程度;

(2)深入开展对处理剂的研究;

(3)选择处理量更大的离心机脱水设备,以提高污泥处理能力,使其能适应高浓度的钻井污水处理。

本文为华东石油局 1988 年科研项目"石油钻井污水连续处理技术及装置(ZW-8 型)研究"部分内容。本项目获得地质矿产部 1988 年度科技成果三等奖(证书编号:KJ-88-3-3-3)

中、小油田集输站含油污水处理技术

赵炬肃

（中国石油化工集团公司华东石油工程有限公司六普钻井分公司，江苏 镇江 212003）

一、油田采油污水现状分析

我们对华东油气田 6 个油田采油集输站含油污水分析后认为，在现场原油经油罐脱水后，通过二级或三级隔油、简易过滤后向外排放的污水中含油量有不同程度超标问题。油田含油污水含油量一般为 1 000 ~ 2 500 mg/L，最高可达 5 000 mg/L；含油污水经地面隔油和过滤后含油量为 30 ~ 100 mg/L。经测定（静止浮升法），油珠粒径大于 100 μm 者占含量的 25% ~ 35%，其他均小于 100 μm，而小于 10 μm 的不足 10%。污水隔油后平均含量仍高于污水排放标准（见表 1）。

表 1　隔油后污水平均含油量及与油田污水排放标准的对比　　　　　　　　　mg/L

采油矿区	隔油后污水平均含油量	油田污水排放标准
储家楼	65.9	10
洲城	20.2	10
角墩子	83.5	10
台南	35.6	10
坨圩	46.6	10

二、处理工艺和技术思路

目前油田含油污水处理，通常采用除油、过滤流程，其中除油是处理流程中的重要环节。从油水分离技术的实用目的出发，油田含油污水可以下列一种或几种形式出现：① 浮油是铺展在污水表面的油类，也是最易分离的；② 自浮油是分散在污水中的油粒，其粒径一般在 30 μm 以上，易于重力分离；③ 乳化油是由于含油污水中添加表面活性剂而形成，其粒径一般小于 30 μm。该局油田含油污水中的油类主要是浮油和自浮油，乳化油甚少，在 5% 以内。

根据国内外资料介绍和调研，认为采用粗粒化装置除油具有效率高、设备小、结构简单等特点。它也是近年来国外研究和应用较多的除油技术。本研究拟定达到的工艺技术目标为：

（1）所研制的装置技术条件符合国家 GB 12917—91 油污水分离装置的规定，适用于中、小油田集输站分散不集中特点，并形成独立的污水油水分离处理装置。经处理后，排放水质含油浓度符合国家污水排放标准（含油浓度小于 10 mg/L）。

（2）在装置主要技术指标（装置处理能力：5 m^3/h，水质排放标准含油量小于 10 mg/L）达到设计要求的前提下，装置的整个运行过程基本达到自动化，在技术水平和科技含量上都有所提高。

（3）达到或超过行业标准要求，确保电器设备及采油集输站油库、供电设施的安全，在工艺设计和设备配制上考虑隔爆型防爆电气集中控制器（箱）技术的应用。

（4）原油开采、集输、处理、储运中都会有污水的产生，解决问题的最佳方法是将这部分污水进行净化处理后，回注到油层。本研究重点解决油水分离、污油回收问题，并为以后污水净化处理后回注油层打下基础。

三、污水处理装置的设计及功能

（1）该装置根据重力分离的原理进行设计。油田污水进入第一级分离腔，由于多层斜板及粗粒化元件湿润面积大，回流速度低，微油珠聚集成较大油滴浮升到罐顶集油室。含有更小颗粒的油珠顺次进入第二、第三级粗粒化装置（罐），由于粗粒化元件具有特殊聚合功能，使残留的细微油珠在其中再次聚结成较大油滴后与水分离，上升到顶部集油室。底部清水则通过油分浓度计监测合格后排放。

聚结于第一、第二级集油室的污油通过油位检测器，经自动排油装置和排油阀实现污油的自动排放。自动排油装置是利用电极棒在水中与壳体之间导电率的变化输出不同的控制信号来控制电磁阀的启闭，达到自动排油。考虑到密封罐顶集油室排油的特殊条件，在实施中增加了污油排放的另一条手动操作管线，确保排油畅通、安全。第三级粗粒化装置，属于精分离系统，污油量甚少。

为了保证含有高黏度污油的分离，防止冬季污油冻结，并能顺利地从污油室中排出，在第一、第二级分离腔内装有电加热装置，并进行自动控制，使温度保持在 25～50 ℃ 之间。

（2）装置供水、污水调节池液面控制实现自动化。装置供水泵的启动和停止由两只 UQK 型浮球液位控制器操纵，由互为隔离的浮球组和触头组两部分组成，由浮球感受液位的变化，通过磁力轴的传动，实现对液位的控制及泵组的启动开关。

（3）水质中含油浓度测定实现自动监控，达标排放。为提高整套处理装置的科技含量，在设计中配置了一台对水中的油分浓度进行连续检测和报警的装置——智能(微机信号处理)油分浓度计。装置运行中该仪器对水质的含油浓度进行连续自动测定(数字显示),确定水质是否达到排放标准。不受悬浮物的影响,不受油种类的影响,不受水样颜色的影响,试样不需药剂处理。达标时电磁阀打开水源外排;未达标时电磁阀闭合污水返回污水池重新处理。整套处理装置基本上实现了自动化管理,减免了人工重复取样分析、费工费时的工作程序,提高了工作效率。

(4) 隔爆型防爆电气集中控制器(箱)的应用,提高了装置运作的可靠性和技术等级。根据国家有关规定,油田设施必须有严格的防爆、防火等特殊技术要求和规范,以保证油田生产和周边地区环境的安全。因此,保证电气设备安全相当重要。

防爆电气控制器控制范围分 5 个部分:

① 水泵电机控制部分由熔断器进行短路保护,交流接触器进行启动欠压和断电保护,热断电器实施过载保护。

② 罐内电加热器部分由熔断器和交流接触器实施短路保护,开启、欠压和断电保护。

③ 自动排油控制系统部分,由按钮通过中间继电器对电磁阀实施自动排油并配备手动排油的管路。油水分离装置中,集油腔的油位高低,以变化两根电极棒之间的导通电阻,促使液位继电器接通电磁阀的电源,以达到自动排放要求。电极棒上的控制信号电流最大不超过 $501\ \mu A$,功率不超过 1 kW,电气集中控制箱总电源由按钮和 CJ40 交流接触器进行控制并实施断电和欠压保护。

④ 智能型油分浓度计由熔断器进行短路保护,交流接触器进行启动、欠压和断电保护,热断电器实施过载保护。

⑤ 浮球液面水位控制由熔断器进行短路保护,交流接触器进行启动、欠压和断电保护,热断电器实施过载保护。

该控制器(箱)的防爆性能符合 GB 3836—1996《爆炸性环境用防爆电气设备隔爆型电气设备"d"》的规定,防爆等级为 $dⅡBT_3$。此项技术的应用,提高了整套处理装置的技术等级和安全可靠性。

(5) 装置布局一体化,使除油装置向高效、小型化方向发展,符合江苏地区采油区块分散的特点。污水浮球液位控制、油水分离系统、电动柱塞泵、原油回收、油分浓度监测、防爆控制等设备集中于钢制基础上,由隔爆型防爆电气控制器(箱)控制全套设备的运行。整套装置设计合理,路线分明,自动化程度高,运行中体现了较高的稳定耐用性和安全可靠性。

从整体上讲,本研究解决了中、小油田(采油厂或集输站)的含油污水油水分离处理问题,装置处理能力达到 5 m^3/h,排放水质符合国家 GB 8978—1996 污水排放标准,实际排放水含油量浓度为 4.0～5.0 mg/L,低于国家规定污水排放标准,达到了项目设计目标,并由镇江市、东台市环保局环保检测中心站提供了水样分析监测报告。

该污水处理装置功能可扩展,如果将原设计中的深度过滤处理系统(预处理过滤器、精分离过滤器及矿化度化学处理辅助设施)设置在工艺流程中,其装置处理后的污水将达到油田注水要求,实现油田含油污水深度处理回注的最终目的,可大大提高装置处理效果和综合效益。

四、工艺流程及工作方法

该装置工艺流程见图1。

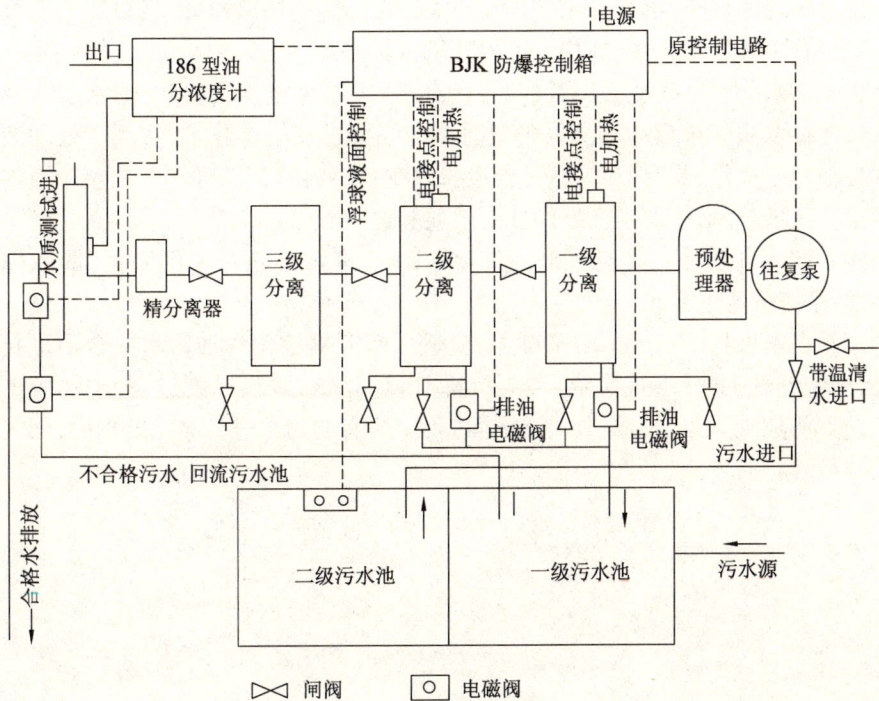

图1 污水处理工艺流程图

工作方法:采油污水首先进入污水调节池隔油,经两级隔油后,根据水质情况,调整污水 pH 值。污水由浮球液位控制器操作,向第一级分离器供水,经斜板及粗粒化构件进行油水分离,第一、第二级集油室的油类通过油位检测器,经自动排油装置和排油阀实现自动收集排放。进入污水池重新循环处理或进入第三级精分离。

第三级粗粒化过滤装置属于精分离装置,分离后的污水经过滤以除去较高的盐分。经过三级处理后的水源由油分浓度计自动检测水中的含油浓度,并控制水向外排放。当水中的含油浓度达到排放标准时,控制外排水的电磁阀自动打开,合格水就向外排放。当含油浓度超标时,外排水电磁阀自动关闭,回路电磁阀自动打开,水源重新返回调节池,再次处理直至达标排放。

五、结　论

(1) 本项目研究达到了预期的目标,已形成了一套较完整的适用于中、小油田采油污水油水分离特点的工艺技术,为各中、小油田今后污水用于回注地层的工程项目决策和实施做好了技术准备。

(2) 在项目研究方式上,采用科研与生产实际相结合、引进技术与自身研究攻关相结合的思路,应用国内先进技术和产品,结合生产规模和特点,提高了整套污水处理装置总体技术水平,加快了油田环境保护进程。

(3) 污水供水自动化、废油回收自动化、水温防冻电加热自动化、水质含油浓度自检达标水质外排自动化及隔爆型防爆电气集中控制等技术,实现了处理装置基本自动控制操作,具有技术先进、资金投入少、见效快特点。因此,在整个石油行业中推广这项技术,将产生良好的社会效益和经济效益。

(4) 该装置累计工作时间超过 1 000 h,处理污水超过 4 000 m^3,回收原油 8 m^3,创经济价值近万元。

(5) 在本项目研究成果的基础上,应进一步开展油田含油污水综合治理技术攻关,完善处理工艺(形成除油、混凝沉降气浮、化学絮凝、深度过滤、生物膜等技术),达到将原油开采、集输、处理、储运过程中所有的污水进行净化处理后,回注到油层的最终目的。

本文发表于《河南石油》2006 年第 4 期

CMS 在茅 1 井饱和盐水钻井液中的应用

赵炬肃

（中国石油化工集团公司华东石油工程有限公司六普钻井分公司，江苏 镇江 212003）

　　1987 年以来，为适应地质市场开发，搞活经济的形势，六普分别在金坛、淮阴开发了几口盐岩井。从完钻的茅 1 井、茅 2 井情况分析，选用铁铬盐（FCLS）—饱和盐水钻井液应对垮塌的戴二段、阜宁地层及巨厚的盐岩层，以保证盐岩段取心切实可行。茅 1 井、茅 2 井的实钻证实了此项技术的应用效果。

　　在开发过程中，我们引用了羧甲基淀粉（CMS）取代常规降失水剂（CMC）作为饱和盐水钻井液的降失水剂，以提高液相黏度，减少自由水渗透，稳定钻井液性能，增强对易垮塌地层的护壁能力，收到了令人满意的效果。下面试对茅 1 井、茅 2 井饱和盐水钻井液的工艺技术分析、归纳如下。

一、概　况

　　茅 1 井、茅 2 井位于江苏金坛直溪构造，设计井深 1 062 m 和 1 041.52 m。

　　井身结构：244.5 mm 表层套管下深在 50 m 左右，215.9 mm 钻头钻至设计井深。

　　盐层厚度：175 m（盐层井段全取心）。

　　地层情况：见表 1。

表 1　茅 1、茅 2 井地层情况

地层	盐岩埋深/m	视厚/m
第四系	17	17
三垛组	544	527
戴南组	855	311
阜宁组四段	1 060	207

钻井液类型选用：

500～850 m：FCLS 分散钻井液（含盐量 3%～23%）；

850～1 050 m：FCLS 饱和盐水钻井液（含盐量 24%～34%）。

茅 1 井首次以羧甲基淀粉(CMS)取代常规降失水剂(CMC),取得了良好的效果。通过茅 1 井、茅 2 井的现场试验和应用,证实了 CMS 具有较好的降失水性能和抗盐、抗钙及防垮塌能力。

二、钻井液处理工艺

钻井液处理大致分 4 个阶段,并提出相应技术措施。

(1) 表层钻井:采用淡水钠基钻井液钻进。黏度:20 ~ 25 s,密度:1.10 ~ 1.15 g/cm^3,失水量:小于 8 mL,pH 值大于 8,以保证顺利下入表层套管为前提。

(2) 二开 ~ 500 m,采用 FCLS 分散钻井液,钻遇地层为三垛组软泥岩。且 350 ~ 460 m 井段有 4 ~ 5 层厚度为 10 m 的玄武岩。钻井液处理着重以增加 FCLS 含量、稳定性能为目的。以改善流动性为要求来提高钻井液质量,抑制松软泥岩造浆,为下一步转化为盐水钻井液打下基础。

性能控制:黏度:30 ~ 35 s,密度:1.15 ~ 1.18 g/cm^3,失水量:小于 8 mL,pH 值大于 9。

(3) 500 ~ 850 m(进入盐层前),采用 FCLS 盐水钻井液,为保证下部盐岩层段的取心率,防止盐岩溶解及保证井壁稳定和固井质量。自 500 m 开始,将浆转化为 FCLS 盐水钻井液。进入盐层前,考虑到钻井液含盐量达到饱和状态(含盐 28% ~ 30%)所需要的工作量,又要防止性能的大幅度变化引起的复杂情况,故提前到 300 m 转化钻井液类型,留有充分的时间进行性能调整,措施是稳妥的。

加盐分两步实施:

第一步,含盐量达到 8% ~ 10%(氯离子 5 × 10^4 ~ 6 × 10^4 mg/L),性能达到设计要求;第二步,钻进中逐步提高含盐量,要求钻达盐层前,钻井液中含盐量达到饱和状态(氯离子 17 × 10^4 ~ 18 × 10^4 mg/L)。

茅 1 井在钻井液转化中,性能变化有一定的规律:当含盐量在 3% ~ 5% 时,黏度和切力很快上升,且气泡急剧增多,随着含盐量的逐步提高,钻井液性能趋向稳定。在加入钠盐 24 t 后,性能相当稳定,失水量明显下降,由 8 ~ 10 mL 降为 4 ~ 5 mL,井内情况良好。盐水钻井液稳定的性能为保护上部地层起到较好的作用。

钻井液转化期间,对 CMS 的加入做了现场试验。加 CMS 100 kg(0.125%),失水由 6 mL 降为 4 mL,对黏度、切力影响较小。

处理中,由于钠盐和 FCLS 的综合效应,气泡很多,加入硬脂酸铝配制的消泡剂 0.8 m^3,达到了消泡效果。

(4) 850 ~ 1 050 m:地层为戴南组和阜宁组四段,此井段是钻井目的层段(盐岩)。需要连续取心 200 m,保持井壁稳定、保证含盐量达到饱和是成败的关键。

茅 1 井、茅 2 井在此段地层取心时,钻井液中的氯离子分别为 16.44 × 10^4 ~

20.92×10^4 mg/L 和 13.98×10^4 ~ 19.17×10^4 mg/L,相当于含盐量 27.40% ~ 34.87% 和 23.07% ~ 31.63%,均达到饱和盐水钻井液的标准,井内情况良好。

达到饱和后,处理工作主要以维护处理为主,正常情况每回次补充处理剂量为:钠盐 0.5 ~ 1 t、FCLS 50 ~ 100 kg、CMS 50 kg、烧碱 20 kg。

三、钻井液体系有助于提高取心率

茅 1 井:自 658 m 转换钻井液后,至 1 062 m 完井,共提下钻 38 回次,每次畅通无阻,其中取心 31 回次,取心进尺 192.17 m,取心率 97.13%,30 回次达到 100%。

茅 2 井:400 m 转化钻井液,855 m 开始采用川 – 83 型长筒取心工具取心,取心进尺 80.73 m,平均取心率达到 90.0%(平均单筒进尺 16.16 m,其中四筒取心率达到 100%)。

值得提出的是茅 1 井 935.42 ~ 1 023.83 m 井段连续取心 13 筒,由于钻井液质量优良,井底干净,井内畅通无阻,大大方便了岩心采取工作。

四、茅 1 井、茅 2 井钻井液材料消耗与东淮 1 井对比

东淮 1 井设计井深 1 300 m,地层可钻性较苏南的茅 1 井、茅 2 井好。东淮 1 井全井钻井液费用 5.06 万元,每米成本 38.05 元;茅 1 井费用 3.82 万元,每米成本 35.97 元,比东淮 1 井下降了 42%。茅 2 井总结了茅 1 井的经验,提高了机械效率,缩短了钻井周期,钻井液费用 3.12 万元,每米成本 29.79 元,比茅 1 井下降了 21%。由此可见,该地区钻井液类型的选择和处理方案是合适的,CMS 的应用取得了明显效果。

五、结　论

(1)及时进行钻井液转化。进入盐层前钻井液达到饱和盐水钻井液是盐岩开发井成败的关键。从茅 1 井、茅 2 井实钻情况看,自 500 m 左右转化钻井液类型到盐岩取心井段有 850 m(达到饱和盐水钻井液标准),需要 5 ~ 6 d 时间。这阶段钻井液处理工作需重点解决两个方面的问题:① 维护井壁稳定,性能优良,保持井眼畅通;② 逐步提高钻井液中含盐量(达到饱和状态),以保证准确、完整地取得盐岩资料。

(2)实践证明 CMS 是一种性能良好,适用于盐水钻井液类型的控制黏度、降失水剂。室内试验及茅 1 井、茅 2 井的应用表明,CMS 具有 CMC 的降失水功能,而且不增加黏度。尤其在饱和盐水钻井液中 CMS 降失水和促使泥饼致密的能力更显著。

(3)CMS 有助于提高钻井液护壁防塌能力。CMS 的长链高分子可依靠其丰

富的活性基因与井壁页岩黏土颗粒形成多点吸附,大分子将对页岩微裂隙起到堵塞作用。金坛地区盐岩钻探虽然不深,但钻遇齐全的新生代、三垛组灰绿岩、戴南组黑色泥岩及数层玄武岩,给井壁带来一定的威胁。然而,经过调整性能,及时转化钻井液类型,用 CMS 降低失水量,使井浆具有较强的防垮塌能力。盐岩开发井中选择 CMS 作为降失水剂是切实可行的方法,解决了 CMC 加入后的增黏问题。实践证明,CMS 对水敏性强的泥页岩的护壁起到了很好作用。

(4)金坛地区三垛组灰绿岩(550 m 左右)及三垛组与戴南组交界面(700 m 左右)灰黑色泥岩容易发生井壁垮塌事故,故从灌注钻井液措施入手,需提前做好钻井液的处理准备工作。

从开发金坛地区盐岩井的总趋势看,钻井效率不断提高,钻井周期逐渐缩短,成本逐步下降,工艺得到进一步提高和完善。通过总结,钻井液调制技术在盐井开发中上了一个新的台阶。

本文发表于《石油钻探技术》1989 年第 2 期,相关研究成果获得地矿部 1987 年度科技成果四等奖(证书编号:KJ-87-4-2-2)

浅谈钻头喷嘴卡森黏度对钻速的影响

赵炬肃

(中国石油化工集团公司华东石油工程有限公司六普钻井分公司,江苏 镇江 212003)

1980 年以后,聚合物体系钻井液和喷射钻井技术在各大油田已获得广泛的推广和应用,大大促进了钻井、钻井液工艺技术水平的提高,并在实际生产中取得了较好的经济效益和社会效益。在此基础上,如何进一步提高聚合物钻井液的技术水平,更好地配合喷射钻井和优化参数钻井,就成为钻井工程急需解决的问题。全国各油田、研究单位从喷射钻井对流变性的特殊要求和聚合物钻井液内部特有的网架结构与性能的关系出发,讨论进一步发展聚合物钻井液的技术途径,着重探讨降低钻井液喷嘴卡森黏度的方法和机理。本文围绕喷嘴卡森黏度对钻速的影响谈一谈自己的认识和看法。

一、基本理论

钻头喷嘴卡森(Casson)黏度是指钻井液流经钻头水眼时(即在高剪切速率下,一般在 1 万 s^{-1} ~ 10 万 s^{-1})的黏度(水眼处黏度),石油钻井界称为"卡森黏度",以 η_∞ 表示。

众所周知,在喷射钻井中,为保证泵功率的充分发挥和合理分配,必须尽量降低循环压降,以提高喷嘴压力降($\triangle p$)、喷嘴水功率、射流喷射速度和喷射冲击力。其途径有两个:一是提高泵排量,但受到设备能力的限制,且技术经济效果不佳;二是从钻井液技术上采取措施,降低钻井液卡森黏度。

现在,聚合物钻井液已能较好地满足在钻具内和地面管线内流动的速率下,具有较小的黏度和环空的低速率下有较高的黏度(以保证钻井液在环空低返速度下有足够的井眼净化能力)的两个要求。但它们只是保证了在高泵压钻进的条件下获得较大的 $\triangle p$,在此基础上,能否进一步提高其喷射效果,国内有关专家、学者研究认为,调整钻井液体系类型和性能,降低它穿过喷嘴的黏度,则可能在不提高泵压的前提下收到更好的喷射钻井效果。

钻井速度的影响因素很多,诸如钻井液类型、钻井液性能参数、机械设备、钻井参数、水力参数、钻头压降、水力功率等。单从钻井液影响钻井速度的角度出发,一且钻井液类型选定,影响钻井速度的因素主要是钻井液性能参数,钻井液性能参数中以 η_∞ 黏度的大小,直接关系到钻头压降、水力功率、井眼净化和压持效应,是诸性能中影响钻速的关键因素。找到两者的关系,合理控制 η_∞ 黏度,可达到提高钻速的目的。

对长庆油田陕甘宁盆地聚合物低固相钻井液性能参数与相应参数下取得钻井速度的统计数据进行优选,得出钻井速度(v_m)曲线回归方程:

$$v_m = 18.107\eta_\infty^{-0.7546}$$

根据室内试验得到的 v_m 与 η_∞ 的回归曲线,当水眼黏度小于 10 MPa·s 时,钻井速度显著提高,这与现场实际相符合。上述回归分析和现场实践证明,合理控制 η_∞,就可以大幅度提高钻速。

喷嘴的紊流压降为

$$\triangle p_{喷} = \lambda \frac{L}{D} \frac{v_{喷}^2}{2g}$$

若 $\triangle p$ 喷不变,则有

$$\left(\frac{v_{喷1}}{v_{喷2}}\right) = \left(\frac{\eta_{\infty2}}{\eta_{\infty1}}\right)^{1/7}$$

式中:λ——无因次水力摩阻系数;

　　L——喷嘴长度,cm;

　　D——喷嘴直径,cm;

　　ρ——钻井液密度,g/cm^3;

　　v——钻井液喷速,m/s;

　　g——重力加速度,9.8 m/s^2。

卡森黏度由 $\eta_{\infty1}$ 为 10 MPa·s 降到 $\eta_{\infty2}$ 为 4 MPa·s,若 $\triangle p_{喷}$ 不变,则射流喷射速度:

$$v_{喷2} \approx 1.14 v_{喷1}$$

设钻井液的喷嘴卡森黏度 $\eta_{\infty1}$ 不变,提高 $\triangle p_{喷}$ 也可使钻井液射流喷速提高到 $1.14\triangle p_{喷1}$,此时的喷嘴压降应为 $\triangle p_{喷2}$。

$$\triangle p_{喷} = Av_{喷2}$$

式中:A 为与密度等有关的常数。

$$\triangle p_{喷2} = \left(\frac{v_{喷2}}{v_{喷1}}\right)^2 \cdot \triangle p_{喷1}$$

$$= \left(\frac{1.14v_{喷1}}{v_{喷1}}\right)^2 \cdot \triangle p_{喷1}$$

$$= 1.30\triangle p_{喷1}$$

设泵压分别为 98 MPa(100 大气压),11.78 MPa 和 14.7 MPa,其中压力 1/2 分

配在喷嘴,则当卡森黏度由 10 MPa·s 降到 4 MPa·s,对射流射速的提高分别相当于不降卡森黏度而提高泵压到 12.74 MPa、15.29 MPa 和 19.11 MPa 时的效果。这证明降低钻井液的卡森黏度,可以大大提高喷射钻井的效率。它完全可达到采用较低的泵压(例 11.76 MPa)收到较高泵压(14.7 MPa)的喷射效果。

由此可以看出,喷射钻井、优化参数钻井要求钻井液具有尽可能低的卡森黏度,有利于提高钻井速度。

二、卡森黏度对钻速的影响探讨

喷射钻井需要足够的喷射速度来克服钻屑的压持效应,以达到提高钻井速度的目的。实践证明,可以提高喷嘴的压力降来提高喷射速度。近几年,围绕此项技术开展了钻井液卡森黏度与钻速及影响卡森黏度因素的研究和探讨。

卡森模式的参数计算:

$$\eta_{\infty} = \left[1.195 \left(\phi600^{1/2} - \phi100^{1/2} \right) \right]^2$$

钻井液的 η_{∞},应尽可能控制低,有利于提高机械钻速。

苏 185 井,在基本条件基本相同的情况下进行了试验。试验结果见表 1。

表 1　苏 185 井试验井阶段平均机械钻速对比表

序号	井段/m	钻井液类型	地层	密度/（g/cm³）	卡森黏度/（MPa·s）	平均机械钻速/（m/h）
1	2 832 ~ 2 893	钾石灰	戴一段	1.19	14.20	1.17
1	2 893 ~ 2 980	钾石灰	戴一段	1.20	3.99	1.75
2	2 980 ~ 3 157	钾石灰	阜三段	1.24	3.06	1.60
2	3 157 ~ 3 219	钾石灰	阜三段	1.24	15.12	0.88

从表 1 可以看出,序号 1 试验卡森黏度降低 57.9%,钻速提高 49.6%;序号 2 试验卡森黏度降低 87.6%,钻速提高 81.6%。卡森黏度每降低 1 MPa·s,机械钻速提高 10%,证实降低卡森黏度能有效提高钻速。此外,我们对长庆油田 12 口井资料进行了统计分析,得到上述同样的结论。

三、影响卡森黏度的因素分析

现场测试的卡森黏度,包括钻井液其他参数和成分改变的影响。卡森黏度的变化是物理和化学反应的综合结果。大量的研究证明:影响卡森黏度的因素是十分复杂的,而众多因素中密度(固相含量)是主要因素,其规律是随着密度的增加,流变性变差,卡森黏度增大。

通过现场几口井数据的计算处理,发现钻井液密度与卡森黏度之间几乎是线性方程关系,密度值增加,卡森黏度增高。

因此,要求发挥喷射钻井的最大效能就应该维持较低的钻井液密度(在平衡地层压力前提下)。从钻井设备现状分析,首先着重解决固相含量(密度)问题。

其次,根据实验结果,塑性黏度越低,则卡森黏度越低,当塑性黏度控制在 12 MPa·s时,卡森黏度就小于 10 MPa·s。塑性黏度对卡森黏度的影响也是较大的。

在聚合物钻井液中,聚合物与黏土颗粒间相互作用的力(最重要的是吸附强度)也影响卡森黏度。通常聚合物对黏土颗粒吸附越牢固,在高剪切速率下越不容易脱附,结果必然导致卡森黏度上升,钻井液的剪切稀释能力变差。影响此种吸附强度的因素有:黏土种类、聚合物分子量、分子构型、基团种类和数量等,其中尤其是吸附基团影响最大。

根据室内实验表明:不论选用高聚物的类型如何,η_∞ 总是随着高聚物浓度的增大而增大。大分子量高聚物比小分子量高聚物对 η_∞ 的影响更大;分子量愈小的高聚物对 η_∞ 的影响愈小;除大分子高聚物与分子量特别低的高聚物,如 PAC 与 NPAN 复配外,高聚物复配 η_∞ 将会增大。

一般说来,在钻井液中聚合物分子链有效长度愈大,吸附基愈多,则成网能力愈强,过高的分子量和过多的吸附基将使体系产生絮凝趋势,并在使用时造成它在钻屑和井壁上过快消耗,因此不宜采用。作为聚合物钻井液基本处理剂的高聚物材料应选择适中的分子量(一般 200 万~300 万,最高不超过 500 万)、抗剪切降解能力强的产品。易塌地区可选用两种不同大、小分子的聚合物进行合理复配。同时,充分发挥固控设备的效力,强化钻井液净化,将固相含量控制在 7%~12%。

四、不同钻井液类型对卡森黏度的影响

在试验中,我们选择了两种类型钻井液(聚合物和钾石灰),前者由聚合物的包被能力对黏土的吸附作用,抑制泥岩的分散,吸附的钻屑经过机械加以清除。有助于控制密度和塑性黏度;后者属于分散体系,密度和固相高,难以维护和控制,则维护较低的卡森黏度十分困难。经过几口井对两种钻井液进行对比试验,前者比后者卡森黏度普遍低 0.7~1.2 MPa·s,因此喷射钻井应推广聚合物类型。

五、结 论

(1)就目前使用的钻井设备现状而言,提高喷射钻井水平,可通过控制和降低卡森黏度,提高钻头喷嘴压力降,最大限度地发挥水功率的作用方式来实现。

(2)由于仅有极少的单位引进毛细管黏度计,故卡森黏度的测定均采用 6 速黏度计测得不同速率下的读数,然后用卡森公式计算得出。但其先决条件是钻井

液类型必须符合模式,即其回归相关系数必须大于 0.917 才能使用。

(3)从钻井液技术现状及条件看,在 3 000 m 的井中,将卡森黏度控制在 9 ~ 10 MPa·s 是可行的(未加重钻井液)。

参考文献

[1]罗平亚:《适合于喷射钻井的泥浆体系研究》,《钻井泥浆》,1986 年第 1 期。

[2]雷洲:《水眼黏度对钻速影响的研究》,《钻井液与完井液》,1988 年第 3 期。

[3]陈乐亮:《聚合物钻井液的回顾与展望》,《钻井液与完井液》,1989 年第 4 期。

[4]马跃川:《聚合物低固相泥浆水眼黏度与钻速的回归关系》,《西安石油学院学报》,1998 年第 6 期。

[5]周华安:《控制喷嘴卡森黏度 η_∞,提高机械钻速》,《天然气工业》,1989 年第 1 期。

本文发表于《六普技术通讯》1990 年第 2 期

聚合物钻井液在江苏工区使用的问题探讨

赵炬肃

(中国石油化工集团公司华东石油工程有限公司六普钻井分公司,江苏 镇江 212003)

聚合物钻井液在江苏地区应用已有十几年的历史,其中,聚合物/腐殖酸钾(或氢氧化钾)钻井液经钻井实践证明,能够改善钻头井底工作条件,剪切稀释特性好,防塌效果明显,有利于提高钻井速度。自1986年使用聚合物钻井液钻苏沙1井以来,已钻井40余口,均获得较好的效果。近年来所钻的松南7井、苏183、187、190井,以及在吉林、河南地区,均打出了一批优质井,得到了吉林和南阳油田的赞扬和肯定。

但是,自1988年下半年至1989年初的一段时间里,在油井开发过程中,曾程度不同地出现了井壁失稳、遇阻遇卡、电测困难、井径严重扩大,影响固井质量等问题,很有必要对此进行研究和探讨。

一、戴南组以上地层缩径原因及预防

江苏地区盐城组(Ny)、三垛组(Es)地层埋藏浅,蒙脱石含量高,水敏性很强,造浆严重,泥岩极易发生塑性变形,一般表现为吸水膨胀缩径,缩径的原因有以下几点:

(1)钻井液中絮凝剂(PHP)加量少,不能有效地抑制地层造浆,表现为黏度高,滤失、切力大,泥饼疏松,易在井壁上形成"虚泥饼"。实践证明:PHP加量为500 mg/L时效果最佳。

(2)钻井液实际排量低,一般为27 L/s以下,不能充分发挥钻井液的水力作用,导致钻屑不能及时带离井底,造成重复切削和钻头泥包。

(3)其他工程措施影响。如起下钻速度过快,产生井内压力激动,致使不稳定泥岩垮塌。

钻井实践证明,要在满足携屑的条件下,将漏斗黏度控制在25~30 s范围内采用低黏度、低切力、低密度、低固相钻井液,选择较大的排量(421.6 mm井眼,32 L/s以上)紊流钻井,有意识地将易缩径地层的井径扩大;当排量偏低时,打完一单根后应划眼一遍,可较好地防止上部地层缩径。

二、可溶性盐类的污染、水型对性能的影响

聚合物钻井液具有一定的抗盐、抗钙能力,但钻遇大段石膏和较厚的盐层时该钻井液的抗盐能力就不如高碱性的分散性钻井液。在溱潼、高邮凹陷钻井时,由于钻到大段石膏或盐层的机会较少,采用聚合物钻井液比较适应;而1988年下半年以后,有的井地层岩性变化较大,如苏179井地层中含盐、石膏量高,设计钻井液类型时,由于对新区地层情况不了解,又缺少生产用水的分析资料,确定使用聚合物钻井液后,施工中就出现了黏度、切力、滤失量不能控制的问题,最后被迫改换钻井液类型。产生问题的原因大致为两个方面:① 现场用水矿化度高、硬度大,高分子处理剂受水质影响,起不到应有的作用;② 地层中盐、膏含量高,为改善性能,必须使用较平时用量高几倍的处理剂。因此,该井钻井液类型的选择,确实存在着问题。

三、黏度对井壁稳定的影响

从几口井资料分析认为:有的井不论是浅井段,还是深井段,是正常钻进,还是复杂事故处理,总是将漏斗黏度控制在一个比较高的范围(浅井40~50 s,深井高达100 s以上)。这里存在两方面的问题:① 对黏度的选择缺乏正确的认识,总认为黏度高,井眼稳定,不易垮塌;② 在处理措施上方法不正确,任其自由增高。苏183、185、187和189井的黏度基本在设计范围(30~40 s)内,苏185井钻达3 219 m时,黏度仍在35 s左右,起下钻畅通无阻,且稳定周期长,全井钻井周期仅1.81个台月。

四、技术管理方面的影响

钻井液类型及性能确定以后,技术管理就成为钻井液工作的中心。聚合物钻井液从技术的角度讲,比一般淡水钻井液要好,但技术管理难度要高。目前,在钻井液处理方案和管理措施方面是一个薄弱环节,主要存在以下3个方面的问题:

(1) 缺少聚合物钻井液技术的理论基础指导,使性能指标失控。

(2) 钻井液处理剂未能按设计使用,造成"化学平衡"上的失误;对易垮井段钻井液的强化处理重视不够,抓不住重点。在抓钻井液处理的"化学平衡"时,又忽视了"物理平衡"作用。

(3) 处理剂质量下降,特别是缺少适用于聚合物钻井液的多用途添加剂,尤其是防塌剂,严重影响了处理效果。

五、结 论

要解决上述问题,重点抓两项工作:其一,加强技术培训,提高队伍的技术素

质,从定性处理向定量处理过渡,提高管理水平。根据钻井和地质情况进行定班、定量钻井液处理;其二,引进新型处理剂,逐步完善聚合物钻井液技术。国内外近年来发展起无氯、无钠、无游离 OH^- 的强包被型改性钾聚合物钻井液,既能够提高防塌能力,又有利于保护油气层,减少污染。

聚合物钻井液的使用和固相含量的控制能否达到预期效果,关键是固相含量控制设备能否充分合理使用。苏 187 井使用了双层高频振动筛(40 目筛布),自二开到 1 602 m(加重前),钻井液密度保持在 1.10 ~ 1.12 g/cm³,与邻井相比,密度降低 0.04 ~ 0.06 g/cm³,有效地控制了固相含量,钻井速度有明显的提高。

本文发表于《钻井液与完井液》1991 年第 1 期,并获得六普 1989—1900 年度优秀论文评选三等奖和江苏省科委 1989—1990 年度优秀青工"五小"成果乙组二等奖

湖北沙市盐卡地区钻盐膏层的钻井液技术研究

赵炬肃

（中国石油化工集团公司华东石油工程有限公司六普钻井分公司,江苏 镇江 212003）

一、概　况

六普所钻的沙盐 1 井和沙盐 2 井位于江陵凹陷沙市构造南部的盐卡地区。该构造的下第三系沙市组为盐湖沉积。在沉积时期,由于盐湖—湖盆水体含盐度周期性变化,形成了盐、膏与砂泥岩层交互变换的多套韵律层。埋藏深度由 2 000 ～ 3 000 m。复合盐膏层厚从几米到几百米,有纯盐岩、盐膏、膏泥,还有砂、泥混合层,胶结性差,地层倾角多变,由 5° 到 90°。在钻进过程中,极易发生软泥岩和盐膏层的塑变缩径,石膏、泥岩的吸水膨胀、垮塌,盐岩的溶解、散落,以及井径扩大等复杂问题。

20 世纪 60 年代至 70 年代,五普和江汉油田先后在该地区钻井 10 余口,钻井成功率仅占 35% 左右。六普钻井公司 20 世纪 80 年代在该地区钻井 2 口,也多次发生井下复杂情况及事故,沙盐 1 井出现上段层垮塌和出新眼事故;沙盐 2 井完井前出现卡钻事故等。

由此可见:盐卡地区确实存在复合膏盐层的复杂问题,极易引起井下各种事故,钻井施工存在相当的难度。

二、钻遇盐膏层后引起的复杂情况与分析

（一）盐类溶解

沙市组地层分布着厚度不均的多层盐膏层。沙盐 1 井盐层中氯化钠含量高达 85% ～95% ,石膏含量 5% 左右,盐膏泥混层较少。沙盐 2 井取芯 300.26 m,其中盐膏层有几十层段,约占 50% ～55% ;泥岩类占 15% 。其他稳定页岩 5% ,在较多的盐膏泥混层中,氯化钠含 5% ～60% ,其余为呈泥团块形状。这类地层如果采用水基钻井液或盐度较低的盐水钻井液钻进,地层中盐岩就会被钻井液部分溶解,井眼就会严重扩大,使泥岩夹层失去支撑,混在盐膏间的大量软泥岩水化膨胀而导致井垮,形成"糖葫芦"井眼,若塌块较大或不能及时将其带出井底,就可能在钻进中发生卡钻。所以盐溶是造成井下复杂情况的一个主要因素。

（二）含盐膏泥岩吸水膨胀和分散

盐膏层是盐湖沉积，基本物质多数是碎屑颗粒、团块及化学沉积的晶体。在所钻的沙盐 2 井盐层中夹有大量的石膏和钙芒硝，含量约占 15% ~ 20%，且与泥岩混杂在一起。

由于沙市盐膏层受构造应力、断层挤压等因素的影响，泥页岩的矿物成分复杂。该地层在压力和高温的长期作用下，石膏和钙芒硝失去原有的结晶水，泥页岩含水量大大减少，当钻开地层后，无水石膏就会吸水变为二水合石膏（$CaSO_4 \cdot 2H_2O$），体积增大 26%（其他盐类也相同），因而引起泥页岩强度下降，产生缩径和垮塌。

根据上述地层特点，从工程的角度可将盐膏层分为两类：

（1）盐膏层为大段结晶盐，较纯，单层厚度较厚，表现为岩性稳定。沙盐 1 井在盐层连续取芯 6 筒，进尺 95.1 m，取芯率 98.42%，岩性为较纯结晶盐，井下情况良好。

有关资料证实，江汉油田王场、广华寺地区较纯盐层之间的泥岩矿物组分以伊利石为主（93% ~ 95%），含少量的绿泥石，泥岩稳定周期较长，多数是不易水化膨胀的地层。沙盐 1 井地层就属于这种类型。

（2）盐膏夹泥互层，岩性变化大，层次多且薄。泥页岩膨胀的主要因素除部分泥页岩含有硬石膏和钙芒硝外，还含有伊利石（40% 左右）及少量的伊蒙混层、绿泥石。

沙盐 2 井在沙市组地层中，钻遇了 20 多层软硬、厚薄不一的含盐膏泥互层，在钻井液的浸泡和上覆岩层压力的作用下，软泥岩产生吸水膨胀，钻时较慢，泥糊取芯钻头，岩芯进筒困难、取芯率下降。从已取出的岩芯分析可知，盐膏夹泥互层中的泥岩，放置 2 ~ 4 h，岩芯外径由直径 98 mm 增至 111 mm，最大 120 mm，膨胀率为 16.3% ~ 22.4%。随时间增长，岩芯逐渐出现微裂缝，且崩散、破碎。由此看出，这类泥岩吸水膨胀相当严重，对正常钻进造成一定的威胁。

（三）盐膏层塑性变形和流动

深井段盐膏岩会产生塑性流动，从而使井眼缩小，甚至挤毁套管，这已为国内外大量钻井实践所证实。

盐岩具有塑性变形的特点。而盐岩在原地处于应力平衡状态，当钻开盐层后，盐岩受力状态发生变化，覆盖压力引起的指向井内的侧压力和钻井液液柱压力之间压差超过盐岩变形所需应力时，盐岩将会沿井径方向发生塑性变形，使井径收缩，引起提下钻遇阻、卡钻等井下情况，其收缩速率与盐层的埋藏深度、井温、钻井液密度有关。

（1）与井深有关。前西德泽西斯坦盐盆地研究所的研究报告指出，埋藏在 1 000 m 以下厚度为 300 m 以上的盐岩就会发生变形；埋藏在 2 100 m 以下的盐岩蠕动得很明显。可见盐层的塑性变形随盐层埋藏深度而加剧。

（2）与井温有关。盐膏层的变形随温度升高而加剧。我们所钻的盐膏层井较浅（3 000 m以内），这里不作深入的讨论。

（3）与钻井液密度有关。试验证明，盐岩发生塑性变形所需的压差随封闭压力的增加而增大。在同一井深的盐层随钻井液密度增加，降低了盐岩的变形速率，减缓了因盐层塑性变形而引起的缩径。防止盐岩层的塑性变形的关键是正确她选择钻井液密度。由地应力不平衡引起的不稳定，造成钻井过程中复杂情况时，应考虑把钻井液密度调整至合适，单纯用处理剂控制往往达不到预期效果。目前，盐岩层钻井液密度均参考由赫尔德提出的控制盐岩流动理论，是由钻井液密度与井深温度之间的关系曲线来确定的，图略。

中原油田利用盐膏层之间夹有的大段泥页岩对地层正常趋势线方程用修正截距法进行修正，此方法获得成功。20口井误差小于10%的有19口，占95%。

沙盐2井钻穿盐膏层后，打了17 m软泥岩，在井深2 754 m处发生卡钻，解卡后又在2 757.45 m处再次卡钻，当时使用的钻井液密度为1.45 g/cm^3。可以认为，卡钻与钻井液密度偏低有关，初步计算结果，钻井液密度在1.60~1.75 g/cm^{3}方能平衡地层压力。

同时，盐岩的变形量随钻进时间增长而加剧。提高钻井效率，缩短钻井周期，是顺利钻穿盐膏层的有效措施之一。

例如，江汉油田王深二井2 000~3 190 m井段经常起下钻遇阻，上下活动钻具比原悬重增、减10~30 t，盐岩塑性变形引起的缩径，使下钻钻头受到很大侧向力，钻头的最薄弱处产生变形或裂缝。新钻头下井没钻1 m，起钻后钻头直径就缩小8 mm。因此，盐岩缩径又是钻井过程中产生复杂情况的主要原因。

应该指出，沙盐2井钻进中，泵压11.76 MPa，钻头压力降仅为17%．管汇损耗太大，钻头的水力破岩、清岩能力甚微；排量过低，取芯时16~18 L/s，钻进时22~26 L/s，其环空上返速度分别为0.50 m/s和0.67 m/s，不能满足携岩、清岩的要求，井内岩屑浓度增加，提下钻不畅日趋严重，客观上给卡钻创造了条件和机遇。

三、钻盐膏层的钻井液技术和钻井措施

（一）钻井液类型的选择

目前，各油田钻盐膏层的钻井液类型选择，大致分为四类：欠饱和盐水钻井液；饱和盐水钻井液；聚合物钾盐饱和盐水钻井液；油包水钻井液。

针对盐卡地区盐膏层埋藏较浅、钻井周期不太长的特点，采用欠饱和盐水钻井液较为合适，其含盐量28%~32%，混油3%~5%。

（二）钻井液处理及转化

（1）表层钻进。第四系平原组以黏土、砂砾石为主，岩性胶结性差，砾径大为明

显特征,在保持大排量的前提下,保证黏度在80~100 s,以满足携岩及时,井内畅通。

沙盐2井使用1井的完井钻井液打表层,444.5 mm井眼进尺146.5 m,纯钻16 h 20 min,比沙盐1井提前5 d下入339.72 mm套管。

(2)二开及盐水钻井液转化。二开后,钻遇地层为广华寺组、荆河镇组、潜江组上段,以灰色泥岩、绿色软泥岩为主,其地层中矿化度较高,氯离子浓度随井深增加而剧增。根据沙盐1井钻井液滤液分析,井深730~2 110 m氯离子从319 mg/L上升到4 615 mg/L,个别砂岩井段达7 455~7 810 mg/L,钙离子、硫酸根离子也较高。因此,钻井液中化学水相活度与地层化学组分的平衡是十分重要的。

沙盐2井将石灰钙处理钻井液提前更换为盐水钻井液,其井下情况明显好转,并随着含盐量增加到8%~10%,缩径、井垮问题从根本上得到了解决。

通过钻井实践可得到这样的结论:对付潜江组以上的含盐泥岩、软泥岩地层,采用盐水钻井液为宜,含盐量5%~10%,这对稳定上部地层井壁效果显著。

(三)钻盐膏层的钻井液处理

钻遇盐膏层前,为保证下部盐膏层段的取芯率,防止盐岩溶解,保持井壁稳定及固井质量,必须使钻井液含盐量达到饱和状态。

此外,应尽可能降低钻井液中膨润土含量,补充部分凹凸棒土,使其保持适当的动切力和静切力,以提高悬浮重晶石、携带钻屑能力。另一方面,须加入足够的护胶剂,同时为改善润滑性能,减小摩阻,可加入3%~5%的原油或废机油。据2口井的经验,盐水钻井液中混油3%~5%效果更好。

(四)抑制盐岩溶解

在饱和盐水钻井液中若加入盐结晶抑制剂(NTA),井下高温饱和状态的钻井液,从井内上返至地面,随温度降低,盐不易从钻井液中结晶出来,故而能较好地解决盐溶所引起的井下复杂情况。

中原油田对NTA的试验表明:加NTA 0.1%,可使盐处于过饱和状态而无结晶现象;加NTA 0.2%~0.4%,可抑制盐的溶解速度(见表1和2)。

表1 NTA抑制盐结晶试验　　　　　　　　　　　　　　　　　　mg/L

样品	1		2		3		4	
NTA量/%	结晶状况	Cl⁻	结晶状况	Cl⁻	结晶状况	Cl⁻	结晶状况	Cl⁻
0.0	有结晶	182 200	有结晶	186 100	有结晶	186 000	有结晶	183 400
0.1	无	205 800	无	195 300	无	200 700	无	203 500
0.2	无	210 000	微量	196 400	无	202 900	无	205 000
0.3	无	200 500	无	199 700	无	205 600	无	204 500
0.4	无	211 600	无	215 900	无	207 800	无	206 200

表2　NTA 抑制盐溶解试验　　　　　　　　　　　　　　　　　g

NTA 量/%	加入盐晶体量	24 小时后盐晶体量	盐溶解度/%
0.0	4.034 9	0.794 8	80.30
0.2	3.847 6	1.908 0	50.41
0.4	4.573 2	2.637 8	42.32

沙盐 2 井在井深 2 450 m, 氯离子 1.74×10^4 mg/L, 加入 NTA 0.2%, 发现井内返出盐结晶明显减少, 氯根相对稳定 $(1.74 \times 10^4 \sim 1.82 \times 10^4$ mg/L), 钻具表面盐结晶减至微量, 且对其他钻井液性能无影响。随钻井液量的增加和井温的上升, NTA 加量也相应增加到 0.30% ~ 0.35%, 并间断地补充细盐, 氯离子稳定周期将延长。

（五）含盐量的维护

在饱和盐水钻井液使用中, 含盐量的维护是保证盐层安全钻进、提高取芯率和井径规则的关键。盐在水中的溶解度, 其规律是随温度的升高而增大的。

在正常钻井中, 钻井液温度是地面降低、井下升高, 往复变化的。含盐量由地面的饱和状态→井下不饱和（温度升高, 溶解度增大）→盐层溶解后再达到饱和→地面部分盐析, 使含盐量不能维持恒定。

因此, 施工中氯离子在地面达到 $1.7 \times 10^4 \sim 1.9 \times 10^4$ mg/L 以后, 需再补充一定量的细盐, 保持钻井液在井底的盐含量, 使其到井底后随温度的升高再溶解, 以保证井下饱和。新浆配制时, 氯离子同样要求达到饱和状态, 才能注入井内。

电测井资料表明, 沙市盐卡地区施工氯离子保持在 $1.7 \times 10^4 \sim 1.9 \times 10^4$ mg/L, 就能较好地抑制盐膏层的溶解。

（六）钻井技术措施

（1）钻盐层不宜追求过高的水力喷射速度, 应放大水眼直径, 确保钻井液环空返速在 0.75 ~ 0.90 m/s 内, 以满足清洗井底, 携带钻屑的要求。

（2）根据钻井所在区块, 盐岩层位和深度, 确定合适的钻井液密度是盐岩井成功的关键。这方面还需做大量的细致工作。

（3）盐膏层可钻性好, 当每米钻时低于 10 min, 钻进 1 ~ 3 m, 应活动钻具一次; 每钻进 50 m 起钻 100 m（短程起钻）, 以巩固新井眼, 得到稳中求快的效果, 这对复杂地层中安全钻进将起到很好的作用。

（4）设计合理的井身结构, 套管设计是十分重要的。条件具备时, 钻具管串上应配备钻井震击器及随钻安全接头, 以利于解决井下复杂问题。

钻深井盐膏层是钻井工艺的一项新课题, 很多问题还需深入探讨和逐步实践才能真正解决。

参考文献

［1］樊世忠：《岩盐层和膏盐层的井壁稳定问题》,《钻井泥浆》,1985 年第 2 期。

［2］邓长义：《盐膏层对 dc 指数法检测地层压力的影响》,《石油钻采工艺》, 1990 年第 2 期。

［3］徐同台：《各油田盐膏层基本情况及钻井液技术措施》,《钻井泥浆》,1985 年第 2 期。

本文发表于《华东石油地质》1992 年第 2 期,并获得华东石油地质局第三届青年地质工作者报告会优秀论文奖

大功率柴油机烟尘净化设备的研制

沈少锋,赵炬肃

(中国石油化工集团公司华东石油工程有限公司六普钻井分公司,江苏 镇江 212003)

冀东油田钻井区域位于河北唐海县、滦南县的对虾养殖中心地带,属重点环保地区。近年来,由于油田开发规模的不断扩大,钻井作业对周围生态环境造成了较为复杂的污染问题。其中大功率柴油机排放废气中含有的固体碳粒烟尘飘落对虾池内,直接影响对虾养殖,引起对虾大量死亡。这不仅导致了巨额经济赔偿,而且严重影响了日常钻井作业秩序。

为妥善解决上述问题,六普钻井分公司研制成功一种新型净化设备,它既能使钻机在各方位维持日常钻井作业,又不对对虾池造成生态破坏,从而为保护大气环境提供一项新的措施。

目前,国内主要在燃煤废气净化与小功率燃油废气烟尘净化处理方面开展了研究,但对大功率柴油机废气烟尘净化处理方面研究甚少。本文从解决冀东油田实际问题出发,就废气烟尘净化处理技术进行初步探讨,对油田及厂矿环境保护具有重大的现实意义。

一、主要研究内容

(1) 以基本不影响柴油机功率发挥为前提,确定当柴油机在排气量最大时,选择或设计对固体粒子进行分离、吸附、收集、处理的净化设备系统。

(2) 设备系统运行安全可靠、操作及维修保养简便。总体结构能满足频繁搬、迁、安作业要求。

(3) 为避免风力、风向等因素对净化处理污染物的扩散,形成二次环境污染,考虑妥善解决污染物不亲水、易漂浮、不沉淀,便于固锁在处理剂中的问题。

(4) 日常运行时耗能要低,各种费用开支少,易于在油田或企业中推广使用。

二、设备净化原理

柴油机正常工作时,首先是将燃油雾化形成微细油滴,油滴在气缸内产生油蒸气与空气混合为可燃气体,一旦压爆燃烧,即产生出微细碳粒子、未烧尽碳氢化合物和各种有害气体。如果因频繁调速,导致负荷大幅度变化会使机器内部出现故障,造成恶劣工况,将会加剧污染物排放,增加对环境的危害。

根据上述排放污染物的特征和状态,分析其成分,废气中污染物可分为两大类:(1) 颗粒状污染物,主要是含有固体和胶体状粒子;(2) 气体状污染物,包含 CO、SO_x 物为主的多种有害气体。需要净化处理的对象,主要是柴油机排放废气中的固体和胶体状粒子,通过净化后更达到国家规定的气体烟尘排放标准。

进一步分析需净化处理的固体和胶体状粒子后发现,胶体状粒子大部分在排气中被蒸发而随气体排出,不易收集。所以,固体粒子就成为净化的主要对象。

废气里的固体粒子,排出柴油机时,通常尺寸在 $0.001 \sim 10 \ \mu m$ 之间,要对这种初始状态物体进行收集与处理,复杂而困难。因此,先将废气引入混合器中作预先处理,在混合器中雾化的混凝剂相互发生作用,让粒子聚集并使其尺寸达到目10 ~ 40 μm。然后再将预处理废气导入旋风式除尘器作固体—气体分离;被分离出的粒子落入下部的收集器,很快被收集器中的化学处理剂所捕捉。已净化不含固体粒子的尾气排向大气中。如果按上述预定工序周而复始地运作,便能连续排出符合环保标准的净化气体,从而完成净化处理任务。

三、设备结构特点

通过室内模拟和净化工艺程序设计,研制成功的废气烟尘净化设备系统。其工作原理为:来自柴油机排气管的废气,进入混合器后,与从泵输来的混凝剂同时作雾化初始处理;废气中粒子聚团入旋风器做离心分离;不含粒子的尾气从出口中排出,而分离的粒子下降入收集器。由于被分离粒子比重较轻,容易让旋流气再次卷起带向出口,影响除尘效率。为确保顺利、高效地分离,在旋风器下部设置了一反射罩,使下降粒子最终落入收集器又被该器中的化学处理剂所捕捉。

整套设备系统是固定在底座上的,它不但适宜于油田工程作业,同样也适用于中、小自备电站安装使用。

整套处理工艺的特点:不但消除了排放气时的一次污染,而且被收集粒子,通过化学处理剂的捕捉、吸附、聚沉而固锁。当浓度较高时,可采用蒸发加焚烧的方式,再次处理成无害物排放,达到防止二次污染的目的。

四、现场试验

本文研制的设备系统投入现场试用前,在台架上进行了水力测功试验。镇江市环保检测中心站提供的具体检测指标为:用 MB820Bb 型柴油机,在转速 1 100 r/min时净化后烟度 Rb 为 2.4;而转速为 1 300 r/min 时净化后烟度 Rb 为 2.7。分析表明,通过净化排放的烟度是理想的,废气中漂浮的粒子基本观察不到,测功仪也没有反映出功率损失。

净化系统在冀东油田钻井队进行现场试验期间,有关部门非常重视,冀东油田环保处与唐山市环境检测中心站数次派人来现场测试和指导。试用表明,该设备系统在柴油机稳载或变载工作时,废气经净化处理后,平均消烟效率在57.35%以上(唐山市环境检测中心站提供),净化后烟度平均值为2.9。排出气体扩散时肉眼观察不出固体粒子,净化出口处基本无积碳,收集到净化物成黑色,说明碳粒子被固锁。对照国标 GB 3844—83、GB 3843—83,达到原设计工作能力。如果在试验基础上进一步调整与完善,其消烟效率可控制在60%~70%,理想条件下可达到90%。

五、结论与建议

(1)台架和现场试用表明,研制成功的净化设备系统,其结构符合柴油机废气烟尘净化要求。

(2)净化工艺流程设计合理,切实解决了固体烟尘分离、吸附、收集等问题,特别是化学处理工艺,可使污染物不亲水、易漂浮、不沉淀。满足了既不影响钻井作业又能净化环境的双重要求,为合理布置井位、减少经济损失提供了良好条件。

(3)净化设备系统运行十分可靠,操作、维护、运移、安装简便,值得推广应用。

(4)通过消烟排放的废气,较好地避免了固体烟尘粒子造成环境的一次和二次污染,得到油田的高度评价。建议净化设备系统中再配以其他气体净化装置,以达到深度处理的目的,将对生态环境保护起到更积极的作用。

(5)建议在样机试验取得初步成果的基础上,根据各大油田钻机型号的实际情况,设计生产"三合一"和"四合一"机型,尽早投入试验,以优化井场的生产及生活环境。

本文发表于《石油钻探技术》1995 年第 2 期,论文被美国 EI 数据库收录,项目研究获得地质矿产部 1995 年度科技成果三等奖(证书编号:KJ-95-3-4-2)

中国石油史话

赵炬肃

(中国石油化工集团公司华东石油工程有限公司六普钻井分公司,江苏 镇江 212003)

我国是世界上最早发现和利用石油、天然气的国家。从已知的文献记载和出土的文物看,至少有 3 000 年的历史。

成书于两周时代(公元前 11 世纪至公元前 770 年)的《易经》中有"泽中有火"的记载。所谓"泽中有火",很可能是天然气在水中燃烧的现象。在战国时代,秦国蜀守李冰在兴修都江堰和开凿盐井时,发现了天然气,引起通天大火。不久,到秦始皇时代,天然气已用作燃料来煮井盐了。到汉代,火井煮盐业已相当发达。在出土的汉代画像砖上,对火井煮盐业的盛况有非常生动的描绘。到 13 世纪,即宋末元初,四川的浅层天然气已经大规模开采,火井遍布许多州县。1840 年,一气井发生井喷,火光冲天,30 里外都能看到,一直燃烧了 20 多年才被扑灭。

石油在我国最早发现于陕北。据班固著的《汉书·地理志》记载,在上郡高奴县(今延安、延长、延川一带)"有洧水可燃"(洧水即今之清涧河)。在东汉时期,甘肃酒泉一带也发现了石油。据晋代人张华著的《博物志》记载,酒泉郡延寿县"县南有山出泉水……肥如肉汁,取诸器中,始黄后黑,如凝膏;燃之,极明,与膏无异。"(《后汉书·郡国志》),这里所记述的"肥"即水上漂的石油。在南北朝时期,据《北史·西域传》载,在新疆的库车(当时称龟兹国)也发现了石油。到明代,在广东南雄及四川许多县也都发现了石油。

石油在古代有许多称谓,如石漆、石脂水、黑脂、石脑油、猛火油、雄黄油等。"石油"一词首先见于北宋文人李仿(925—996 年)等编撰的《太平广记》中。不久,科学家沈括(1031—1095 年)在《梦溪笔谈》中也使用了"石油"一词:"富延境内有石油,旧说高奴县出脂水,即此也。"此处所说的"富延境内"即今之富县、延安一带。

石油在古代除用作照明的燃料、制烛的原料、车轴及水碓轮轴的润滑剂外,还用作药物"主治小儿惊风,可与他药混合作丸散,涂疮癣虫癞,治铁箭入肉。"沈括还用油烟制墨,说墨光如漆,比松墨还好。并预言:"此物后必大行于世。"

石油除民用外,还长期用于军事。据《三国志》记载,著名的"赤壁之战"火烧战船就是将石油(当时称膏油)灌入柴草作为引火物的。又据唐代人李吉甫著的《元和郡县图志》载,北周武帝宣政元年(578年)秋,突厥侵犯酒泉,酒泉军民寡不敌众,闭城坚守。当突厥兵使用云梯攀城时,守城军民从城上往下泼石油,并投入火种,顷刻间城下一片火海,突厥兵用水灭火,火反而更旺。最后把云梯等攻城用具都烧坏了,突厥只好退兵,酒泉城得以保全。五代时期,后梁贞明三年(917年),吴越国使者从海上到契丹,送猛火油(即石油)给契丹国王耶律阿保机,说打仗时用它进行火攻,敌人若用水救火,越泼水火越旺。耶律阿保机大喜,便打算立即兴兵南侵,只是由于他妻子述律后的反对,才使战争向后推迟了两年。在那次战争中,契丹人果然使用猛火油进行了火攻。

从上述石油用途的广泛性及军用石油数量之大可以推测,早在北宋时期甚至更早,我国已有采油井了。但自元代方见于史书记载。在元代,我国的石油开采业已具相当规模。在延安一带,不仅有很多采油井,政府还设立了管理机构。在《元一统志》上,对油井的产量有明确的记载,如:"在延安县南迎河凿开石油一井,岁纳一百一十斤。又延川永坪村,有一井,岁办四百斤。"

我国的石油天然气开采工艺在古代长期居世界领先地位。秦汉时期已发明了顿钻。宋代出现了小井口钻井,并发明了捞砂筒(当时叫吞泥筒)和套管等。到明代,钻井工艺已与今天相近。到清代,已能施工超千米(三、四百丈)的较深井了。

世界石油工业的发展只有一百多年历史。我国石油工业的落后也只是最近一百多年的事。在封建主义的束缚下,我国的石油工业步履维艰,美、俄、日等国竟向我国倾销石油,"洋油"长期充斥我国市场。

新中国成立以后,我国的石油、天然气工业得到了蓬勃发展,在各级党委和人民政府的重视、关怀和大力支持下,经过广大地质工作者艰苦卓绝的工作,1965年我国石油产品实现自给。在短短几十年的时间里,我国不仅甩掉了"贫油"的帽子,结束了靠"洋油"过日子的历史,而且产品自给有余,还可出口。不仅拥有大庆、胜利、大港、华北、中原、塔北等10多个陆上油气田,还在海上开展了油气勘探,并在渤海、南海等海域发现了油气田,有的已经开发利用。

江苏的石油勘探和开发始于20世纪50年代末,中石油华东石油局在苏北平原与原石油工业部合作首钻第一口基准井,拉开了江苏石油普查勘探的序幕。在60年代查明了苏北坳陷区的区域地质构造轮廓,获得了江苏地区的大量石油地质资料。

20世纪70年代,华东石油局在溱潼凹陷兴化戴南构造上的苏20井,测试出最高日产14.5 m^3 的工业油流,实现了以发现工业油流为标志的江苏油气普查勘探的第一次突破。1974年在高邮凹陷真武构造带部署的苏58井试获56.8 m^3/d 的工业油流。接着又于1975年在溱潼凹陷储家楼构造苏59井试获168.4 m^3/d 自喷工业油流。同年,五普在金湖凹陷东 60 井试获以甲烷为主,无阻流量为 112 万 m³/d(最高日产)的天然气流。从而实现了以高产自喷百吨油井和百万 m³ 气井为标志的苏北油气普查勘探的第二次突破。

第二次突破的实现,结束了江苏"不产原油"和"无高产油气流"的历史。于 1975 年正式迎来了石油部的开发队伍,江苏进入了普查勘探与开发并举的新时期。

江苏找油 40 年,先后找到油气田 20 几个,形成了年产原油 100 多万 t 的中型油气田。

事实证明,我国广袤的陆地和辽阔的海疆都蕴藏有丰富的油气资源。我国的石油工业在不久的将来必将走向新的辉煌。

参考文献

[1] 西北大学地质系:《石油地质学》,高等教育出版社,1978 年。
[2] 王仰之:《中国地质学简史》,中国科学技术出版社,1994 年。

本文在江苏省镇江市科协、科普作家协会举办的 1998 年科普作品评选活动中获得三等奖

坨圩油田集输站含油污水处理技术应用研究

赵炬肃[1]，王允刚[2]

(1. 中国石油化工集团公司华东石油工程有限公司六普钻井分公司,江苏 镇江 212003;

2. 华东石油局安全卫生处,江苏,南京 210019)

《坨圩油田集输站含油污水处理技术应用研究》是中石化华东石油局委托局安全卫生处承担的科技攻关项目,参加项目单位包括华东石油局采油工程公司、六普钻井分公司等协作单位。该项目于 1998 年 4 月正式签订科技项目合同书,合同编号为 98010。在项目实施中,由于储家楼油田集输站受到地理环境、基础条件的限制,不具备现场试验条件,故将项目现场应用场所选为坨圩油田集输站,并将原项目名称《储家楼油田集输站含油污水处理技术应用研究》改为《坨圩油田集输站含油污水处理技术应用研究》。

一、立项背景

(一) 立项的目的、意义及必要性

近年来,根据勘探开发部署,华东石油局集中勘探力量投入江苏东台台南、兴化茅山等地区开展钻井和采油施工,勘探区域不断扩大,年计钻井数逐年递增,仅 1997 年钻井数就达 30 余口,已形成了储家楼、洲城、草舍、台南等初具规模的油田,年产原油 20 万吨,取得了一批地质成果和较好的经济效益。

由于华东石油局的采油区域处于经济发达的江苏,苏北里下河地区农作物、河塘养殖业十分兴旺,在油田开发的采油作业过程中,易造成较严重的含油污水污染环境问题。随着石油勘探步伐的加快,污染状况日趋严重。主要表现在:部分油区进入含水采油后期,原油含水率不断上升,部分油区含水率高达 70% 以上。在集油联合中心站进行原油脱水处理后,地层污水含有一定浓度的石油类、腐生菌和有机质等有害物质,直接排放对油区周围农田、河流造成较大污染。上述污染问题,已引起了江苏省地方政府和我局各级领导的重视。

据统计,我局在"八五"期间,用于采油过程中污水污染赔偿费用年平均在 10 万元以上;出现工农关系紧张及交通、通讯中断,被迫停工等一系列突出问题,严重地影响了钻井、试油队的正常施工,直接影响到勘探部署的实施。

新星石油公司,开展环境保护工作起步晚、进展慢。可以说,在这个领域几乎

是空白,与石油勘探和开发相比,差距非常大。虽然在"七五"和"八五"期间我局投入资金进行了部分环境保护探讨工作,但由于资金、技术、人员条件的限制,未能充分开展采油污水综合治理工作,仅仅停留在简易的处理上,难以形成技术先进、配套合理、实用性强的一整套技术,以创造良好的社会效益和经济效益。

从目前的发展趋势看,各勘探区域污染问题已经到了必须认真对待的时候了。"油田采油厂(站)含油污水处理技术应用研究"迟早要搞,晚搞不如早搞,最终目的是解决采油作业中的环境污染问题。只有这样做,才能逐步形成成熟的环境保护技术和生产体系,改善油田生态环境,保证我们工作的顺利展开,密切工农关系。

自国家颁布"环境保护法"以来,环境保护工作已引起各级政府的高度重视。我们认为,开展《油田采油含油厂(站)污水处理技术应用研究》课题的研究,非常有必要。这对贯彻中央保护环境与发展经济的国策,加快新星石油公司的石油勘探和开发步伐,提高效益,降低成本,开创新局面,具有深远的意义。

(二)国内外的研究和发展状况

国外,美国、俄罗斯、加拿大等发达产油国,采出的原油由石油管道或火车输送到大型炼油厂、油库,然后对含油污水进行集中分离处理,达到排放标准后首先将回注地层,其次向外排放;大型油轮上自配大、中型油水处理设备,处理后的水向海洋中排放。近20年来,发达国家已制定了一系列法律和规定,严格控制含油污水的排放。而在人口稀少和偏远地区,尤其经济不发达国家,仍然存在着严重的含油污水直接排放的污染问题。

近几年,我国各大油田对原油的污水处理已引起了重视。大庆、胜利、辽河等油田采取了多种方法和措施开始对污水进行治理,取得了一定成效,但尚未形成一套完整的、先进的处理工艺技术和研制出成套设备。目前,各油田采油污水污染问题仍十分普遍和严重,中国新星石油公司,尚未进行原油污水处理方面的研究。

无论是在油田还是炼油厂,加强对原油污水进行综合治理是必然的发展趋势。提高原油产量、减少环境污染是石油开发行业一项重要工作,制定长远发展规划,投入财力、物力和人力是解决问题的先决条件和基础,符合国际"环境保护与发展经济"主题,有利于促进油田的经济发展。

二、项目要求及设备主要技术指标

(一)项目要求

解决石油开采中含油污水油水分离的处理技术应用和装置制造、配套工艺、设备自动化作业等技术问题。含油污水经装置处理后,排放水含油量符合国家制定的 GB 8978—88 标准(小于 10 mg/L),有效控制有害物质,实现设备开动/停机自动化,水质中含油浓度自动检测,达标排放,并采用国内先进的防爆电气集中控制设备,确保油田设施安全。既达到环境保护的目的,又能回收污水中原油,创造一定的经济效益。

研制的一套采油含油污水处理装置,应采用国内先进技术和工艺,在自动化程度、含油浓度检测、安全防爆等方面达到国内领先水平。

(二) 设备主要技术指标

(1) 装置处理能力: 　　　　5 ~ 6 m³/h
(2) 排放标准: 　　　　　　小于 10 mg/L(含油浓度)
(3) 工作压力: 　　　　　　小于 0.25 MPa
(4) 泵和电动机: 　　　　　2.5 kW
(5) 泵吸入高度: 　　　　　小于 6 m
(6) 电器控制箱电源: 　　　AC380 V/50 Hz
(7) 排油控制方式: 　　　　自动或手动
(8) 集油室加热方式: 　　　电加热

三、研究工作的基础条件

早在 1985 年,六普钻井分公司就对"石油钻井污水连续处理装置"进行立项研究,主要解决钻井液中含有大量的钻屑、黏土、悬浮物及其他固体颗粒,使排放水达到国家标准。此项目取得了较好的效果,同时,这项技术为本课题前期研究打下了良好基础。

石油开采中含油污水处理技术及装置的研制,在国内外开展比较早。1997 年局安全卫生处组织有关技术人员先后与上海船舶运输科学研究所、上海船舶仪器设备厂、中国石油天然气总公司江汉机械研究所、镇江环保设备厂等科研单位联系,并实地调研了船用油水、陆地油水、浮油收集、真空式油水分离、旋流式油水分离设备的处理工艺及技术。目前,国内各大油田在处理含油污水方面,比较多的应用油水分离(真空式或重力式)工艺技术,基本满足我国制定的含油污水排放标准 GB 8978—88(含油量小于 10 mg/L)的要求。但主要问题是自动化程度低,工艺粗糙,缺少检测手段,技术条件落后。国内某研究单位研制的旋流式油水分离器,具有处理量大,使用寿命长等特点,但处理后外排水含油浓度只能控制在 50 mg/L 以内,不能达到国家环保要求,属于预处理设备范畴。

华东油气田采油集输站近年含油污水排放情况见表1,其指标均超过国家排放标准(小于 10 mg/L)。

表1 华东油气田采油集输站近年来含油排放情况

mg/L

采油矿区	外排污水平均含油量
储家楼	65.9
洲 城	20.2
角墩子	83.5
台 南	35.6
坨 圩	36.6

前期调研工作,先后与十余家环保科研单位、大专院校取得联系,掌握了大量资料和信息。结合我局现状和条件,已经形成一定规模的环保技术队伍,具备了项目的工艺设计、引进技术等条件。

据了解,大庆油田、辽河油田已采用真空或重力式油水分离器(处理量2~10 m^3/h),较好地解决了石油开采中含油污水外排的污染问题,并回收大量原油,有较明显的经济效益。目前在中国新星石油公司范围内尚未开展此项研究工作。因此,申报上述科研课题有着深远的现实意义。

现场调研和分析:项目组主要成员及厂家技术人员赴采油厂,以及陶思庄、储家楼、草舍等油区采油队(站)实地考察含油污水排放情况,掌握第一手资料。调研情况如下:

(1)陶思庄采油站:日产原油28 m^3、地层水180 m^3,其水质中氯离子含量较高,并伴有一定浓度的硫化氢,对管线和闸门等金属件腐蚀性较大。

(2)储家楼采油站:日产原油25 m^3、地层水180 m^3,该油区下一步准备深抽,地层水日产量将大幅度上升,且储水池开裂,泄漏严重,难以封堵。

(3)坨圩油田采油站1998年12月油/水产量为766 m^3/2 078 m^3,平均日产量24.7 m^3/67.03 m^3,1998年全年油/水产量8 267.5 m^3/25 806.84 m^3。

由于(1)、(2)两处采油站其日产地层水量超出本研究装置处理能力,以及水质和基础条件差等原因,故确定装置的使用选址在坨圩油田集输站。

四、项目完成情况

依据项目要求,本项目分为:研究内容的拟定→装置的结构设计→技术指标的确定→装置工艺加工→调试组装→现场应用→水质排放监测→成果总结等环节,所拟定的方案分4个阶段进行:

(1)1998年4月—1998年6月。确定项目负责人和攻关人员,签订科技项目承包合同,编写项目设计书。开展项目调研、资料收集整理工作,落实设计方案,确定试验场所,实施现场土建工程。

(2) 1998 年 7 月—1998 年 12 月。对项目设计进行论证和修改,基本完成装置的研制和加工工作;对已完成的装置进行安装和调试,投入试运行。对出现的问题提出具体改进意见,及时更改。

(3) 1999 年 1 月—1999 年 6 月。组织检查项目设计内容,全面完成装置的研制、配套、加工工作。现场运行阶段,会同环保部门,检查装置处理效果及处理后外排水质质量情况。提供检测数据。项目负责人对项目完成情况进行全面检查、评估和验收,对遗留问题进行分析和研究,限期解决。

(4) 1999 年 7 月—1999 年 10 月。根据项目研究内容和验收标准,完成项目报告编写。10 月由华东石油局组织专家对本项目进行鉴定。

五、技术难点及解决的基本思路

(一) 技术难点

含油污水处理技术要解决的难点主要体现在以下几个方面:

(1) 所研制的装置技术条件符合国家规定的 GB 12917—91 油污水分离装置的规定,适用于江苏中、小油田集输站分散不集中特点,并形成独立的污水油水分离处理装置。经装置处理后,排放水质含油浓度符合国家污水排放标准(含油浓度小于 10 mg/L)。

(2) 在装置主要技术指标达到设计要求的前提下,装置的整个运行过程基本达到自动化,在技术水平和科技含量上有所创新。

(3) 根据中国石油天然气总公司《油田含油污水处理工程建设标准》中"工艺与装备"部分具体的要求,确保本装置电器设备及采油集输站油库、供电设施的安全,本装置在工艺设计和设备配制上必须考虑隔爆型防爆电气集中控制器(箱)技术的应用,这也是本课题攻关的一个重点内容。既注重装置的处理效果,又必须确保油田环境的安全。

(4) 原油开采、集输、处理、储运过程中都有污水产生,污水中含有大量的原油、悬浮物、细菌及其他物质,这部分水量很大,最彻底的办法是将这部分污水进行净化处理后,回注到油层。

(二) 基本思路

采油污水首先进入污水调节池隔油,经两级隔油后,根据水质情况,调整污水 pH 值。污水由浮球液位控制器操作,向第一级分离器供水,经斜板及粗粒化构件进行油水分离,第一、第二级集油室的油类通过油位检测器,经自动排油装置和排油阀实现自动收集排放。进入污水池重新循环处理或进入第三级精分离。

本装置是根据重力分离的原理进行设计的。油污水进入第一级分离腔,由于多层斜板及粗粒化元件湿润面积大,回流速度低,微油珠聚集成较大油滴浮升到罐顶集油室。含有更小颗粒的油珠顺次进入第二、第三级粗粒化装置(罐),由于粗粒化元件具有特殊聚合功能,使残留的细微油珠在其中再次聚结成较大油滴后与水分离,上升到顶部集油室。底部清水则通过油分浓度计监测合格后排放。

聚结于第一、第二级集油室的污油通过油位检测器,经自动排油装置和排油阀实现污油的自动排放。自动排油装置是利用电极棒在水中与壳体之间"导电率"的变化输出不同的控制信号,来控制电磁阀的启闭,而达到自动排油的目的。考虑到密封罐顶集油室排油的特殊条件,在实施中增加了污油排放的另一条手动操作管线,确保排油畅通、安全。

第三级粗粒化装置,属于精分离系统,污油量甚少。为了保证含有高黏度污油的分离,防止冬季污油结冻,并能顺利地从污油室中排出,第一、第二级分离腔内装有电加热装置,并进行自动控制,使温度保持在 25~50 ℃之间。

供水泵的启动和停止由两只 UQK 型浮球液位控制器操纵。它是由互为隔离的浮球组和触头组两大部分组成,经由浮球感受液位的变化,通过磁力轴的传动,实现对液位的控制及泵组的启动开关。

液位控制器工作原理:当被测液位升高或降低时,浮球随之升降,使其端部的磁钢上下摆动,通过磁力推斥安装在外壳内相同的磁极的磁钢上下摆动,其另一端的动触头在静触头间连通或断开,启闭电动泵供液或停泵。其中一只液位控制器控制污水池上水位;另一只控制污水池下水位。这种组合控制实现了泵供水或停泵的自动化。

本装置为提高整套处理装置的科技含量,在设计中配置了一台对水中的油分浓度进行连续检测和报警的装置——智能(微机信号处理)油分浓度计。装置运行中该仪器对水质的含油浓度进行连续自动测定(数字显示),确定水质是否达到排放标准,达标时电磁阀打开水源外排;未达标时电磁阀闭合污水返回污水池重新处理。整套处理装置基本上实现了自动化管理,免除了人工重复取样分析、费工费时的工作程序,提高了工作效率。

智能化油分浓度计是利用光学浊度法的原理,采用超声波乳化水中油,然后测定乳化前后的散射光差,求出水中的含油量。

每次测量周期按下列程序运行,换试样水 3.0 s→第一乳化 0.5 s→停→散色光测量 11.5 s→第二次乳化 5.0 s→停→散色光测量 21.5 s,程序循环运行,一个周期小于 20 s,把两次散色光测量值 T_1 和 T_2 进行比较,经微机信号处理,而后直接显示出油分浓度值。第一次乳化使油分与杂质乳化,第二次乳化使油分进一步乳化,两次差值为油分浓度值,基本消除了杂质的影响。

所选用的 GQS-186 型智能油分浓度计具有以下特点:

（1）采用微型计算机为主体，结构合理。

（2）不受悬浮物的影响；不受油样种类的影响；不受水样颜色的影响。

（3）反应迅速，应答时间小于 20 s，稳定可靠，使用方便。

（4）试样不需药剂处理，操作简单，维护方便。

（5）仪器能自动监测，如油分浓度超过规定值能自动发出警报并有报警信号输出。

（6）仪器具有断水自动保护功能，提高了仪器的安全性和可靠性。

智能油分浓度计的设置和应用，改变了大多数含油污水处理设备仅凭人工测定和不准确估计的落后管理方式，向环保科技自动化、科学化迈进了一大步。

六、获得的成果

（1）解决了中、小油田（采油厂或集输站）的含油污水油水分离问题，装置处理能力达到 5 m³/h，排放水质符合国家 GB 8978—88 污水排放标准（含油浓度小于 10 mg/L），实际排放水平均含油量浓度为 4.0 ~ 5.0 mg/L，达到了项目设计目标。

（2）采用重力分离原理处理含油污水，能够达到设计要求和国家排放水质含油量标准。

（3）污水储积池供水液面控制实现了自动化。

（4）污水达标排放实现自动监控。在环境保护科研项目的设计、选型和实施中，难度最大的是对所要求处理的内容和效果如何监测，以实现处理→监测→排放一体化、科学化和自动化。

（5）隔爆型防爆电气集中控制器（箱）既是含油污水处理装置的主控系统，又是电气控制及油田设备安全的理想设备。

（6）装置布局一体化，其工艺技术为今后中、小油田油层注水提供了设计依据和技术条件。

根据项目设计思路，我们有效地将污水浮球液位控制、油水分离系统、电动注塞泵、原油回收、油分浓度监测、防爆控制等设备集中于钢制基础上，由隔爆型防爆电气控制器（箱）控制全套设备的运行。整套装置设计合理，路线分明，自动化程度高，运行中体现了较高的稳定耐用性和安全可靠性。

七、取得的效益

评价科技成果的效益主要体现在社会效益和经济效益两个方面。就目前所开展的环境保护项目主要侧重于社会效益，以保护生态环境，减少污染，造福人类为目的，同时兼顾经济效益。本项目所涉及的油田含油污水油水分离处理技术应用课题，其推广应用范围大，包括各大、中、小油田采油厂（站）、油库、油轮、大型油品仓库等,回收污油不仅有环境效益,而且还有较大的经济效益。

（一）社会效益

从原油脱水站排出输至含油污水处理站的污水中含有 1 000 mg/L(有的甚至更多)的原油和其他悬浮物质。由于这部分水量较大(坨圩油田日产量 90 m³;陶思庄、储家楼等油田日产量达 150 m³ 以上),各油田将净化处理后达标的水排放或用于回注油层,既可解决注水水源问题,又可避免因排放对周围环境造成的污染及由此带来的经济赔偿,提高油田采收率。

（二）经济效益

回收原油不仅有环境效益,而且还有较好的经济效益。据大庆油田、江苏油田及我局各油田含油污水中的含油浓度统计,污水中平均含油浓度为 1 000 ~ 1 500 mg/L。以坨圩油田油水分离装置为例,年污水处理量为 26 000 m³,即回收原油26 ~ 39 t,年创经济收入 3.25 ~ 4.87 万元。此项技术的应用具有较高的经济效益。

统计表明,我局类似坨圩规模的油田有 7 个,如果都应用这项技术,将减少污水排放赔偿费用近 10 万元,回收原油 300 t 左右,年创造经济效益 40 万元。如在本项目技术应用的基础上,增加部分投入,使含油污水处理后的水质达到油层回注标准,其产生的社会、经济效益更大。坨圩油田采用了本项处理装置,大大改善了周边地区的水源环境,密切了工农关系,促进了生产的发展。

八、结论和建议

（一）结论

《坨圩油田集输站含油污水处理技术应用研究》项目,经过两年的努力工作,圆满完成了科技项目和设计书所规定的研究任务,其研究成果超出了预期的目标。已形成了一套较完整、适用于中、小油田采油污水油水分离特点的工艺技术,为我局今后进行大规模的采油污水处理及达标后的污水用于回注地层做好了技术准备。

本项目研究采用科技与生产实际相结合、引进技术与研究攻关相结合的技术思路,应用国内高新技术和产品,结合我局生产规模和特点,建立研究主攻方向,不仅提高了整套污水处理装置总体技术水平,还培养了一批环保技术骨干,加速了油田环境保护进程的步伐。

通过项目攻关,我们所应用和研制的含油污水处理系统的污水供水自动化、废油回收自动化、水温防冻电加热自动化、水质含油浓度自检(微机信号处理)达标水质外排自动化及隔爆型防爆电气集中控制器(箱)等技术,实现了处理装置基本自动控制操作。其科技含量与国内同类产品相比较,居领先水平。

它所具有的特点是：技术先进，资金投入少，见效快。因此，在我局及整个石油行业中推广这项技术，必将产生良好的社会和经济效益。

（二）建议

在本项目研究成果的基础上，进一步开展油田含油污水处理技术攻关，增加费用投入，完善处理工艺（形成除油、混凝沉降气浮、深床过滤等流程），达到将原油开采、集输、处理、储运过程中所有的污水进行净化处理后，回注到油层的最终目的，以取得更好的社会效益和经济效益。

本文发表于《华东油气勘查》2000 年第 3 期，相关研究成果获得中石化华东石油局 2000 年科技成果二等奖

塔河油田深部盐膏层钻井液技术难点及对策研究

赵炬肃

(中国石油化工集团公司华东石油工程有限公司六普钻井分公司,江苏 镇江 212003)

盐膏层钻井,特别是深井(5 000 m 以下深度)盐膏层和复合盐层钻井,是我国石油工程界重大技术难题之一。在钻井过程中钻遇盐膏层,极易发生井下复杂情况,如遇阻卡、缩径、垮塌、卡钻等事故,甚至会造成油井报废恶性事故。

在近年的新疆塔河油田钻探深部盐膏层井的施工中,乡 1 井钻盐膏层过程中发生划眼时卡钻,中途两次侧钻失败而报废的事故;沙 10 井盐层下部发生 3 次井漏、卡钻一次,被迫提前终井;沙 98 井盐层段井漏一次,因井下复杂情况而提前完钻,均未能钻穿盐膏层钻达奥陶系设计目的层。

沙 106 井设计井深 6 230 m,钻井目的:以奥陶系为主要目的层,兼顾盐上石炭系、二叠系、三叠系及盐下石炭系、泥盆系,查明其储层发育特征及含油性。其中石炭系盐膏层埋藏在 5 142 ~ 5 402 m,盐膏层厚度达 260 m,是目前国内陆地埋藏深、厚度最大,ϕ311 mm 裸眼井段最深(2 412 m)的一口超深井。从钻井技术角度分析沙 106 井施工具有相当高的风险和钻井难度。

针对盐膏层的特点,结合钻井过程中的经验和教训,我们认为采用适当密度、适当含盐量的聚磺欠饱和盐水钻井液,运用"动态平衡"原理,在钻井液密度偏低的情况下($1.66 \sim 1.69$ g/cm^3),控制含盐量在 150 000 ~ 170 000 mg/L 适中的欠饱和状态,能够实现盐岩层井眼蠕变缩径与钻井液有限的失水溶蚀盐岩层速度相近,达到井径规则、井壁稳定、防漏、防塌的目的。该井在 260 m 巨厚的盐膏层钻进中,既未发生严重的盐层蠕动缩径阻卡,也未出现井眼垮塌问题。依靠科技进步,严格执行钻井操作措施,安全顺利钻穿盐膏层及下入 ϕ250.8 mm + ϕ244.5 mm 复合套管,成功地进行了 ϕ250.8 mm 尾管挂。为下步 ϕ215.9 mm 井眼施工创造了条件。

一、井身结构及盐膏层的主要特征

(一)井身结构特征

沙 106 井设计井深 6 230 m,实际完钻井深 6 066 m(达到设计目的层位)。

（1）ϕ720 mm 导管下深 20 m，建立一开井口。

（2）一开 ϕ660.40 mm 钻头钻深 306 m，下入 ϕ508 mm 套管封第四系与第三系浅表地层，建立二开井口。

（3）二开 ϕ444.50 mm 钻头钻深 3 010.00 m，钻至库尔格列木组上部，封固第三系库车组、康村组、吉迪克组、苏维依组欠压实、易分散造浆、易水化膨胀、易阻卡地层，下入 ϕ339.70 mm 套管 3 008.22 m。

（4）采用 ϕ311.15 mm 钻头钻至盐层上部 80 m 左右，下部井段采用随钻扩孔器的钻进方法扩眼至 ϕ361.95 mm，钻穿盐层留口袋下入 ϕ250.8 mm + ϕ244.5 mm 复合套管，此井深为 5 422 m，其中 ϕ311.15 mm 裸眼井段达 2 412 m。沙 106 井井身结构及套管程序见下表：

表1 沙106井的实际井身结构及套管程序

序号	井眼尺寸/mm	井深/m	套管尺寸/mm	井深/m	水泥返高/m	备注
0	960	30	720	29	地面	导管
1	660.4	306	508	304.13	地面	一级固井
2	444.5	3 010	339.7	3 008.22	地面	一级固井
3	311.15	5 422	250.8 + 244.5	5 417.3	一级　2 900	挂 2 846 m
			244.5	2848	一级　300	回接到井口
4	215.9	5 882.51	177.8	5 863.68	4 881	挂 5 015 m
5	149.2	6 066				裸眼完井

（二）盐膏层的主要特征

（1）埋藏深、盐岩层厚度不均。塔里木盆地石炭系盐膏层埋藏较深（在 5 100 m 以下），温度达 110～130 ℃，盐膏层厚度差别很大，哈 2 井的盐膏层分布在 5 706～5 784 m，厚度只有 78 m。而近期施工的沙 98 井盐膏层在 5 124～5 224 m，厚度为 100 m；沙 106 井在 5 142－5 402 m，厚度达到 260 m，是目前塔河油田盐膏层最厚的一口井。

（2）据实钻情况及电测井资料分析，石炭系盐膏层以纯盐层为主，顶部和底部夹有不等厚的泥页岩和石膏夹层。

（3）盐层上部有 10～15 m，下部有 5 m 左右的石膏层，以白色为主，较纯而坚硬，石膏含量达 95% 以上。钻进上下石膏层钻时较高（50～80 min/m）

（4）盐层顶部有含石膏泥微晶灰岩夹深灰色泥岩，即"双峰灰岩"，厚度在 20 m 左右，岩性致密、坚硬，钻时极高。同时，盐膏层中夹有较薄的泥页岩，一般厚度在 1 m 左右，以绿灰色为主，含有粉砂颗粒及灰质。

二、深部盐膏层钻井液的技术难点

根据盐膏层易蠕变、易溶解、易垮塌，并易挤毁套管等特点，塔河油田所设计的井身结构都比常规井的井身结构扩大了一级，套管设计也有了更高的要求，从而给钻井施工带来了困难。综合上述情况，本井盐膏层钻井液具有以下几方面技术难点：

（1）塔河油田 6 000 m 深的探井，一般二开井段 ϕ444.50 mm 井眼钻达井深 500～1 200 m 即可满足井身结构的要求，而盐膏层井二开设计井深为 3 000 m，三开 ϕ311.15 mm 裸眼井段长达 2 412 m，才钻达盐膏层。其施工难点是井眼大、裸眼井段长，受钻机最大载荷的限制技术套管无法下至盐膏层顶部。盐上裸露出的高渗透、易漏易卡地层给维护好上部井眼稳定带来难度。同时，选用的 ϕ127 mm 钻杆泵压高，排量受到限制，将严重影响钻屑的携带。

（2）盐上裸眼井段承压堵漏作业。由于井身结构的原因，本井段存在多套压力系统，打开巴楚组盐膏层时钻井液密度高达 1.65～1.70 g/cm³，如果不对盐上裸眼井段进行先期承压堵漏，上部地层产生漏失将不可避免，后果将非常严重。因此，考虑到上部地层的承压能力，打开盐膏层时必须对 ϕ311.15 mm 裸眼井段进行承压能力试验。但漏失层位不明确，是长裸眼堵漏难点之一。

（3）在盐膏层之前把钻井液转换为聚磺欠饱和盐水钻井液体系，钻进时密度为 1.65～1.70 g/cm³，说明钻井液柱压力还不能抑制盐层蠕变，由于盐层蠕变速率大，想要顺利钻进，必须提高钻井液密度，而又受到超过 2 000 m 的上部裸眼段与盐膏层共处同一密度钻井液压力系统的局限，无法将密度提高，只能采用适当密度的欠饱和的盐水钻井液，难以避免在施工中出现"缩、溶、胀、塌"等问题。

（4）三开完后的下套管作业。由于设备自身的承载原因，难于承受超过 5 000 m 的 ϕ244.50 mm 套管及钻具重量，需要进行钻台减负工作，钻台减负又必须考虑盐膏层的蠕动，保证套管顺利下入及固井作业的顺利进行；由于套管和井壁之间的间隙小以及下套管过程中的激动压力，防止井漏也就成为了一个关键的问题。

从塔河油田已钻的几口井资料对比认为，沙 106 井钻盐膏层时裸眼井段最长，钻盐膏层的钻头尺寸最大，钻遇盐膏层最厚，盐膏层深度最深。而前两个"最"是本井钻盐膏层过程中最大的技术难点。必须采取优质钻井液和工程防卡、防漏、防垮等配套技术措施，并精心施工才能克难制胜。

三、裸眼井段承压堵漏工艺技术研究

根据工程设计要求，在打开巴楚组（设计井深 5 080～5 440 m）的盐膏层以后，钻井液密度高达 1.65～1.70 g/cm³，考虑到上部裸眼地层的承压能力，必须对

ϕ311.15 mm 井眼进行承压能力试验。沙106 井于钻达井深 4 994.92 m 处,电测井后下钻做承压试验。

该段地层:3 000～3 720 m 为下第三系上白垩统 K_2–E 组;3 700～4 194 m 为下白垩统 K_{1KP} 组;4 194～4 206 m 为侏罗系 J_1 组;4 206～4 371 m 为三叠系 T_{3H} 组;4 371～4 550 m 为三叠系 T_{2a} 组;4 550～4 994 m 为三叠系 T_{1K}、P_1、C_{1K1} 组地层。

先期承压堵漏分析:

该井钻达井深 4 994.92 m 测完井后,下钻做地层承压试验。下钻到底后,循环调整钻井液一周,调整钻井液性能为:ρ1.36 g/cm^3,FV 55 s,API 失水 4.5 mL,pH 值 9,泥饼 0.2 mm,HTHP 失水 12 mL。裸眼段 3 000～4 994.92 m 为 ϕ311.2 mm 井眼,井内钻井液 500 m^3。其中裸眼段钻井液有 150 m^3。

从测井资料分析,3 000～5 080 m 井段有砂岩及砂泥岩互层 11 层,累计 1 337 m。其中,较疏松的砂岩约 792 m。

资料和经验证明:本井易漏失层段较多,而漏失层最可能的是套管下第一层砂岩层(3 038～3 102 m)。为了确保承压试验工作的顺利进行,在参考邻井承压试验的基础上,制订了沙106 井裸眼井段承压作业方案。

堵漏承压过程:向井内注入堵漏浆 90 m^3(2 800～3 200 m 注入堵漏浆 30 m^3、4 200～4 994 m 注入堵漏浆 60 m^3),堵漏浆配方:井浆 100 m^3 + PB-1 1 000 kg + CXD 5 000 kg + SQD-98 2 000 kg + 云母 2 000 kg + 锯末 2 000 kg。起钻至 2 800 m,根据工程设计要求,开始做地层承压试验。

注堵漏浆后关井,承压,缓慢开泵向井内注浆 8 m^3,立压 18 MPa 地层破裂,继续开泵由 18 MPa 降为 10 MPa。停泵憋压 6 Pa 后下降至 4 MPa。现场分析地层已被压开,采用间隙式顶替桥堵工艺堵漏。

下钻至 3 000 m,继续堵漏承压。同时将堵漏浆配方改为:新配浆 50 m^3 + PB-1 1 000 kg + CXD 2 500 kg + SQD-98 1 000 kg + 云母 1 000 kg + 锯末 650 kg + ST-2 1 000 kg。调整堵漏施工方案:关井小排量憋压挤堵漏浆。关井后,用小排量挤钻杆内堵漏浆 10 m^3(静止 3 h),观察并记录下压力变化情况;3 h 后再挤堵漏浆 10 m^3,观察压力变化。按照上述方式连续封堵 5 次。最后静止 10 h 后,检验封堵效果。

通过几次堵漏,停泵后立压逐渐上升,由 10 MPa ↗ 11.2 MPa ↗ 12.2 MPa ↗ 13.7 MPa ↗ 14.4 MPa,说明有一定的堵漏效果。期间,共挤入堵漏浆 170 m^3,立压稳定于 14 MPa 不降,经计算管鞋处承压达当量密度 1.84 g/cm^3;4 205 m 为 1.70 g/cm^3;井底处为 1.65 g/cm^3 基本达到设计要求。当地层完全闭合后,承压能力还会提高。

根据井下情况分析,立压稳定不降,承压堵漏结束。决定先泄压下钻通井,进行钻井液转换工作。

承压堵漏作业评价：

（1）有条件的情况下，减小长裸眼造成的当量密度差，采用全裸眼堵漏工艺，可减小堵漏工艺的复杂性。一般情况下较难在地面通过泵压验证其堵漏效果，在施工过程中，必须通过对井下情况的数据分析，综合地层条件等因素进行评价，才能得出较为切合实际的措施。

（2）采用间隙式堵漏工艺时，每次泵入量不宜太多（10 m³ 以内），泵速不宜太高（15～20 次/min）。

（3）堵漏剂复合配方应兼顾大、中、小、软硬配合，以适宜长裸眼不同地层封漏需要。

由于本井裸眼段长，易漏层多，如果不确定具体漏失层位，按照常规的堵漏工艺施工效果不够理想。应采用电测井法确定漏失层位，以提高封堵作业的成功率，减小井下复杂情况的可能性。

四、盐膏层钻井液技术措施及防漏、防塌对策

（一）钻井液类型的合理选择

钻盐膏层的钻井液必须具备的 3 个要求：一是解决好大段盐岩层蠕动防卡问题，也就需要选择合适的钻井液密度和氯离子；二是上部大井眼超过 2 000 m 的裸眼井段存在不同的压力系统，要解决好上部井段的漏失问题；三是要解决好盐岩中破碎地层的坍塌问题，防止高压差下的卡钻，同时也要考虑欠饱和盐水钻井液对钻具、设备的腐蚀问题。

盐膏层钻井液技术应具备适应于盐膏层易蠕变、易溶解、易垮塌等特点，是盐膏层钻井的关键技术之一，它直接影响钻井作业的成败。对于超深井钻深层盐膏层的钻井液不仅应具有良好的抗盐、抗钙、抗高温能力，还对钻井液性能如流变性、润滑性、稳定性等方面有更高要求。合适的钻井液体系和钻井液密度、Cl^- 控制是关键。并要有一套与钻井液体系相配套的设计、配制、维护和应用技术。

综上所述，鉴于沙 106 井盐膏层钻进受井身结构、地层条件等客观因素制约，根据设计要求及室内试验评价结论。故采用适当密度、适当含盐量的聚磺欠饱和盐水钻井液。实践证明：该套钻井液体系能够满足深井盐膏层钻井的需要。

（二）盐膏层钻井液技术措施

1. 钻井液室内实验

钻达井深 4 994.92 m，进行钻井液的转换工作，转换之前做了小型实验，室内小样实验的目的是找出处理剂配制顺序，观察加药后钻井液性能的变化，及转换过程中的药品的配比。

井浆钻井液性能:密度 1.24 g/cm³,塑性黏度 26 MPa·s,屈服值 10 Pa,初/终切力 2.5/6.5 Pa,API 失水 4.2 mL,泥饼厚度 0.5 mm,固相含量 10%,MBT 含量 60 kg/m³,pH 值 9。

通过 7 组胶液配方实验,最终选择了 6#胶液配方 2∶1(井浆∶胶液)进行降膨润土含量、护胶工作。6#胶液配方:KPAM 0.3%,AT-1 0.2%,RJT-1 0.2%,然后加入 SMP-2 5%,SPC 3%,HFT-301 2%,ST-180 0.3%,FST-518 0.5%,SYP-1 1%,NaOH 0.5%,调整钻井液性能。

在充分搅拌均匀后,加入 NaCl 28%,KCl 3%。

调整后的钻井液性能为:密度 1.24 g/cm³,塑性黏度 41 MPa·s,屈服值 3 Pa,静切力 0.5/12 Pa,API 失水 3.6 mL,泥饼厚 0.5 mm,MBT 含量 28 kg/m³,pH 值 9。

2. 聚磺欠饱和盐水钻井液的转换

根据设计要求对原聚合物钻井液进行欠饱和盐水钻井液转换工作,按照室内实验选用 4#配方(4#胶液配方:KPAM 0.5%,AT-2 0.3%,SMP-2 5%,SPC 3%,HFT-301 2%,NaOH 0.5%,ST-180 0.3%),进行转换。整个转换工作分两步进行:

第一步将地面及 ϕ339.7 mm 技术套管内的原钻井液 240 m³,配制 120 m³胶液(原浆∶胶液=2∶1),胶液配方为:KPAM 0.3%,AT-1 0.2%,RJT-1 0.1%,边循环边混入胶液,同时干加 SMP-2 5%,SPC 3%,ST-180 0.3%,FST-518 0.5%,NaOH 0.4%,加完后黏度 135 s,密度 1.27 g/cm³,继续干加 NaCl 26%,KCl 3%,加完后黏度 74 s,密度 1.36 g/cm³,PV47 MPa·s,YP 0.5Pa,API 失水 6 mL,泥饼 0.2 mm,pH 8.5,初/终切力 2/5 Pa。

第二步下钻至 4 994 m,循环钻井液,将裸眼段钻井液顶替出 60 m³,保留 90 m³原钻井液,配制 30 m³胶液(配方同上),继续进行转换。同时干加 SMP-2 5%,SPC 3%,ST-180 0.3%,FST-518 0.5%,NaCl 26%,KCl 3%,HFT-301 1%,加完后循环加重。

由于 YP 偏低,在加重过程中又补充 RJT-1 0.1%,KPAM 0.05%,AT-1 0.05%,YP 增至 4.5~5 Pa,基本满足钻井液要求。加重后钻井液性能为:黏度 98~95 s,密度 1.61~1.62 g/cm³,PV 71 MPa·s,YP 4.5 Pa,API 失水 6.8 mL,泥饼 0.5 mm,pH 8.5,初/终切力2/5 Pa。固含23%,Cl⁻:160 000 mg/L,MBT 含量 25 kg/m³。至此,钻井液转换工作基本结束。

(三)钻盐膏层施工防漏、防塌技术对策

(1)钻达 5 080 m 时,钻井液性能及各项指标必须达到钻井液设计要求。

(2)钻盐膏层过程中,要精心维护和处理好钻井液的性能,确保井下安全和井眼畅通。对井下发生的复杂情况,应根据井下具体情况作具体分析,查明原因,及时有针对性地对钻井液进行处理和调整,使钻井液的各项性能指标符合井下安全的要求。

(3)钻盐膏层前,要充分按要求加足润滑剂,使钻井液的摩阻系数降至最低,保持钻具在井内有一个良好的工作环境。

(4)钻盐膏层前,钻井液的防塌抑制剂要及时补充,使钻井液保持良好的防塌能力。防止因钻井液的抑制性能差引起井壁垮塌和剥蚀掉块,造成井下复杂情况的发生。

(5)钻井液的密度的选择必须考虑确保裸眼井段不漏,又要保证钻井液的液柱压力平衡盐层压力,保证易垮地层稳定。我们参考了该地区邻井地层压力资料(见表2),决定钻井液的密度维护在设计的下限,根据井下的实际情况及时调整钻井液密度。钻进时密度控制在 1.65～1.70 g/cm³ 范围内,可以防止井漏又保证井眼稳定。

表2 沙106井盐上地层压力预测及邻井实用钻井液密度对照表

沙106井				邻井实用钻井液密度/(g/cm³)			
井深/m	地层	当量密度/(g/cm³)		设计密度 /(g/cm³)	乡1井	沙10井	沙98井
		孔隙压力	破裂压力				
3 000～3 720	下第三系 上白垩统	1.14～1.16	1.78～1.83	1.20～1.30 (1.65～1.70)★	1.15～ 1.20		
3 720～4 713	下白垩统 侏罗系三选	1.14～1.17	1.71～1.76	1.20～1.30 (1.65～1.70)★	1.20～ 1.30	1.25～ 1.30	
4 713～5 472	二迭系 石炭系	1.21～1.49	1.67～1.81	1.20～1.30 (1.65～1.70)	1.30～ 1.65	1.30～ 1.76	1.65～ 167

注:"★"为钻盐层时2 998～5 164 m裸眼井段亦处于高密度钻井液环境。

(6)钻进中始终控制钻井液在欠饱和盐状态下,控制 Cl⁻ 含量 < 170 000 mg/L。适当地溶蚀盐层,能使井径保持适当的扩大率。正常钻进时,氯离子含量每天测定2次(每班一次),及时掌握氯离子的变化情况,保持达到设计要求的范围内。若黏切过高,用 GMP-111 或 SMT 碱液处理,也可以用补充欠饱和盐水新浆加以控制,提高 Cl⁻ 含量可用 NaCl、KCl,KCl 浓度保持在3%～5%范围,绝对禁止向钻井液内直接加入清水,振动筛清洗用水也要严格控制。

(7)加重或降低钻井液密度,要求准确地计算加入量和加入速度,加重或降低密度要按循环周的时间加入,要求均匀、准确。

该段采用 φ374.65 mm RWD(随钻扩孔器)钻进。其中 5 142～5 402 m 为膏盐层钻进。

钻进中以加强钻井液的抑制性、防塌性,保持适当的动切力,满足井眼净化。及时补充包被剂量,防止下第三系泥岩水化膨胀及砂岩缩径。侏罗系、三叠系泥页岩地层易吸水膨胀、剥落掉块、垮塌,应增强钻井液的防塌性。控制重点:① 密度必须在 1.65 g/cm³ 以上。② 控制 Cl⁻:160 000 ~ 170 000 mg/L,③ 保持钻井液的润滑性,防黏卡。黏度不宜太高,应控制在 60 ~ 70 s。钻进过程中若有盐重结晶出现,应加入 0.9% ~ 0.2% 的盐重结晶抑制剂,将有效防止卡钻事故的发生。

在盐膏层钻井液日常维护与处理过程中,严格执行了钻井液设计中的技术措施及现场制定的技术措施实施细则,取得了明显的效果:性能稳定、井眼无垮塌现象,盐膏层钻进过程顺利、无阻卡现象,电测井均一次成功;下套管、固井作业顺利。钻井液技术为盐膏层钻进、下套管顺利作业提供了可靠保障。盐膏层段钻井液性能详见表3。

表 3　沙 106 井钻井液性能表

井深/ m	密度/ (g/cm³)	黏度 /s	塑性黏度/ (MPa·s)	屈服值/ Pa	初/终 切力/Pa	API 失水/ mL	泥饼厚度/ mm	固相/ %	膨润土含量/ (kg/m³)	pH 值	Cl⁻含量/ (mg/L)
5142	1.65	77	45	8.5	2/5	4.4	0.3	25	31	9	16.5 万
5180	1.66	75	43	6.5	2/5.5	4	0.3	25	31	9	16.5 万
5211	1.67	82	50	9.5	2/6.5	4.4	0.3	26	31	9	16.5 万
5247	1.66	78	47	8.5	2/5.5	4.4	0.3	26	31	9	16.5 万
5281	1.67	78	48	6	3/7	4.6	3	26	31	8.5	15.4 万
5325	1.66	67	39	6	1.5/5	4.2	0.4	27	31	9	16.5 万
5368	1.68	68	37	6	1.5/5	5	0.4	26	28	9	16.2 万
5498	1.68	64	40	5	2/6	6.8	0.4	25	28	8.5	16.6 万
5422	1.68	64	41	5	1/4	5.2	0.4	26	31	9	16.7 万

五、盐膏层塑性蠕动缩径变化规律探讨

根据盐膏层蠕动有关特征分析认为,深部盐岩在高温高压下的塑性流动,会导致钻井过程中盐层部位井径缩径而发生卡钻。防止井眼缩径的有效办法是提高钻盐层的钻井液密度。根据实验数据和现场实践,国内外一般把盐岩井眼截面的蠕变收缩率限制在每小时 0.1%,并按此计算确定钻不同深度盐岩所需用的钻井液密度。每小时 0.1% 的井眼收缩蠕变速率意味着沙 106 井 φ361.95 mm 井眼中每 24 h 盐层井眼缩径 2.18 mm。实践表明,这对钻井作业并不构成威胁。

从沙 106 井实践得知,盐岩在深层高温高压条件下其物理状态形似"面团",当井内钻井液液压力不能平衡上覆岩层压力(当减去岩层应力值)时,盐岩就向井筒内蠕变缩径。塔河油田乡 1 井钻盐层初期,曾使用过饱和盐水钻井液。由于上部大段裸眼(935 m)受地层破裂压力限制,钻井液密度只能维持在 1.58 ~ 1.61 g/cm³,不能控制盐岩蠕变缩径,井下阻卡严重。后改为欠饱和盐水钻井液(同时采取混油,加润滑剂,密度增至 1.65 g/cm³ 等综合措施),井下盐岩段阻卡现象才基本消失。究其原因,乃欠饱和盐水钻井液把蠕变缩径处的盐岩不断溶解,以弥补钻井液

密度偏低的不足,达到井下盐岩井壁处蠕变速率与溶蚀的"动态平衡"。

因此,我们在施工中认识到"动态平衡"的重要性,该井在钻盐膏层过程中注意维护和处理好钻井液性能,以此作为防止盐层阻卡的关键技术。综合上述,我们结合塔河油田钻井情况,对复合盐层蠕变的规律有以下认识:

本井钻盐膏层时钻井液密度为 $1.65 \sim 1.69 \ g/cm^3$ 在设计范围内,Cl^- 160 000 ~ 170 000 mg/L,钻穿盐膏层测井数据:盐膏层段为 5 142 ~ 5 402 m,视厚 260 m。盐膏层段第一次测量井径,平均井径 364.73 mm;盐膏层段第二次测量井径,平均井径346.35 mm。两次测井时间间隔为 25.33 h,平均蠕变速度为 (364.73 - 346.35) ÷ 25.33 = 0.73 mm/h。最大蠕变速度为 (327.7 - 292.1) ÷ 25.33 = 1.40 mm/h。

该井使用聚磺欠饱和盐水钻井液,正常钻井作业时,其密度在 1.66 ~ 1.69 g/cm^3 偏低情况下,盐层 1.40 mm/h 的蠕变缩径速率,被钻井液略高失水微量溶蚀,使井径较规则,实现盐岩层井壁蠕变缩径和钻井液有限失水溶蚀盐岩的速率相近,达到"动态平衡"。故该井在 260 m 厚盐膏层钻进中,既未发生严重遇卡,也无坍塌现象。

在下套管前钻达设计井深后,应通过测井确定盐膏层的蠕变速率,来确定下套管的安全时间。根据沙 106 井二次测定井径数据 D_1、D_2,计算出盐膏层蠕动速率 $G_d = (D_1 - D_2)/T$(见表4),再根据盐膏层蠕动速率确定安全下套管的时间。如下套管作业时间预计为 T,起钻时盐膏层井径为 D,则盐膏层塑性蠕动后的实际井径尺寸 D_c,则 $D_c = D - G_d T$,当 $D_c \leqslant$ 套管接箍直径,则需通井扩孔,反之说明在 T 内完成下套管作业是安全的。

本井下入 $\phi 250.8 \ mm + \phi 244.5 \ mm$ 复合套管,悬挂于 2 846.14 m。预计整个下套管作业时间在 40 h,实际套管作业时间 38 h(起钻 12 h;下套管准备工作0.5 h;下钻及下套管 25.5 h)。井内无阻卡显示,经计算,下套管所用 38 h 盐膏层塑性蠕动后的实际井径尺寸 D_c 大于套管直径,证实下套管作业是安全的。

表 4 沙 106 井盐膏层电测井井径及蠕变速率表   mm

第一次电测井数据				第二次电测井数据(间隔25.33 h)			
井段/m	最大井径	最小井径	平均井径	井段/m	最大井径	最小井径	平均井径
5 142 ~ 5 200	429	335	381	5 142 ~ 5 200	396	312	355
5 200 ~ 5 300	406	327	368	5 200 ~ 5 300	373	295	348
5 300 ~ 5 320	368	297	335	5 300 ~ 5 320	350	284	322
5 320 ~ 5 415	368	317	345	5 320 ~ 5 415	360	304	335
最大井径429;最小井径297;平均364				最大井径396;最小井径284;平均346			
平均盐层蠕变速率为 0.73 mm/h				盐层最大蠕变速率为 1.40 mm/h			

近期新疆石油管理局施工的沙 105 井盐层第一次测井平均井径 368.30 mm；第二次测井平均井径 352.86 mm，两次测井相隔 33.42 h，平均盐层蠕变速率 0.51 mm/h，最大蠕变速率 0.99 mm/h。沙 98 井盐层平均蠕变速率 0.52 mm/h，最大为 1.05 mm/h。实践证明：该地区深部盐膏层蠕变速率范围在平均 0.50～0.73 mm/h，最大达 1.40 mm/h。

钻盐膏层是一项系统工程，解决盐层蠕变问题除合理选择钻井液维护与处理工艺技术外，合理的选择钻井参数、操作方法也是安全快速钻穿盐膏层的重要技术保证。

六、结论与建议

（1）适当密度和含盐量的聚磺欠饱和盐水钻井液体系适用于塔河油田深层盐膏层的钻井需要。实践证明，在密度偏低的情况下，运用"动态平衡"理论指导施工作业是行之有效的。

（2）在钻盐膏层前，认真做好上部裸眼井段的承压堵漏是安全、顺利钻穿盐膏层的先决条件和保证。

（3）对于深层盐膏层钻进，控制好适当的钻井液密度、含盐量是钻井液技术的关键。在塔河油田密度保持在 1.66～1.69 g/cm³；Cl⁻ 的控制：钻井液转换后保持 Cl⁻ 140 000 mg/L 左右，钻盐膏层时 150 000～170 000 mg/L 为宜，将 MBT 含量严格控制在 20～25 kg/m³ 范围内。同时，在性能维护处理上，要做到低摩阻、防塌和低滤失，防止性能大起大落。

（4）要继续加强对深部盐膏层蠕变规律的研究，确保安全下入套管。

（5）目前塔河油田采用的是 ϕ250.8 mm + ϕ244.5 mm 复合套管，均不同程度存在套管损坏的问题（沙 105、106、107 井），不能达到长期封固盐膏层的目的，这也为塔里木地区盐膏层井的井身结构的设计提出了新的课题。

（6）使用盐水钻井液体系钻盐膏层，会对钻具及设备产生不同程度的腐蚀。本井工程结束后，对沙 106 井所用过的 621 根宝钢生产的 ϕ127 mm S135 钻杆外送检测，结果是 267 根钻杆报废，钻杆的报废率达 43%，给施工单位造成了巨大的经济损失。建议今后钻盐膏层使用盐水体系钻井液必须使用缓蚀剂，减少对钻具的腐蚀程度，从而降低钻井成本，减少甚至避免钻具刺穿和断裂事故。

参考文献

[1] 侯彬，周永璋，魏无际：《钻具的腐蚀与防护》，《钻井液与完井液》，2003 年第 2 期。

[2] 李允子，李根明：《中原油田复合盐层的特性及其钻井工艺技术》，《石油

钻采工艺》,1985 年第 6 期。

［3］徐同台,崔茂荣,王允良,等:《钻井工程井壁稳定新技术》,石油工业出版社,1999 年。

本文发表于《河南石油》2006 年第 3 期,并被中石化钻井承包商协会评选为 2004 年度优秀论文,还获得 2005 年华东石油局首届工程技术交流会优秀论文二等奖

塔河油田盐下探井 φ311.2 mm 井段长裸眼井壁稳定问题的探讨

赵炬肃,陈安明

(中国石油化工集团公司华东石油工程有限公司六普钻井分公司,江苏 镇江 212003)

一、引 言

塔河油田三开 φ311.2 mm 井段的深层盐膏层钻井是石油工程界重大技术难题之一。在这一井段同时存在严重的三叠系、石炭系井眼失稳问题,由于受井身结构的限制,本井段存在多个压力系统,在钻遇盐膏层前必须对盐上裸眼井段(3 000 ~ 5 300 m)进行先期的承压堵漏,以满足打开巴楚组盐膏层时钻井液密度达到 1.60 ~ 1.65 g/cm³ 的承受压力,盐膏层钻井时盐层的蠕动容易发生缩径卡钻。综合上述因素,塔河油田盐下探井钻井液技术难度较大,也可以说三开 φ311.2 mm 井段的成败关键是钻井液技术的应用,它还直接关系到全井的成败,钻井的实践证明了这一点(见表1)。

表1 盐下井钻遇地层预测

地层			底界/ m	视厚/ m	岩性描述	故障提示
界	系	代号				
新生界	第四系	Q	89	80	灰白色粉砂层、细砂岩层与黄灰色黏土层	胶结较松散,易扩径、垮塌
	上第三系	N_{2K}	1 610	1 521	黄、灰白色粉砂岩、细砂岩略等厚互层	地层疏松、钻速快、泥岩厚易吸水膨胀,砂岩易缩径,防阻、卡
		N_{1K}	2 470	860	细砂岩,粉砂岩与泥岩、粉砂质泥岩略等厚互层,泥岩中含分散状石膏	
		N_{1j}	2 921	451	上部以泥岩为主,夹粉砂岩、细砂岩、泥质粉砂岩;中部泥岩与粉砂岩、细砂岩略等厚细砂岩略等厚互层;下部以泥岩为主,夹粉砂岩、细砂片。泥岩中见粉状石膏	防膏侵、防坍塌和跳钻,防阻卡
		N_{1s}	2 972	51	棕红色细砂岩、粉砂岩、粗砂岩与棕褐色泥岩略等厚互层	钻速快,防砂岩缩径遇阻和卡钻

续表1

地层			底界/ m	视厚/ m	岩性描述	故障提示
界	系	代号				
中生界	下第三系上白垩统	K_2-E	3 725	753	上部棕褐色泥岩与棕色细-中砂岩不等厚互层;下部棕色细-中砂岩、砾状砂岩、细砾岩与泥岩不等厚互层	防止砂岩缩径和泥岩掉块垮塌,造成遇阻和卡钻,防止使用高密度钻井液时发生井漏
	下白垩统	K1kp	4 163	438	灰绿、棕红色泥岩为主,与灰白色细砂岩、粉砂岩略等厚互层。底部为灰白色细砂岩、含砾砂岩	泥岩易吸水掉块、垮塌、防阻卡
中生界	侏罗系	J_1	4 175	12	灰白色、浅灰色含砾砂岩、砂质砾岩、砾岩、细砂岩与灰黑色泥岩不等厚互层,夹煤线	防剥落掉块、防止压差卡钻,防止使用高密度钻井液时发生井漏
	三叠系	T3h	4 360	185	上部深灰泥岩夹浅灰色粉-细砂岩,下部浅灰色细粒砂岩,灰白色砂砾岩,含砾粒-中粒砂岩夹灰黑色、深灰色泥岩	
		T2a	4 586	226	上部深灰色、灰黑色泥岩夹灰色粉砂岩、细粒砂岩及粉砂质泥岩薄层,下部灰色中-细砂岩、砾状砂岩为主,夹深灰、棕褐色泥岩、粉砂岩	
		T_{1k}	4 679	93	深灰泥岩夹灰色细砂岩、粉砂岩	
	二叠系	P_1	4 720	41	灰黑色玄武岩。防坍塌、防漏	
古生界	石炭系	C_{1kl}	5 117	397	上部为灰白、灰色含砾砂岩、中砂岩、细砂岩与灰绿、棕褐色泥岩;粉砂质泥岩略等厚互层,即砂泥岩段。下部为褐色、灰、深灰色泥岩、粉砂质泥岩,局部夹灰色粉砂岩及灰色泥晶灰岩即上泥岩段	防盐水侵,防止井壁剥落、掉块,防止使用高密度时发生井漏
		C_{1b}	5 464	347	可分为4段:(1)黄灰、深灰色泥微晶灰岩、含膏泥微晶灰岩,夹深灰色泥岩,即"双峰灰岩段",预测厚度15 m。(2)顶部为灰白色石膏夹薄层泥岩,中下部为褐、灰、无色盐岩夹棕褐、灰色泥岩,即膏盐岩段,预测厚度251 m。(3)深灰、灰黑色泥岩夹粉砂质泥岩,即下泥岩段30 m。(4)绿灰、红棕色色泥岩、灰质泥岩、褐棕色粉砂质泥岩夹绿灰、灰色细砂岩。局部富含灰质团块。即砂砾岩段,预测厚度51 m	防膏盐岩塑性蠕动造成阻、卡,防止使用高密度钻井液时产生漏失,防井壁不稳定产生剥落、掉块,造成井径不规则
	泥盆系	D_{3d}	5 502	38	灰、灰色细砂岩夹泥岩、灰质泥岩薄层	防喷、防漏、防井壁剥落、坍塌

续表1

地层			底界/m	视厚/m	岩性描述	故障提示
界	系	代号				
古生界	奥陶系	O_{3s}	5 875	373	主要由中厚-巨厚层状泥岩,灰质泥岩夹中厚层状灰岩,泥质灰岩、砂质灰岩、沥青质砂质灰岩,上部夹中厚层状泥质粉砂岩、灰质粉砂岩	防井漏、井涌、井喷
		O_{2+3l}	5 957	82	褐灰色微晶灰岩,粉晶灰岩夹同色砾状灰岩云质灰岩、灰质泥岩	
		O_{2q}	5 975	18	上部为棕红色灰岩,下部为暗棕色灰质泥岩夹浅灰色泥质灰岩	
		O_{1yj}	6 068	93	浅灰色、灰色泥微晶灰岩夹浅灰色灰质泥岩、泥质灰岩、生物屑灰岩含沥青弱白云化灰岩	
		O_{1y}	6 225	157	浅灰、黄灰色泥微晶灰岩夹砂屑泥微晶灰岩弱白云化灰岩	

作者从 3 个方面探讨解决三开井段长裸眼井壁稳定问题,以求目前的钻井液技术和处理手段更加完善。

二、三叠系和石炭系井壁稳定问题

塔河油田三开 $\phi 311.2$ mm 井段三叠系、石炭系井壁失稳问题一直是该油田勘探与开发中的技术难点。其主要是岩性为砂泥岩互层、含砾砂岩和部分火成岩、岩性软硬交错。造成井壁失稳的原因是多方面的,但众多因素中化学与力学平衡是主要的两个方面。

(1) 化学因素主要是指这套地层黏土矿物以伊蒙混层和伊利石为主,且混层比高,属于极易水化分散,剥落掉块地层,其中三叠系、石炭系黏土矿物总量为30% ~ 50%,伊利石含量为58% ~73%,说明地层水敏性强,存在井眼失稳的前提条件。

(2) 力学因素是指该地层下部构造应力变化大,特别是水平应力方向有较大波动,造成泥页岩的裂缝发育,岩性整体稳定性差。同时,该套地层还存在较高的坍塌压力,而实际使用的密度又往往偏低,钻进过程中,井眼周围岩石不能承受来自地层内部和上下的挤压而发生井塌、掉块。

此外,还存在的其他因素:其一,包括钻井液的体系选择及性能控制还不能从化学平衡的角度抑制井壁垮塌和掉块;其二,钻井工程因素,2 000 余米的 $\phi 311.1$ mm 裸眼井段作业时间长(地层浸泡 60 d 左右),增加了抑制井壁坍塌的难度,在易垮地层不合理的冲刷和定点冲孔也就人为造成了井眼扩大和地层不稳定。

技术措施:

（1）该井段选用具有较强抑制性、防塌护壁能力强的阳离子（或聚合醇）钾基聚磺钻井液体系是可行的。实践证明选择抑制型钻井液可有效地提高侵入到地层的钻井液滤液的抑制能力，减小泥页岩的水化膨胀作用，提高地层整体强度，形成薄而韧的泥饼，降低滤失量，达到稳定井壁的目的。

（2）在维护处理措施上，使用小阳子、高分子聚合物可提高钻井液滤液抑制性，减小滤液渗透压力的传递。磺化酚醛树脂、磺化褐煤树脂的加量应选择在1%～1.5%，以增强钻井液抗温能力。同时在聚磺体系中可选择添加部分改性磺化沥青、聚合醇等封堵剂，封堵地层微裂隙，在近井壁带形成致密的内泥饼，阻止滤液侵入地层，并依靠聚合醇中大量的羟基的吸附交联黏结成膜，降低滤失量，提高泥饼韧性，从而起到封固稳定井壁的作用。为预防水敏性泥页岩的垮塌，需不断补充防塌剂浓度高的胶液，维持体系的强抑制性。

（3）对于力学因素引起的井塌，应通过合理的选择钻井液密度来解决。对复杂而又存在多套压力系统的长裸眼井段来说，保持一定井内液柱压力是井壁稳定的重要措施。在实际施工中，二叠系以上地层钻井液密度的确定应取设计上限，利用力学压持作用稳定井壁。例S115-2井钻达井深3 800～4 310 m井段（三叠系）出现短提钻不畅，钻屑混杂等问题，从性能指标分析除密度偏低外，其他参数均达到要求。果断采取提高密度方法由原1.20 g/cm³增加到1.25 g/cm³，井内情况明显改善，提下钻趋向正常。

三、钻盐膏层前的承压堵漏工艺技术

所钻盐下井根据工程设计，为了满足盐下目的层的施工，无法使用"专封专打"的工艺技术，而采用了长裸眼钻盐膏层的钻井技术措施（见表2）。在打开石炭系巴楚组盐膏层后，钻井液密度需提高到1.65 g/cm³左右，才能有效抑制盐层蠕动，防止盐层卡钻。考虑到上部地层的完整性差，2 000 m裸眼地层的承压能力，在盐层钻进中，为了有效降低提高密度后引发漏失的可能性，揭开盐层前以人工方式提高上部裸眼井段的承压能力，承压堵漏已成为盐下井钻井施工的重要环节。

表2　S106井实际井身结构和套管程序表

序号	井眼尺寸/mm	井深/m	套管尺寸/mm	井深/m	水泥返高/m	备注
0	960	30	720	29	地面	导管
1	660.4	306	508	304.13	地面	一级固井
2	444.5	3 010	339.7	3 008.22	地面	一级固井
3	311.2	5 422	250.8+244.5	5 417.30	2 900 一级	挂2 846 m
			244.5	2 848	300（一级）	回接到井口

续表2

序号	井眼尺寸/mm	井深/m	套管尺寸/mm	井深/m	水泥返高/m	备注
4	215.9	5 882.51	177.8	5 863.68	4 881	挂 5 015 m
5	149.2	6 066				裸眼完井

这几年盐下井的钻井实践和资料表明,裸眼井段易漏失层位较多,分布在白垩系(3 000~3 700 m)、三叠系(4 300~4 500 m)、石炭系(4 500~4 600 m)、双峰灰岩(5 200 m左右)等不同层段,而上部 ϕ339.7 mm 套管底砂岩、砂砾层是承压的最薄弱部位。

目前采用的承压堵漏方法是:承压前将井浆的密度提高到 1.40~1.45 g/cm³,在地面上配制的暂堵剂(浓度10%~30%,颗粒、片状及纤维状,大、中、小颗粒堵漏剂组合),分别注入可能漏失的层位的顶部,且钻具内保留暂堵浆,关井后用小排量(5~10 L/s)挤注或挤替钻井液。在作业过程中记录套管压力的变化情况,最高挤替压力不超过套管鞋处地层的破裂压力。塔河油田一般要求井底承压达到当量密度 1.73~1.75 g/cm³。

参照上述工艺方法承压堵漏,总体上是比较成功的。但近期也出现了几起承压堵漏达到设计要求后,钻盐膏层时又发生井漏的问题,例 TK1103 井、TK1102 井等。

几种出现承压堵漏失败的可能性为:① 承压时注入易漏层位的堵漏浆中堵漏剂浓度不够,地层承受不住压力,大量的堵漏浆漏失,达不到堵漏的效果;② 堵漏浆中的堵漏材料配比不合适,没有根据地层特点选用颗粒尺寸及软硬搭配的堵漏浆,配方有一定的问题;③堵漏材料大、中颗粒比例过高,没能把地层压开,在井壁裂隙表面上形成架空而不致密的暂堵层,没有真正进入缝隙中,当井筒内钻井液密度大幅度提高时,加上压力激动等因素,表面和暂堵层容易被破坏造成井漏。TK1103 井盐上承压堵漏计算井底承压达 1.78 g/cm³,钻进时钻井液密度 1.63~1.65 g/cm³,但还是出现了严重的井漏。该井承压时仅仅挤入地层 29.7 m³ 堵漏浆,显然数量太少,未能进入地层缝隙。由此看出,承压堵漏施工中,根据地层特点优选堵漏材料的粒子、粒级搭配和浓度是整个承压堵漏施工的关键。

应该指出的是,如何提高盐岩层中泥页岩或盐膏层中非均质带的承压能力是需要进一步探讨的问题。

较理想化的承压堵漏方案:对盐上裸眼井段进行承压堵漏的实质是以人工方式建立较高强度的井壁,以适应盐层钻进时的较高液柱压力,其主要作用是修补疏松地层和不完善的井壁。

首先,在经过对地层分析的基础上,合理制定堵漏浆的配方,尤其是大小、软硬及浓度的选择十分重要,从而对盐上裸眼段有针对性进行堵漏。第一步先在裸眼井段内注入由中、小颗粒组成(以软质堵漏材料为主的)堵漏浆,浓度控制在 8% ~ 15%,然后在钻具内和地面上配制浓度为 25% ~ 30% 的高效堵漏浆,由大、中、小颗粒材料组成,软硬搭配合理,复配有弹性变形粒子,压力不同时变形程度也不等,有利于建立较厚又致密的人工封堵带。开始承压时先将浓度低、颗粒较小的堵漏浆以小排量(5 ~ 8 L/s)挤注,可以采用多次少挤的敞挤方式进行憋压,让部分小颗粒材料进入地层缝隙内,逐渐将钻具内的高浓度复合堵漏浆对漏失层进行第二次封堵,以比较稳定的速率均匀打压,并保持一定的稳压时间,根据压力的降低速率明确是否已经进入稳压状态及合理确定稳压值。同时打压压力应大于等于井底液压和产生压力激动之和,经封堵粒子的封堵,提高地层胶结强度,从而达到成功堵漏的目的。这样的整个作业过程能形成坚固而稳定的封堵层,预计此种方法的堵漏效果将会更好。

四、盐膏层钻井液的维护和处理

塔河油田石炭系盐膏层埋藏深,温度为 110 ~ 130 ℃。在钻井过程中,盐岩、软泥岩的塑性变形、硬石膏的吸水膨胀;高压低矿化度的盐水层对高密度钻井液的污染;盐岩、石膏的溶解使井径扩大造成井壁垮塌;含盐膏泥页岩吸水膨胀和塑性变形,也造成缩径和垮塌,易导致黏卡事故的发生。这些都是钻井液钻深层盐膏层中的技术难题。

近三年塔河油田盐下井的钻井实践证实,聚磺体系欠饱和盐水钻井液稳定周期长,抑制泥页岩水化分散能力强,流变性好,是目前油田较为理想的钻盐膏层钻井液体系。

上部裸眼井段承压堵塞漏完成后,钻盐膏层便成了三开井段重要的环节。根据室内实验和数据,在钻盐膏层前将钻井液转化为聚磺欠饱和盐水钻井液,分两次将地面、套管内及裸眼井段内的钻井液转化。同时将 Cl^- 控制在 120 000 ~ 140 000 mg/L、密度加重到 1.60 ~ 1.65 g/cm³。用 SMP-2、SPC、CXP-2 等配制成胶液对性能进行调整,以达到设计要求。且经常补充 GLA、YL-80、RH-97D、KCl 等添加剂,保持性能稳定,防塌及润滑性好。目前整个工艺技术已趋向成熟和完善。

下部石炭系盐膏层纯度高,水溶性较强,蠕动能力强。盐顶存在以碳酸盐岩—石膏—盐岩为主且夹泥页岩薄层的蒸发岩,盐岩在高温高压下塑性蠕动的特征给钻井施工带来了极大的风险。从近两年所钻的 S106、S105、S111、T761、T914 等盐下井资料分析认为:盐层蠕变速率一般在 0.62 ~ 0.98 mm/h,最大蠕变速率 1.40 ~ 1.62 mm/h,个别井达到 3.32 mm/h(S106 井)。盐膏层产生蠕动的速率与盐层的上覆岩层压力、时间、非均匀应力、井温以及盐层厚度有关,而盐膏层的温度和压力是影响蠕动速率的主要因素。

通过几年钻井实践,以室内试验数据预测的不稳定地层的蠕动速率,作为确定钻穿盐膏层钻井液密度的依据,对蠕动盐层的安全钻井液密度值进行修正是必要的。2003 年所施工的盐下井钻井液的密度值一般取上限 $1.67 \sim 1.70$ g/cm^3,近期已初步掌握了盐层蠕变速率的规律,所选择的密度值在 1.65 g/cm^3 以内,钻井施工作业是安全的。说明钻井液密度的选用基本可以满足塑性蠕动地层的动态平衡,同时也要求工程界加快盐膏层蠕动规律的研究,掌握其变化的规律性。

盐膏层钻井液技术要点:

(1)钻盐膏层前后钻井液含盐量应在 120 000 ~ 160 000 mg/L 范围内,通过控制盐岩溶解速率,实现盐岩蠕动与溶解的动态平衡。含盐量过低容易造成盐层扩径(大肚子);含盐量过高易产生饱和状态引起盐卡。

(2)钻井液密度控制在 $1.63 \sim 1.65$ g/cm^3 范围内,保持较高的液柱压力有助于抑制盐层蠕动速度,也是解决盐层蠕动的最理想措施(见表3)。过低的钻井液密度虽然能够减少钻进时或下套管的压差卡钻的概率,但可能带来的是盐层蠕动黏卡的概率增加。在施工中要密切注意盐膏层的变化,发现阻卡征兆应立即提高密度至能平衡盐膏层蠕动速度为原则。

表3　S106 井盐膏层段钻井液性能表

井深/ m	密度/ (g/cm^3)	黏度/ s	塑性黏度/ (MPa·s)	屈服值/ Pa	静切力/ Pa	API/ mL	泥饼厚度/ mm	固相/ %	膨润土含量/ (kg/cm^3)	pH 值	Cl$^-$ 含量/ (mg/L)
5 142	1.65	77	45	8.5	2/5	4.4	0.3	25	31	9	16.5 万
5 180	1.66	75	43	6.5	2/5.5	4	0.3	25	31	9	16.5 万
5 211	1.67	82	50	9.5	2/6.5	4.4	0.3	26	31	9	16.5 万
5 247	1.66	78	47	8.5	2/5.5	4.4	0.3	26	31	9	16.5 万
5 281	1.67	78	48	6	3/7	4.6	3	26	31	8.5	15.4 万
5 325	1.66	67	39	6	1.5/5	4.2	0.4	27	31	9	16.5 万
5 368	1.68	68	37	6	1.5/5	5	0.3	26	31	9	16.2 万
5 498	1.68	64	40	5	2/6	6.8	0.4	25	28	8.5	16.6 万
5 422	1.68	64	41	5	1/4	5.2	0.4	26	31	9	16.7 万

(3)聚磺欠饱和盐水钻井液中的膨润土含量(MBT)和 pH 值应严格控制。保持适当的 MBT(25 ~ 30 kg/m^3),有助于提高钻井液的携岩能力,维护高密度、高矿化度钻井液的动力学稳定;维护 pH 值在 10 左右,既有利于控制泥页岩分散,又有

利于处理剂发挥其作用。

（4）加入足够的各种处理剂,保证钻井液具有良好的抗污染能力和较强的抑制、防塌、抗高温能力;以控制较低的滤失量,保持裸眼井段的井壁稳定。在盐层钻进中,应尽可能少使用强分散剂和稀释剂,有助于保持钻井液的黏切,满足岩屑的及时携带。

（5）工程技术及操作措施的配合。在钻盐膏层作业中要严格执行有关盐膏层钻井技术措施和操作规程。按规定短程提下钻,认真观察盐层蠕动情况,确保泵排量满足钻进需要,避免在盐层中定点长时间冲孔和循环,防止"大肚子"井眼出现,保持井眼规则。

（6）为缓解聚磺欠饱和盐水钻井液对钻具及设备的腐蚀,使用该体系时必须在钻井液中添加复合型缓蚀剂,用化学保护的方法来减轻对钻具和设备的腐蚀。S106 井工程结束后,对该井所用的 621 根宝钢生产的 ϕ127 mm S 135 新钻杆外送检测,结果其中 267 根钻杆报废,报废率达 43%,给施工单位造成了巨大经济损失。

五、结　论

（1）确保三开井段井壁稳定,必须从钻井液的化学平衡和物理平衡两个方面着手,根据不同层位的地层条件,抓住问题和矛盾的主要方面重点解决,综合治理。

（2）重视钻井液质量,强化维护处理措施。盐上裸眼井段长、穿过层位多,处理剂的选择要靠多种处理剂的协同作用,要加入足够的抗高温、抗钙、防塌、润滑及页岩稳定剂,提高井眼稳定能力。盐层钻进要严格控制密度、Cl$^-$、动切力、pH 值和膨润土含量(MBT)性能,尤其是密度和 Cl$^-$ 含量。

（3）在钻盐膏层前,认真做好上部裸眼井段的承压堵漏是安全、顺利钻穿盐膏层的先决条件和保证。

（4）在工程方面,要采取切实有效的措施和方法,合理地进行井身结构设计,减小钻井风险。选择和合理使用高效钻头,提高三开井段的钻井效率,缩短钻井周期。

参考文献

［1］赵炬肃:《塔河油田深部盐膏层钻井液技术难点及对策研究》,《钻井工程》,2004 年第 4 期。

［2］靳书波,牛晓,董秀民:《塔河油田 TK431 井钻井液技术》,《钻井液与完井液》,2002 年第 6 期。

［3］中石化华东石油局第六普查勘探大队:《塔河油田深层盐膏层钻工艺技术研究成果报告》,2003 年 12 月。

［4］孟庆生,江山红,石秉忠:《塔河油田盐膏层钻井液技术》,《钻井液与完井液》,2002 年第 6 期。

［5］江山红,席建勇,方彬,等:《塔河油田深层盐膏层钻井液技术》,《石油钻探技术》,2004 年第 3 期。

本文发表于《钻井液与完井液》2005 年第 6 期,并获得 2005 年中国石油学会钻井液技术研讨会(北京密云)优秀论文奖

塔河油田长裸眼井身结构的选择与探讨

周玉仓,赵炬肃

(中国石油化工集团公司华东石油工程有限公司六普钻井分公司,江苏 镇江 212003)

一、概 述

随着塔河油田开发的深入,对其地层的了解也越发深入,开发井的布置越来越多。为了达到快速建立产能的目的,开发井大多采用长裸眼"简化结构"的井身结构。自 2002 年以来,塔河油田常规开发井均采用的井身结构为:钻头程序 $\phi660.4$ mm $\times 20$ m(导管) $+ \phi444.5$ mm $\times 1\,200$ m $+ \phi241.3$ mm $\times (5\,400 \sim 5\,700)$ m $+ \phi149.2$ mm $\times (5\,600 \sim 6\,000)$ m;其套管程序为:$\phi508$ mm(导管) $+ \phi339.7$ mm $+ \phi177.8$ mm $+ \phi127$ mm。为了扫清套管内的水泥塞,保证井下安全,要求钻井队采用 $\phi311.2$ mm 钻头扫除 $\phi339.7$ mm 套管内的水泥塞,各钻井队为节约时间,提高效率,均采用 $\phi311.2$ mm 钻头钻进 300 m 左右,再提钻换 $\phi241.3$ mm 钻头钻进。

二、存在问题

对于超深井、复杂井,由于难以提供全井的地层孔隙压力、坍塌压力、漏失压力和破裂压力梯度剖面,以及难以提供准确的地层层序和复杂段的准确深度或厚度,致使根据地质设计进行的井身结构设计在钻井过程中可操作性不强,造成套管程序和地层必封点设计先天不足,实钻与设计出入较大,再加上井身结构十分复杂,可能导致钻井工艺技术难以满足工程需要,钻井施工会面临很多隐患和风险,这在新区或区域探井是很难解决的问题。

超深井、复杂井的井身结构十分复杂,一般为:井眼 660.4 mm $+$ 444.5 mm $+$ 311.2 mm $+$ 215.9 mm $+$ 149.2 mm 或套管 508 mm $+$ 339.7 mm $+$ 244.5 mm $+$ 177.8 mm $+$ 127.0 mm 尾管/筛管/裸眼完井,各层次的套管下深位置和套管尺寸成为关键性问题,这样的井身结构并不能适应所有区块的超深井和复杂井。

如沙 1 井在 3 839 ~ 3 870 m 井段最大井径 406.4 mm(钻头直径 215.9 mm),最大井径扩大率 88.24%;在 4 110 ~ 4 140 m 井段最小井径 208.3 mm(钻头直径 215.9 mm),最小井径扩大率为 -3.50%。井壁坍塌失稳造成了井径极不规则。

可以说目前这种井身结构存在如下问题:① 为了扫清 ϕ339.7 mm 套管内的水泥塞,需采用 ϕ311.2 mm 钻头,但只能钻进 300 m 左右,浪费钻头,且需要提钻,浪费时间;② ϕ241.3 mm 井眼下入 ϕ177.8 mm 套管不能悬挂于 ϕ339.7 mm 套管上,只能下至井口,这样,需要在下套管前更换井口装置,安装"ϕ244.5 mm 转 ϕ177.8 mm"套管头,费时费力;③ ϕ241.3 mm 钻头为非常规钻头,目前国内钻头生产厂家生产的 ϕ241.3 mm 牙轮钻头的类型少、结构单一且使用寿命短,PDC 钻头虽具有高钻速长寿命的特点,但具有特殊的地层适应性,不能代替牙轮钻头。因而钻头成本及因此产生的间接费用较高等。

三、提出解决问题的初步想法

针对上述地层特点和钻井难度,需要在几个方面加强钻井工程优化设计工作力度,在进行钻井工程设计前,开展大量的调研工作,进行详细的钻井方案认证,通过深入周密设计,提高钻井设计符合率,提高钻井设计的科学性,用科学的设计指导钻井施工,减少钻井工程事故和复杂情况,加快钻井速度,有利于发现和保护油气层,提高综合钻探效益。

目前塔河油田常规开发井采用的"三开制"井身结构,应该说已经能够满足钻井需要。但对于已探明地区的开发井的井身结构设计,应考虑自下而上方法,设计每层套管下入的深度,减少套管费用。从井身结构的优化设计角度来看,井身结构的设计应强调在保证完井尺寸的前提下,减小开眼尺寸,提高上部井段钻进速度的原则。因此,在保证具有相同完井井眼尺寸 ϕ149.2 mm 的前提下,通过井身结构简化,可以采用较小的上部井眼。可以考虑选择的钻头程序为:ϕ444.5 mm × 20 m(导管) + ϕ311.2 mm + ϕ215.9 mm + ϕ149.2 mm;套管程序为:ϕ339.7 mm(导管) + ϕ244.5 mm + ϕ177.8 mm + ϕ127 mm。

长裸眼井段下套管可能出现井漏,应考虑缩短长裸眼的长度。由于下部地层存在风化壳,套管应封固风化壳以上地层,确保揭开风化壳后上部地层的稳定,因而缩短长裸眼只能从上部考虑。从已钻井资料显示:上部(1 500 ~ 4 800 m) ϕ241.3 mm 井眼均存在不同程度的扩径现象,如 TK475 井(井径扩大率为 1.53%)、TK807 井(井径扩大率为 0.6%)、TK826 井(井径扩大率为 2.1%)、TK833 井(井径扩大率为 4.47%)、TK478 井(井径扩大率为 1.9%)。结合过去常规"四开制"开发井 ϕ311.2 mm 钻头钻进至 3 900 ~ 4 400 m 的时间一般为 8 ~ 12 d,且下部下 ϕ177.8 mm 套管正常,无漏失,以及"五开制"盐膏层井 ϕ444.5 mm 钻头钻进至 3 000 ~ 3 200 m 的时间一般为 12 ~ 18 d,上部地层稳定分析,可以考虑将目前的"三开制"井身结构的导管延长至 50 ~ 150 m,封固上部第四系地层,一开井段确定为 ϕ311.2 mm 钻头钻进至井深 3 000 m,下入 ϕ244.5 mm 表层套管,下部缩短

$\phi215.9$ mm 裸眼段长度,在 $\phi215.9$ mm 井眼中下入 $\phi177.8$ mm 套管应该是安全的。即此井身结构的钻头程序为:$\phi444.5$ mm $\times$ $(50\sim150)$ m(导管)$+\phi311.2$ mm $\times$ $3\,000$ m$+\phi215.9$ mm $\times$ $(5\,400\sim5\,700)$ m$+\phi149.2$ mm $\times$ $(5\,600\sim6\,000)$ m,套管程序为:$\phi339.7$ mm(导管)$+\phi244.5$ mm$+\phi177.8$ mm$+\phi127$ mm。

这种井身结构带来的好处还是很多的,无论油田开发商还是钻井承包方,都可从此井身结构上得到实惠。首先,这种井身结构使得套管程序降低一级,减少套管吨位,且 $\phi177.8$ mm 套管可悬挂于 $\phi244.5$ mm 套管上,如无必需,可不回接到井口也能满足油田开发所需套管强度,减少套管成本及固井成本。其次,直接安装"$\phi244.5$ mm 转 $\phi177.8$ mm"套管头,不装"$\phi339.7$ mm 转 $\phi244.5$ mm"套管头,省时省力且减少套管头费用。再次,采用 $\phi215.9$ mm 钻头,提高了钻头使用寿命,缩短了钻井周期,对油田开发商来说即是提前获得产能。对于钻井承包方而言,$\phi215.9$ mm 钻头选型较多,可有针对地选择钻头的型号,达到快速钻进,提高效率,节约成本。长期的钻井实践证明:$\phi215.9$ mm 直径是最佳的钻头尺寸,可以使用 $\phi127$ mm 钻杆。因此,在进行井身结构设计时,应尽可能有更多的井段用 $\phi215.9$ mm 钻头钻进。

四、结论及建议

从井身结构设计的优化角度来说,井身结构的设计应强调在保证完井尺寸的前提下,减小开眼尺寸,提高上部井段钻进速度的原则。

井身结构设计时需要考虑地层层序、岩性剖面、地层压力体系、地质故障、地区参数和设计系数、钻探目的、套管尺寸与井眼尺寸的匹配、工程质量要求等因素。

对于探井井身结构设计必须充分考虑到地层的复杂性,必须考虑到层位与井深的预测误差,应对井身结构调整留下空间(包括钻井深度调整)。

井身结构设计的方案很多,本文提出的井身结构设计仅是个人观点,在此提出仅供参考。

参考文献

[1] 张国龙,曹满党,倪益明:《深井大尺寸井眼钻速低的原因及对策》,《石油钻探技术》,2001 年第 2 期。

[2] 谭春飞,蔡镜仑:《利用涡轮钻具提高深井钻速的试验研究》,《石油钻探技术》,2003 年第 5 期。

本文发表于《钻井工程》2006 年第 1 期

新型有机氟硅聚合物(SF)抗高温钻井液的研究及应用

赵炬肃[1],秦永宏[2]

(1.中国石油化工集团公司华东石油工程有限公司六普钻井分公司,江苏 镇江 212003;
2.中国石油天然气股份有限公司辽河石油勘探局工程技术部,辽宁 盘锦 124008)

一、有机氟硅聚合物特性及钻井液作用机理

抗高温处理剂是构成深井钻井液体系的基础,它能使体系的基本性能保持高温稳定性,具有相对较低的成本,相对简单的处理和维护功能。有机氟硅聚合物(SF)抗高温钻井液正是为了解决深井钻井抗高温的问题而研制的。

(一)深井地层条件的制约

深井钻井中遇到的突出技术难题是井壁不稳定及其引发的井下复杂情况和诱发的其他井下事故,存在于钻井全过程。井眼不稳定易导致扭矩增加、憋跳、阻卡乃至卡钻,轻则影响钻井速度和其他作业施工顺利进行;重则造成钻具设备损失和井眼报废。深井、超深井所钻遇的易坍塌复杂地层岩性主要为大段泥页岩、盐膏等。井壁稳定问题是油气钻井工程中时刻伴随着的一个十分复杂的技术难题,井眼不稳定是由力学和化学两方面因素引起的,最终体现的是力学不平衡。实践证明对于力学因素引起的井壁不稳定问题,单纯使用高密度钻井液效果并不明显,有时甚至出现与愿望相反的结果。

(二)传统钻井液的局限性

钻井液是热力学开放体系,影响其内部状态的主要因素是温度、组成、表面活性和黏性剪切。钻井液组分越简单,在高温下发生物理、化学作用的机会越少;钻井液组分少,处理维护简单,成本低。很明显,水基钻井液是各种钻井液中组分相对简单、成本低廉和维护处理容易的体系。但传统上,水基钻井液的流变性和滤失控制主要靠膨润土。然而,水基钻井液可能因温度诱发胶凝、二氧化碳污染等。当温度超过121 ℃(250 ℉)时,膨润土开始稠化,温度超过300 ℉时会发生高温絮凝。由此决定了在高温环境中钻井液流变性控制是困难的。

钻井液在高温条件下的稠化其实质是由二氧化硅的溶胶化引起。在钻井过程

中,温度随井深增加而逐步升高,钻井液中固相增加,当 pH 值大于 9 时,二氧化硅的溶胶化或溶胶化趋势明显加剧。结果表现为随着井深增加、温度升高,溶胶化程度加剧导致钻井液增稠,甚至丧失流动性,其后果是灾难性的。对暴露于高温条件下的水基钻井液来说,如何维护处于絮凝状态的膨润土和活性固相,是保证钻井液拥有合理流变性和滤失量的关键。

常规钻井液,如在深井钻井中使用的聚磺钻井液、有机硅钻井液、钾盐聚合物钻井液等钻井液体系,取得了一些效果,但并不理想。传统的由黏土、木质素磺酸盐、褐煤等组成的钻井液要求在碱性环境(pH 值最小为 9)下使用。在高温情况下,木质素磺酸盐、褐煤等会降解。由于木质素磺酸盐、褐煤参与滤饼的形成而使问题变得复杂,当褐煤降解后,滤饼破裂导致滤失增加。

(三)有机硅钻井液的发展现状

1983 年金军在辽河油田欢喜岭地区进行了国内首次使用有机硅(MSO)处理钻井液的试验,并取得成效。20 世纪 90 年代,各油田开发了有机硅钻井液处理剂。这一时期,有机硅在石油钻井中得到了广泛推广,也明显暴露出一些问题。主要是抗高温稀释性能变差,当井温达 130 ℃时,处理周期仅维持 3 天左右,而且处理用量加大。

传统的有机硅降黏剂多数是只含有一个甲基(—CH_3)的有机硅低聚物,使用中有降黏效果,但远远无法满足抗高温(150 ℃以上)指标要求。甲基硅聚合物〔主要成分 $SiCH_3(C_2H_5)_3$〕从 160 ℃开始被氧化,生成 HCHO、CH_3COOH、SiO_2、CO_2、H_2O 等,黏度上升逐渐成为凝胶,结果与愿望相反。国外曾试图引入苯基、-α 萘胺、有机钛、有机铈等来提高它的工作温度到 200 ℃。但因为甲基含量太少,在较高 pH 条件下仍会被氧化,效果也不理想。

由以上分析可以看出,要解决深井的安全钻井问题,就钻井液方面而言,应该全面研究钻井液的流变性、造壁性与封堵能力、抑制性和稳定井壁的钻井液技术措施,而要解决的主要矛盾是钻井液的抗高温问题,即通过有效抑制黏土的凝胶化保持钻井液的热稳定性。钻井液没有良好的热稳定性,其抑制性、流变性、润滑性、防塌性等性能均无从谈起,更遑论有效控制地层黏土矿物的水化坍塌周期。要解决深井高温环境中,高黏土、高固相、高密度或膏盐层同时存在情况下的钻井液抗高温稳定问题,必须探索研究新的抗高温处理剂。

(四)有机氟硅聚合物(SF)的化学结构与稳定钻井液机理

1. 氟硅聚合物(SF)的化学结构

聚有机氟硅氧烷是指聚有机硅氧烷分子中与碳连接的氢被氟取代的元素有机化合物,简称氟硅聚合物(又称硅氟聚合物),是在有机硅的基础上,结合含氟材料技术发展起来的一种性能更加优异、独特的新材料。应用于钻井液的氟硅聚合物

(SF)的化学结构为

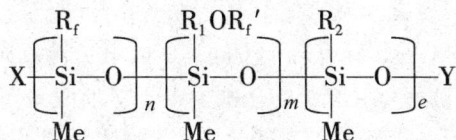

$$X \left[\begin{array}{c} R_f \\ | \\ Si-O \\ | \\ Me \end{array}\right]_n \left[\begin{array}{c} R_1OR_f{}' \\ | \\ Si-O \\ | \\ Me \end{array}\right]_m \left[\begin{array}{c} R_2 \\ | \\ Si-O \\ | \\ Me \end{array}\right]_e Y$$

式中：R_f、$R_f{}'$——含氟基团，如 CF_3、$C_2H_4CF_3$ 和 $C_2H_4C_8F_{17}$ 等；

R_1、R_2——饱和烷基；

Me——甲基，CH_3；

X、Y——高分子链端基，可以是惰性基因，也可以是有反应活性的基团。

钻井液用抗高温降黏剂——有机氟硅聚合物(SF)的研制围绕增加氟代烃基团含量以提高化学稳定性和耐高温稳定性开展工作。SF 分子构成中几种元素原子性质的比较见表1，相互成键情况见表2。

表1　原子性质的比较

元素	电离能/(kJ/mol)	电子亲和能/(kJ/mol)	原子极化率	范德华原子半径/pm	电负性
H	1 312.1	74.0	0.667	120	2.20
F	1 681.1	332.6	0.557	147	3.98
Cl	1 251.0	348.5	2.180	175	3.16
C	1 006.3	121.3	1.760	170	2.55

表2　F、Si、O、C、H 等元素的成键情况

项目	Si—C	C—C	Si—O	C—O	Si—H	C—H	C—F
键长/nm	0.188	0.154	0.164	0.142	0.147	0.107	0.137
键能/(kJ/mol)	368	347	443	358	393	412	485
离子性/%	12	–	50	22	2	4	
转动能/(kJ/mol)	16.1	6.7	<0.8	11.3	–	–	

SF 聚合物为线性高分子，SF 主链为硅氧(—Si—O—Si—)构成，它是 SF 化学的基本键型。含氟基团和其他有机基团均为大分子的侧基。 Si—O 键键能高，故 SF 热稳定性较好。因此，氟硅聚合物的化学结构决定了其特殊的物理化学性质。

2. 热稳定性好，在很高的温度下也不发生分解

由表1和表2可知，氟碳(F—C)键键能 485 kJ/mol，硅氧键(Si—O)键能 443 kJ/mol，而一般聚合物中的碳碳键(C—C)键能为 347 kJ/mol，碳氢键(C—H)键能为 412 kJ/mol。氟碳键键能比碳氢键高18%，比碳碳键高40%；硅氧键键能比

碳碳键高28%。键能高的氟硅聚合物稳定性好,耐高温能力强。

3. 表面活性高,其表面张力远低于常规的有机物

Si—O键与对应的C—O键有若干不同。O的电负性仅次于F,而Si的电负性低于C。Si上的3d空轨道与氧原子的非共价电子对形成dπpπ共价键,致使Si—O带有部分双键性质。Si—O键的键角很大,使Si—O键之间易旋转,键非常柔软。由于Si—O键间dπpπ键的相互补偿和Si—O偶极间的相互补偿,使聚有机硅氧烷链形成螺旋状结构,每个螺环由若干的硅氧链节组成,甲基向外,起屏蔽作用。这样的结构使得硅氧链之间相互作用小,摩尔体积大,表面张力小。SF具有较高的表面活性、与其他物质的隔离性和润滑性、强的消泡能力。

4. 化学稳定性高,在电解质和紫外光下保持稳定

氟硅聚合物是一类线性长链大分子,其分子一次结构为螺旋形结构,螺旋的中间是硅氧(Si—O)主链,包括氟碳基团在内的侧基包围在主链四周。大分子主链和侧基均无不饱和双键,主链硅氧键可自由旋转,并可在分子间力作用下在一定范围内变化键角。侧基在主链的四周形成了对主链的保护壁垒,对外部环境和介质影响有多层的抵御作用,提高了聚合物的稳定性。

SF异乎寻常的稳定性还与氟原子的特性有关,氟是所有元素中电负性最大的,而范德华原子半径又是除氢以外最小的,且原子的极化率最低。氟原子形成的单键比碳原子与其元素原子形成的单键键能都大,而且键长较短,C—F键非常稳定,不仅难于发生共价键的龟裂分解,而且也难于发生共价键的异裂分解。SF遇到化学试剂攻击或受到高温热刺激时,分子中发生断裂的首先是C—C键而不是C—F键。引入三氟甲氧基的目的是提高共聚物的化学稳定性。有机硅氟共聚物与有机硅有重大区别:首先,传统的有机硅是更接近于无机物的化合物,而有机氟硅聚合物则是一种完整的有机高聚体;其次,有机氟硅共聚物具有有机硅和氟碳表面活性剂的通性,而不是复配物。

SF具有独特的分子链一次结构即包芯螺旋构形,朝向界面外的含氟基团的氟碳键的高稳定结构部分,降低了对盐的敏感性,发挥了最佳抵抗优势。当氟硅聚合物处理剂加入钻井液后,聚合物主链上的硅氧键结构与岩土的硅氧铝等化学成分相似相亲,通过分子间力吸附在一起,使聚合物在二次结构和高次结构形态下,朝向颗粒外的界面上含氟基团的密度增加,进一步集中了抵抗界面外侵害的优势力量,加之其疏水拒油的特性,使盐水(盐含于水中)的破坏力大幅下降。

专业研究设计的含氟基团化学结构提供了抗盐能力的保障。硅氟聚合物中含氟基团的引入是一把双刃剑,如设计掌握得当则事半功倍,如应用不当将适得其反。氟碳键键能高,反应活性很差,基团相当稳定;同时氟又是电负性最强的元素,如氟碳键位置不当将引起含氟基团与主链的碳硅键(C—Si)结合力减弱,将导致耐

热性、抗盐和酸碱性下降。因此，只有专业的设计才能使硅氟聚合物用于钻井液处理剂的效果得到保证。如氟甲基芳基聚硅氧烷，有着非常好的热稳定性和化学稳定性，甚至在浓氢氧化钠或浓硫酸中长时间煮沸也不会分解。

5. 优良的疏水性，即憎水性好；良好的拒油性，其他物质与之不易附着

虽然 SF 主链由 Si—O 键组成，但因侧链上的非极性甲基定向朝外排列，阻止水分子进入，起到了疏水作用(共聚物对水的表面张力约为 4.6×10^{-2} N/m)，提高了钻井液体系的整体表面活性，SF 的含氟烃基既憎水又憎油。

6. SF 处理钻井液的 pH 值

SF 自身对 pH 值不敏感，在 SF260 产品中的硅氟聚合物是经专门结构设计的，抗高温、抗盐，同时对一定浓度限下的酸、碱有较强的抗拒力。

一般的有机硅钻井液体系，对 pH 值要求较严格，通常人们认为高 pH 值将不利于井壁稳定和防塌。但事实上钻井液体系偏碱性既是钻井工程的习惯方法，也有利于综合性能参数的优化。

SF 特殊的性能决定了它既不溶于水，也不溶于一般的有机溶剂(油)，为此在加工成钻井液用降黏剂产品时，需要一种载体，才能实现在钻井液中使用的目的。为满足钻井的综合需要，SF260 中所选载体为偏碱性高效载体，在 pH 值 8.5～11.0 时效率最高。

硅氟聚合物是一种表面能(表面张力)很低的物质，经其处理的钻井液，黏土颗粒表面被硅氟聚合物置换，消除了强力的网状结构，黏土也难以水化。但为保持一个合理的黏土颗粒分散分布状态，使体系具有最佳的流变性能，提供较高的动塑比和良好的剪切稀释性，利于悬浮和携带钻屑，将 pH 值设置在偏碱性条件是十分必要的。

经 SF 处理的体系在较强的碱性下，仍然有很好的井壁稳定能力，是因为 SF 吸附在井壁上后，强大的疏水功能有效地抑制黏土的吸水分散作用，而黏土合理分布后的粒子密度适中，环流层中的黏土颗粒封堵了井壁上的微孔，在井壁上形成细致泥饼达到良好的护壁功能。因此，一定幅值的偏碱性环境体系，为充分发挥硅氟聚合物在钻井液中的作用提供了必要条件。

SF 分子中的 $\equiv$Si—OH 和黏土颗粒表面上的 $\equiv$Si—O 键形成 $\equiv$Si—O—Si$\equiv$ 键，使黏土颗粒表面吸附一层—CH_3，憎水基团—CH_3 向外，使亲水表面反转，产生憎水的毛细作用，从而有效地防止泥页岩的膨胀，改善泥饼的摩阻。同时，降低黏土之间的相互作用，使钻井液的黏度降低，对钻井液产生良好的稀释作用。由于共聚物侧链上的非极性—CH_3 定向朝外，低的表面张力活跃在钻井液体系中，有效阻止和破坏了钻井液的溶胶化，使体系保持稳定的黏度。

7. SF 与环境和谐

SF 在自然环境中的分解不像大多数有机化合物那样由于细菌的侵袭,而是由于土壤中沙砾的催化,使之分解为较为简单的分子。分解产物为环状有机硅分子,进一步分解为天然产物—水、CO_2 和 SiO_2 水合物。土壤中留下的有机硅化合物在水中可溶,在日光中的紫外线照射下进一步分解为硅酸,而硅酸是海水中天然存在的一种化合物,因此无须担心大量、长期使用后硅油的累积和残留。到目前为止尚未发现氟硅表面活性剂对环境和人类健康有明显的有害副作用。

钻井液经有机氟硅聚合物处理后,提高了整个体系的表面活性,有效阻止了二氧化硅(SiO_2)在高温和高 pH 值条件下的溶胶化程度,保持钻井液体系的热稳定性。SF 在钻井液中主要有抗溶胶化、消泡和润滑护壁 3 个方面的功能。因此,SF 对高温下钻井液的安全转化、消泡作用、润滑功能、流变性等均比有机硅有全方位的提高。

二、有机氟硅聚合物及 SF 钻井液配方分析

(一) SF 产品简介

2000 年,河北硅谷化工有限公司的 SF 产品,通过了河北省科学技术厅组织的由中石油、中石化、海洋、新星等部分油田钻井液专家评审鉴定。有机氟硅聚合物降黏剂工艺技术已于 2004 年取得国家发明专利,专利号:ZL001315420。有两个品种,一种是适合中深井中使用的 SF150,另一种是适合在深井中应用的 SF260。产品外观是黑色液体,野外保存 −30 ~ −40 ℃不冻结。产品经中国船舶工业化学物质检测中心检测,有机氟硅聚合物中氟硅氧烷含量为 9.85%。经河北省卫生防疫站的检测,LD_{50} 及 95% 可信区间为雄性动物:$LD_{50} > 10\ 000$ mg/kg;雌性动物:$LD_{50} > 10\ 000$ mg/kg,被评定为合格、实际无毒。实测 1‰ SF 表面张力 1.8×10^{-2} N/m,比已知矿物油的表面张力(3.0×10^{-2} ~ 3.5×10^{-2} N/m)低近一半,远低于蒸馏水的表面张力 7.2×10^{-2} N/m。

(二) 各油田 SF 钻井液组成与性能

1999 年辽河油田秦永宏等开发了适用于深井的抗高温氟硅聚合物 SF 钻井液,它的主要成分可选择硅氟降黏剂(SF260)、PSP 阳离子磺甲基酚醛树脂、PAC141、KPAM、SFJ−1、KH−931、SPNH、SMP−Ⅰ、SMP−Ⅱ、磺化沥青、白油、聚合醇等。对于探井应选择无荧光或弱荧光处理剂。该钻井液具有以下特性:

(1) 热稳定性好,测试温度 180 ~ 230 ℃,测试钻井液仍有良好流变性;

(2) 保护井壁功能强,主要组分抑制泥页岩水化分散膨胀功能均是同类产品中最强或较强的;

(3) 具有润滑和消泡功能,有利于预防黏卡事故和维护体系稳定;

（4）对地质录井干扰小，主要组分均无荧光或弱荧光（≤4级）；

（5）硅氟钻井液为淡水基钻井液体系，总矿化度低，电阻率高，不影响电测解释，满足辽河油区测井要求。

各油田根据各自的地层地质情况，研制了不同组成的有机氟硅共聚物钻井液。其基本组成为：

辽河油田（配方1）：10%预水化膨润土浆+（0.5%~2.0%）SF260+（0.1%~0.3%）大分子包被剂+（1%~3%）防塌剂+（1%~3%）滤饼质量改进剂+（1%~3%）聚合醇+加重剂。

胜利油田（配方2）：10%安丘膨润土淡水浆+HPAH+KPAM+SF260+SF-2+SMP-2+SCUR+ZX-1+MMH+其他辅助剂。

大庆油田（配方3）：基浆（二开钻井液）+（10%~15%）清水+（1%~3%）KFT+（1%~1.5%）GWJ+（1.5%~2.5%）YGT+（1.5%~2.5%）YGY+（1%~2%）SF260+（0.5%~1%）BST-2。

华北油田（配方4）：基浆+0.5%SF-260+1%无荧光防塌剂+0.5%聚合物降滤失剂+1%润滑剂+1% SMP-2+0.1%NaOH

以上配方在高温养护试验中，16 h热滚后冷却到50 ℃，检测流变性能和API失水，在180 ℃，3.5 MPa压差条件下检测HTHP的静态失水，性能见表3。

从表中测试结果可以看出有机硅氟共聚物处理的钻井液的抗高温能力，能够满足钻4 000~6 000 m深井的温度要求。

表3 SF钻井液老化后性能测试结果

钻井液组成	测试条件/（℃/h）	FV/s	FL/mL	泥饼/mm	PV/（MPa·s）	YP/Pa	n	K	HTHP/mL
配方1	180/16	44.0	5.4	0.5	33.0	6.0	0.80	673	7.6
	230/16	71.0	8.5	0.5	35.0	7.5	0.77	199	9.8
配方2	180/16	72.0	6.0	0.5	33.0	39.0	0.83	167	
	230/16	68.0	6.5	0.5	35.0	42.5	0.91	200	
配方3	180/16	68.0	2.8	0.5	24.0	10.5	0.56		10.0
	230/16								

注：FV为表观黏度；FL为中压失水；PV为塑性黏度；YP为动切力；n为流性指数；K为稠度系数。

三、现场应用情况

1999年10月，辽河油田在井深3 150 m的牛18-5002井首次试验成功有机氟硅抗高温钻井液。现在辽河、胜利、大庆、华北、塔里木、江苏、中原、长庆、新疆等油田已经完成 500 余口中深井、深井,实现了安全钻井。

(一) 现场处理维护要点

有机氟硅聚合物(SF)钻井液的组方简单易得,与各油田现在中深井和深井中普遍使用的聚合物不分散钻井液、聚合物转分散钻井液、FCLS 分散钻井液、MMH 正电胶钻井液、MSO 有机硅钻井液、聚磺钻井液等具有良好的相容配伍性,转化容易,关键在于其他钻井液向 SF 钻井液的转型处理和深井段的维护。

(1) 一般推荐从 2 000 ~ 2 500 m 开始转型。转型前全面开动固控设备,最大能力清除有害固相。转型时以小型实验结果为依据确定 SF 的加量(通常加量为 0.5% ~ 1.0%)。

(2) 井深达到 3 000 m,提高 SF 加量,增强体系的高温稳定性。在盐膏层钻进,应适当加大用量。

(3) 在转型和维护处理时要按 SF 钻井液配方,视情况加入大分子包被剂、磺甲基酚醛树脂、KH-931 类等抗高温降失水剂、聚合醇等润滑剂、沥青类泥饼质量改进剂、加重剂等。配合 PDC 钻头快速钻进时要适时补充处理剂。

(4) 膨润土含量控制在 7% 以内,固相含量控制在 30% 以内,最佳 pH 值范围在 9 ~ 10.5。

(5) 用好固控设备,及时清除劣质固相。

(二) 在辽河油田的应用

辽河油田已在 200 余口井中应用,井深超过 3 500 m 的有 70 余口。是目前辽河油田淡水钻井液中抗高温和预防泥页岩坍塌最成功的一种钻井液。下面以双 208 块使用情况为例,加以说明。

2000 年前,双南地区主要使用有机硅钻井液,存在问题主要表现在长硬脆性泥页岩井段泥页岩水化周期短(7 ~ 15 d),井壁掉块坍塌造成划眼且恶性循环,完井阶段因钻井液静止时间长、测井和下套管困难,因钻井液增稠黏切高阻力大导致固井水泥浆憋漏地层。

2001 年双 208 块钻井 15 口,分别使用了 SF 钻井液、无毒钻井液、氯化钾(KCl)钻井液 3 种体系。统计第一批完成的 6 口井,施工完井情况见表 4。从表 4 可以看出,在相同区块、相同构造、相同井身结构等条件下,使用 SF 钻井液完成的 3 口井较 KCl 钻井液和无毒钻井液有以下进步:① 三开时间短,缩短了 4 ~ 16 d,这样减少钻井液对油层的浸泡时间,有利于减少对油层的污染机会;② 完井密度低,最大相差 0.13 g/cm^3,使对油层的正压差减小,减轻钻井液对油层的侵害深度和程度;③ 钻井液平均成本降低,平均下降 35.18%。

表4　双208块部分完钻井完成情况统计

井号	井深/m	井斜	钻井液	三开时间/d	完井密度/(g/cm³)	钻井液成本/(元/m)
S17-39	3 477	16.5°	KCl	52	1.47	244.46
S17-40	3 580	5.67°	无毒	48	1.51	181.56
S18-40	3 801	31.5°	无毒	48	1.55	231.52
S16-39	3 511	19.8°	SF	36	1.47	183.80
S16-40	3 502	11.9°	SF	44	1.42	122.41
S17-37	3 500	15.0°	SF	41	1.42	120.0

此外,2000年施工的曙131、欧45、冷175、更沈169井等深探井原使用有机硅钻井液,发生复杂情况后改用SF钻井液,顺利完井。

（三）在胜利油田的应用

胜利油田深部钻探中,中生界以上都存着严重的造浆问题。第三系地层普遍存在着黏土含量高,钻井过程中易于水化分散,体系中清除多余的黏土和劣质固相是钻井液具有的一项重要功能。2000年,泥浆工程师们在此基础上对钻井液配方进行优化,采用氟硅(SF260)为主处理剂,配合硅氟防塌降失水SF-2、聚合醇等,形成了具有较强容纳较高黏土和耐温、耐盐能力的氟硅-醇基耐温耐盐体系。其基本组成(A):10% 安丘膨润土浆 + HPAH + KPAM + SF260 + SF-2 + SMP-2 + SCUR + ZX-1 + MMH + 其他辅助剂。高温测试结果见表5。

表5　高温测试结果

钻井液体系	测试条件/℃	FV/S	FL/ml	PV/(MPa·s)	YP/Pa	n	K
A	180	18	22	12	0	1.00	5.7
	230	15.5	26.4	13	0.5	0.42	53
A+10% 钙膨润土	180	56.0	10	38	6.5	0.80	170
	230	43.5	13	28	8	0.71	255
A+10% 水泥	180	23.5	14	12.5	7.0	0.74	86
	230	17	15	5.0	1.25	0.73	39
A+10% NaCl	180	120	9.0	47.0	13.0	0.72	396
	230	42.0	8.5	18.0	5.5	0.70	177

由表5可见,该体系抗温大于180 ℃以上,在230 ℃仍有良好流变性。该体系具有较强的黏土容量,对水泥污染有较强的相容性,为保证完井阶段泥浆性能稳

定,提高固井质量,提供了安全保障;室内试验结果表明,随着盐量增大,钻井液的常规性能均有变化,但流变性能仍能满足钻井需要,在不增加 SF260 含量的情况下,具有相对较好的抗盐能力。

5 年间,有机氟硅抗高温抗盐钻井液在胜利油田探区 120 口井上得到应用,井深从 4 000 ~ 5 800 m,测试或电测井底温度为 143 ~ 195 ℃,最高密度 2.04 g/cm^3。

以上钻井实践表明:在国内成功应用的聚磺体系基础上,通过引入特殊耐高温处理剂 SF260 形成的硅氟-聚醇基耐温耐盐钻井液体系,热稳定性有了较大程度提高。

华北油田、新疆油田应用事例省略。

四、应用效果

总结 SF260 在各油田的使用情况,经对比分析,有以下效果:

(1)有机氟硅抗高温钻井液有效缓解了钻井液热稳定性与井深、温度的矛盾,室内试验及油田实践均证明,目前使用的深井钻井液中,SF 钻井液具有优异的抗高温性能,满足了安全钻井要求。辽河油田应用温度近 160 ℃、胜利油田渤古 4 井温度最高达 195 ℃、大庆油田徐深 9 井温度达 176 ℃ 等,都表现出了较稳定的性能。

(2)尽管各油田的地质情况、深井钻井技术和钻井液工艺各不相同,但 SF260 处理的钻井液能够满足高黏土、高固相含量、高盐含量、高密度等情况下钻井工程对钻井液稳定性的要求。

(3)SF 抗高温钻井液有效延长了大段泥页岩的水化周期,有效抑制了井眼缩径、膨胀和由此引发的井壁掉块、坍塌划眼及井眼报废。胜利油田、华北油田在高温、高黏土、高盐、高密度深井钻井中使用 SF260 处理钻井液,没有出现井眼报废事故。

(4)辽河油田深井钻井液密度比应用其他体系钻井液下降 0.10 ~ 0.15 g/cm^3,滤失量降低,抑制性增强,事故及复杂情况损失大幅度下降。辽河油田 1996—1999 年有机硅钻井液在双南地区超过 3 500 m 17 口井的施工中,只有 2 口井没有发生井下事故和复杂情况,事故和复杂情况发生率都很高,且事故复杂情况产生原因都与钻井液关系密切。2000 年以后施工的 68 口井中,井下事故和复杂情况损失大幅度减少。

(5)井径规则,解决了过去易出现大肚子井地区深井测井一次成功率低,固井质量差的难题,有效地减少了建井周期,保护油层效果好。SF 钻井液滤失量低,一般 API $FL \leqslant 3$ mL,HTHP $FL \leqslant 10$ mL;同时,由于抑制性强,减轻了对油层的污染,受到各方欢迎。

（6）钻井液热稳定周期长，在高密度高固相含量下，一般稳定周期 7 d 以上，最高达到 51 d。SF 钻井液能有效抑制泥页岩井段造浆，减少钻井液排放和处理的压力，能够减少钻井液损失和降低成本，对环境不良影响小。各油田的应用实践均证明了这一点。

（7）SF 钻井液包容配伍性强，能够与较多的钻井液及处理剂配伍。钻井液与固井水泥浆有良好的配伍性，在各油田完钻井固井过程中没有发生因钻井液性能不好造成的固井质量问题。

（8）SF260 能够有效降低钻井液的表面张力，对钻井液有好的抑制消泡作用；同时，能够有效控制气井的水锁效应，有利于油气层的保护。具有防塌润滑功能，可以降低扭矩和摩阻，有利于钻井施工安全。

五、结论与认识

（1）SF 钻井液是目前国内外成功的深井抗高温体系，经受并满足了最大井深 6 436 m、最高密度 2.04 g/cm^3、最高矿化度 170 000 mg/L、最高固相含量 42%，最高井底温度 195 ℃等安全钻井需要。具有广泛的适用性，可以满足深井、深大位移井、水平井等特殊工艺井的要求。该钻井液在各油田深井钻井中取得了好的经济和社会效益，在各油田具有广泛的推广应用前景。

（2）SF 钻井液高温热稳定性强，有效延迟泥页岩水化周期，解决了深探井钻井作业时间长容易出现复杂情况的问题，为深层勘探、开发提供了技术支持。该钻井液配方简单，使用、维护、处理简便，劳动强度低，易于推广应用，符合水基钻井液的发展要求。该产品在六普钻井分公司加蓬钻井项目中得到应用，效果较好。

（3）深井钻井液最为重要的，第一要考虑的是抗高温问题。若处理剂不能满足温度环境要求，什么性能都无从谈起。SF260 的抗高温性能优于 FCLS、无毒降黏剂等。

（4）深井钻井必须考虑 pH 问题，确切地说，应该考虑 OH 的来源问题。FCLS 钻井液的高 pH 值来自与之配合使用的 NaOH，FCLS 必须在高 pH 环境下才能发挥降黏效果；SF 钻井液的高 pH 值则来自 SF260 处理剂自身。游离的 OH 对黏土在高温环境下的凝胶化有促进作用，是钻井液出现一系列复杂问题的根源。也是造成井壁不稳定等问题的诱发因素。

参考文献

［1］秦永宏，等：《抗高温降黏剂有机硅氟共聚物（SF）的研究与应用》，《钻井液与完井液》，2001 年第 1 期。

［2］曾毓华：《氟碳表面活性剂》,化学工业出版社,2001 年。

［3］梁志齐,陈溥：《氟表面活性剂》,中国轻工业出版社,2000 年。

本文发表于《华东油气勘查》2006 年第 2 期,已作部分修改

华东石油局 30 年钻井液技术的发展

赵炬肃

(中国石油化工集团公司华东石油工程有限公司六普钻井分公司,江苏 镇江 212003)

一、钻井液技术发展概况

钻井液被人们誉为钻井的"血液"。随着石油钻探工艺的发展,华东石油局六普钻井分公司(以下简称六普)的钻井液工艺技术在 30 年中得到飞跃发展。今天,回顾其发展历程有助于从事石油钻井的人们认识科学技术的进步对发展经济所起的主导作用和发扬艰苦奋斗创业精神的重大意义,从而有助于把我国的石油钻井工作推向更新、更高的阶段。

华东地区油气勘查钻井中遇到的主要复杂地层大致可分为 5 类:即疏松地层、盐膏地层、水敏页岩层、破碎灰岩层和古老页岩层。这 5 类复杂地层各具特点,都给钻井生产带来不同程度的障碍和困难。六普经过 30 年的认识和实践,在钻井液技术方面做了大量的室内研究、现场试验和总结工作,已形成了一套抑制钻井复杂地层和克服复杂情况的有效钻井液工艺技术方法,逐步满足了该地区油气钻探的需要。30 年来,六普钻井液工艺技术的发展经历了 3 个阶段:

第一阶段(1970—1978 年):六普钻井液技术逐步进入一个较快的发展阶段。为了适应向地层深部钻井的需要,开展攻克多种复杂地层问题的研究,并扩大钻井液技术人员队伍、增加了仪器装备,研制和应用了多种钻井液类型,提高了处理地层的水平。特别是针对江苏下第三系水敏性地层,研制了数种有效的分散型和聚合物型防塌钻井液。在这一时期,所采用的处理剂由原先的几种增加到 20 种,6 大系列,钻井液专业技术人员也增加到 10 余人,并从美国引进了部分钻井液实验仪器,较系统地开展了室内实验和研究工作。其中,1978 年研制的"低固相非分散钻井液"和"优质膨润土"研究项目获得局科技成果三等奖。

第二阶段(1979—1986 年):钻井液技术的研究和应用逐步开始向科学化方向过渡。在这期间,于 1981 年组建了钻探技术研究队钻井液研究室,加强了室内研究工作和技术人员队伍。同时先进的钻井液技术理论和实验手段为优质钻井液体系的研制打下了良好基础。六普先后研制和应用的新型钻井液有铁铬盐–STOP

盐水防塌钻井液、阳离子乳化沥青防塌钻井液、PAN-PAM-CPA 聚合物钻井液、羧甲基淀粉饱和盐水钻井液、钾石灰钻井液、甲基硅聚合物钻井液、表面活性剂聚合物钻井液、含钾抑制性钻井液等钻井液体系。

结合喷射钻井理论,在 17 口井中以流变学为基础的聚合物钻井液试验,配合钻井方面在确定合理的钻进排量和钻头水力功率的条件下,根据地层压力和携带岩屑的要求来确定钻井液密度和流变参数试验,取得了较快的钻井速度及经济效益。并解决了调整流变参数(n、k 值)的方法,找到了符合江苏地区实际使用钻井液的流变模式。逐步将单一的 PAM 钻井液发展成为复合离子型的聚合物钻井液类型。

1986 年成功地钻成了江苏地区第一口 5 644.04 m 的超深井(N-4 井),钻井液选用了 3 种类型。在海相中、古生界完整的志留系与奥陶系的地层中,克服了严重不稳定的水敏性高家边页岩地层和复杂得多组易塌地层;克服了地温高、层系多、小井眼裸眼段长等多种困难,为 N-4 井的成功钻成,实现江苏地区钻井深度上台阶奠定了基础。针对海相地层易漏、易垮、易斜的特点,先后研制成功了"架桥堵漏"、"桥塞剂堵漏"、"高失水剂堵漏"等处理井漏的工艺方法。其中,"N-4 井深井钻井工艺"研究项目获得原地矿部科技成果三等奖。这些不同性能的钻井液,成功地用于各种不同类型的复杂地层和复杂井段,克服了新、中、古各时代的易垮塌地层,在钻井生产中起到了重要作用。

第三阶段(1987—2000 年):新型优质的防塌钻井液趋向成熟,在井壁稳定性研究和聚合物钻井液的研究方面已进入一个新的发展时期。就现代钻井工艺的观点来看,钻井液技术不仅要解决建立井底压力平衡,保持井眼稳定,保护油气层等质量或安全问题,而且也要解决钻井工程的速度问题。围绕提高钻井液质量,稳定井壁,提高钻速的主题,六普在这一期间,钻井液技术有了新的发展和提高。

新型聚合物体系钻井液得到了进一步发展和提高。通过技术攻关和研究,先后研制成功 NPA 聚合物防塌钻井液、小阳离子聚合物钾钙防塌钻井液、复合离子型聚合物防塌钻井液、MSF 金属正电胶钻井液等体系钻井液。进一步完善了聚合物钻井液体系。新型钻井液的应用对于保障钻井安全、提高钻井效率、促进钻井技术的发展、降低成本,起到了积极作用。

1994 年组建了六普技术中心钻井液研究室,以加强工艺技术研究。六普钻井液专业技术人员已达到了 26 人。随着页岩稳定技术实验研究工作的迅速发展,钻井液技术研究与应用开始转到黏土矿物沉积环境、沉积环境的物源区沉积类型及沉积物的分选程度等问题上来。钻井液技术人员把 16 种常见易塌页岩作为重点研究对象,对 533 个岩样点进行 CST、SSI、X-射线衍射等一系列测试方法的实验及资料对比分析基础研究,了解了江苏地区的页岩黏土矿物组分,从理论上剖析本地区页岩失稳机理,并以此为依据,以防塌理论为指导,针对各类不同页岩的地层特点,优选和研究适合的钻井液类型和处理剂。通过室内岩屑回收率、抗钙、抗盐、抗高温等试验,优选合适配方。现在,大多数从事钻井液技术运用的人员已经能够预见和分析可能发生的技术问题,并能拟定相应的对策。在这期间,页岩失稳问题已得到控制。

定向井钻井液技术,自1987年首次成功运用于苏北溱潼凹陷带钻成华东石油局第一口定向井(草10井)以来,六普现已完成148口定向井(本省内)的施工。由于定向钻井的复杂性及特殊性,对钻井液工艺技术提出更高的要求,除要求钻井液具有良好的常规性能外,还要求具有良好的防卡和防塌能力。经过10余年的探索和研究,定向井钻井液技术趋向成熟,能够满足多种剖面类型技术要求的多目标、多井底的长裸眼定向井技术工艺。我们先后研制了钾石灰混油钻井液、NPA多元聚合物钻井液、复合离子聚合物钻井液、小阳离子钾钙钻井液应用于定向井中,尤其复合型多元聚合物钻井液体系构成了六普定向井钻井液技术发展的一个完整体系,并在1996年开始用无荧光润滑剂代替原油,较好地解决了钻井液中混油对地质录井的干扰,且在一定程度上解决了定向井中的井下复杂问题。

1995年顺利完成苏平-1井钻井液工艺和技术的现场应用。全井使用了NPA多元聚合物钻井液、复合离子聚合物钻井液、暂堵型乳化完井液等3套配方,圆满地解决了水平井存在的井眼净化、润滑、减阻、井眼稳定等3大技术难题,打成了江苏第一口水平井。全井未发生井下事故,划眼时间为零,主要井段井径平均扩大率为3.9%,显示了六普钻井液技术已达到了一个新的水平。

为配合新型防塌钻井液的应用,从1995年苏平-1井(水平井)开始,六普在原有的泥浆三级固相控制设备(振动筛、除砂器、除泥器)的基础上,配备和使用四级固控设备——离心机,有效地清除钻井液中大于5 μm固体颗粒,钻井液密度得到了有效控制,且减少摩阻,防止黏卡。而且对发现和判定油气显示,保护油气层,增储上产创造了良好条件。到目前为止,全大队所有钻井队配备了离心机,达到钻井液四级固控处理,从而大大提高了钻井液质量,降低了钻井成本,逐步实现固控自动化和最优化。

近十几年来六普在地质市场,分别在东北、冀东、河南、陕北、新疆等油田应用适合地层特点的优质钻井液,打成了一批定向井和超深井(新疆均为5 500 m以上超深井),并在各油田获得了很高的信誉。同时,在江苏淮安、金坛、丹徒、湖北沙市等地应用铁铬盐-饱和盐水钻井液技术成功地钻成一批岩盐开发井,为我国岩盐的开发利用和老区脱贫致富做出了积极的贡献。

为加强六普钻井液技术管理,1997年编制了《六普钻井泥浆技术管理暂行规定》和《六普泥浆原始资料填报的暂行规定》,通过几年的贯彻落实已见成效。钻井处理规范化,固控设备运行完好率提高,资料收集齐全,促进了六普钻井液工艺技术向科学化方向发展。

自"八五"以来,六普钻井液技术人员多次承担国家、部、省、局级科研项目,多次获得江苏省、原地矿部科技成果二等奖、三等奖、四等奖;原地矿部石油海洋局科技进步一等奖;优秀科研项目报告 10 余份。六普钻井液技术人员已在国内公开发行的技术刊物上发表论文 100 余篇。

二、以流变学理论为基础的钻井液技术

喷射钻井技术、优选参数钻井技术的发展和提高是与优质的钻井液技术的推广应用分不开的。其中钻井液的流变学理论和应用研究,解决了生产中存在的许多技术问题。

在 20 世纪 70 年代后期,随着我国开放搞活政策的实施,中美石油钻井方面的技术交流也空前活跃。在钻井液的学术交流方面,中美双方广泛地交流了钻井液流变学和水力学方面的研究成果。美方在钻井液流变学和水力学方面的研究成果引起了我国石油钻井界的高度重视。六普从 1977 年开始流变学理论学习,赴外油田学习经验,随后当时的地矿部石油海洋局组织了王健安、夏村、孙锡令、高时中、张大钧、王允刚等专家成立喷射钻井新技术试验小组来六普进行了现场试验和指导,并把喷射钻井技术同 PAM-PAN 钻井液为基础的流变学应用和地层压力检测预测技术结合起来试验。通过喷射钻井技术钻井的苏 148 井等 17 口井与同地区非喷射钻井技术钻井的 7 口井比较,前者虽然平均井深增加了 237 m,但平均机械钻速提高了 40.39%,台月效率提高了 48.8%,且成本下降了 12.23%。由于大力开展了聚合物钻井液使用、流变学现场应用和试验,六普在钻井效率、质量、安全、成本 4 个方面取得了好成绩。

通过前期的喷射钻井等三大新技术的应用,很好地解决了调整钻井液流变参数的方法,并找到了符合江苏地区实际钻井液的流变模式。1980 年中国地质学会探矿专业委员会在长沙召开了喷射钻井学术交流会,会上,赵炬肃代表六普就钻井液的流变学现场应用与实践作了专题发言,受到与会代表一致好评。

钻井液流变模式的正确选用对流变参数的优选至关重要。常用的流变模式有宾汉、幂律、卡森模式 3 种,我们按各模式特有的方法进行线性回归,取相关系数最高值为最适合于这种钻井液类型和流变模式。经多年的现场试验和室内研究认为,所用聚合物体系钻井液和钾石灰钻井液较符合幂律和卡森模式。

现场的钻井液流变学应用试验,主要运用幂律模式,调节钻井液 n、k 值,控制 z 值。在江苏地区三垛组以上蒙脱石含量较高,易发生塑性变形、易缩径的软泥岩地层,使环空流态呈紊流,满足较大排量冲刷井壁,以保持井眼规则;而三垛组以下伊

蒙混层易掉块、垮塌的水敏性强,以及较硬、脆页岩地层,环空流态呈层流状态是十分重要的,以减少对井壁冲蚀,防止压力激动引起井壁失稳。

由于卡森流变模式适用于低、中、高切速率,从环空流态上讲,它既适用于尖峰型层流区,也适用于紊流区和平板型层流区。因此,可以用来考查钻井液在钻杆、钻铤、钻头水眼、环空和泥浆槽罐中的几乎所有流变性能。江苏地区 5 口井现场试验证实:卡森黏度(喷嘴黏度)愈小,通过钻头喷嘴的压降愈低,也就能提高钻头水功率,增强水力破岩能力。几口井试验结果证实这样一个规律:在钻井参数、地层岩性、钻井液密度相同的条件下,卡森黏度降低 1 MPa·s,机械钻速可提高 10%,这就证明了降低卡松黏度,可以大大提高喷射钻井的效果。

三、井壁稳定技术的研究和发展

针对江苏地区不同时代的多组水敏性泥页岩地层的特点,六普进行了较为系统的研究工作,逐步认识井壁失稳的基本原因。通过十几年对江苏地区泥页岩失稳机理的研究,基本摸清了本地区泥页岩主要组分的纵向演变规律,给出了苏北陆相新生代第三系泥页岩纵向及部分区域横向的孔隙压力分布剖面和部分海相井泥页岩组段的孔隙压力系数。认清了江苏地区页岩失稳的机理和特征,采用国际通用的科学分类方法对本区主要泥页岩地层进行了对比分类,并提出了解决本区页岩失稳问题的基本对策。

(一) 对泥页岩失稳机理和特征的认识

(1) 江苏地区陆相新生界下第三系以上地层,及海相中古生界的泥页岩地层较少有孔隙压力异常,仅阜宁组地层段因蒙脱石转化为伊利石的过程中,层间水向孔隙水转化,体积增大形成较轻微的压力异常,并因其异常压力一般出现在砂岩透镜体中,对井眼未构成大的威胁。根据地层压力预测值,可以确定保持井眼稳定的钻井液密度值。

(2) 本地区陆相新生界泥页岩地层及部分海相中古生界的泥页岩和夹层的井壁失稳根本原因是黏土矿物的水化膨胀和分散。其失稳特征主要取决于黏土矿物中蒙脱石向伊利石的纵向演变结果。

① 新生代上新统及其以上地层,主要以蒙脱石和伊利石的机械混合层为其主要特征。这些地层埋藏较浅,而蒙脱石含量甚高,其百分含量一般在40% ~50%之间,是极易水化膨胀的高水敏性地层,其失稳的主要表现为严重的缩径。

② 本区陆相地层随埋藏深度的增加,地层中蒙脱石百分含量递减,一般在20% ~30%,并以伊蒙(I/S)混层的矿物形态出现,伊蒙混层是矿物蒙脱石和伊利石之间的过渡性矿物。下第三系地层自三垛组二段开始,伊蒙混层开始出现,戴南组和阜宁组地层中伊蒙混层明显,黏土矿物中的蒙脱石组分尤以阜四段地层比例

最高,故其失稳最为严重。

③ 伊蒙混层中,也存在于海相地层中。中、古生代泥页岩地层亦有残留的伊蒙混层存在,虽然蒙脱石含量低,但矿物中膨胀层依然存在。故易出现剥落掉块,局部存在崩垮的可能。

④ 本区沉积岩中不规则混层矿物是普遍存在的,几乎遍及所有层位的页岩。混层矿物多呈伊蒙型。个别呈绿蒙型。而新生代下第三系伊蒙混层矿物高于古生代地层。

(二) 获得的主要成果

1. 页岩失稳机理研究方面

(1) 基本弄清了江苏地区页岩伊蒙混层分布情况;

(2) 对江苏地区页岩进行了初步分类;

(3) 认清了江苏地区页岩失稳的特征;

(4) 从黏土矿物组分、伊蒙混层、地层产状、构造应力、沉积环境等方面分析,基本了解了井壁失稳的原因;

(5) 钾离子选择性电极试验应用。

2. 防塌钻井液的研制方面

(1) 通过页岩回收率、抗温、抗盐、抗钙等试验,研制了符合江苏地区地层特点的钾石灰防塌钻井液、NPA 聚合物防塌钻井液、小阳离子聚合物钾钙防塌钻井液和复合离子聚合物防塌钻井液;

(2) 制定了控制本地区页岩稳定的有效钾离子、钙离子浓度,为研制更合理的钻井液类型,掌握稳定页岩的机理提供依据。

四、华东油气田第一口超深井 N-4 井的钻井液技术

1984 年所施工的 N-4 井是华东地区二轮油气普查阶段的一口具有战略意义的综合性普查井。1986 年 4 月钻达井深 5 644.04 m 完钻。

本井共穿越了 9 个地质时代的复杂层系,"新生代、中生代、上古生代和下古生代"四世同堂,地层情况十分复杂,有多组不稳定的易垮塌井段,全井使用了 3 种钻井液类型,按其使用先后顺序分别为:

(1) 铁铬盐–石膏钻井液(602.68 ~ 2 553.34 m);

(2) 铁铬盐–妥尔油盐水钻井液(2 553.34 ~ 4 462 m);

(3) PAN–PAM–STOP 聚合物钻井液(4 462 ~ 5 644.04 m)。

分别满足了各井段地层井壁稳定的需要,较顺利地完成了当时江苏地区最深的超深井。

本井根据实际出发,在不同井段和地层,钻井液攻克和解决了以下复杂问题:

（1）盐城组和第三系地层的防塌问题；

（2）白垩系浦口组的掉块坍塌和石膏、盐层的浸污问题；

（3）二迭系大隆、龙潭、孤峰组的剥蚀、掉块和构造应力问题；

（4）石炭系地层的低压异常、漏失和掉块问题；

（5）志留系坟头——高家边地层的严重垮塌和剥蚀问题；

（6）奥陶系、寒武系灰岩地层的漏失和防黏卡问题。

志留系高家边页岩是本区典型的复杂页岩地层，N-4 井首次钻穿高家边地层，使我们得到了不少有价值的认识和经验，并为今后的江苏超深井的施工提供了方法和技术手段。该井取得的成功经验是：

（1）认识了坟头—高家边组页岩地层的矿物组分，为确定该类地层分类提供了资料；

（2）坚持以活度平衡理论为指导的钻井液处理方案是保持高家边页岩稳定的基础；

（3）STOP 作为高温深井的页岩涂敷剂有广阔的使用前景；

（4）根据地层压力确定钻井液密度是确保井眼稳定的前提；

（5）应用抗高温和抗盐的新型处理材料是深井泥浆取得稳定优质钻井液的保证；

（6）加强高温深井的钻井液测定分析、管理和及时有效地对钻井液进行处理是重要的技术措施。

N-4 井经多方共同努力，终于成功地克服了严重不稳定的水敏性高家边页岩地层和复杂得多组易塌地层，攻克了地温高、深度大、层系多、小井眼长等多种困难，取得了 N-4 井的钻井成功。

五、定向井钻井液技术研究的应用

定向井是情况复杂事故多发井，采取适当的钻井液技术措施尤为重要。华东石油局草-10 井是在 1987 年草舍构造上合作所钻的第一口定向井开始的。在此基础上，1989 年自己设计、自己施工了苏泰 192 井，并进行了推广。多年来，数百口定向井所积累的实践经验和取得的新工艺、新技术成果指导了定向井钻井液的发展，使得定向井工艺技术趋向成熟，并打成了丛式井、多底井及一口水平井。

根据江苏地区各区块的地层特征、储层特点、定向井的井眼轨迹、井深以及井身结构和现用钻井液体系，维护处理工艺、各钻井液类型选择和技术要求如下：

（一）早期的钾-钙混油钻井液

通过室内试验和综合评价，当初确定钾-钙钻井液配方为

膨润土 5% ~ 6% + KOH 0.4% + CaO 0.5% ~ 0.7% + CMS 0.5% + KHM

1.5% ~2% + FCLS 0.5% ~1% + STOP 0.3% + RH-3 0.2%（或混原油3% ~5%）。

钾离子浓度范围为:1 000 ~3 000 mg/L。

钙离子浓度范围为:150 ~250 mg/L。

在定向井施工中选用符合井深要求的涂敷剂和润滑剂,采用 SAS、STOP、RH-3 等可进一步稳定井壁及润滑防卡。由于分散体系不易控制钻井液密度,不利于油气层的发现和保护,同时也存在着环境易污染问题。所以,"八五"期间已逐渐停止使用。

（二）聚合物体系混油钻井液

1. NPA 聚合物钻井液

其配方为

膨润土4% ~5% + NaOH 0.1% +80A51 600 ~800 mg/L + PAM 600 ~800 mg/L + $NH_4 \cdot HPAN$ 0.5% ~0.8% + KHM 1% + SAS 0.7% + CMS 0.3% + 润滑剂1% ~2%（或原油3% ~5%）。

2. 复合离子型聚合物钻井液

其配方为

膨润土4% ~5% + NaOH 0.1% +80A51 600 ~800 mg/L + FA-367 0.1% + XY-27 0.2% + $NH_4 \cdot HPAN$ 0.5% ~0.8% + 正电胶 0.1% + 润滑剂1% ~2%（或原油3% ~5%）。

3. 大钾聚合物钻井液

其配方为

膨润土4% ~5% + NaOH 0.1% +80A51 600 ~800 mg/L + KHPAM 600 ~800 mg/L + $NH_4 \cdot HPAN$ 0.5% ~0.8% + KHM 1% + SAS 1% + CMS 0.3% + 润滑剂1% ~2%（或原油3% ~5%）。

其他辅助处理剂:正电胶、有机硅、磺化系列防塌剂等。

井眼净化条件:在定向井施工中,保持钻井液具有良好的流变性能,在兼顾钻井液其他性能的情况下,提高钻井液的携带岩屑能力,降低钻屑的垂沉速是十分重要的。根据江苏地区的现场施工经验,钻井液动塑比控制在 0.35 ~0.50 Pa/(MPa · s) 之间就能基本满足正常携岩需要。在正常钻进中,根据钻井速度和进尺数进行短程起下钻是必要的,有助于裸眼斜井段井壁稳定。

井壁稳定措施:

（1）选用适当的钻井液密度,提高钻井液对井壁的支撑能力。一般情况下,钻井液必须大于地层破碎应力。第三系地层钻井液密度选择在 1.14 ~1.15 g/cm³ 是可行的,某些地区的特殊层段如阜宁组四段和一段钻井液密度可控制在 1.18 g/cm³ 左右。

（2）严格控制钻井液滤失量，特别是高温高压滤失量（中压小于 5 mL、高温高压小于 15 mL）。在实际施工中加入适量的磺化沥青、CMS、有机硅油、固体润滑剂等添加剂效果更好。

（3）钻至易垮塌、掉块地层时，加大钻井液中防塌剂的用量，可以有效地防止井壁垮塌。

润滑防卡措施：

在斜井段钻柱与井壁的轴向摩擦和径向摩擦形成了起下钻的摩阻力并使旋转时的扭矩增大，易造成阻卡。根据多年对定向井的经验总结，我们认为：

（1）井斜小于 20°的生产井，可采用混油（或润滑剂）的方法，含油量在 3% ~ 5% 或润滑剂 1%，并加入适量的乳化剂，使其适度乳化。井斜小于 20°的探井，加入润滑剂 1% ~ 2%，并配合 1% ~ 2% SAS 可满足井眼润滑要求。

（2）井斜大于 20°的生产井，含油量应达到 6% ~ 8%，并辅以 1% ~ 2% 的 SAS 或极压润滑剂；如井眼轨迹差，钻井液密度高，上提附加拉力超过 300 kN，应加入 1% ~ 2% 的固体润滑剂（塑料小球），以减少摩擦力。

（3）选用适当的流变参数和环空返速，配合适时的短起下钻，可延缓钻屑沉积床的形成；尽量保持井眼清洁，可以有效地防黏卡。在直径为 215.9 mm 的井眼中，环空返速不能低于 1.00 m/s，最好能达到 1.20 m/s，钻井液动塑比控制在 0.35 ~ 0.55 Pa/（MPa·s），可以较好地清洁井眼。

（4）使用好四级固控设备，使含砂量小于 0.5%，是保证泥饼质量及润滑性的关键。

定向井油层保护技术：

定向井中油气层裸露面积较大，保护油气层工作比直井更为重要。对于设计中有保护油气层的井，采用屏蔽暂堵技术，选择 QS-2（超细碳酸钙）取得了较好的效果。

六普开发研制了弱荧光润滑剂（HP-01）已在定向井中推广应用，较好地解决了探井钻井液中混油对地质录井的干扰问题。

六、水平井（苏平-1 井）钻井液的研究与应用

为了安全、快速施工原地矿部和华东油气田第一口石油勘探水平井（苏平-1井），确保钻井液技术最大限度地满足施工要求，六普从事钻井液工作技术人员进行了大量的室内试验和研究工作，两次深入到油田实地调研，先后完成了钻井液室内润滑、防塌、防膨胀试验，完井液的室内配方试验工作，并对油层保护提出了技术措施，完成了两种钻井液配方和一种完井液配方的研究。

针对第一口水平井，研制和使用了复合离子型聚合物混油乳化钻井液，有效地

抑制了大段裸露地层的膨胀易塌、易缩径,取得了大斜度段地层的润滑减阻效果;较好地解决了大斜度和水平段的环空净化,防止了岩屑床的产生,以及泥岩段防塌、防缩径等技术难题。

由于该井采用了复合离子聚合物与正电胶结构剂的优化组合,选择了四级钻井液净化设备,以及选用原油为主的润滑减阻技术,结合 SN-1 和塑料微珠的合理配比使用,使苏平-1 井钻井液工艺技术取得了整体性突破。各项技术指标及数据超过了该地区近期的最好水平。井眼稳定情况良好,全井井塌、划眼时间为零。主要井段井径平均扩大率为 3.9%,从而使苏平-1 井仅用 23 d 23 h 30 min 就完成了这口难度较大的水平井施工。

(一)钻井液、完井液类型的确定

钻井液、完井液类型确定的原则是:以洲城构造和储层特点为主要依据,以满足水平井钻井施工技术要求为前提条件,以先进的科学技术为手段。

1. 直井段钻井液类型

NPA 多元聚合物钻井液,以铵盐、80A-51 等为主剂,在洲城构造上已完成了 80 口定向井(井斜度小于 35°)施工,从实钻资料分析,NPA 多元聚合物钻井液最大限度满足了钻井工程以及地层特征的要求。因而,确定苏平-1 井在直井段仍然使用该钻井液体系。

2. 斜井段钻井液类型

斜井段盐城组砂砾层易垮、软泥岩缩径;三垛组地层易缩径、造浆,防垮塌、黏卡,解决润滑和携岩、井眼净化是其技术的关键。为此,确定由直井段使用的 NPA 多元聚合物钻井液转化为复合离子聚合物乳化钻井液来钻开斜井段,通过补充加入正电胶、FA-367 与 XY-27 加强钻井液抑制效果,增强防塌能力,改善流型,提高携岩净化井眼能力。以原油为主的润滑剂,塑料微珠辅助润滑,SN-1 作为乳化剂,使泥饼表面形成一层亲油疏水吸附膜来降低摩阻,阻止滤液大量浸入。

3. 水平井段完井液类型

水平井段为储集层段,不仅要携岩、润滑能力强,而且油层保护也是其技术重点。该段为砂岩地层,以细砂岩为主,局部为粉砂岩,渗透性好,极易发生渗漏。钻进期间造成储层伤害的主要因素是完井液中的固相颗粒及其滤液侵入储层,造成固相颗粒堵塞储层孔隙,以及使黏土及其他微粒引起絮凝、分散、膨胀、移动,进而堵塞储层小孔道。因此,利用屏蔽暂堵技术将斜井段使用的复合离子聚合物乳化钻井液改造成水平井完井液,既简单可行,又合理方便。由此,确定水平井段完井液类型为屏蔽暂堵型复合离子乳化完井液。

(二)室内研究内容

(1) NPA 多元聚合物钻井液配方的确定。

（2）复合离子聚合物乳化钻井液：

① 处理剂的选择及其作用机理的确定；

② 钻井液流变性（测试与调整）试验和性能指标调整；

③ 复合离子聚合物处理剂的加量优选。

（3）钻井液防塌试验及抗污染试验。

（4）钻井液润滑减阻试验。

（5）屏蔽暂堵剂配比试验及加量优选。

（6）完井液屏蔽环厚度评价试验。

（三）水平井（苏平-1 井）钻井液获得的主要成果

针对水平井工艺技术要解决的携岩、润滑、稳定井壁和保护油气等技术难点，优选了具有双重功能的钻井液（NPA 多元聚合物钻井液和复合离子聚合物乳化钻井液），满足了直径为 215.9 mm 长裸眼水平井的钻井要求。

在现场施工中对大斜度段和水平段分别采用 MSF、XY-27、FA-367 等添加剂调整流变参数，解决了岩屑携带问题，减少了摩阻，钻进中平均摩阻为 60 ~ 80 kN，完全满足了钻井、测井和下套管作业的特殊要求。采用的屏蔽暂堵完井液技术，达到了保护油气层目的。其研究成果在苏平-1 井的成功应用，取得了显著的技术和经济效益，具有较好的推广价值。

七、小尺寸套管开窗定向井钻井液的研究与应用

苏金 205B 井是中国新星石油公司第一口直径为 139.7 mm 套管开窗侧钻定向井，位于江苏金湖凹陷地带，钻遇地层极为复杂，存在缩径、井眼垮塌、卡钻、井漏等事故隐患。为此，所研制的钻井液和完井液体系，性能指标和现场技术措施必须满足以下技术要求：开窗段铁屑携带和侧向定向钻井段岩屑清除；直径 118 mm 裸眼段的井眼稳定及润滑防卡；油层井段的有效保护。

在室内实验的基础上，研制出了相应的正电胶钻井液、钾基聚磺正电胶钻井液与屏蔽暂堵型钻井完井液体系的配方及施工工艺，顺利完成了锻铣开窗、定向侧钻、测井、下套管固井等各工序施工和扩孔任务。并创造了侧钻 728.3 m 裸眼井段的全国纪录，且与邻井相比，原油产量提高了 3 倍。

（一）钻井液体系选择

（1）开窗段以高黏切钻井液解决携带铁屑问题。该段采用正电胶钻井液体系，以带正电荷的混合金属氢氧化物胶（正电胶）为主体，由 MMH-黏土复合体分散于水中形成的，具有较高的屈服值、动塑比值、静切力、低剪切速率下的黏度和较低的塑性黏度，十分利于套管开窗过程中的悬浮和携带铁屑。

（2）定向侧钻井段，着重解决井壁稳定、润滑防卡、携岩清洁井眼等问题。核心是改善和提高泥饼质量,防止井内复杂事故的发生。本段采用钾基聚磺正电胶钻井液体系,在钾离子的抑制防塌作用,聚合物的吸附、絮凝和包被作用,磺化处理剂的改善泥饼质量、防塌、润滑作用和正电胶的抑制、改善流变性等综合作用下,该钻井液具有强抑制性和防缩径,防黏卡和防垮塌功能。

(3)油层段着重解决油层污染问题。核心是在满足斜井段各项性能外还应和油层相配伍,最大限度地降低损害程度,达到有效的保护作用。该段采用屏蔽暂堵型钻井液,从经济性、可操作性和保护油层方面综合考虑,利用屏蔽暂堵技术将钻井液改造为钻井完井液,在达到保护油层目的的同时,满足钻井工程施工要求。

(二)钻井液配方及性能评价

1. 钻井液配方

通过室内实验,优选了合理的包被絮凝抑制剂、防塌封堵剂等,确定了各钻井液配方:

(1)正电胶钻井液配方:膨润土 4% ~ 5% + MMH 0.5% + CMS 0.6%。

(2)钾基聚磺正电胶钻井液配方:膨润土 4% ~ 5% + MMH 0.5% + 80A51 600 mg/L + CMS 0.6% + KPAM 0.2% + SAS 0.5% ~ 0.8% + KHM 2% + SMP 2% + HP-1 1%。

另外,在漏失层段,可在钻井液中加入 1% ~ 1.5% PB-1 随钻防漏堵漏剂。

(3)屏蔽暂堵型钻井完井液配方:膨润土 4% ~ 5% + MMH 0.5% + 80A51 600 mg/L + CMS 0.6% + KPAM 0.1% + SAS 2% + KHM 2% + SMP 2% + HP-1 1% + QS-2 2%。

2. 钻井液性能评价

(1)流变性好,润滑性强

对上述 3 种钻井液体系的流变性及润滑剂进行了测试,结果表明,3 种钻井液均具有较好的流变性及较强的润滑性。

(2)抑制能力强

通过岩屑滚动回收率、CST 分散试验和高温高压膨胀试验,该钻井液抑制能力强,滚动回收率达 98.3%,高温高压膨胀量比普通膨润土钻井液低 42.8%。

(3)泥饼形成能力及控制滤失能力强

通过 CST 实验及 HTHP 泥页岩膨胀实验结果证实了上述结论。

(4)渗透恢复率高

岩心静态污染评价实验结果表明,加入 QS-2 后的屏蔽暂堵型钻井完井液岩心渗透恢复率为 82.17%。将岩心污染端截去 1.82 cm 后,测定剩余部分岩心渗透恢复率高达 92.3%,起到了有效屏蔽暂堵作用。暂堵深度在 2 cm 以内,远小于射孔深度,可通过射孔解堵。

（三）取得的主要成果

（1）研制了适合苏金 205B 井的正电胶钻井液、钾基聚磺正电胶钻井液和屏蔽暂堵钻井完井液体系配方、性能参数。

（2）解决了 18.25 m 开窗处约 85% 的铁屑携带问题,保证了井内通畅。

（3）根据该井地层特点采用软地层"多聚少磺含钾,聚合为主",硬地层"少聚多磺含钾,分散为主"的处理工艺,较好地满足了井眼稳定要求,井径规则,无缩径垮塌情况发生,全井事故为零。

（4）钻井液泥饼摩阻较小,提升阻力一般在 30～40 kN,较好解决了小井眼摩阻过大问题,全井无黏卡事故及钻具扭矩过大问题。

（5）室内静态污染评价实验结果表明,采用 QS-2、PB-1、SAS 等复配实施屏蔽暂堵保护油层技术,起到较好的作用。苏金 205B 井稳产 20.42 t/d,与邻井相比原油产量提高了 3 倍,经济效益明显。

（6）裸眼井段井径扩大率 13%,钻井液成本仅为 90 元/m,安全顺利地完成了小井眼非常规电测井,下入 101.6 mm 油管 1 004.9 m,注水泥时无漏失,保证了MTC 固井一次成功,创目前国内同类井较好水平。

八、油气层保护技术的研究应用

根据江苏地区 1991—1997 年所钻井测试后取得的表皮系数资料(48 口井)调查统计表明,所钻井的 30% 以上的测试层都存在损害,主要集中在阜宁组、三垛组,其中严重损害表皮系数($S > 10$)的占 21.43%,中等损害($5 < S \leqslant 10$)为7.14%,轻度损害($0 < S \leqslant 5$)的为 71.43%,表皮系数最高的竟达 91%。这说明我局各油田均存在不同程度的油气层损害问题,尤其是低压低渗透油气层最为严重。

六普所开展的油气层保护技术研究应用工作,是以地质勘探任务为依托,通过对国内外油气层保护研究资料调研并参考我局规划设计院对江苏地区"油气层伤害机理的研究"所取得的成果,进行钻井(完井)液配方类型研制、验证和现场试验,达到有效减轻油气目的层损害的预期效果。

主要研究内容:

（1）对金湖、溱潼地区油层损害及油层保护研究现状进行资料收集和调研,提出研究思路、技术方法。

（2）参考和吸收局规划设计院"金湖、溱潼地区低渗透油气层伤害机理及改造方法研究"的成果,开展室内评价试验及钻井液、完井液筛选配伍实验,进行部分岩心滚动实验及敏感性实验,选择相应的油层保护措施和保护方法,强抑制性钻井完井液配方,筛选出合适的屏蔽暂堵材料,合理应用屏蔽暂堵技术,达到有效保护油气层不受损害的目的。

（3）在金湖、溱潼地区选择 2～3 口井进行储层保护的现场试验,通过现场试验完善钻井液体系的配方、保护油气层的施工技术措施以及现场配制钻井液的方法、程序等。并进行保护效果评价。

储层特点:

华东油气田所开发的油田是以中、低渗透性储层为主的断块性油气藏。各区块储层能量不足,储层压力系数普遍小于 1.0,孔隙度及渗透率也比较低,储层敏感性较强,属于低压、低渗易损害油气藏。由于本区上覆地层压力高,储层压力低（压力系数小于 1.0）,水敏性强,单纯依靠近平衡压力钻井往往是顾此失彼,难以取得理想的保护油层效果。为此,根据地层特点,在室内试验的基础上,优选适合地层特点的优质钻井液体系,并采用屏蔽暂堵技术,较好地解决了油气层的保护问题。

屏蔽暂堵钻井完井液:

针对探区储层主要以水敏为主的特点,水敏性强,低压或负压低渗储层多,极易造成储层污染的情况,通过大量的试验、分析和研究,研制出具有适合江苏地区探井、生产井油气层保护的屏蔽暂堵型钻井完井液体系:钾基聚磺、正电胶强抑制钻井完井液。

其配方:膨润土 4%～5% + MSF-2 0.3%～0.5% + 80A51 600～800 mg/L + CMS 0.6% + KPAM 0.2% + SAS 1.5%～2% + KHM 1%～2% + SMP 2%～3% + HP-1 1% + QS-2 2%～3%。

用上述配方进行岩心静态污染评价实验,从实验结果可知,采用屏蔽暂堵技术的钻井液,近井带封堵效果明显,钻井液侵入岩样深度浅;未采用屏蔽暂堵技术的钻井液,近井带封堵效果差,钻井液侵入深度深。用加入 QS-2、SAS 的钻井液污染后岩心渗透率恢复值达 92.3%,起到了有效的屏蔽暂堵作用,暂堵深度在 2 cm 以内,远小于射孔深度,可通过射孔来解堵。

应用效果:

自 1996 年开展油气层保护技术应用工作以来,先后在金湖、溱潼地区 12 口井的低渗透油层进行了钻井完井液保护工艺技术应用试验。通过试验取得以下收获:

（1）基本摸清了华东油气田储层物性,找到了一套行之有效的、成本较低的油层保护技术方法,并取得了良好效果。如进行小尺寸套管开窗定向井的苏金 205B 井,经油层保护技术处理,该井在老井的死油田中获得了日产 20 t 原油的产能。

（2）该套钻井完井液体系抑制能力强,试验井平均井径扩大率在 10% 以下,且无缩径现象,井径规则,为提高固井质量提供了保障。

（3）钻井完井液附加密度低,大大降低了井底钻井液与地层之间的压差,有效地提高了机械钻速,缩短了钻井周期。

(4)试验井无一发生由于钻井液问题而引起的井下事故,满足了安全、优质、高效钻井和探井、采油井取全取准地质资料的需要,各项技术指标优良。

目前,该项技术已在六普所属井队广泛推广应用,1999 年施工的各井均将此体系及保护油气层的技术措施纳入钻井设计中。

九、钻井液固相控制技术的应用和发展

六普钻井液固控设备更新换代经历了 3 个发展阶段:

(一)20 世纪 50 年代后期—20 世纪 70 年代中期

钻井液净化条件是:出浆泥浆槽、低频振动筛、沉砂池、S 型地面沉淀槽和泥浆池(配喷枪)。

(二)20 世纪 70 年代中期—1995 年

井液固控设备逐步实现了三级净化,主要设备为:高频振动筛、除砂器、除泥器、除气器和高架泥浆罐。尤其在 20 世纪 80 年代后期,基本淘汰了从罗马尼亚引进的钻井液固控设备,采用国产新型"两除"、"一筛",并更换了搅拌机。此时,钻井液净化条件得到了改善。

(三)1996 年以后

六普在钻井液三级净化的基础上,逐步配齐卧式离心机,现在各井队钻井液净化全部实现了四级控制。通过 QK-34 井、QK-36 井现场应用,取得了钻速明显提高,钻井液密度、固相含量大幅度降低,井内安全的效果,使六普钻井液固控技术进入了一个新的阶段。

以往六普钻井队配套的三级固控设备 50% 分离点的最小粒径达 50 μm,这部分固相在整个钻井液中的含量大致只有 0.1% ~0.2%,而第一级振动筛在 1995 年前基本上装配 12 目和 20 目筛网,少量的井队使用 40 目筛网。由于振动筛长年失修且工况不好,使其大量的固相颗粒侵入钻井液中,无疑给"两除"增加了处理量,也造成砂泵叶轮塞线和旋流器内套过早磨损、损坏。使"两除"无法正常运行,停待和维修时间长。这个问题在 20 世纪 90 年代以前较为突出。

自 1996 年以来,随着钻井新技术的发展,钻井液固控设备的技术改造、更新工作引起了各级领导和主管部门的重视,设备得到了不断更新,认识也得到了提高,逐步认识了固控设备在钻井中的重要作用。经过几年努力,各井队"两除"、"一筛"基本得到了更新,离心机配齐井队。目前,振动筛筛网全部达到了 40 目,部分达到了 80 目水平。由于措施上落实,电力供应充足,"两除"、"一筛"工况明显改善,全大队单井钻井液密度有了较大幅度降低,尤其启动离心机以后,对解放钻速,减少黏卡事故,保护油气层起到了积极作用。

例 4017 井队施工的 QK-34 井在井深 1 400 m 时,钻井液密度为 1. 22 g/cm³,经离心机分离后,密度迅速降到了 1. 12 ~ 1. 13 g/cm³,且钻井速度明显提高,井内情况得到改善。

现场钻井液四级固控使用结果表明:固控设备的有效使用,是保证钻井液基本性能及润滑性能的重要条件。苏平-1 井,从二开起坚持充分利用好四级固控设备。钻进时出口钻井液必须经过 40 目筛网,除去较粗钻屑固体后再经除砂器、除泥器、离心机分离方可进入上水罐入井循环,从而保证了钻井液含砂量在 0.3% ~ 0.5% 范围,充分有效地改善了泥饼质量,使之达到坚韧、光滑、致密的程度,全井泥饼厚度控制在 0.5 mm 以下,钻井液密度最高为 1. 13 g/cm³,最低仅为 1. 08 g/cm³,为保证苏平-1 井(水平井)顺利打成创造了条件。

使用离心机(四级固控设备)有效地控制钻井液密度和固相,对油层起到了较明显的保护作用。自 1995 年在东台台南施工苏东 217 井阜三段获日产 16.41 t 原油以后,在该地区相继施工一批探井和开发井,发现了兴圩、曹殿、闸南等油田,形成了具有一定规模的台南油区,使我局在苏北溱潼凹陷东北斜坡带的下第三系阜宁组的油气勘探获得了突破性进展,同时也打开了凹陷斜坡带油气勘探的新局面。

在该地区 70 年代初施工的东 10 井,钻井周期历时半年之久。其一是钻井周期长(目前同样井深钻井约一个月);其二是钻头使用时间仅为 24 h;其中主要原因是钻井液密度过高(1. 22 ~ 1. 24 g/cm³),含砂量达 5%。该井钻遇主要油层台Ⅲ和台Ⅳ油组时,钻井液密度 1. 22 ~ 1. 24 g/cm³,局部为 1. 26 g/cm³,与现在钻井对比(以苏东 236 井代表为例):苏东 236 井在台南油区较早使用离心机处理钻井液,全井密度为 1. 14 ~ 1. 16 g/cm³。苏东 236 井钻遇储层时,其一,钻时低,地质上易判定为砂岩,同时与东 10 井钻遇砂岩钻时之比为 1/10 ~ 1/40。其二,油气显示清楚,易发现,含油级别定得准。当时东 10 井相同层次油层,录井只能确定为油斑-油浸,苏东 236 井录井确定是油砂。其三是两口井均下油层套管固井试油,测试结果东 10 井仅产 0. 12 m³ 原油,而苏东 236 井能自喷,日产量达到 50 m³ 原油,效果明显存在较大差异。

经地质综合研究、采送岩心样进行分析化验,开发的台南油区地层压力系数为 0.7 ~ 1.03,储层主要是Ⅰ类、Ⅱ类占体积的 72.89%,孔喉道半径为 1.6 ~ 12.46 μm,是储层空间和油气流动的通道。而离心机的有效除泥沙能力为直径为 5 μm 以上,小于或等于孔喉道半径,要保证钻井液质量,降低钻井液密度是解放油气层的最好方法。

总结台南油区使用离心机对钻井液处理效果,得到以下结论:

(1) 钻井液密度得到了有效控制(1. 12 ~ 1. 15 g/cm³)。

(2) 地质、气测易发现和判别油气显示。

(3) 电测井、下油层套管通畅。

（4）经华东石油局试采大队试油,获工业油流的井,经测压计算表明表皮系数为 0～1.84,地层流动效率为 1.0～1.58,损伤系数式堵塞比为 1～1.1,堵塞比为 1时,表明地层未受到损伤,而当该系数比大于 1 时,愈大则说明地层受损伤或堵塞的程度愈大。六普钻井液四级固控设备的全面使用,提高了钻井液质量,减少了井内黏卡事故的发生,大幅度降低了钻井液密度,有效地提高了泵配件的使用寿命,对发现和解放油气层,为增储上产创造了良好条件。

十、石油钻井环保技术的研究和应用

对自然环境的保护越来越得到人们的重视,因为它是关系到人类生存环境的大事,每个国家都将它作为一项基本国策来抓。为保护生态环境,我国已颁布《环境保护法》,近年并采取了《污染物排放总量控制计划》和《跨世纪绿色工程规划》两项重要措施,将遏制环境恶化趋势,确保"九五"期间环境保护目标的实现。

作为石油钻井行业亦不例外,美国、荷兰等国家对钻井废弃物(包括废浆、废水、废油及各种废弃物)的处理规定了严格的法规,不符合环境保护要求的一律不准排放,否则重罚。因而,建立了许多石油钻井废弃物处理工厂,其重视程度不言而喻。我国对钻井废弃物的处理尚在实验阶段,迄今没有一家废物处理厂。各个油田对废弃钻井液的处理也没有强烈的紧迫感,其状况令人担忧。

随着我国石油工业的迅速发展,勘探与开发油井越来越多,产生的废弃钻井液的污染问题也就相应严重。废弃钻井液中含有无机物、有机物各种化学处理剂,以及黏土、加重材料、各种油类和岩屑,危害环境的主要成分有烃类、盐类、聚合物、木质素磺酸盐和含重金属成分的有毒物质。因此,废弃钻井液已成为石油钻井开发过程中对环境污染较大的污染源。这些污染物的任意排放或储存、掩埋或流入农田、河流、海洋或渗入地层,都会污染环境,影响动、植物的生长,危及人类生命安全。

六普自"七五"期间以来,十分重视石油钻井对环境污染的问题,在华东石油局科技部门指导下,投入较大资金,先后进行了 3 项油田环保项目的研究和应用工作,均获得了较好的社会效益和经济效益。

（一）《石油钻井污水连续处理及装置研究》项目

六普与重庆市环保技术装备公司合作,于 1988 年成功研制了一套石油钻井污水连续处理设备,处理能力 8 m^3/h,主要指标:悬浮物、石油类、pH 值达到国家排放标准,COD 去除率 60% 以上,色度小于 100 倍(稀释倍数法),浮泥脱水后,含水率降低到 80%～85%,污泥能够堆积填埋。

钻井污水经处理后排放,可防止污水对井场周围的河流、农田、鱼塘的污染,同时还可回收污水中的废油,增加收入,具有一定的经济效益。该研究基础项目已在江苏、冀东油田应用,处于国内陆地钻井污水处理的领先水平,并获得 1988 年地矿部科技成果三等奖。

（二）《大功率柴油机烟尘净化设备研制》项目

该项目较好地解决了油田大功率柴油机、发电机排出烟尘污染农作物、鱼虾等养殖物问题，改善了工农关系，有效地保护油田的生态环境。1995 年六普研制了一套具有先进水平的柴油机烟尘净化设备，烟尘经处理后符合国家柴油机烟尘排放标准 GB 3843—83、GB 3844—83，烟度值为 2.4 ~ 2.6 Rb，低于标准 45%，且炭黑灰经收集处理后，不会产生二次污染，不但适用于石油、地质等野外作业单位，还可用于中、小工厂和宾馆、动力电站处理烟尘污染。此项目分别在华东油气田、冀东油田使用，取得了较好的效果。此项研究弥补了国内石油行业烟尘处理技术的空白，并获得地矿部 1995 年度科技成果三等奖。

（三）《坨圩油田集输站含油污水处理应用研究》项目

该研究项目由华东石油局安全卫生处组织，六普、试采大队等单位参加的采油污水除油处理技术课题，所研制的装置采用分级重力分离和粗粒化处理原理。处理后采油污水达到了高于国家现行含油排放标准的处理效果（国家排放标准 10 mg/L，现排放为 0.18 ~ 3.2 mg/L）。在工艺流程中，选用 UQK 型浮球液位控制器操作，实现了供水/停水的自动化，检测水质含油浓度配用了智能化油分浓度计，自动化程度较高，具有相当高的技术先进性和经济实用性。同时，将防爆电气作业控制系统应用于该装置，从而保证了油气作业场所特殊的安全要求，消除了事故隐患。

该装置在中、小型油气田的采油污水除油工艺中，具有实用性强，自动化程度高，安全性能好，回收、利用（原油）资源率高四大优点，在中国新星石油公司系统内达到了技术领先的水平。

油田环境保护工作是一项系统工程，进一步开展油田环境污染综合治理是一项十分艰巨而又光荣的任务，需要制定长远规划，增加资金投入，针对我局生产中突出的环境污染问题认真加以解决，完善已获得科技成果的工艺和装备，以取得更好的社会效益和经济效益。

30 年来，六普钻井液技术工作遵循了"实践—认识—再实践—再认识"这样一条规律，曲折发展，不断提高。通过学习、实践、总结，现已从经验钻井逐步过渡到科学钻井阶段，六普钻井液技术人员将以严格的科学态度，认真抓技术管理，抓措施落实，抓科技成果出经济效益，全面提高六普钻井液技术队伍的整体素质，促进新技术、新工艺向纵深发展，在今后的工作中争上一个新的台阶，做出新的更大的贡献。

本文为"中石化华东石油局三十年史"（1970 ~ 2000 年）部分内容，并作适当修改

关于 GD-18 高效降黏剂在冀东油田现场应用的研究

赵炬肃

(中国石油化工集团公司华东石油工程有限公司六普钻井分公司,江苏 镇江 212003)

GD-18 钻井高效降黏剂是一种复合离子型小分子量(3 000)抑制性聚合物降黏剂,由江苏海安飞龙油田化学剂有限公司生产,具有优良的降黏效果,并有较好的抗温性和抗盐膏污染能力,是铁铬盐(FCLS)的替代产品。目前已在新疆、胜利、中原、江苏油田广泛使用。

为解决我公司冀东工区及华东油气田钻井生产中深井段钻井液黏度不易控制、处理量大(铵盐等降黏剂)、效果不明显等突出问题,以及冀东工区深井段钻井、完井电测时降黏度不允许使用铁铬盐、铵盐用量大,降黏又降低了钻井液密度,重复降黏、再加重的恶性循环的被动局面,六普开始 GD-18 降黏剂的室内试验工作,并作了调研(华东油气田),以求解决上述问题。

技术中心钻井液室对 GD-18 钻井高效降黏剂进行了检测试验。该产品理化性能达到企业产品标准,降黏率达到97.87%,见表1。在 NPA 聚合物钻井液中降黏效果明显,加温到 120 ℃效果不变;NPA 钻井液及抗盐试验中,在降黏的同时,钻井液动/塑比值有所下降。在现场应用中要注意观察和对比,以求验证产品处理效果,便于推广。

表1　GD-18 钻井高效降黏剂理化及钻井液性能检验数据

项　目	要　求	结　果
外观	白色或浅黄色颗粒(粉末)	白色粉末
水分/%	≤10.0	6.19
水不溶物/%	≤5.0	2.60
细度(筛孔 0.9 mm 筛余物)/%	≤10.0	—
表观黏度(10% 水溶液)/(MPa·s)	≤15.0	1.5
pH 值	5.5~8.0	7.5
降黏率/%	≥70	97.87

参照广东省企业 GD-18 降黏剂产品标准。

现场应用情况：

4019 井队施工的庙 26-24 井、6019 井队施工的庙 26-23 井同在一钻井平台，位于冀东油田南堡凹陷老爷庙构造带北庙，地层大致相同，均为定向井。地层划分见表 2。

表 2　冀东油田南堡凹陷老爷庙构造带北庙地层情况

层位	底界垂深/m	岩性简述
平原组	300	黏土及散砂
明上段	900	棕黄、浅灰色细砂岩夹灰绿、棕黄色泥岩
明下段	1 900	浅灰色、棕黄色细砂岩与棕黄色、灰绿色泥岩互层
馆陶组	2 300	上部灰色含砾砂岩、细砂岩夹泥岩，下部灰黑色玄武岩、灰白色砂砾岩
东一段	2 600	上部岩性较粗，灰白、浅灰中细砂岩薄层泥岩、中下部为厚层泥岩夹砂岩
东二段	3 000（未穿）	上部厚层灰绿、灰白色泥岩夹灰白色薄层细砂岩，中下部灰白色薄层砂岩与泥岩互层

其中：4019 庙 26-24 井设计井深 2 900 m（定向井），二开 2 330 m 为 311 mm 井眼，216 mm 井眼实钻井深 2 900 m。6019 井队庙 26-23 井设计井深 2 974 m（定向井），216 mm 井眼实钻井深 3 044 m。两口井均采用正电胶聚合物钻井液。GD-18 对井浆降黏效果现场试验结果见表 3。

表 3　GD-18 对井浆降黏效果现场试验结果

项　目	井深/m	密度/(g/cm³)	黏度/s	失水/mL	泥饼/mm	pH	塑黏/动切力/MPa·s/Pa
26-23 井井浆	2 430	1.26	59	4.2	0.2	8	20/18
GD-18 加量 0.15%		1.26	25	4	0.2	8	17/10
GD-18 加量 0.30%		1.26	25	4	0.2	8	16/6

注：参加试验人员有赵炬肃，杨兴福，等。

通过现场 GD-18 对井浆评价试验得到以下认识：

（1）产品理化性能达到企业产品标准。

（2）GD-18 在聚合物钻井液中降黏效果明显，降黏率大于 40%，加温到 120 ℃后，效果基本不变。

（3）在降黏的同时，API 失水量不变，对动/塑值影响不大。

根据室内试验，我们先后在庙 26-23、26-24 井进行了现场试验，取得了明显的效果。

6019 井队施工的庙 26-23 井,为 216 mm 井眼的定向井,采用正电胶聚合物钻井液,上部井段用铵盐控制黏度。钻进中明下段造浆严重,黏度难以控制。

在 1 500 ~ 2 300 m 井段钻进时,钻井液黏度(马氏漏斗黏度,下同)43 ~ 65 s,密度 1. 15 ~ 1. 17 g/cm³,钻井液静止后切力增幅较大,处理剂用量大,维护困难。例如,井深钻达 2 411 m 下钻到底循环钻井液,黏度 60 ~ 70 s,密度 1. 26 g/L。用铵盐 150 kg 配制溶液处理 3 个周期,降黏效果不明显,切力仍然大。

从 2 430 m 开始用 GD-18 配合铵盐控制黏度效果很好,失水量保持不变,钻进中黏度变化率小,避免了以往需要大幅度处理,循环周期长的情况。顺利钻达完井井深 3 044 m,测井较为顺利,也是该队近期钻井中完井作业最顺当的一口井。

4019 井队施工的庙 26-24 井,311 mm 井眼钻至 2 330 m,该井段仍采用正电胶聚合物钻井液。自 1 000 m 钻遇明下段的大段棕黄色、灰绿色泥岩造浆,孔径大、钻速慢,所以,钻井液的切力大,流动性差,只能大量补充处理液将黏度维护在 45 s 左右。

本井钻达 1 733 m,钻井液黏度 57 s、密度 1. 16 g/cm³、塑性黏度 20 MPa·s、动切力 8 Pa、初/终切力 3/22. 5 Pa、失水量 6. 5 mL、pH 9,黏度切力较高。在井深 1 733 ~ 1 814 m,加入 GD-18 220 kg(加量 0. 1%)后,黏度 45 s、密度 1. 155 g/ cm³、塑性黏度 14 MPa·s、动切力 8. 5 Pa、初/ 终切力 0. 5/10、失水 6. 5 mL、pH 8. 5,且钻井液流动性得到了明显改善,性能较为稳定。

本井钻达井深 2 125 m 提钻修设备,井内静止近 80 h 之久,下钻畅通无阻。后钻止于 2 330 m 下套管深度,黏度稳定在 45 ~ 48 s 范围内,井下情况良好。自 1 733 ~ 2 330 m 段 GD-18 用量为 470 kg。

现场应用结论:

(1) GD-18 降黏剂无论室内还是现场应用均具有较好的降黏效果,是目前聚合物钻井液体系中良好的辅助处理剂。

(2) 在 3 000 m 左右的深井中,铵盐用量一般为 6 t(费用在 3. 6 万元),而 GD-18 降黏剂的加量在 0. 1% ~ 0. 15%,则单井用量在 1% ~ 1. 5 t(1. 65 ~ 2. 48 万元),加量少,费用低,稀释能力强,重复处理时优于铵盐及其他处理剂。

(3) GD-18 降黏剂适用于聚合物、正电胶等钻井液的浅井、深井钻井液处理,可与常规处理剂配伍使用,具有良好的抗温、抗污染能力。

(4) 从现场使用效果看,GD-18 降黏剂与铵盐配合使用也具有较好效果。

本文发表于《六普技术通讯》1999 年第 1 期

简述国内外防塌钻井液的新发展

赵炬肃

(中国石油化工集团公司华东石油工程有限公司六普钻井分公司,江苏 镇江 212003)

20 世纪 70 年代以来,水解聚丙烯腈盐类、聚丙烯酰胺和水解聚丙烯酰胺在钻井液中得到广泛的应用,并形成了低固相不分散钻井液体系,从而促进了钻井液技术水平的提高,解决了一系列的复杂问题;磺化酚醛树脂的成功应用,使抗高温的深井钻井液体系得以出现,从而拉开了研制新型钻井液处理剂及钻井液体系的序幕。进入 20 世纪 80 年代后,我国钻井液处理剂有了较大的发展。可以说这一时期是钻井液处理剂和钻井液体系的大发展时期。形成了以 PAC-141 为代表的丙烯酸多元共聚物处理剂及其钻井液体系,以 SK 为主的 SK 钻井液体系、80A51 增黏剂和水解聚丙烯酰胺钾井壁稳定剂等,使聚合物钻井液工艺技术有了大的发展。在 20 世纪 80 年代总结经验的基础上,20 世纪 90 年代的以 FA367 为代表的两性离子型聚合物,使聚合物钻井液工艺技术又有了新的发展。

一、阳离子聚合物钻井液的新发展

20 世纪 80 年代末期,石油勘探开发研究院钻井所研究成功阳离子聚合物钻井液,该钻井液对稳定井壁有较好的效果。但当时由于处理剂不配套,影响其效果。20 世纪 90 年代,为了提高该钻井液体系稳定井壁的效果,又研究出阳离子度更高、抑制效果更好的新的阳离子聚丙烯酰 SP-2 和 CHM,小分子有机阳离子 NW-1 和 CLM;含阳离子基团的降滤失剂 CHSP、CLG、降黏剂 GN-1 和弱荧光防塌剂 WFT-666;阳离子乳化沥青 CEA 等。由这些处理剂可组配成处理效果更好的阳离子聚合物钻井液。该钻井液在塔里木盆地、渤海、南海、冀东、江苏等油田近 200 口深井、超深井、水平井中使用,最高密度达 2.3 g/cm³(英科 1 井),在抗温、抗盐、润滑、稳定井壁等方面均取得较好的效果。

近几年来,国外也开始进行阳离子聚合物钻井液的研究,根据 1997—1998 年《世界石油》杂志的统计,阳离子聚合物钻井液的商标名称已增为 13 种。

二、两性离子聚合物钻井液新进展

20 世纪 90 年代初期,西南石油学院、石油勘探开发研究院油田化学研究所与油田开发单位一起研究成功两性离子聚合物钻井液,现已在上万口井中使用。为了进一步提高该体系的抑制性能,成功研究出了高阳离子包被剂 FA368、降黏剂 XY28、两性离子降滤失剂 JT888、两性离子磺化酚醛树脂 FT301 等,由它们组配的钻井液,防塌抑制性能进一步提高,现已在全国广泛使用。六普钻井分公司在 1998 年以后,通过技术攻关和研究,先后研制出小阳离子聚合物防塌钻井液、复合离子型聚合物防塌钻井液、MSF 金属正电胶钻井液,已在江苏、东北、新疆等勘探区几十口井的使用中,均获得满意的效果。

两性离子聚合物钻井液具有较强的抑制性,正电胶钻井液具有特殊的流变性能。为了集两种钻井液的优点于一种钻井液中,石油勘探开发科学研究院油化所通过分子设计,提出了采用有机阳离子和复合金属离子与阴离子共聚的技术思路,设计出新型处理剂复合金属聚合物——PMHA 增黏包被剂和 JMHA 降滤失剂。由上述处理剂为主剂组成的 PMHA 已在江苏、中原、新疆、辽河等油田几十口井中应用,获得了预期的效果。六普钻井分公司通过"九五"技术攻关已确认两性离子聚合物钻井液作为近一时期钻井液首选类型。实践证明,阳离子聚合物页岩回收率及抑制能力均高于阴离子聚合物,井内情况良好,事故率明显降低,有助于保护油气层。

三、聚合醇钻井液

聚合醇(又称为多元醇)钻井液,是 20 世纪 90 年代研制成功的一种新型防塌钻井液。此类钻井液可通过在水基钻井液中加入一定数量的聚合醇配制而成。聚合醇钻井液具有很强的抑制性和封堵性,能有效地稳定井壁;润滑性能好,当聚合醇加量为 3% 时,钻井液的润滑系数降低 80%;能降低钻井液的表面张力与界面张力,因此,钻井液对油气层损害程度低,渗透率恢复值在 85% 以上;毒害极低,容易生物降解,对环境影响小。

钻井液中使用的聚合醇大多是聚乙二醇(聚丙烯乙二醇)、聚丙二醇、乙二醇/丙二醇共聚物、聚丙三醇或聚乙烯乙二醇等。聚乙二醇钻井液已在墨西哥湾、北海、苏丹等许多油田使用。江汉石油学院已研究成功聚合醇 JLX,该剂是低分子嵌段共聚物。由 JLX 为主剂组配的聚合醇钻井液在渤海、南海西部、东海、辽河、大港、塔里木、和江苏等油田使用,取得了较好的效果。我们已收集了一部分聚合醇钻井液的资料,并向有关院校进行了咨询,准备在条件具备的时候进行现场应用。

四、多元醇树脂钻井液

多元醇树脂(代号为 FGA)钻井液是近年来石油大学研究成功的一种新型防塌钻井液。FGA 是一种非离子型聚合物,分子主链全部是碳原子,侧链大多数是羟基,分子量为 $5 \times 10^4 \sim 10 \times 10^4$ mg/L。该处理剂基本上没有絮凝包被作用,主要靠吸附交联、黏结成膜作用来稳定井壁。多元醇可直接加入聚合物钻井液或聚磺钻井液中,其加入量必须达到 3% 才能起到较好的稳定井壁作用。该钻井液已在准噶尔、胜利和冀东等油田 10 多口井中应用,已取得较好的效果。

五、硅酸盐钻井液

原苏联与美国早在 20 世纪 30 年代就开始研究硅酸盐钻井液,由于该钻井液的流变与滤失性能不好控制,热稳定性不好(抗温仅达 100 ℃),对测井结果有影响,因而没有广泛应用。

20 世纪 90 年代,随着社会对环保要求越来越严格,油基钻井液的使用受到限制。为了解决井壁稳定问题,美国、英国等国家的钻井液公司也开始研究硅酸盐钻井液,并研究成功用破碎剂来破坏硅酸盐在储层形成的封堵层,较好地恢复了储层的渗透率。硅酸盐钻井液已在北海、阿拉斯加、纽芬兰、墨西哥湾等地区使用。在中国,石油大学于 1997 年开始研究稀硅酸盐钻井液,现已地胜利油田 10 多口井中应用。

硅酸盐钻井液尽管有较好的稳定井壁作用,但当膨润土含量高时或钻进含较多蒙脱石或伊蒙无序间层的造浆性强的泥岩地层时,其流变性能不易稳定,今后必须在这方面继续进行深入研究,使该钻井液得到更加广泛的应用。

六、甲基葡萄糖酐钻井液

甲基葡萄糖酐(MEG)钻井液是最近开发的、不污染环境的水基钻井液,其性能与油基钻井液接近,能稳定泥页岩,具有良好的润滑性和降滤失性能。MEG 是葡萄糖的衍生物,由玉米淀粉制得,无毒性,且易生物降解。它的分子是含 4 个羟基和 1 个甲基的两排环状结构。

MEG 钻井液具有以下特点:

(1)较强的抑制性与封堵作用。MEG 分子通过其亲水羟基可以吸附在井壁和岩屑上形成半透膜,半透膜的完善程度和 MEG 加量成正比。

(2)良好的润滑性。国外的 AMBAR 钻井液公司用它作为润滑剂,按 APIRP–13B 润滑性能评价程序测得其润滑系数为 0.06。国外已成功地使用 MEG 钻井液钻进井斜角为 60°的大斜度井和水平井。

(3)有效地保护油气层。MEG 钻井液表面张力低,对油气层损害小,其渗透率恢复值高达 88.7%。

(4)性能稳定。MEG 钻井液配方简单,性能稳定;MEG 分子中存在甲基,因此钻井液热稳定性好。

　　六普钻井分公司近几年在开发新型钻井液方面有长足的发展和提高。先后研制出 NPA 多元聚合物防塌钻井液、复合离子聚合物钻井液、两性离子聚合物等类型的钻井液，构成了适合于江苏地区地层的较为完善的钻井液体系。通过加强钻井液技术管理，实施六普钻井分公司钻井液技术管理规范，强调钻井液原始资料填报规定，钻井液技术有了较为明显的提高，井壁失稳事故逐年降低，井内作业条件不断改善。同时，我们必须看到，在很多方面还存在着问题。因此，要从加强技术管理入手，继续完善聚合物体系，在防塌、防卡、防漏等方面下功夫，继续做好油层保护工作，引进新型处理剂，逐步淘汰部分处理效果差、费用高的药剂，使钻井液水平再上一个新的台阶。

　　本文发表于《六普技术通讯》2002 年第 3 期

关于苏东187B套管开窗侧钻井超长裸眼钻井及钻井液技术的探讨

赵炬肃

(中国石油化工集团公司华东石油工程有限公司六普钻井分公司,江苏 镇江 212003)

套管开窗、小井眼侧钻技术,以其良好的实用性和可观的经济效益在国内外得到了迅速发展,它不仅可以节约上部井段大量钻井费用和套管费用,更引人注目的是可使"死井"复活,提高单井产能和采取率,已成为油气田开发后期降低钻井成本,挖掘剩余油潜力的一种重要手段,越来越得到国内外石油工程界的重视,应用范围不断扩大。华东石油局为救活一批已下套管的低效或无效试、采油井,自1997年以来对ϕ139.7 mm套管内开窗侧钻小井眼进行了积极的探索工作,到目前为止,已完成套管开窗侧钻井20余口,并取得了一定的成效。

苏东187B井位于东台台南地区,设计垂深:2 200 m,靶点半径30 m。在1 440 m开始使用套管锻铣工具进行开窗,完钻斜深2 340.13 m,垂深2 203.09 m,最大井斜角38.4°,水平位移439.35 m,裸眼段长900.13 m。本井钻井周期18.52 d,纯钻时251 h,纯钻时间利用率54.68%,平均机械钻速3.56 m/h,台月效率1 395 m。测井一次成功,下套管顺利,固井质量良好。该井从锻铣套管、造斜、稳斜钻进直到完井作业未发生任何井下事故。本井创下了我局目前套管开窗侧钻井裸眼井段最长的纪录。

一、地层特点及原井基本情况

苏北盆地三垛、戴南、阜宁组及泰州组复杂断块油藏基本特征是"小、断、变、活",即油田规模小;油田断裂发育,不同级次的断层纵横交错,各断块的油水关系十分复杂;不同油藏的开发地质特征差异极大,油藏储层及含油性横向变化大;油藏属开启型,边底水异常活跃,开采的技术措施控制不好,油藏易被水淹。

苏东187B井勘探的目的是为探索该地区泰州组断鼻构造的剩余油藏资源。钻遇地层为第四系(东台组)、上第三系(盐城组)、下第三系(三垛、阜宁、泰州组)。在钻井过程中易发生缩径和掉块、垮塌、黏卡事故,其特征是:上部开窗、定向段三垛组一段软泥岩地层造浆,易缩径和黏卡;中部缺失垛一段下部至阜三段上部地层,断缺阜三段下部至阜一段上部地层,断层上下灰黑色泥岩吸水膨胀易剥蚀掉块、垮塌和黏卡。

原井基本情况如下：

该井 1988 年施工（直井），完井深度 2 386.63 m，下入 φ139.7 mm，壁厚 7.72 mm 油层套管 2 345.84 m，水泥返深 1 794 m，固井质量良好。在本井开窗 1 440 m 处井斜 3.19°，方位 80.5°。

二、套管开窗技术

（一）钻前准备

（1）原井资料的收集和汇总分析调研工作：包括对原井地层分层、地层可钻性、故障提示、钻井液类型、钻井参数选择、钻遇复杂情况等方面资料。

（2）原井井下套管数据及固井质量的资料收集。

（3）装好 350 型封井器，压井、洗井起出原井管柱；用 φ118 mm 通井规通井至 1 500 m 无遇阻，彻底热洗井两周。

（4）在 1 480 ~ 1 500 m 注悬空水泥塞，候凝 24 h。对原井试压 15 MPa，30 min 压力降低不超过 0.5 MPa 为合格。

（5）用钻井液替出井内清水，并进行充分循环处理，以使性能指标达到设计要求，并做到所有钻具下井前都能够进行通径检查。

（6）开窗前，井场 500 m 以内的注水井停止注水。

（二）开窗方式的确定

套管开窗侧钻方法目前主要采用两种方式：① 利用套管锻铣工具在预定位置铣去一段套管，然后打水泥塞，下入造斜钻具侧钻；② 利用设计的一种套管开窗工具下造斜器，在适当的层段磨铣出一个窗口，然后再下入造斜钻具侧钻。前者施工工艺简单，单层套管易于锻铣、周期短、效果明显。后者工艺复杂，易出现井下复杂情况，而且，施工周期较长、效率低。结合苏东 178B 的实际情况，确定使用较为成熟的锻铣开窗工艺。

（三）窗口位置及锻铣长度

选用 TDX-140 型锻铣器在 1 440 m 开始锻铣开窗，设计锻铣井段 1 440 ~ 1 465 m（实际为 1 440 ~ 1 460 m）。

（四）锻铣开窗工艺

在 TDX-140 锻铣器下井前对它认真检查和调试，确保全部铣刀片开、合灵活。下钻时控制速度，避免中途开泵，转动钻盘，遇阻不强压，防止锻铣片损坏。

锻铣钻具组合：TDX-140 型锻铣器 + φ89 mm 加重钻杆 2 根 + φ73 mm 钻杆。

钻井参数：钻压 10 ~ 30 kN、转速 60 ~ 70 r/min、排量 9 L/s、泵压 12 MPa。

钻井液性能：黏度 45 ~ 50 s、密度 1.02 g/cm³、失水 6 mL、切力 2 ~ 5 Pa、塑/动

比 0.34/0.40。

锻铣施工:将工具下至 1 440 m(避开套管接箍),缓慢开泵,以 45~60 r/min 的转速启动转盘开始锻铣,同时注意观察扭矩变化情况,平稳操作。当套管切断后,缓慢加压送钻,开始正常锻铣作业。施工中,钻井液性能要满足携带铁屑的需要,并在钻井液出口槽内放置多个打捞磁铁,根据铁屑数量和形状分析井下情况,尽可能减少铁屑进入钻井液罐,以避免铁屑对泵及净化设备造成损坏。同时,每锻铣 1 m 左右,停止锻铣,用大排量钻井液循环清除井下铁屑,以防止卡钻事故的发生。本井至 1 460 m 锻铣结束。通过调整钻井液性能,确保井底干净。

在锻铣井段打水泥塞 45 m,候凝、扫水泥塞。调整钻井液性能,以满足下步定向侧钻施工的要求。

(五)侧钻技术

(1)定向造斜段。用陀螺测斜仪测量原井套管轨迹:锻铣井段处井斜 3.19°,方位 80.5°。本井采用小尺寸单点、电子多点和有线随钻测斜仪进行定向造斜、扭方位作业,对井眼轨迹实施连续控制。

侧钻造斜钻具组合:ϕ118 mm PDC 钻头 + ϕ95 mm×1.75°单弯螺杆 + 定向接头 + ϕ89 mm 无磁钻铤 1 根 + ϕ89 mm 加重钻杆 2 根 + ϕ73 mm 钻杆。

钻井参数:钻压 5~30 kN,转速 100~150 r/min,排量 9 L/s。从 1 450 m 开始造斜钻进,由于 PDC 钻头在软泥岩中进尺较慢,井深 1 479.81 m 提钻,改换用单牙轮钻头侧钻造斜,其钻具组合不变。钻井参数:钻压 15~20 kN,转速 70~100 r/min,排量 9 L/s,泵压 15 MPa;钻井液性能:密度 1.05 g/cm^3,黏度 50~55 s,失水 5 mL。钻进至 1 570.14 m 定向、侧钻造斜结束。井眼轨迹:井斜 34°、方位 328°。本井仅用两天时间完成了 20 m 套管的锻铣工作,由于技术措施得当,锻铣效率较高,井内未发生阻、卡事故。

定向造斜段技术措施:下钻完毕,利用非磁性测量仪器对侧钻方向定位,并锁定转盘。侧钻时,先让钻头在同一位置空转 10 min 左右,使井下裸露的地层造出台阶,并用测量仪器进行连续监控,以防侧钻方向变化。钻进中,根据井内返出钻屑的含量变化情况,调整钻井参数,当新、老井眼距离超过 1 m 时就可逐步加压造斜。同时,要控制造斜率,防止狗腿严重度过大,造成提下钻具及下部施工困难。

(2)增斜、稳斜段(中靶钻进)。钻具组合:ϕ118 mm 单牙轮钻头 + ϕ89 mm 无磁钻铤 1 根 + ϕ89 mm 加重钻杆 2 根 + ϕ73 mm 钻杆。

本井增斜钻进受地层倾角影响,在施工作业中,井斜和方位变化较大,主要是造斜率不理想。全井增斜钻进 3 次(用 1.5°或 1.75°单弯扭),钻井参数:钻压 0~20 kN,转速 60~70 r/min,排量 9 L/s,泵压 13~15 MPa。稳斜钻进 4 次,钻井参数:钻压 40~60 kN,转速 60~80 r/min,排量 9 L/s,泵压 14~17 MPa。增、稳段钻井液性能:密度 1.05~1.10 g/cm³,黏度 50~60 s,塑性黏度 10~12 MPa·s,动切力 4~8 Pa,初/终切力 2/4 Pa,失水 5 mL,泥饼 0.5~0.8 mm,含砂量 0.2%,pH 为 9。钻达井深(斜深)2 340.13 m 完钻。其基本数据:垂深 2 203.09 m,井斜 30.2°,方位角 343°,水平位移 439.35 m,中靶垂深 2 120.0 m,闭合距 390.55 m,闭合方位 331.98°,靶心距 16.82 m,达到设计要求。全井裸眼进尺 900.13 m,下入 ϕ89N−80× 6.45 mm 油层套管 1 017.76 m,下深 2 323.34 m,悬挂器位置 1 306.74 m,与上层套管重叠 131.73 m,固井质量良好。

自定向造斜(1 450 m)至 2 340.13 m 中靶完钻,仅用了 18.52 d 时间。该井井斜角较大,最大井斜 38.4°(1 994 m),而全井造斜及随钻井段平均"狗腿度"很小。

本井定向增斜、稳斜段施工质量及速度是较高的,全井畅通无阻。由于受地质等因素影响,造成随钻次数较多,在一定程度上影响了钻井效率。在轨迹控制方面,本井稳斜钻井中曾出现井斜有所降低或方位飘移的问题,排除占主导作用的地层因素外,在频繁砂、泥岩互层的地层中,我们认为使用的刚性钻具偏少(加重钻杆仅 2 根)也是造成井斜、方位不稳的主要因素。施工作业中需要合理的钻具组合,它包括增、稳、降斜钻具组合及导向钻具组合。实践证明,在小井眼开窗侧钻井中钻具的优化组合是十分重要的,它是提高钻井效率、缩短建井周期、降低成本行之有效技术措施。

三、开窗侧钻钻井液技术

苏东 187B 井钻遇地层为下第三系三垛、阜宁、泰州组。中部断缺三段地层,其特点是上部易缩径和黏卡;下部灰黑色泥岩水敏性强,极易掉块和垮塌、卡钻。该井地层压力趋向正常。本井要重点解决的问题是井壁稳定及润滑防卡,同时钻井液必须具有良好的流变性能,满足携带铁屑、净化井眼的要求,最大限度地防止钻井液对储层的损害,保证小井眼环空畅通,减少环空流阻,提高钻井效率。

(一)钻井液类型的确定

通过该地区已施工的二口开窗侧钻井的实践,我们认为选择正电胶乳化聚合物钻井液能满足钻井的需要。该体系钻井液具有一定的抑制、防塌能力,性能容易控制,且工艺简单;施工方面,既可满足钻井工程要求,又可达到降低密度,保护油气层目的。

钻井液配方:膨润土 4% + 纯碱 0.3% + CMC 0.1%~2% + 正电胶 2%~3% + SJ−1(抗盐抗温降滤失剂)1%~2% + PA−1(无荧光防塌剂)2% + 无荧光润滑剂(部分机油)2%~3% + 胺盐 0.5%~1% + 磺化沥青 0.5% + 适量的塑料微珠。

(二)井壁稳定

对三垛组软泥岩易造浆、缩径地层,应将钻井液的黏度、切力控制得较低(黏度

35～40 s)，适当增大排量，冲刷井壁；钻进中控制钻井速度，速度过快要及时对新钻开裸眼井段短程起下钻，确保井眼畅通，以防缩径卡钻。对下部灰黑色泥岩易垮地层，要保证防塌处理剂的加量，严格控制固相，以形成致密的泥饼。性能维护如下：黏度 45～55 s、密度 1.08～1.14 g/cm³、失水量 4～5 mL、泥饼 0.5 mm、动/塑比 0.32/0.42、含砂量 0.2%。由于技术措施合理，本井未出现缩径、垮塌等事故。

（三）井眼净化

在锻铣井段，将黏度控制在 55～60 s，动塑比在 0.38～0.42，使钻井液具有良好的悬浮携岩能力。实践证明尺寸较大的铁屑能被带出地面，能避免铁屑沉降堆积，锻铣钻井工作正常。

携带钻屑是斜井段小井眼开窗侧钻井成败的关键。一般认为，井斜角 30°～60°（中斜度）范围属井眼净化的危险区，中斜度井锻铣最困难。本井井眼小（φ118 mm），环空间隙小，为保证钻屑能及时携带出地面，首先，确保钻进的泵排量，保持井眼环空返速在 1.25～1.34 m/s；其次，是将动/塑比维护在 0.40 左右；此外根据井眼轨迹及其他情况的变化，每钻进 50 m 左右短程起下钻 1 次，以破坏钻屑在井内形成的岩屑床，有利于井眼净化。

（四）润滑防黏卡

苏东 187B 井设计井斜较大，裸眼段长。相对而言，造成黏卡的机会也就增大，因此，润滑防黏卡工作显得十分重要。在侧钻及以后的钻进期间，首先维护好两台振动筛的正常运行，及时清除粗粒的钻屑。在这基础上，确保钻进期间离心机利用率达到 70% 以上，以使钻井液固相和密度得到有效的控制。全井钻井液最高密度 1.15 g/cm³（人为加重），大多数钻进期间密度控制在 1.12 g/cm³ 以内。固相和密度的有效控制，提高了钻井液质量，减少了黏卡机会。

该井的防黏卡措施：造斜、增斜及稳斜井段钻进时，根据井斜变化、提下钻是否畅通等情况，及时补充润滑剂或机油，保持加量在 2%～2.5%。将摩阻系数控制在 0.1 以下。同时在钻井液中加入少量的固体润滑剂（塑料微珠），能有效地防止黏卡事故的发生，效果是明显的。

四、几点认识

（1）华东石油局已施工 20 余口小井眼套管开窗侧钻井，积累了一些经验。实践证明：它能够充分利用低效或无效油井的剩余资源，无论是在钻井投资还是钻井效率方面都体现了"多、快、好、省"的经营方针，具有推广应用价值。

（2）根据江苏地层的特点，开窗侧钻井造斜、增斜段应尽可能地多用 PDC 钻头，既能提高纯钻进时间，又无掉牙轮之忧，且使用周期长。同时，选择合适的单牙轮钻头与优化的钻具组合相匹配是提高全井钻进效率，避免扭方位，缩短钻井周期的重要技术措施。在钻井过程中，要坚持短程提下钻，以达到破坏钻屑床的目的。

（3）本地区适应低密度、中黏度性能的正电胶—聚合物体系钻井液。提高钻井液的润滑能力是套管开窗侧钻井的关键问题，在 30°～60°定向斜井中尤其重要。施工中应在进入易垮塌地层前做好钻井液的防垮塌预处理工作，增强钻井液抑制垮塌能力，以确保井眼畅通和稳定。

（4）结合华东油气田套管开窗定向侧钻井的施工情况和理论研究，应深入地研讨提高套管锻铣效率及全面提高小井眼钻进速度的影响因素，完善和发展套管开窗侧钻井技术。

胜利油田井下作业公司刘建华、郭先敏等同志提供了部分数据和资料，在此一并致谢。

参考文献

［1］魏文忠，郭卫东，贺昌华，等：《胜利油田小眼井套管开窗侧钻技术》，《石油钻探技术》，2001 年第 1 期。

［2］张永青，王同昌，刘杰：《任丘地区套管开窗侧钻配套技术》，《石油钻探技术》，2000 年第 1 期。

［3］赵江印，王芬荣，庄立，等：《套管开窗侧钻技术的钻井液技术》，《钻井液与完井液》，1999 年第 6 期。

本文发表于《华东石油地质》2003 年第 3 期

塔河油田深层盐膏层钻井工艺技术应用的研究

赵炬肃,周玉仓

(中国石油化工集团公司华东石油工程有限公司六普钻井分公司,江苏 镇江 212003)

《塔河油田深层盐膏层钻井工艺技术研究》是华东石油局委托六普承担的 2003 年科技攻关项目。该项目于 2003 年 6 月正式签订科技项目合同书,合同编号:HDJ/JK-2003-004。本项目是针对西北分公司塔河油田存在深部巨厚的盐膏层,并预计盐下存在油气藏的特点,在塔河油田布置一批盐膏层探井,其中,沙 106 井是 2003 年塔河油田的一口钻至奥陶系重点超深探井,设计井深 6 230 m,盐膏层埋深 5 142 ~ 5 402 m,视厚 260 m,该井由六普 70858 钻井分公司(以下简称六普)井队施工。

一、立项依据

盐膏层钻井,特别是深井(5 000 m 以下)盐膏层和复合盐层钻井,是一个世界级的钻井技术难题。在钻井过程中钻遇盐、膏层,极易产生井下复杂情况,如遇阻卡、缩径、垮塌、卡钻等事故发生,从而报废进尺等。在新疆塔河油田钻探深部盐膏层的井中,其中乡 1 井中途报废、沙 10 井和沙 89 井提前完钻,均未能钻穿盐膏层钻达奥陶系设计目的层。

沙 106 井是 2003 年塔河油田的一口重点探井,该井设计井深 6 230 m,其中古生界石炭系盐膏层埋藏在 5 164 ~ 5 420 m,盐膏层厚度达 256 m(设计),是目前国内陆地埋藏深、厚度最大,311 mm 裸眼井段最深(2 412 m)的一口超深井。从技术上看,沙 106 井施工具有世界级的钻井难度。

本项目的主要任务:解决沙 106 井在古生界石炭系深井段盐膏层钻进中可能出现的井漏、盐层蠕变流动引起的卡钻、石膏层的遇水膨胀缩径卡钻、盐膏层上、下部泥页岩垮塌等井下复杂情况,依靠科技进步,严格操作规程,以安全顺利钻穿巨厚的盐膏层及下入大口径组合套管(ϕ244.5 mm + ϕ273.1 mm)5 480 m 封固该层位为目标。

二、研究内容及技术指标

（一）研究内容

盐膏层上部裸眼井段承压堵漏作业。由于井身结构的原因,本井段存在多套压力系统,打开巴楚组盐膏层时钻井液密度高达 $1.65\sim1.70\ \mathrm{g/cm^3}$。如果不对盐层上部裸眼井段进行承压堵漏,上部地层产生漏失不可避免,造成井垮的后果将非常严重。而漏失层位不明确,是长裸眼堵漏技术难点之一,它关系到盐膏层钻井的成败。

盐膏层塑性蠕变特征及规律的研究。由于盐、膏层蠕动变形导致钻井过程中阻卡、卡钻等问题,通过研究,了解不同温度和水平压力下的岩石蠕变曲线,分析盐膏层随时间变形的规律,从而达到正常施工。

随钻水力扩大器的应用技术。在钻遇膏盐层时,优选随钻水力扩大器工艺参数,严格使用规范,确保顺利钻穿盐膏层。

盐膏层钻井工程技术措施优化研究。针对该井井身结构和盐膏层特点,通过对以往及邻井膏盐层钻井的分析研究;制定优化工程技术措施,确保盐膏层安全钻进。

盐膏层套管作业应用研究。由于盐、膏层产生塑性蠕动,311.15 mm 的井眼可能产生缩经,273.1 mm 的套管接箍达 293.3 mm,使得井眼与套管间隙缩小。因此,研究制定合理的工艺措施,确保顺利完成下套管作业。

盐膏层钻井液技术措施优化研究。超深井盐膏层钻井液密度的合理选择;欠饱和盐水钻井液氯离子含量的优化选择。

盐膏层泥页岩夹层防塌措施研究及防漏、堵漏工艺技术研究。

（二）技术指标

完成沙 106 井的深层盐膏层钻井施工,顺利下入大口径复合套管封隔盐膏层,为下步施工钻达目的层创造条件。

形成一套适合我局及中国西部钻深层盐膏层的钻井工艺技术、钻井液工艺技术,为我局及全国在超深井钻盐膏层提供成功的技术和经验。

三、项目完成程序

依据项目研究内容,本项目从井深 5 000 m 开始,维护上部 2 000 m 311 mm 裸眼井眼稳定→堵漏液配方试验→堵漏方案确定→工程实施→钻井液室内优化试验→分段转换钻井液→钻井液性能调整→形成欠饱和盐水钻井液体系→盐膏层钻进测井作业→下组合套管→固井作业等主要环节,结合实际施工,分专题组织攻关研究。

四、研究的具体内容

（一）钻井液类型的合理选择

钻盐膏层的钻井液必须具备的3个要求：一是解决好大段盐岩防塌防卡、盐层蠕动问题，也就需要选择合适的钻井液密度和氯离子；二是上部大井眼2 000 m的裸眼井段存在不同的压力系统，要解决好上部井段的漏失问题；三是要解决好盐岩中破碎地层的坍塌问题，防止高压差下的卡钻。同时，也要考虑欠饱和盐水钻井液对钻具、设备的防腐问题，在深井高温高压下有较稳定的钻井液流变性。同时，有较好的悬浮能力。

盐膏层钻井液技术应具备适应于盐膏层易蠕变、易溶解、易垮塌等特点，是盐膏层钻井的关键技术之一，它直接影响钻井作业的成败。通过调研我们认为，20世纪80年代采用油基钻井液钻成我国第一口试验井，并形成一套完整的盐膏层油基钻井液技术，但油基钻井液成本高和环境污染严重，使其发展受到一定的限制。后期发展聚合物饱和盐水钻井液体系，并向全国推广；90年代研制的氯化钾聚磺、饱和盐多元醇钻井液体系，并建立相应的配套技术，为顺利钻穿复杂盐膏层奠定了技术基础。但我们在深井、超深井、大位移井、水平井及分支井等特殊井钻井技术的探讨和研究方面还很欠缺，这些井的钻探，要求钻井液不仅具有良好的抗盐、抗钙、抗高温能力，还要求其性能如流变性、润滑性、稳定性等方面有所突破。

对于盐膏层钻井，合适的钻井液体系和钻井液密度、Cl^-含量是核心。

沙106井盐膏层钻井液设计根据《沙106井基础资料》可知，是同时参考了沙98井、乡1井、沙10井等邻井的钻井实际情况，以提高钻井液的防塌、防卡、防膏盐层蠕变等综合能力为该钻井液技术的指导思想，最大限度地从钻井液工艺技术上去满足井下安全和提高钻井速度为前提设计的。本井选用欠饱和聚磺盐水钻井液体系，该体系的特点是：具有极强的抗盐能力和抑制膏盐层蠕变能力。

（二）盐膏层塑性蠕动的特征及规律

1. 盐膏层塑性蠕动的特征

盐膏层钻井，特别是深井盐膏层和复合盐层钻井，是一个世界级的钻井技术难题。主要是因为盐膏层钻井时会产生复杂情况，现归纳如下：

（1）深部盐层会呈现塑性流动的性质，盐岩的塑性变形产生井径缩小；

（2）以泥岩为胎体，在其微观、宏观裂缝中充填了盐膏的含盐膏泥岩，存在于第二类或第三类盐之间，形成良好的圈闭，自由水在沉积过程中未完全运移出去，以"软泥"的形式深埋于地层中，蠕变速率极高；

（3）以盐为胎体或胶结物的泥页岩、粉砂岩或硬石膏团块，遇矿化度低的水会溶解，盐溶的结果导致泥页岩、粉砂岩、硬石膏团块失去支撑而坍塌；

（4）夹在盐岩层间的薄层泥页岩、粉砂岩,盐溶后上下失去承托,在机械碰撞作用下掉块、坍塌;

（5）山前构造运动所形成的构造应力加速复合盐层的蠕变和井壁失稳;

（6）无水石膏等吸水膨胀、垮塌。无水石膏等吸水变成二水石膏体积会增大26%左右,其他盐类如芒硝、氯化镁、氯化钙等也具有类似性质;

（7）盐层段非均匀载荷引起套管挤毁变形;

（8）石膏或含石膏的泥岩在井内钻井液液柱压力不能平衡地层本身的横向应力时,会向井内运移垮塌。

根据上述盐膏层蠕动特征分析可以看出,深部盐岩在高温高压下的塑性流动,会导致钻井过程中盐层部位井径缩小而发生卡钻。防止井眼缩径的有效办法是提高钻盐层的钻井液密度。根据实验数据和现场实践,国内外一般把盐岩井眼截面的蠕变收缩率限制在每小时0.1%,并按此计算确定钻不同深度盐岩所需用的钻井液密度。每小时0.1%的井眼收缩蠕变速率意味着在215.9 mm井眼中每24 h盐层井眼缩径1.3 mm。实践表明,这对钻井正常作业并不构成威胁。

2. 盐膏层塑性蠕动规律的研究

（1）盐膏层岩石物理特性

① 盐岩的强度很低,一般在5~16 MPa;

② 盐岩的泊松比较高,少数接近0.5;

③ 温度对盐岩的强度、弹性模量有明显的影响,温度升高,强度和弹性模量有减小的趋势,泊松比随着温度的升高而升高;

④ 围压的升高使得盐岩的强度、弹性模量和泊松比有增加的趋势;

⑤ 温度、应力水平与盐的蠕变特性密切相关。温度升高和应力水平的增高都使得盐岩的蠕变速率增加;

⑥ 在给定的温度和围压条件下,岩石蠕变各阶段的特征和转化条件与应力水平密切相关;

⑦ 不同应力、温度条件下的盐岩的蠕变规律取决于不同的变形机制。

（2）盐膏层岩石理化性能的分析

盐膏层岩石理化性能是指岩石物理特性与化学组成,可通过相应的分析方法和相关的实验技术来测定。实践证明,对盐膏层岩石理化性能进行测定有助于分析井下复杂情况的原因及对策,特别对于适应于该类地层的钻井液优化设计非常重要,对顺利钻穿复杂盐膏层起着至关重要的作用,也有利于钻井液技术的科学化标准化管理。

（3）盐膏层蠕变规律

盐膏层蠕变变形导致钻井过程中阻卡、卡钻和套管损坏等工程问题频繁发生,使得钻井无法顺利进行,因此研究不同载荷水平和温度条件下的变形与稳定问题具有重要的现实意义。目前主要利用能进行温度控制、围压控制、轴压控制、孔隙压力控制和变形控制的三轴岩石试验装置,对试样进行各种温度条件下的三轴压缩蠕变实验研究,得到不同温度和压力水平下的岩石蠕变试验曲线,分析盐膏岩随时间变形的规律,确定维持盐膏岩地层适当缩径率的钻井液密度,选择合适的井身结构,设计适合盐膏岩地层的套管,优选钻井液体系。

岩石材料的蠕变是指岩石材料的应力、应变随时间变化的性质。所有的岩石在受载时都要发生流变,普通岩石的流变很小,而盐岩、泥岩等软岩对流变非常敏感。蠕变破坏是这类岩石的主要破坏形式。

温度升高将降低岩石强度,增加其流变能力;围压的增加将降低蠕变速率、延长稳态蠕变时间和提高蠕变强度作用于岩石的差应力越高,得到的蠕变速率越高。

流体应力的大小除影响岩石的宏观应变速率外,还影响到岩石的蠕变机制。流体效应指地壳中流体对岩石蠕变的影响。其机制有:

① 吸附作用:液体缓慢渗透,降低破裂表面能引起脆性蠕变破坏;

② 溶解作用:受定向作用的岩石在流体作用下溶解和沉淀;

③ 流体组分浓度差引起晶格扩散、生长及杂质组分进入晶格导致岩石强度缓慢降低,形成脆蠕破坏。

3. 邻井资料分析及认识

从实践得知,盐岩在深层高温高压条件下其物理状态形似"面团",当井内钻井液液压力不能平衡上覆岩层压力(当减去岩层架应力值)时,盐岩就向井筒内蠕变缩径。新疆塔河油田乡1井钻盐层初期,曾使用过饱和盐水钻井液。由于上部大段裸眼(935 m)受地层破裂压力限制,钻井液密度只能维持在 $1.58 \sim 1.61$ g/cm³,不能控制盐岩蠕变缩径,井下阻卡严重。后改为欠饱和盐水钻井液,同时采取混油,加润滑剂,密度增至 1.65 g/cm³,井下盐岩段阻卡现象才基本消失。究其原因,乃欠饱和盐水钻井液把蠕变缩径处的盐岩不断溶解,以弥补钻井液密度偏低的不足,达到井下盐岩井壁处蠕变速率与溶蚀的"动态平衡"。

沙106井从钻井液的设计到现场施工,充分认识到"动态平衡"的重要性,这是该井在钻盐膏层过程中维护和发挥好钻井液性能、防止盐层阻卡的技术关键。

综上所述,我们对沙106井复合盐层蠕变的认识和体会是:

本井钻盐膏层时钻井液密度为 $1.66 \sim 1.69$ g/cm³,处于设计范围内,Cl⁻ $16.4 \times 10^4 \sim 17.0 \times 10^4$ mg/L,钻穿盐膏层测井数据如下:盐膏层段为 5 142 $\sim$ 5 402 m,视厚260 m。盐膏层段第一次测量井径,平均井径364.73 mm;盐膏层段第二次测量井径,平均井径346.35 mm。两次测井时间间隔为25.33 h,平均蠕变速度为 $(364.73 - 346.35) \div 25.33 = 0.73$ mm/h;最大蠕变速度为$(327.7 - 292.1) \div$

25.33 = 1.40 mm/h。该井使用聚磺欠饱和盐水钻井液,正常钻井作业时,其密度在 1.66 ~ 1.69 g/cm³偏低情况下,盐层 1.40 mm/h 的蠕变缩径速率,被钻井液略高失水微量溶蚀,使井径较规则,实现盐岩层井壁蠕变缩径和钻井液有限失水溶蚀盐岩的速率相近,达到"动态平衡"。故该井在 260 m 厚盐膏层钻进中,既未发生严重遇卡,也无坍塌现象。

沙 105 井盐层第一次测井平均井径 368.30 mm;第二次测井平均井径 352.86 mm,二次测井相隔 33.24 h,平均盐层蠕变速率 0.51 mm/h,最大蠕变速率 0.99 mm/h。沙 98 井盐层平均蠕变速率 0.52 mm/h,最大为 1.05 mm/h。结论:该地区深部盐膏层蠕变速率范围在平均 0.5 ~ 0.73 mm/h,最大为 1.40 mm/h。

因此,钻遇盐层后必须控制好钻井液 Cl⁻,使钻井液一直处于欠饱和状态。施工中及时补充胶液,促使 Cl⁻ ≤17.0×10⁴ mg/L 范围内,保证盐岩屑的及时溶解,并使盐岩层适度溶解,保持盐岩井眼适当扩大,防止盐层卡钻。

同时,要控制好钻井液密度,实践证明密度控制在 1.66 ~ 1.69 g/cm³是合适的。密度过低盐层蠕变将加速,增加盐岩层钻井防卡的难度;密度过高,可能发生井漏复杂情况。

钻盐膏层是一项系统工程,解决好盐层蠕变问题除合理选择钻井液维护与处理工艺技术外,合理地选择钻井参数、操作方法也是安全快速钻穿盐膏层的重要技术保证。

(三) 新型扩孔器的应用

1. 沙 106 井随钻偏心扩孔器的应用

沙 106 井根据设计从美国休斯·克里斯坦森公司引进了新型工具——随钻偏心扩孔器(RWD)。该工具如图 1 所示,首次应用于盐膏层钻进,钻进井段为:5 080 ~ 5 435 m。使用的钻具组合为:241.3 mm Bit + 374.65 mm RWD + 203.2 mm Dc×15 + 203.2 mm 随钻震击器 + 177.8 mm Dc×4 + 127 mm WDp×5 + 127 mm Dp。

根据设计,沙 106 井在 5 080 m 开始下用 RWD,由于距离盐膏层还有一段距离,扩孔器钻遇地层为盐层上部的卡拉沙依组 C₁kl 下部,为褐灰、深灰、棕褐灰色泥岩,地层较为坚硬,机械钻速较低,直到 5 122 ~ 5 140 m 钻遇巴楚组 C₁b 双峰灰岩,5 140 ~ 5 415 m 为盐膏层,机械钻速变快,在控制钻压的情况下,盐膏层段机械钻速达 2.78 m/h。并且在使用过程中,提下钻较为顺利,未出现沙 105 井"满眼"钻进时遇到的频频遇卡。在整个钻进过程中,从各方面看,均比

图1　随钻偏心扩孔器

较顺利,但最后测井时发现井斜严重超标,自随钻扩孔 5 080 m 钻进开始时就发生井斜,至井底最大井斜达到 36.024°,方位为 213.28°,井底位移达 102.52 m,超过设计要求。最后经西北分公司主管部门研究决定填井侧钻。

2. 沙 106 井水力扩孔器的应用

沙 106 井井斜超标后,填井侧钻,回填至 4 598 m,扫塞至 4 715 m 开始侧钻,在 5 142～5 402 m 为盐膏层,机械钻速为 2.39 m/h。钻进时较为顺利,由于侧钻后保持原井浆不变,盐膏层钻进时未出现提下钻困难现象。

盐膏层钻进结束后,根据设计要求,采用胜利油田产的 KKQ-311 型 PDC 水力扩孔器对 5 142～5 402 m 盐膏层段进行扩孔。扩孔时参数:$W = 20～30$ kN,$N = 70$ r/min,$p = 21$ MPa,$Q = 28$ L/s。扩孔时钻具组合:311 mm Bit + KKQ-311 型扩孔器 + 203.2 Dc × 11 + 203.2 mm 随钻震击器 + 177.8 mm Dc × 3 + 127 mm WDp × 10 + 127 mm Dp。扩孔作业进行了两次,第一次扩孔用 20.42 h,平均机械钻速为 12.73 m/h,施工过程中,扩孔器工作平稳,扭矩无太大的变化,基本上加不上钻压,扩孔后井径曲线较光滑,盐膏层段第一次测量井径,平均井径为 364.73 mm;盐膏层段第二次测量井径,平均井径为 346.35 mm。两次测井时间间隔为 25.33 h,平均蠕变速度为(364.73 － 346.35)÷ 25.33 = 0.73 mm/h。最大蠕变速度为(327.7 － 292.1)÷ 25.33 = 1.40 mm/h。

3. 沙 106 井扩孔器使用情况对比

沙 106 井使用了两种不同的扩孔器类型,先后两次通过盐膏层,虽然第一次 RWD 造成了井斜超标,但通过对钻具组合分析,认为是新工具偏心扩大器的使用不当造成的。从定向井角度说,钻具组合和钻进参数的选择十分重要,特别是钻进参数的选择,因此,实际上如果改变钻具组合和钻进参数,上述问题应该能够避免。仔细分析美国休斯·克里斯坦森公司推荐的钻具组合(如图 2 所示),在 RWD 与领眼钻头之间接一根扶正器,可以看出这样既可稳定领眼钻头,保证井眼轨迹,避免领眼钻头过多地摆动,破坏钻头,又可稳定上部钻具,避免偏心 RWD 的摆动造成上部钻具的疲劳破坏,对防止出现井斜超标也会起很大的作用。该扩孔器对盐膏层钻井的作用还是十分明显的,值得今后盐膏层钻井中进一步摸索使用,在新工具和新工艺的试验阶段,出现问题是十分正常的,只有在试验阶段暴露出尽可能多的问题并加以解决,才能在以后的应用中

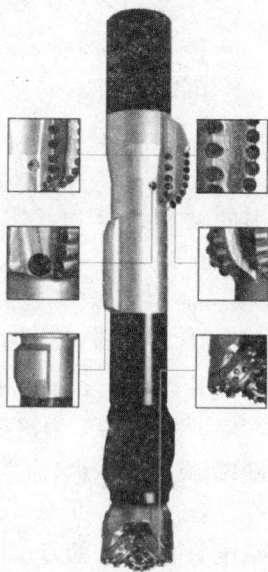

图 2　钻具组合

避免出现这些问题。

第二次钻进盐膏层时采用常规的"先钻后扩",也较为顺利地完成盐膏层的钻进任务。针对盐膏层的岩石物理特性及对盐膏层塑性蠕变规律进行研究,得到盐膏层钻井技术如钻井液技术、井身结构设计、钻井工艺措施与固井技术等。人们在盐膏层钻井过程中,随着对盐膏层的认识不断提高,钻井技术及工具不断得到创新和完善。在钻井工艺措施上,合适的工具(如双心钻头、井下扩孔器等)和合理的钻具结构等都得到很好的应用。RWD 是一种很好的盐膏层钻进工具。

(四)盐膏层防漏工艺技术研究

(1)根据设计要求在 5 080 m 处进行随钻扩孔钻进,使用两只美国休斯公司生产的 241.3 mm MXB-20 型领眼钻头和一只 374.7 mm 偏心扩孔器。该段地层 5 080~5 122 m 为卡拉沙依组 C_{1kl} 下部:褐灰、深灰、棕褐灰色泥岩;5 122~5 140 m 处为巴楚组 C_{1b} 双峰灰岩;5 140~5 415 m 为巴楚组膏盐层段;5 415~5 435 m 为巴楚组下泥岩段。盐膏层段:ϕ374.65 mm(5 080~5 435 m)。

(2)使用先期堵漏技术,使地层承压能力至 1.75 g/cm^3。

(3)保持固控设备使用率达到设计要求。循环罐的搅拌机保持连续运转,使有害固相得到及时清除,膨润土含量维持在 25~40 g/L 内。

(4)保证现场准备充足的钻井液助剂,同时做好室内小样实验。

先期承压堵漏:S106 井钻达井深 4 994.92 m 测完井后,下钻做地层承压试验。下钻到底后,循环调整钻井液一周,调整钻井液性能为:ρ 1.36 g/cm^3,FV 82 s,API 4.5 mL,pH 值 9,泥饼 0.2 mm,HTHP 失水 12 mL。裸眼段 3 000~4 994.92 m 为 311.2 mm 井眼,井内钻井液 500 m^3,其中裸眼段钻井液有 150 m^3。

地质录井提供的易漏层位:

3 038~3 102 m　砂岩;3 300~3 865 m　砂岩;4 075~4 200 m　砂岩;4 275~4 325 m　砂岩;4 500~4 650 m　砂岩;4 700~4 750 m　砂岩。

资料和经验证明:本井易漏失层段较多,而漏失层最可能的是套管下第一层砂岩层(3 038~3 102 m)。

堵漏承压过程(省略),从承压堵漏试验过程来看,在裂缝未闭合的情况下,管鞋处承压已达当量密度 1.83 g/cm^3,井底承压达到 1.64 g/cm^3 的当量密度,当地层完全闭合后,承压能力应加强。根据井下情况分析,决定先泄压下钻通井,后进行钻井液转换工作。

(五)盐膏层钻井技术措施

盐膏层钻井技术主要涉及钻井液技术、井身结构设计、钻井工艺措施与固井技术等方面,在此,我们主要探讨钻井工艺技术措施。在钻井工艺措施上,合适的工具和合理的钻具结构是关键。

1. 沙 106 井盐膏层施工情况

沙 106 井基本情况:自 2003 年 2 月 19 日钻达 4 994.92 m 处开始测井、转换钻井液体系(欠饱和盐水钻井液),3 月 15 日钻达 5 080 m,16 日下入 RWD,按设计要求进行随钻扩孔。4 月 23 日钻达 5 435 m,后因井斜超标填井侧钻,6 月 16 日自 5 113.90 m 处开始准备再次进行盐膏层钻进,6 月 29 日钻达 5 422 m。随后测井、扩孔、下套管,盐膏层施工结束。

2. 盐膏层钻进技术措施

在确定合理的井身结构和合适的钻井液体系、性能后,应针对盐膏层特点,通过对以往盐膏层钻井的总结,进一步优化钻井工程技术措施,保证盐膏层的安全钻进。优化措施如下:

(1)在钻台上做出盐膏层地质预告表。

(2)严格按设计下入钻具组合,并尽可能简化钻具组合,严把钻具入井关,在钻盐膏层之前先进行钻具探伤。

(3)钻盐膏层时,每钻进 0.5 m 上提 2 m 划眼到底,如划眼显示无阻卡、无憋钻,可逐渐增加段长和划眼行程,但每钻进 4~5 m 至少划眼一次,每钻完一个单根,方钻杆提出转盘面,然后下放划眼到底;每钻 4 h 短起下钻过盐膏层顶部,全部划眼到底,若无阻卡显示,可适当延长短起下间隔,但坚持钻具在盐膏层作业时间不超过 12~15 h。

(4)钻盐膏层时应调整钻井参数,控制钻时不低于 10 min/m。

(5)注意钻速变化,若机械钻速减小,应立即上提划眼到底。

(6)密切注意各参数(扭矩、泵压和返出岩屑)的变化,若发现任何变化和异常,立即上提钻具划眼。

(7)盐膏层井段一定要保持钻具处于活动状态,特别是出现特殊情况时,一定要大幅度活动钻具,防止钻具静止而卡钻。

(8)发现有任何缩径井段都要进行短起钻到盐膏层顶。钻穿盐膏层后应短起钻至套管内,静止一段时间后,再通井观察其蠕变情况,检查钻井液性能是否合适。

(9)钻进出现复杂情况时不要接单根,不宜立即停转盘、停泵,应维持转动和循环,待情况好转后,再上提划眼,判断分析复杂情况发生原因。

(10)尽可能延长开泵的时间,特别是加单根时必须是钻具坐于吊卡上时方可停泵。

(11)盐层钻进,应尽可能地保持较大的排量和较高的返速,有利于清洗井底,冲刷井壁上吸附的厚虚假泥饼。

(12)盐膏层段钻进,应切实加强地层对比,卡准地层,盐层钻穿 10~20 m 后及时下入技术套管封隔,以便降低钻井液密度钻开下部地层,防止井漏。

（六）盐膏层钻井液技术措施

1. 钻井液室内实验

在井深 4 994.92 m 处,进行钻井液的转换工作,转换之前做了小型实验,室内小样实验的目的是找出处理剂配制顺序,观察加药后钻井液性能的变化,及转换过程中药品的配比。

由于钻进中钻井液的膨润土含量高达 60 g/L,现场根据情况决定选择用胶液降低钻井液的膨润土含量,同时进行护胶工作。

在钻井液性能稳定后加盐、加重达到设计性能。

现场钻井液性能:密度 1.24 g/cm^3,PV 26 MPa·s,屈服值 10 Pa,初/终切力 2.5/6.5 Pa,API 4.2 mL,泥饼 0.5 mm,固相含量 10%,膨润土含量 60 g/L,pH 值 9。

首先,根据设计所给定的药品和现场钻井液性能,进行了七组室内试验。通过实验,最终选择了 6#胶液(配方:KPAM 0.3%,AT-1 0.2%,RJT-1 0.2%)配方 2∶1(原浆∶胶液)进行降膨润土含量、护胶工作。然后加入 SMP-2 5%,SPC 3%,HFT-301 2%,ST-180 0.3%,FST-518 0.5%,SYP-1 1%,NaOH 0.5%,调整钻井液性能。在充分搅拌后加入 NaCl 28%,KCl 3%。

调整后的钻井液性能为:密度 1.24 g/cm^3,塑性黏度 41 MPa·s,屈服值 3 Pa,初/终切力 0.5/12 Pa,API 3.6 mL,泥饼 0.5 mm,膨润土含量 28 g/L,pH 值 9。

2. 4 994.92~5 080 m 盐膏层转换钻井液

根据设计要求对原聚合物钻井液进行欠饱和盐水聚磺钻井液转换工作,按照室内实验选用4#配方进行转换。整个转换工作分两步进行。

第一步将地面及346.1 mm 技术套管内的原钻井液 240 m^3,配制 120 m^{3}胶液(原浆∶胶液 = 2∶1),胶液配方为: KPAM 0.3%,AT-1 0.2%,RJT-1 0.1%,边循环边混入胶液,同时干加 SMP-2 5%,SPC 3%,ST-180 0.3%,FST-518 0.5%,NaOH 0.4%,加完后黏度135 s,密度 1.27 g/cm^3,继续干加 NaCl 26%,KCl 3%,加完后黏度 74 s,密度 1.36 g/cm^3,PV 47 MPa·s,YP 0.5 Pa,API 6 mL,泥饼 0.2 mm,pH 8.5,初/终切力 2/5 Pa。

第二步下钻至 4 994 m,循环钻井液,将裸眼段钻井液顶替出 60 m^3,保留 90 m^{3}原钻井液,配制 30 m^{3}胶液,配方同上。继续进行转换。同时干加 SMP 25%,SPC 3%,ST-180 0.3%,FST-518 0.5%,NaCl 26%,KCl 3%,HFT-30 11%,加完后循环加重。

由于 YP 较低(只有 0.5~1.5 Pa),在加重过程中又补充 RJT-1 0.1%,KPAM 0.05%,AT-1 0.05%,YP 增至 4.5~5 Pa,基本满足钻井液要求,加重后钻井液性能为:黏度 98~95 s,密度 1.61~1.62 g/cm^3,PV 71 MPa·s,YP 4.5 Pa,API

6.8 mL,泥饼 0.5 mm,pH 8.5,初/终切力 2/5 Pa,固含 23%,Cl^- 160 000 mg/L。

3. 钻进时钻井液技术

该段采用 374.7 mm RWD 钻进,5 140 ~ 5 415 m 为盐膏层。

钻进中以加强钻井液抑制性、防塌性,保持适当的动切力,满足井眼净化,及时补充包被剂量,防止下第三系泥岩水化膨胀及砂岩缩径。做好 Cl^- 检测,防止盐水侵。侏罗系、三叠系泥页岩地层易吸水膨胀、剥落掉块、垮塌,应增强钻井液的防塌性。控制重点:① 密度必须在 1.65 g/cm^3 以上;② 控制 Cl^-:160 000 ~ 170 000 mg/L;③ 保持钻井液的润滑性,防黏卡,黏度不宜太高,60 ~ 70 s。

本井段控制性能为:密度 1.65 ~ 1.70 g/cm^3,FV 70 ~ 90 s,PV 60 ~ 45 MPa·s,YP 5 ~ 12 Pa,初/终切力(2 ~ 5)/(5 ~ 10) Pa,MBT 20 ~ 35 mg/L,$API \leqslant 4 ~ 6$ mL,泥饼 0.5 mm,$HTHH/ \leqslant 11 ~ 12$ mL,泥饼 1.5 ~ 2 mm,$K_f \leqslant 0.09$,Cl^- 168 000 ~ 195 000 mg/L,固相含量:20% ~ 30%。

4. 侧钻施工和第一次施工的对比

根据侧钻设计要求,打悬空水泥塞(4 810.00 ~ 4 598.00 m)后,扫水泥塞至 4 715.00 m 开始侧钻施工。侧钻段:ϕ311.15 mm(4 715.00 ~ 5 422.00 m),由于组织有效,施工合理,钻盐膏层(5 142 ~ 5 402 m)仅用 6.88 d,平均机械钻速为 2.39 m/h。

第一次施工转换钻井液工作结束时 Cl^- 为 160 000 mg/L。根据现场实钻经验和测井井径数据,侧钻施工前将 Cl^- 调整为 140 000 mg/L 进行施工作业。钻进过程中没有出现出盐现象,Cl^- 最高为 178 000 mg/L,而第一次施工 Cl^- 最高为 195 000 mg/L,大大减少了因蠕变造成井径变小钻具上提遇卡概率。

表1 两次施工井径对比

项 目	最大/mm	最小/mm	平均/mm	最大蠕变速率/(mm/h)
第一次	436.88	320.04	398.8	3.32
侧钻	429.30	297.20	364.7	1.40

从表1可看出采用 Cl^- 为 140 000 mg/L 钻井液进行施工作业,井径符合井身质量要求。

（七）超深井盐膏层套管作业技术研究

1. 沙 106 井盐膏层下套管情况

沙 106 井设计要求在盐膏层段下 273.1 mm BTC 扣接箍(ϕ273.1 mm × 24.38 mm KO-140TC 钢级)套管,其外径为 285.75 mm,与上部井径 311.15 mm 的环空间隙很小,因此困难很多。为保证套管顺利下入,严格按事先制定的《沙 106 盐膏层钻井作业施工计划书》执行。

在实际施工中由于西北分公司未能提供 273.1 mm BTC 扣接箍套管,而提供了 250.8 mm 套管,且在实际下套管作业中,先下入 250.8 mm + 244.5 mm 复合尾管,悬挂于 2 846.14 m,固井扫水泥塞后,进行 244.5 mm 套管回接。盐膏层固井及回接套管固井质量均为优。

表 2　沙 106 井的实际井身结构和套管程序

序号	井眼尺寸/mm	井深/m	套管尺寸/mm	井深/m	水泥返高/m	备注
0	960	30	720	29	地面	导管
1	660.4	306	508	304.13	地面	一级固井
2	444.5	3 010	339.7	3 008.22	地面	一级固井
3	311.15	5 422	250.8 + 244.5	5 417.30	一级　2 900	尾管挂 2 846 m
			244.5	2 848	一级　300	回接到井口
4	215.9	5 882.51	177.8	5 863.68	4 881	挂 5 015 m
5	149.2	6 066				裸眼完井

2. 盐膏层下套管作业技术研究

井身结构和套管程序设计,是关系到一口井,特别是深井能否顺利钻达目的层,完成油气勘探任务,保护油气层,缩短建井周期的首要问题。合理的井身结构设计应考虑复杂的地质条件、严格的勘探和开发要求、不同的工程条件和装备情况等。

在钻遇盐膏层井的井身结构设计方面,应充分考虑盐膏层蠕变引起的套损问题。在套管设计上应研究盐膏层段套管选材、套管串组合及其抗拉、抗挤强度等。

在套管程序设计方面,应考虑盐膏层蠕变对下套管和固井作业的影响。对必封点的选择,在孔隙压力与破裂压力剖面的基础上加入维持特定盐膏层蠕变速率的安全钻井液柱压力剖面,形成新的盐膏层井身结构设计技术。

在下套管前钻达设计井深后,应通过测井确定盐膏层的蠕变速率,来确定下套管的安全时间。且在下套管前必须进行分段通井。

实践证明,采用"尾管挂"技术,先进行裸眼段尾管挂的下套管和固井作业,待固井成功后,再进行套管回接,可为盐膏层固井赢得时间,减少多级固井的成本与风险,避免"钻台减负",保证下套管作业的顺利进行和盐膏层段的固井质量,节约了人力、物力和财力,在今后的盐膏层钻井中值得推荐采用。值得一提的是,套管结构仍然应按设计进行,实际采用的 ϕ250.8 mm + ϕ244.5 mm 套管结构不能满足盐膏层的要求,套管出现了一定的变形,为以后的钻井及其他后期作业带来了一定的影响。因此,应采用 ϕ273.1 mm × 24.38 mm KO-140T 钢级的套管封固盐膏层段,对盐膏层的固井进行更多的尝试。

（八）技术经济指标分析

沙106井于2002年11月27日开始搬迁,2002年12月7日进行导管作业施工,2002年12月13日0：00—开钻进,2003年10月24日10：00完钻。

钻井总台时6 980.17 h,合9.695台月,合290.84 d。扣除计划外工作台时,对应设计钻井周期,应给予计算的台时共3 889 h,合162.04 d,5.402台月。全井平均机械钻速为3.71 m/h,比设计3.08 m/h提高20.45%。

本井设计井深为6 230.00 m,完钻井深为6 066.00 m。全井主要经济指标和时效详见表3和表4。

表3　全井综合指标表

	钻井周期/d	台月效率/(m/mon)	机械钻速/(m/h)	纯钻时间/h	纯钻时效/%
设计	215.000	869.30	3.08	2 017：00	39.00
实际	290.840	699.95	2.71	2 591：50	37.13
应计算	162.042	1 123.68	3.71	1 719：05	44.20

表4　全井时效分析表

钻井总台时	纯钻台时	辅助时	停待时	特种作业	完井作业	事故台时
6 980.17 h	2 591.83 h	2 380 h	110.25 h	1 848.08 h	/	50 h
100%	37.13%	34.10%	1.58%	26.48%	/	0.71%

五、主要成果及建议

围绕沙106井的施工展开的课题研究,探索出了一套适用华东石油局及中国西部深井盐膏层钻井的工艺技术、钻井液工艺技术,为我局及全国在超深井盐膏层进行钻井提供了成功的技术和经验。沙106井在盐下钻井取得重大突破,10月13日中途测试中(5 911.55 m)获油气流,折算日产原油达260.2 m³,天然气2.26万 m³,且原油密度为0.859。在塔里木盐下地区取得首次重大突破。塔河油田对盐下的勘探开发已势在必行,本项目研究对塔河油田的下步盐下勘探开发具有重大的现实指导意义。S106井取得的许多经验已经或正在塔河油田盐膏层井设计和实际钻井中得到推广和应用。取得的成果主要有:

（1）顺利完成沙106井的盐膏层钻井施工任务,并钻达目的层,取得了可喜的工业油气流,实现了塔河油田盐膏层下部钻井的重大突破。

（2）取得444.5 mm井眼长裸眼的钻进经验,为60826井队随后施工的沙111井提供了成功的经验。深井盐膏层下套管作业采用尾管挂技术,本井成功地进行了 250.8 mm 尾管挂,成功进行盐膏层段固井后再进行套管回接。

（3）在进行盐膏层钻进时,对于新工艺和新工具的选择,需要在实践中总结和摸索。RWD 对盐膏层钻井的意义值得我们进一步探索。

（4）形成了一套钻超深井盐膏层的钻井、钻井液工艺技术和措施,较好地解决了钻井操作、钻井液防垮塌、井漏等方面的技术难题。

（5）对于盐膏层钻井,合适的钻井液密度和钻井液体系是核心,井身结构是基础,综合的钻井技术是关键。总结出了一套适用于新疆钻超深井的钻井液体系及塔河油田钻井液密度、氯离子控制方法。

（6）探索出了塔河油田深部盐膏层蠕变缩径变化规律,实现了盐岩井壁缩径与有限失水溶蚀盐岩的速率相近,达到"动态平衡"。故在该井巨厚盐膏层段,既无严重的阻卡,也无坍塌现象,顺利地下入大口径复合套管。

建议:目前塔河油田采用的是 ϕ250.8 mm + ϕ244.5 mm 复合套管,都不同程度存在套管损坏的问题,不能达到封固盐膏层的目的,这也为塔里木地区盐膏层井的井身结构提出了新的课题,建议采用沙 106 井设计中的 ϕ273.1 mm BTC 扣接箍套管(ϕ273.1 mm × 24.38 mm KO-140T 钢级)。

参考文献

［1］张永良,周祖辉,黄荣樽,《大庆泥岩的蠕变模式及其曲线拟合》,《石油大学学报》,1985 年第 3 期。

［2］李允子,李根明:《中原油田复合盐层的特征及其钻井工艺技术》,《石油钻采工艺》,1985 年第 6 期。

［3］侯彬,周永璋,魏无际:《钻具的腐蚀与防护》,《钻井液与完井液》,2003 年第 2 期。

［4］周祖辉,黄荣樽,等,《软弱岩层的蠕变及其与油井套管岩压外载的关系》,《岩石力学与工程》,1989 年第 2 期。

本文为华东石油局 2003 年科技攻关项目"塔河油田深层盐膏层钻井工艺技术研究"(项目编号:HDJ/JK-2003-004)部分内容。本项目获得中石化华东石油局 2005 年度科技成果一等奖

有机氟硅聚合物(SF)产品在
江苏油气开发井中的应用

赵炬肃

(中国石油化工集团公司华东石油工程有限公司六普钻井分公司,江苏 镇江 212003)

20世纪80年代中期在辽河油田进行了国内首次使用有机硅(MSO)处理钻井液的试验,并取得成效。20世纪90年代,有机硅在石油钻井液中得到了广泛推广,同时也暴露出一些问题,主要是抗高温稀释性能差,有机硅产品在一定条件下可能发生交联或其他化学变化,影响了其耐温能力。

有机氟硅聚合物(SF)是近年来新开发的,以聚甲基氟硅氧烷为主的抗高温钻井液处理剂(降黏剂),产品由河北硅谷化工有限公司生产。该处理剂已在辽河、胜利、大庆、华北、塔里木、江苏等油田推广应用,并取得了成功。有机氟硅聚合物(SF)产品是一种具有广泛应用前景的深井钻井液处理剂。自2005年以来,中石化华东石油局在江苏油气区域内,各类开发井(定向井、套管开窗井、水平井)及200余口探井中使用该产品,均获得了满意的效果。

一、钻遇地层特点

通过室内大量的研究试验,选择溱潼、金湖地区各种构造有代表性的30多口泥岩样井进行X-射线衍射矿物组成分析、泥页岩电镜结构特征分析,结合以往钻井过程中复杂情况认为:三垛组以上的泥页岩地层遇水后极易分散、膨胀,造浆性极强,因此,造成上部地层泥页岩缩径、阻卡、泥包钻头、倒划眼等复杂情况,其核心问题是要抑制泥岩的水化、膨胀和分散;三垛组以下地层,特别是阜宁组地层,钻井中经常发生因井塌掉块造成的阻卡、坍塌、测井困难、井径扩大、固井质量不好等复杂情况。

要解决上述问题,必须要采用与地层相匹配的钻井液类型及处理剂,选择合理的钻井液密度,并完善现场施工工艺,才能满足钻井的需要,实现优质、科学勘探开发的目的。

二、钻井液技术

钾基聚合物防塌钻井液体系在江苏工区使用已有十几年的历史,使用中有个不断完善的过程。其中三垛组以上的泥页岩地层遇水后极易分散、膨胀、造浆,深井段黏切控制困难引发的井下复杂情况尤为突出。控制黏切过去主要以 NH_4HPAN 为主,深井段(2 500 m 后)使用 XY-27,或者两者混用。实际钻井中发现上述方法效果不理想,主要反映在稳定周期短、处理量大。2005 年后通过室内试验,选择 SF150P 作为深井段稀释剂(抗 150 ℃ 高温),另用 NH_4HPAN 为辅剂控制钻井液黏切和流动性,通过有效抑制黏土的凝胶化,保持钻井液的热稳定性,同时具有一定的消泡功能,取得了满意的效果。

目前使用的钾基聚合物防塌钻井液(3 000 m 定向井)基本配方为:生产水 + 4% ~5% 钠膨润土 +0.1% Na_2CO_3 +0.1% NaOH +0.1% ~0.2% 80A51 +0.2% ~0.3% KHPAM + 0.5% ~ 0.6% NH_4HPAN + 1% ~ 2% KHM + 1% ~ 2% SAS + 0.5% ~1% SF150P 硅氟稀释剂 +1% ~3% 乳化石蜡 KD-51。

处理添加剂为:超细碳酸钙、SMP、单向封闭剂

三、硅氟稀释剂现场应用

华东油气田常规开发井在 3 200 m 以内(井底温度为 110 ℃),选择 SF150P 较为合适,到目前为止已使用 200 余口井,实现了安全钻井。钻井液配制及维护处理技术主要为:

(1) 二开后,KHPAM、80A51 配制成0.3% ~0.5% 的胶液采用细水长流的方式交替补充使用,钻进至三垛组地层后,KHPAM、80A51 胶液的浓度提高到0.5% ~0.6% ,以抑制三垛组的严重造浆;NH_4HPAN 配制成 0.8% ~1.2% 的溶液控制黏切,黏度难降时可用 SF150P 和 NH_4HPAN 配制成混合水溶液调整黏切。

(2)井深 2 500 m 后,每班补充 50 ~100 kg 的 KHM 和 SAS,以改善泥饼质量,防止砂岩缩径;以 NaOH 水溶液调节 pH 值。黏度难降时可单独 SF150P 或与 NH_4HPAN 配制成混合水溶液调整黏切(加入比例 2∶1),SF150P 加入量的增加(1%),有助于提高钻井液抗温能力及性能的稳定周期。

(3)视情况加入大分子包被剂、抗温降失水剂、润滑剂、暂堵剂、沥青类、加重剂等。用好四级固控设备,及时清除劣质固相。

从现场使用的效果看,SF150P 较好地解决了江苏工区开发井黏切、流动性控制问题,且性能稳定周期较其他产品明显增长,减少了降黏的重复工作量和资金浪费,有助于提高钻井机械效率。同时产品具有一定的除泡功能,降低了消泡剂用量(原来单井需要 2 吨,目前基本不用或少用消泡剂),避免了高黏度引发的泥饼增厚、缩径、提钻抽吸、垮塌等井下复杂情况。

近年六普钻井公司在非洲的加蓬工区 G4-188 区块施工多口井,WZ 构造带 PG 组以上地层以泥岩为主,夹细砂岩和粉砂岩,岩性疏松,成岩性差,遇水后极易

分散、膨胀,造浆性极强,因此容易造成上部地层缩径、阻卡、泥包钻头等复杂情况。该区块 PG 组以下地层发育大套泥岩且压力异常,地层压力系统复杂。针对地层特点,采用两性离子聚合醇防塌钻井液,基本满足了钻井施工的要求。钻进中需要解决的难题主要是在高密度($1.35 \sim 1.75 \ \text{g/cm}^3$)、地温偏高条件下的性能控制(黏切和流动性),在技术措施上用 0.8% FA-368 胶液补充,以提高钻井液的抑制能力和包被能力;每班补充适量无荧光防塌剂 PF-TEX、聚合醇 DYC-2 和有机硅腐殖酸钾 OSAMK,以改善泥饼质量,增强防塌能力,防止地层坍塌。用有机硅降滤失剂 SF、抗盐抗高温降滤失剂 SMP-2 控制滤失量。黏度控制用 SF-200P 与 XY-28 混合溶液控制黏切,较好地解决了高温高压下钻井液性能稳定问题。

四、结 论

(1)有机氟硅抗高温处理剂具有抗高温热稳定性强特点,有效延迟泥页岩水化周期,解决了深井钻井作业时间长、黏切难,以及维护和控制的问题。从使用效果看,能够有效降低钻井液的表面张力,对钻井液有好的抑制消泡及防塌润滑功能;同时,能够有效控制气井的水锁效应,有利于油气层的保护。

(2)包容配伍性强,能够与较广泛的钻井液及处理剂配伍使用。由于使用维护量小,钻井液性能稳定周期长,减少了钻井液的外排量,保证了各种处理剂在钻井液中的有效含量,减少了重晶石的加量,降低了工人的劳动强度。

(3)由于黏切能够有效地控制,流动性得到明显改善,有助于提高钻井速度,也保证了起下钻畅通,电测顺利。

参考文献

[1]秦永宏:《抗高温降黏剂有机硅氟共聚物(SF)的研究与应用》,《钻井液与完井液》,2001 年第 1 期。

[2]赵炬肃,秦永宏:《新型有机氟硅聚合物(SF)抗高温钻井液研究和应用》,《华东油气勘查》,2006 年第 2 期。

本文发表于《六普技术通讯》2007 年第 3 期

新疆塔河油田超深井钻井工艺技术应用研究

赵炬肃[1]，周玉仓[2]，郑建翔[3]

（1. 中国石油化工集团公司华东石油工程有限公司六普钻井分公司，江苏 镇江 212003；

2. 华东分公司非常规指挥部，江苏 南京 210019；

3. 华东石油局工程技术设计研究院，江苏 南京 210031）

《新疆塔河油田超深井钻井工艺技术应用研究》是六普钻井分公司和固井工程公司承担的华东石油局 2006 年科技攻关项目，合同编号：HDJ/JK-2006-02。本项目是针对西北分公司 2005 年在塔里木盆地的一口重点超深探井（TP2 井）展开的。华东石油局钻井工程公司、固井工程公司以 TP2 井（新区域、超深井）为重点，展开本项目的科研攻关。

TP2 井由华东钻井工程公司 70857HD 井队承担钻井施工、华东钻井液技术服务公司承担钻井液设计和技术服务、华东固井工程公司承担固井作业。该井设计井深 7 100 m，是中石化集团公司西北分公司实施"塔河以外找塔河"战略的一口重点探井，以泥盆系东河塘组、奥陶系为主要目的层，兼顾志留系下统，揭示阿克库勒凸起西南坡带各目的层段储层发育特征及含油气性，力争在新地区、新层位的油气突破，扩大塔河油田的含油面积。本井实际完钻井深 6 925 m（因在奥陶系一间房组地层钻遇巨厚的油层，西北分公司提出 TP2 井提前完井指令）。

在钻井过程中，通过技术攻关和研究，本公司较好地完成了项目科研任务，最终实现了我局钻井深度新的突破（6 925 m）。该井创下多项华东石油局、西北分公司钻井新纪录，钻井、钻井液、固井等综合技术明显提高，使华东石油局钻井技术水平上了一个新台阶。

一、立项依据

目前，世界上有 30 多个国家具备打超深井的能力，其中以美国的技术系统最为全面、先进，以俄罗斯和德国深井钻井技术系统最为复杂、适用。近年来，我国在西部塔里木等地区进行了多口深井、超深井的钻探尝试，如库 1 井、中 4 井等，其中中 4 井井深 7 220 m，是 TP2 井施工前我国最深的井，2006 年西北分公司完成的塔深 1 井钻井深度已达 8 408 m，创造了新的亚洲钻井深度纪录，但距世界 12 869 m 的最深井还有不小的距离。

中国也是具有钻 6 000 m 以上深井、超深井能力的国家之一,但中国钻超深井的历史比钻世界第一口超深井的美国晚了 27 年。我国在深井、超深井(主要是深探井)钻井方面的装备和技术水平与美国等先进国家相比还存在较大的差距,平均建井周期与钻头使用量等指标约为美国的两倍。

我国深井、超深井比较集中的地区有塔里木盆地、准噶尔盆地、四川盆地及柴达木盆地等。实践证明,由于深井、超深井地质情况复杂(诸如山前构造、高陡构造、难钻地层、多压力系统及不稳定岩层等,有些地层还存在高压高温效应),我国在这些地区(或其他类似地区)的深井、超深井钻井技术尚未成熟,表现为井下复杂情况与事故频繁,建井周期长、工程费用高,从而极大地阻碍了勘探开发的步伐,增加了勘探开发的直接成本。

我国有史以来最深的科学探索井,也是当前正在实施的国际大陆科学钻探计划 20 多个项目中最深的科学探索井——科钻 1 井的顺利完钻,为我国深井超深井钻探技术的发展立下新的里程碑。今年,中国石化在塔里木盆地、准噶尔盆地等地区部署了近 20 口平均井深在 6 300 m 的深井、超深井,其中胜利油田设计的 7 000 m 的胜科 1 井和塔河油田设计的 8 000 m 的塔深 1 井都已开钻(TP2 井施工前),这将推动我国的超深井钻井技术继续向前迈进。

随着科技进步和油田的滚动开发,如何安全优质地完成超深井固井一直是国内外固井技术研究的重点和焦点之一。多年来,人们就超深井固井前井眼准备、防漏失、下套管注意事项、套管工具附件的性能、高性能前置液、水泥浆体系等问题做了大量的研究工作。

因此,无论是从国家的战略安全方面,还是从我国的能源接替和钻探技术的发展方面,加快深井超深井的发展步伐,都已迫在眉睫。我局至今尚没有自己独立施工完成的深度超过 6 500 m 的超深井。在当前的形势下,针对我局钻井工程公司承担的塔河油田 TP2 井(设计 7 100 m),开展"新疆塔河油田超深井钻井工艺技术应用研究"课题攻关十分必要,通过研究有助于提高我局超深井钻井整体技术和水平,使我局超深井钻井技术、钻井液技术、深井取芯技术、固井技术上一个新的台阶。

二、主要研究内容、技术路线、技术难点及技术指标和基础条件

(一)研究内容

1. 超深井钻井技术

(1)井身质量控制技术;

(2)优选钻头和钻井参数,提高(大尺寸井眼、小井眼)钻进速度技术;

(3)超深井取芯技术。

2．超深井钻井液技术

（1）钻井液设计及配套技术；

（2）各井段钻井液现场工艺技术。

3．超深井固井技术

（1）技术难点和基本思路；

（2）固井工艺研究；

（3）超深井（TP2 井）固井现场实施。

（二）技术路线

通过 TP2 井施工及技术攻关，结合新疆工区钻超深井的经验，在钻头选型和使用方面：超深井井身质量、大口径套管下入深度、井壁稳定、超深井固井技术等方面有所创新和提高，确保 TP2 井顺利完成。

（三）技术难点

（1）311.15 mm 井眼不同压力系统共存、井壁稳定问题；

（2）244.5 mm 套管一次性下入钻台承载问题；

（3）不同地层钻头选型，尤其 PDC 钻头选型问题；

（4）井身质量控制问题；

（5）深井取芯问题；

（6）深井高温对钻井液性能的影响问题，深井段防垮塌、防漏、防卡问题；

（7）高温下高强水泥浆体系的研究。

通过技术攻关，形成一套适合我局及中国西部钻超深井的工艺技术、钻井液工艺技术、固井工艺技术，为我局及全国在超深井钻探方面提供成功的技术和经验。

（四）技术指标

钻井工程质量优秀；钻井液质量优秀；固井质量良好；全井综合评定优秀。

本研究课题着重于超深井技术的应用范畴。华东石油局系统范围尚未进行过超过 7 000 m 的超深井施工，经 TP2 井的研究和探索，摸索出我局超深井钻井、固井的技术和方法，提高深层资源的钻探能力，降低综合成本，提高勘探开发经济效益。

（五）基础条件

1．前期研究工作

六普钻井分公司已在塔河油田钻探 5 500 m 以上的超深井达 40 余口，其中 2005—2006 年共钻 6 000 m 以上的超深井 4 口（见表 1）、超深水平井 2 口、超深定向井 1 口、超深盐膏层井 7 口，常规超深探评井 4 口，积累了丰富的超深井钻井、固井技术和经验。

表1 塔河工区施工的 6 000 m 以上的超深井汇总

序号	井 队	井号	完井井深/m	钻井工程质量评定
1	60826HD	TK1102	6 143.00	良好
2	70856HD	T254	6 100.00	良好
3	70856HD	S115-2	6 244.11	优秀
4	70858HD	TP8	6 531.00	优秀

学习和总结了江苏油田钻井队在新疆塔里木油田施工的中 4 井(7 220 m)的成功经验和技术措施,课题组制定出了超深井钻井技术方案和措施。

2. 承担项目软硬件环境及技术条件

(1)设备配备选用 2005 年 5 月出产的 ZJ70-ZPD 型 7 000 m 钻机,施工的设备配备优良。

(2)钻井液技术由华东钻井液技术服务公司提供技术指导和现场服务。现场配备了先进的钻井液仪器和监测手段,并配备了技术过硬、经验丰富的工程技术人员进行现场指导。

(3)固井工艺技术由华东石油局固井工程公司提供固井技术指导和服务。现场配备先进的固井实验仪器 7 台、GJC100-30 Ⅱ型、SNC40-17 Ⅱ型固井车,各类技术人员齐全。

2005 年 5 月—2006 年 4 月,完成 TP2 井的设计及现场施工任务(钻井、固井),钻井深达 6 925.00 m,达到地质目的(因在奥陶系一间房组地层钻遇巨厚的油层),西北分公司指令 TP2 井提前完井。

三、超深井钻井技术

TP2 井是中石化西北分公司布置于阿克库勒凸起西南斜坡新区的一口直型探井,设计井深 7 100 m,实际完钻井深 6 925 m。在 TP2 井施工前,六普钻井分公司为保证该井正常施工,在接到该井施工任务前即组织新疆指挥所工程技术人员进行相关调研,认真研究设计,由于该区块从未钻过井,没有详细的地质资料可供对比,更未施工过这么深的井,因此,调研工作难度较大,只能调研西北分公司施工过的库 1 井(井深 6 900 m)和江苏油田钻井队在塔中西部新区施工的中 4 井(7 220 m)的相关资料,组织相关技术人员研究可能产生的新情况和新问题以及解决问题的新方法和新途径,并将在疆施工的一些好的经验和方法尝试运用于该井。

(一)井身质量控制技术及措施

为了能给测试和采油提供合格的井眼条件,控制井身质量问题已成为甲方衡量钻井工程质量的一个重要指标。在 TP2 井钻井施工中,结合以前的施工经验,根据不同井段地层情况和井径,采用不同的钻具组合对井身质量进行控制。

(1) 660.4 mm 井眼段(0~66 m)。为了保证井口、转盘、天车三点一线,导管由钻井队自己施工,且在开导管前,认真调整转盘、天车,确保钻具自由状态时在转盘中心的居中度。针对沙漠地区上部地层疏松,采用大尺寸钻铤,轻压吊打,大排量钻进,充分利用水力射流作用将井眼领直。

(2) 444.5 mm 井眼段(66~1 500 m)。上部地层松软,容易垮塌,为了将井眼开直,选用有防斜功能的塔式钻具组合,优选钻井参数进行施工。钻具组合:444.5 mm Bit + 241.3 mm DC × 3 根 + 203.2 mm DC × 15 根 + 177.8 mm DC × 5 根 + 139.7 mm DP。

(3) 311.15 mm 井眼段(1 500~5 231.72 m)。1 500~1 708.01 m 井段:本井段钻遇库车组,泥岩为主,与粉砂岩略等厚互层,为了确保下步 PDC 钻头的顺利下入,扫清上层套管附件特采用大尺寸塔式钻具组合进行钻进。钻具组合:311.15 mm Bit + 241.3 mm DC × 3 根 + 203.2 mm DC × 15 根 + 177.8 mm DC × 5 根 + 139.7 mm DP。1 708.01~4 393.87 m 井段:本井段裸眼较长,钻遇上第三系、下第三系、白垩系、侏罗系、三叠系,地层多变复杂,又存在多套压力系统,特别是上部地层以泥岩夹砂岩为主,容易发生掉块、坍塌、缩径、剥落等复杂情况造成井径扩大,需要安全快速完成本井段施工,拟采用 PDC 钻头进行钻进,但 PDC 钻头钻进易井斜,为了保证井身质量,决定采用 PDC 钻头 + 双扶钻摆钻具组合的先进工艺技术进行快速钻进。钻具组合:311.15 mm PDC Bit + 241.3 mm DC × 2 根 + 311.15 mm 螺旋扶正器 + 203.2 mm DC × 1 根 + 311.15 mm 螺旋扶正器 + 203.2 mm DC × 14 根 + 177.8 mm DC × 5 根 + 139.7 mm DP(2 650 m) + 127 mm DP。4 393.87~5 231.72 m 井段:本井段地层含有灰岩、泥岩及砂岩,为了地质录井需要,根据设计要求更换牙轮钻头钻进,因此,为保证深井钻井安全及井身质量,采用塔式钻具组合进行钻进。钻具组合:311.15 mm Bit + 241.3 mm DC × 2 根 + 203.2 mm DC × 15 根 + 177.8 mm DC × 5 根 + 139.7 mm DP(2 650 m) + 127 mm DP。

(4) 215.9 mm 井眼段(5 231.72~6 838.57 m)。上部地层以泥岩为主,夹有砂岩,下部含微晶灰岩。为提高机械钻速,根据地质资料显示,本井段含大段桑塔木组地层,该地层根据以前所钻井资料显示牙轮钻头钻时高达 120~180 min/m 左右,如 S111 井、S97 井等,而 TK1102 井采用百施特公司生产的 PDC 钻头钻时在30 min/m 左右,因此在本井施工打算试用该型号 PDC 钻头。但根据地质录井及设计要求,更换牙轮钻头,所以,在本井段采用两套钻具组合。采用常规钻具组合或双扶钟摆钻具组合,钻具组合 1:215.9 mm Bit + 偏心接头 + 165.1 mm DC × 24 根 + 127 mm HWDP × 15 根 + 127 mm DP;钻具组合 2:215.9 mm Bit + 偏心接头 + 165.1 mm DC × 2 根 + 215.9 mm 螺旋扶正器 + 165.1 mm DC × 1 根 + 215.9 mm 螺

旋扶正器 +165.1 mm DC×15 根 +127 mm HWDP×12 根 +127 mm DP。在上部地层施工中,特别是三开地层施工中,由于是新区块,且埋藏较深,为保证井身质量,我们加强测斜、全程监控,并结合兄弟井队施工中使用偏心接头的经验,在本井施工中采用偏心接头新技术(该技术应单独立项进行研究)达到控制井斜的目的。

(5) 149.2 mm 井眼段(6 838.57~6 925 m)。本井段钻具尺寸较小,为了确保深井的安全,采用常规钻具组合。钻具组合:149.2 mm Bit + 120.65 mm DC×24 根 +88.9 mm DP(4 600 m) +127 mm DP。下面列出 TP2 井采用上述技术措施后的实际井身质量,见表2。

表2 各井段井斜数据表

井段/m	最大井斜	井段/m	最大井斜
66~1 500	0.5°/356 m	5 231.72~5 894.51	2.16°/5 740 m
1 500~1 708.01	0.25°/1 700 m	5 894.51~6 838.57	1.58°/5 930 m
1 708.01~4 393.87	0.72°/3 245 m	6 838.57~6 925.00	0.63°/6 900 m
4 393.87~5 231.72	1.18°/4 553 m		

采用上述钻具组合,优选参数钻进,达到了预期的井斜控制效果。

(二)优选钻头和钻井参数、提高钻进速度技术

TP2 井是西北分公司的外围探井,在施工过程中,邻井资料少,无可供参考和对照的钻头系列,设计给出地层与实钻地层差异大(特别是巴什基奇克组与设计及以前所钻井组段有很大差距),井深、地层等不确定因素多,给优选钻头、强化钻井参数、提高钻进速度带来了极大困难。但为了优质、高效地完成本井的施工,现场在优选钻头、水力参数方面进行了实验性探索和研究。

根据不同井段和井眼大小,采用不同的钻头,并根据不同地层、井段等优化钻井参数。

(1) 660.4 mm 井眼段(0~66 m)。本井地处沙漠,上部井段地层为疏松的流沙层、水层,钻头选用适应性较强的 P2 型钻头,为了便于携沙,安装三等径喷嘴(24 mm×3);为了将井眼领直并防止出现上部垮塌现象,采用低钻压、适中排量进行钻进。

(2) 444.5 mm 井眼段(66~1 500 m)。在以泥岩为主的地层,选用应用比较广泛的铣齿钻头,型号为 MP2G。为了充分利用钻头水功率,安装 18×2 +20 三个不等径喷嘴,提高井底岩屑清洁度。本井段共使用两只钻头(MP2G),采用钻井参数 W 为 120~180 kN;N 为 80 r/min;Q 为 55~60 L/s。

(3) 311.15 mm 井眼段(1 500~5 231.72 m)。1 500 m~1 708.01 m 井段:针对扫水泥塞及下步使用 PDC 钻头进行钻进,为了能够充分发挥 PDC 钻头的优势,

选用了齿面、背锥硬面强化、齿出露高、背锥镶齿且带有修边齿的江汉产 HAT127 型钻头。在本井段推荐使用钻井参数：W 60~120 kN；N 60 r/min；Q 50~55 L/s。1 708.01~4 393.87 m 井段：采用 PDC 钻头进行钻进，使用钻头为成都宝瑞特公司生产的 AB1605S 型钻头。根据西北分公司指定试验单位型号钻头钻进。为了避免 PDC 钻头重复切削，加强对钻头的冷却作用，采用大排量，同时利用高转速提高钻头的切削效率。本井段使用成都保瑞特公司的 AB1605S 型 PDC 钻头，累计进尺 2 651.44 m，平均机械钻速达 7.60 m/h。取得了较好的应用效果。4 393.87~5 231.72 m 井段：在本井段为确保地质资料的录取，只在某些井段使用 PDC 钻头进行钻进，为提高钻进速度设下了障碍。本井段共使用钻头 8 只，采用钻井参数：W 220~260 kN；N 55~70 r/min；Q 40~43 L/s。

（4）215.9 mm 井眼段（5 231.72~6 838.57 m）。该井段将钻遇泥盆系、志留系、奥陶系上统，上部岩性以泥岩、粉砂岩为主；下部岩性以泥岩夹灰岩、灰岩为主。根据设计要求，为满足地质录井需要，现场主要选用江汉产 HJ517G 钻头钻进，为了减少起下钻次数，在本井段中下部使用由百施特公司生产的 M1955SS 型钻头进行钻进。本井段共使用钻头 10 只，采用钻井参数：W 160~180 kN；N 55~70 r/min；Q 27~28 L/s。在满足地质目的的前提下，尽可能采用 PDC 钻头钻进，达到提高机械钻速、缩短钻井周期的目的。推荐选型为百施特公司的 M1955SS 型 PDC 钻头。

（5）149.2 mm 井眼段（6 838.57~6 925 m）。钻遇地层情况：6 834~6 849 m 为恰尔巴克组（O_3q），岩性为棕红色含灰泥岩、棕红色灰质泥岩，与下伏地层呈平行不整合接触。本井段地层缝洞较发育，针对主要为泥晶灰岩或泥晶砂屑灰岩的特点，选用江汉产 HA517G 型钻头进行钻进。本井段环空小，钻杆内径小，钻头功率力低，排量以满足携岩为原则，为了提高机械钻速，选用合适的钻压和转速进行施工至关重要。通过现场多次对钻压、转速进行调整，选用合适的钻压和转速。本井段共使用钻头两只，采用钻井参数：W 80~100 kN；N 45~60 r/min；Q 15~16 L/s。

（三）超深井取芯技术

1. 取芯钻进

（1）下钻到底，循环钻井液，冲洗井底及井筒，实探井底，校对好方入；

（2）下钻到底以取芯排量循环 30 min，投球、送球；

（3）树芯前校对好指重表，确保取芯过程中所加钻压准确，避免过早磨芯的情况发生；

（4）以 5 kN 钻压开始树芯，树芯 ±0.5 m，均匀加压至正常取芯钻压进行取芯钻进；

（5）取芯钻进时应严格按照取芯工具使用要求进行操作，送钻要均匀，严禁溜

钻,严禁上提钻具(特殊情况除外);

(6) 取芯钻进结束,加压 10 ~ 20 kN 进行磨芯、割芯,割芯以高速转转盘将岩芯扭断的方式为主,以大力上提拔芯为辅;

(7) 显示岩芯断后,上提 3 ~ 5 m,缓慢下放套芯,确保岩芯未落入井;

(8) 起钻时 3 柱灌一次钻井液,避免液柱压力下降,造成井内不稳定。

2. TP2 井取芯技术及统计

(1) TP2 井取芯情况见表 3,全井取芯 10 回次,累计进尺 54.96 m,芯长 47.89 m,平均岩芯收获率 87.14%,圆满地完成了地质取芯任务。

(2) 针对不同的取芯地层和地层破碎情况,采用合适的取芯工具和取芯钻头,加强地面工具的检查保养,根据不同取芯层位和取芯钻头,调整取芯筒间隙,以求达到提高取芯率的目的。

(3) 在第四回次取芯,因地层破碎,事先未能预见,故取芯率不能保证。事后采取双保险措施,在以后的取芯中问题得到解决。

表 3 TP2 井取芯资料统计

| 回次 | 取芯井段/m | 地 层 | | 进尺/m | 芯长/m | 岩芯收获率/% | 取芯工具 |
		组、段	岩性				
1	4 553.06 ~ 4 555.42	二叠系	灰黑色玄武岩	2.36	1.72	72.9	川 8-3 取芯筒
2	5 203.75 ~ 5 206.77	巴楚组	粉砂岩 粉砂质泥岩	3.02	2.83	93.7	川 8-3 取芯筒
3	5 278.27 ~ 5 279.30	东河塘组	浅灰色细砂岩	1.03	0.89	86.4	川 8-3 取芯筒
4	5 282.27 ~ 5 289.60	东河塘组	灰色细砂岩	7.33	1.44	19.4	川 8-3 取芯筒
5	5 350.35 ~ 5 357.32	塔塔埃尔塔格组	灰色细砂岩中砂岩	6.97	6.90	99.0	川 8-3 取芯筒
6	5 888.50 ~ 5 894.51	柯坪塔格	灰绿色泥岩	6.01	6.0	99.8	川 7-4 取芯筒
7	5 916.84 ~ 5 923.08	柯坪塔格	灰色细砂岩	6.24	6.24	100	川 8-3 取芯筒
8	5 923.08 ~ 5 930.21	柯坪塔格	灰色细砂岩	7.13	7.0	98.2	川 7-4 取芯筒
9	6 878.28 ~ 6 885.30	一间房组	黄褐色含油砂屑泥晶灰岩	7.02	7.02	100	川 5-4 取芯筒
10	6 885.30 ~ 6 893.15	一间房组	黄褐色含油砂屑泥晶灰岩	7.85	7.85	100	川 5-4 取芯筒

四、超深井钻井液技术

(一)钻井液体系设计及配套技术

TP2 井钻遇地质条件比较复杂,埋藏深、厚度大,极易发生"缩、溶、胀、塌"。第三系巨厚砂岩泥岩易缩径阻卡,侏罗系、三叠系、石炭系硬脆性泥页岩井段井壁不稳定易产生剥落、掉块、坍塌,造成井径不规则等,奥陶系碳酸盐岩段易漏、易涌。

1. 钻井液体系设计依据

通过查阅新疆塔里木盆地相关的地质资料和邻地域井史,特别是塔参1井、中4井、沙112井的各项资料,利用西北分公司提供的地质和工程设计,结合历年钻井的技术和经验,确立全井使用3套钻井液体系:第四系~二叠系,采用钾聚、聚磺钻井液;石炭系~志留系采用聚磺聚合醇钻井液;奥陶系采用聚磺钻井液。

2. 各井段钻井液体系设计

(1) 一开井段(66~1 500 m)。HV-CMC水基钻井液(该体系抑制泥页岩水化分散能力强;用NH_4HPAN、CMC-HV降低失水,增强体系的抑制性。预水化膨润土浆配合适量LHB,增强体系的悬浮、携带能力),基本配方:淡水 +7% 夏子街土 +0.5% Na_2CO_3 +0.3%~0.4% CMC-HV +0.06%~0.1% LHB-105 +0.1% KPAM。处理添加剂:NaOH、RH-4、液体润滑剂。

(2) 二开上部井段(1 500~3 800 m)。钾基聚合物钻井液(采用抑制性强的聚合物KPAM、80A51防止泥页岩水化分散和厚泥饼缩径。钻井液具有较强的包被抑制能力,防止泥页岩吸水膨胀而导致垮塌)。基本配方:4%~6% 夏子街土 +0.2%~0.3% Na_2CO_3 +0.06%~0.1% KPAM +0.04%~0.08% LHB-105 +0.6%~1.0% NP-2 +0.2%~0.5% CMP-1 +1%~1.5% RH-4。处理添加剂:NaOH、HPT-2、MHX、80A51、液体润滑剂。

(3) 二开下部井段(3 800~5 231.72 m)。钾基聚磺钻井液(用优质的大分子聚合物包被剂,加强对钻井液的包被抑制性能,采用大中小聚合物复配,配合适量的润滑剂,改善泥饼质量,调整、优化钻井液流型,增加磺化系列产品用量以提高钻井液的抗温性、抑制性、封堵能力,从而解决上部地层的阻卡问题)。基本配方:4%~6% 夏子街土 +0.2%~0.3% Na_2CO_3 +0.06%~0.1% KPAM +0.3%~0.5% CMP-1 +1%~2% SMP-1 +1%~1.5% CXP-2 +0.5%~0.8% ST-180 +0.5%~1% WFT-666。处理添加剂:NaOH、CHF-2、HPT-2、LHB-105、液体润滑剂、单封剂、HFT-301、QS-2。

(4) 三开上部井段(5 231.72~6 200 m)。聚磺聚合醇钻井液(在聚磺防塌、抗高温钻井液的基础上,用聚合醇、沥青质防塌剂等防塌材料复配,使体系的抗温性提高,增强体系的抑制性,润滑性,适当引用QS-2提高体系封堵性,增强井壁承压能力,解决侏罗系、三叠系、石炭系的硬脆性泥岩的垮塌问题)。基本配方:淡水 +4%~5% 夏子街土 +0.2%~0.25% Na_2CO_3 +0.05%~0.08% KPAM +0.6%~1.0% ST-180 +2%~3% SMP-1 +1%~2% CXP-2 +2%~3% CHF-2 +1%~2% GR-1 +0.2%~0.5% MFG-1 +0.5% YK-H +0.5% SPNH。处理添加剂:HPT-2、CXP-2、NaOH、QS-2、单封剂、润滑剂。

（5）三开下部井段(6 200 ~ 6 838.57 m)。钾基聚磺钻井液,基本配方:淡水 +4% 夏子街土 + 0.2% Na_2CO_3 + 0.2% ~ 0.5% CMC-HV + 2% ~ 3% SMP-2 + 1% ~2% CXP-2 + 0.2% YK-H + 0.5% SPNH + 0.5% HFT-301。处理添加剂: NaOH、QS-2、BYJ-1、单封剂、CFH-2、GLAMC-1 润滑剂。

（6）四开井段(6 838.57 ~ 6 925 m)。钾基聚磺钻井液,基本配方:淡水 +4% 夏子街土 + 0.2% Na_2CO_3 + 0.2% ~ 0.5% CMC-HV + 2% ~ 3% SMP-2 + 1% ~ 2% CXP-2 + 0.5% ~ 1% GMP-3 + 0.5% SPNH 处理添加剂:NaOH、QS-2、MC-1、单封剂、润滑剂。

全井采用的钾基聚合物钻井液、钾基聚磺钻井液、聚磺聚合醇钻井液等 3 套钻井液体系,高温高压状态下钻井液性能稳定,不但满足了超深井工程施工中的井壁稳定、润滑防卡、岩屑携带的需要,而且满足了地质录井和油气层的保护要求。

（二）防漏、堵漏措施(省略)

（三）防喷措施(省略)

（四）保护油气层措施

（1）在钻井过程中实行微超平衡压力钻井,并做到起钻时井内有效液柱压力略大于或等于地层压力。

（2）保持良好的流变性,保证钻开油气层各项性能指标始终符合油气层保护及稳定井壁的要求。

（3）控制 API 失水在 5 mL 以内,高温高压失水在 12 mL 以内。钻开油气层前加入油层保护剂,防止油气层段的污染。

（4）加强对 H_2S 含量的检测,发现 H_2S 气体立即在钻井液中加入碱式碳酸锌,同时保持钻井液的 pH 值必须大于等于 10。在不漏的情况下提高密度压稳 H_2S。

（5）发生井漏时,分析其原因,再考虑降低密度,采用暂堵技术,不使用永久性堵漏材料。钻开油气层加重时,使用可酸化解堵的加重材料 BGH-1。

五、超深井固井技术

（一）固井技术基础及设计原则

1. 技术基础

以公司目前应用的深井长裸眼固井技术、双级固井技术、尾管固井技术和前置液体系与水泥浆体系,以及相关超深井固井技术文献并结合公司在塔河工区的施工经验,开展 TP2 超深井固井工艺技术的研究与应用的工作。

2. 设计原则

TP2 井固井设计原则依据《TP2 地质工程设计》、《TP2 钻井工程设计》、石油行业标准以及平衡压力固井技术进行设计,以实现替净、封严、层间封隔良好、套管试压合格和固井质量良好的目标。

3. 基本思路

TP2 设计井深 7 100 m,实际完钻井深 6 925 m。依据工艺技术的水平,从压力与温度的范围及注水泥的温差条件和固井技术条件考虑,TP2 井属于超深井固井。该井采用导管 + 四开井身结构,其实际完钻井身结构为:钻头程序为 660.4 mm ×66 m + 444.5 mm × 1 500.00 m + 311.15 mm × 5 231.72 m + 215.9 mm × 6 838.57 m +149.2 mm × 6 925.00 m;套管程序为:508 mm × 66 m + 339.7 mm × 1 498.25 m +244.5 mm × 5 229.19 m + 177.8 mm × 6 835.57 m。

因井深,钻遇的地层复杂,裸眼段长等特点,给该井的钻井、钻井液、下套管、固井工作带来很多困难。而该井固井施工的难点与挑战则在 244.5 mm 技术套管施工和 177.8 mm 油层套管固井施工。

以超深井固井工艺技术文献为参考,结合公司现有的超深井固井工艺技术,通过对施工难点的分析,研究出适合超深井下套管技术措施,优选出具有抗高温高强度的水泥浆体系和高效前置液,研究一套适合超深井固井工艺技术,解决超深井下套管难、顶替效率低、高温水泥石强度衰退严重问题,从而达到安全施工和提高固井质量的目的。

(二) 超深井固井技术及工艺研究

1. 244.5 mm 技术套管固井施工与工艺技术研究

(1) 套管柱设计

① 套管选型。高温高压条件下,套管必须具有高的抗挤强度,满足安全系数大于 1.125 的设计条件。考虑到重型套管柱的重量和处理套管阻卡时上下活动套管的需要,抗拉系数选择必须偏高,要大于 1.8;此外,抗内压系数大于 1.1。通过固井管材软件计算,P110 × 11.99 mm + 偏梯扣的套管即能满足设计要求又比较经济。

② 套管柱选型。二开裸眼段完钻井深 5 231.72 m,裸眼段长 3 733.47 m。设计返高为 300 m 时,封固段长 4 931.72 m。这种条件下,常规单级注水泥作业是无法完成的。因此,双级注水泥工艺成为首选。设计 244.5 mm 套管柱的结构为:浮鞋 +2 根套管 + 浮箍(浮球式) +2 根套管 + 浮箍(弹簧式) +1 根套管 +(内置挠性塞座) + 套管组合(扶正器) + 分级箍 + 套管组合(扶正器) + 联顶节 + 水泥头。

③ 分级箍安放位置设计。在既能保证一级施工安全和水泥返高的前提下,又可以控制二级施工压力不超过 25 MPa,根据施工经验,设计分级箍安放在 3 500 m 左右致密的泥岩段,以确保分级箍开、关的顺利。

④ 套管柱附件选择。井底的温度压力高,为防止浮鞋、浮箍发生形变,选用较

高强度的铝合金结构附件。为确保一级固井后回压凡尔工作正常,开孔作业,选择弹簧加压的突板球阀式的浮鞋、浮箍。从塔河工区的作业情况和施工安全角度考虑,分级箍选择为 Davis-lynch 公司生产的 244.5 mm–778MC 型分级箍。

(2) 下套管技术措施

244.5 mm 套管柱长 5 229.19 m,套管柱空气重量达到 365.7 t,在钻井液中的浮重达到了 304.8 t。套管柱的顺利下入、套管的居中和下入后顶通、防漏等问题是下套管技术措施的关键。

① 套管下入时的防漏问题。影响套管安全顺利下入的因素很多,而水击压力是超深井下套管防漏的关键因素。下套管引起的井漏原因是下套管的活塞效应,其影响因素与下放套管速度过快、环形间隙过小、钻井液的黏度和切力过高有关。其中可控的条件为钻井液的黏度和切力,以及套管的下放速度。

ⓐ 静切力引起的水击压力 Δp_1。

$$\Delta p_1 = (\tau_s H \times 1\ 319.5)/(D_h - d_p)$$

式中:Δp_1——静切力 τ_s 引起的水击压力,Pa;

τ_s——静切力,Pa;

H——井深,m;

D_h——井眼直径,cm;

d_p——套管直径,cm。

根据公式计算,当 $\tau_s = 12$ Pa 时,下 244.5 mm 套管时静切力引起的 Δp_1 为12.4 MPa。

ⓑ 下套管引起的水击压力 Δp_2。

下套管时,一定的下放速度 v_p,而在截面积上引起的流动速度为 v_a:

$$v_a = [B + d_p^2/(D_h^2 - d_p^2)]v_p$$

式中:v_a——环空流速,m/s;

B——井径与套管的比值,取 0.45;

v_p——套管下放速度,m/s。

速度 v_a 达到紊流时,环空压力损失 Δp_2 为

$$\Delta p_2 = (1.05 \times 10^3 \rho v_a^2) H/(D_h - d_p)$$

式中:Δp_2——因 v_a 引起的压力损失,Pa;

ρ——钻井液密度,g/cm³;

H——井深,m。

设定下放速度为 0.4 m/s,计算出下 244.5 mm 套管产生的 Δp_2 为 0.7 MPa。

根据地层破裂压力和钻井液的静液柱压力,便可以确定一个不压漏地层的钻井液的切力值和下放速度的范围。

② 钻机减荷。244.5 mm 套管柱长 5 229.19 m,套管柱空气重量达到 365.7 t,在钻井液中的浮重达到了 304.8 t。如套管下到 4 000 m 以后,遇到阻卡是很难处理的。采取套管内掏空对钻机减荷是行之有效的措施。已知浮箍、浮鞋可承受的最大凡尔背压力为 25 MPa,安全系数为 60%,则下套管最大掏空度:$25 \times 0.6 \times 100/1\ 300 = 1\ 153$ m。套管内容为 38.19 L/m,设计掏空 1 000 m,则减重为 $38.19 \times 1\ 000 \times 1.3/1\ 000 = 49.6$ t,因此套管顺利下到井底的悬重为 250 t 左右。

(3) 强化井眼准备及下套管技术措施

① 井眼准备。ⓐ 完钻时,适当增加排量洗井,保证井下干净无沉砂,保持井壁和钻井液性能稳定,保证井眼畅通无阻;ⓑ 下套管前用原钻具结构进行通井,用相当于注替水泥浆上返速度的排量充分循环钻井液,对起下钻遇阻、井斜变化较大的井段进行重点划眼,确保下套管前井眼畅通、井底清洁,并调整钻井液性能,降低钻井液的黏度和切力;

② 下套管技术措施。ⓐ 各相关方做好下套管的组织分工,明确各岗位职责和操作要求。ⓑ 套管吊上钻台前,套管护丝必须用手上紧。将套管吊上钻台时,做到不碰、不挂。ⓒ 承托环以下套管(包括浮箍、浮鞋)应将螺纹彻底清洗干净,入井前均匀涂抹螺纹黏结剂,其余套管均匀涂抹高温高压螺纹密封脂。ⓓ 开始上扣时旋合转动要慢,若发现错扣应立即卸扣处理。偏梯扣套管的连接,要求按标准扭矩上扣,套管接箍端面旋紧到外螺纹"▽"标记的底界为佳,最大不超过"▽"的顶点。ⓔ 套管提起和下放应平稳,上提高度以刚好打开吊卡为宜,下放坐吊卡(卡瓦)时应注意避免冲击载荷,控制套管下放速度,使其环空钻井液返速不大于钻进时钻铤处的最大返速。在漏失井段,每根套管下放时间不少于 50 s。下套管时,应派专人观察钻井液返出情况。严格执行规定的掏空量,定点、定量灌满钻井液,以眼睛能看见管内钻井液液面为准。ⓕ 下套管遇阻卡时,应在套管强度和提升系统安全系数内慎重处理,不能猛提、猛刹、猛放,更不能卡紧卡瓦强转套管。应在适当排量和泵压下循环钻井液,轻提慢放,活动试下。ⓖ 当下深达到 4 220 m 左右时,套管内灌满钻井液,以后不进行灌浆。在套管内掏空 1 000 m。ⓗ 下完套管后,灌满钻井液,开泵循环时排量从小到大,充分循环钻井液调整钻井液性能至设计要求。查对下井和未下井套管根数是否与送井套管总根数相符,做到不错、不漏。

(4) 前置液体系的优选

通过室内实验和大量的现场应用,优选了 244.5 mm 技术套管双级固井前置体系为:配浆水 + MS。

(5) 水泥浆体系的优选

通过分析固井难点和对水泥浆性能的要求,在室内试验的基础上优选出适合 244.5 mm 技术套管双级固井的一级水泥浆配方,见表 4。

表4 244.5 mm 技术套管双级固井一级大样实验数据

试验配方	800 g AG(阿 G 级水泥) + 16 g KT-4B(降失水剂) + 4 g KF-1A(分散剂) + 3.2 g KH-3(缓凝剂) + 368 g H2O(现场水)			
密度/(g/cm³)	1.90			
流动度/cm	22			
流变性/(93 ℃×20 min)	144/87/64/37/6/5			
API 失水/mL(6.9 MPa×30 min)	158			
抗压强度/MPa(90 ℃×0.1 MPa×24 h)	22			
稠化试验	时间/min	0	60	361	367
	温度/℃	22.0	105.0	105.0	105.0
	压力/MPa	2.0	68.0	68.0	68.0
	初始稠度/Bc	20.0	20.0	40.0	100.0

该套水泥浆体系具有流动性能好、析水小、浆体稳定性能好、失水量低、抗压强度高和过渡时间短(近乎直角稠化)及稠化时间可调的特点,满足了 244.5 mm 技套双级固井的施工要求。

(6)有关的工艺技术

① 进行现场水泥浆性能试验校核。取自井场配浆水与水泥样对水泥浆的稠化时间、密度、流动性能、析水、失水、流变参数作复查,并送样到甲方指定部门再次进行复查。

② 按顶替结束后的套管内外的静液柱压力差,设计与调整套管内外各种流体的密度,控制的压力差值是 8.0~10.0 MPa。

③ 采用 100 MPa、335 kW 的自动密度控制的双机双泵水泥车,保证人身与施工安全和水泥浆密度均匀。

(7)现场应用及施工

① 下套管:严格按照"下套管工艺措施"作业,套管一次性顺利下到 5 229.19 m,分级箍位置 3 476.11~3 475.46 m,管串总长 5 230.99 m。但在下套管过程中,即从 3 850 m 开始钻井液只进不出。

② 注水泥作业过程。ⓐ 一级注水泥施工。注入 4 m³ 密度 1.04 g/cm³ 的冲洗液,4 m³ 密度 1.40 g/cm³ 的隔离液,注水泥浆 74.3 m³,替浆 201.7 m³(其中密度 1.70 g/cm³ 重浆 30.3 m³,替浆排量 1.44 m³/min)。压力由 0→14→17 MPa。施工过程顺利,分级箍工作正常。但整个施工过程,钻井液只进不出,漏失严重。ⓑ 二级注水泥施工。注入 8 m³ 密度 1.04 g/cm³ 的冲洗液,注水泥浆 103.8 m³,替浆

132.7 m³(其中密度 1.70 g/cm³重浆 100 m³,替浆排量 1.30 m³/min)。压力由 0→9→20 MPa。施工过程顺利,分级箍关闭正常。但替浆到 85 m³时,井口返浆变小,120 m³时基本无返浆。

③ 施工结果。一级水泥塞长 62.32 m,二级水泥塞长 311.01 m。一级水泥返深 3 500 m,二级水泥返深 1 650 m。一级封固质量良好,二级封固质量合格,套管合格。

2. φ177.8 mm 油层套管固井施工难点与工艺技术研究

(1) 技术难点

井深,井底温度、压力高,水泥浆柱上、下温差大;悬挂器座挂后,环空液体过流面积变小,环空液体循环时摩擦阻力大,施工作业压力高;井眼与套管之间的间隙小,致使作业压力高,不易实现紊流顶替;套管容易贴靠井壁致使居中度差、易窜槽;水泥环薄,影响水泥浆封固质量。

(2) 工艺技术研究

① 套管柱设计。ⓐ 套管选型:计算条件与 244.5 mm 套管柱的基本相同,考虑到螺纹的密封性,选用带台肩密封的 P110 + 12.65 mm + FOX 扣型的套管。ⓑ 套管柱选型:三开钻深 6 838.57 m,裸眼段长 1 609.35 m。如果采用套管至井口,则套管长超过 6 830 m,这不仅增加了施工难度,也增加了固井成本。因此,设计采用尾管固井。其管串结构为:浮鞋 + 2 根套管 + 浮箍 1# + 2 根套管 + 浮箍 2# + 2 根套管 + 球座 + 套管组合(扶正器) + 定位短接 1# + 套管组合(扶正器) + 定位短接 2# + 套管组合(扶正器) + 变扣 + 套管组合(扶正器) + 尾管悬挂器 + 送放钻具 + 调整钻余短钻杆 + 钻杆水泥头。ⓒ 套管柱附件选择:与 244.5 mm 套管结构一样,选择具有较高强度的铝合金结构和弹簧加压的突板球阀式的浮鞋、浮箍。从塔河工区的作业情况、施工安全以及成本角度考虑,选择德州大陆架公司生产的 244.5 mm + 177.8 mm SSX–A 型双层卡瓦片悬挂器。

② 下套管技术措施研究。同样采取了套管下入时的防漏问题研究、强化井眼准备及下套管技术措施等内容。

③ 前置液体系的优选。受井身结构、地层压力和温度、井身质量、钻井液性能、水泥浆性能等诸多条件限制,水泥浆驱替钻井液时很难达到紊流和塞流。因此合理设计了前置液体系,使之达到紊流顶替和接触时间要求。

通过室内实验和大量的现场应用,优选了 177.8 mm 油层套管尾管悬挂固井前置液体系为:(冲洗液)配浆水 + MS,(隔离液)配浆水 + MS + 稳定剂 + 重晶石。

其以 MS 为主料的配方,具备以下优点:有亲水表面活性剂,其效果不仅分散水泥浆,而且当它与套管、井壁接触后,能改善套管和井壁表面的润湿环境,在它们的表面形成水润湿状态,有利于水泥的胶结。其性能达到与钻井液及水泥浆有良好的相容性,有利于提高水泥浆的顶替效率,减轻井筒的液柱压力,降低固井施工时的工作压力。

④ 水泥浆体系的优选。

ⓐ 水泥浆设计的性能要求基本同于高压油气井水泥浆设计,游离液越小越好,高温高压失水应控制在 150～50 mL/30 min 以下。静切力应控制在合理范围,塑性黏度越低越好。并以紊流状态顶替水泥浆为基础的考虑,调整好前置液和水泥浆流变性。采取综合工艺方案,原则是平衡压力固井。

ⓑ 高温缓凝剂的选用。超深井注水泥作业,其中稠化时间与温度条件有密切的关系,稍有误差将导致水泥浆提前凝固或超缓凝固等严重后果。按注替的作业量计算作业时间并附加 2～4 h 作为安全系数时间来确定稠化时间,选择加入缓凝剂。通过对比实验以及温差实验,优选出了 ST300R 型缓凝剂,它具有与水泥、外加剂配伍性好、易于调节的特点。

ⓒ 水泥浆体系的优选。通过分析固井难点和水泥浆性能的要求,在室内试验的基础上优选出适合 177.8 mm 油层套管尾管悬挂固井的水泥浆配方,见表 5 和图 1。

表 5　177.8 mm 油层尾管大样实验数据

试验配方	593 g AG(阿 G 级水泥) + 207 g Si$_2$O(硅粉) + 12 g ST200S(降失水剂) + 5.6 g ST700L(分散剂) + 10.4 g ST300R(缓凝剂) + 340 g H$_2$O(93 井淡水)		
密度/(g/cm^3)	1.89		
流动度/cm	22		
流变性(93 ℃ ×20 min)	153/81/56/32/5/3		
API 失水/mL(6.9 MPa×30 min)	58		
抗压强度/MPa(90 ℃ ×0.1 MPa×24 h)	21.5		
稠化试验 时间/min	0	60	270
稠化试验 温度/℃	25.4	118.0	118.0
稠化试验 压力/MPa	8.0	75.0	75.0
稠化试验 初始稠度/Bc	5.0	9.0	70.0

温度　压力　稠度

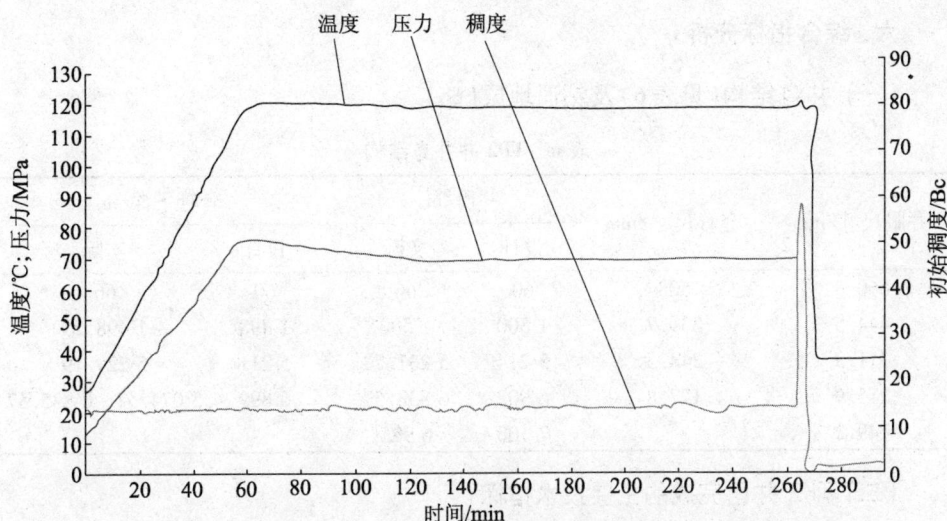

图1　177.8 mm 油层尾管大样稠化曲线

水泥浆体系均具有流动性能好、析水小、浆体稳定性能好、失水量低、抗压强度高和过渡时间短(近乎直角稠化)及稠化时间可调的特点,且水泥浆体形成的水泥石具有抗高温衰退的性能。

(三) TP2 井固井技术应用及施工

1. 下套管

严格按照"下套管工艺措施"作业,套管一次性顺利下入到6 835.57 m,悬挂器位置5 080.04~5 075.52 m,套管串总长1 761.05 m。

2. 注水泥作业过程

注入4 m³密度1.04 g/cm³的冲洗液,4 m³密度1.40 g/cm³的隔离液,注水泥浆79 m³(平均密度:1.88 g/cm³),替浆77.7 m³(其中密度1.70 g/cm³重浆27 m³,平均替浆排量1.89 m³/min),压力由12 MPa→15 MPa。施工过程顺利,悬挂器工作正常。

3. 固井施工质量

上塞长13.45 m,下塞长97.67 m,水泥返高到5 109 m。封固质量:优秀井段长785.57 m,优秀率45.9%,良好井段长225 m,良好率59.1%,合格井段长550 m,合格率91.3%,不合格井段长150 m,不合格率8.7%。试压合格。

六、综合指标分析

(一)井身结构(见表6)及钻遇地层(略)

表6　TP2井井身结构

井眼尺寸/mm	套管尺寸/mm	井段/m		套管下深/m	
		设计	实际	设计	实际
660.4	508	60	66	60	66
444.5	339.7	1 500	1 500	1 498	1 498.25
311.2	244.5	5 214	5 231.72	5 211	5 229.19
215.9	177.8	6 902	6 838.57	6 899	5 074.52 – 6 835.57
149.2		7 100	6 925		

(二)TP2井已完成的主要技术指标

本井设计井深为:7 100.00 m,完钻井深为:6 925.00 m。

全井钻井总台时:4 881.00 h,合203.38 d,6.78台月。

全井主要经济指标、时效分析及施工进度分别见表7和表8;

TP2井与其他超深井技术指标对比见表8。

表7　TP2井全井综合指标表

指　标	钻井周期/d	台月效/(m/mon)	机械钻速/(m/h)	纯钻时间/h	纯钻时效/%
设　计	196.00	1 077.55	3.63	1 938	41.20
实　际	203.38	1 021.40	3.52	1 965.08	40.26
应计算	172.50	1 204.35	5.13	1 348.20	47.47

表8　TP2井与中4井、塔参1井技术指标对比表

指　标	井　号		
	TP2井	中4井	塔参1井
完成时间	2006年1月	2003年1月	1998年2月
完井深度/m	6 925	7 220	7 200
钻井周期/d	203.38	374	647.11
建井周期/d	204	383	835
台月速率/(m/台月)	1 021.4	585.63	258.65
平均机械钻速/(m/h)	3.52	1.84	1.66
纯钻时效/%	40.26	43.98	21.64
事故占总时间/%	1.99	2.81	19.95
复杂占总时间/%	/	3.42	17.87

TP2 井工程质量经西北分公司验收,结论为:钻井工程质量优秀、钻井液质量优秀、固井质量良好、全井综合评定优秀。

七、成果论述

通过本项目的实施,我们在超深井的钻井技术和现场管理方面都取得了长足的进步,创造了塔河油田超深井多项钻井纪录,实现了勘探新区的重大突破,也为我局今后超深井的施工积累了丰富的经验和技术。

（一）项目研究取得的成果

（1）顺利完成 TP2 井（超深井）6 925 m 的钻井施工任务,并钻达目的层。实现了塔河油田勘探新区（阿克库勒凸起西南坡带）深部钻遇 6 870～6 905 m 巨厚油层的重大突破,并创下了华东石油局钻井深度的新纪录。TP2 井二开井段下 244.5 mm 套管（5 231.72 m）是国内同型钻机下深最深、裸眼段最长、套管最重的一次下套管,创当时国内新纪录。本井完钻时为 2007 年塔河工区的最深井。

（2）确保井身质量优异,在技术上时刻掌握井斜变化趋势,选择合理的钻具组合,可以有效地控制井身质量,井深 6 900 m 处最大井斜 0.63°。取得 311 mm 井眼长裸眼钻进经验,尤其在钻头选型和参数选择方面,实现了 PDC 钻头的现场使用技术的突破,为我公司新疆工区今后施工的超深井提供了技术方法和经验。

（3）针对不同的取芯地层和地层破碎情况,采用合适的取芯工具和取芯钻头,全井取芯 10 回次,累计进尺 54.96 m,芯长 47.89 m,平均岩芯收获率 87.14%,圆满地完成了地质取芯任务。

（4）形成了一套钻超深井应用聚磺体系钻井液的钻井液工艺技术和措施,通过钻井液密度控制及封堵理论,有效地解决了以伊蒙混层为主的泥岩坍塌、掉块。较好地解决了超深井钻井液防垮塌、黏卡、井漏等方面的技术难题。

（5）应用水击压力的计算公式,确定了下套管前的静切力值的范围和下套管下放速度的范围;采用套管内掏空技术,有效地降低了钻机负荷,保证了重型套管柱的下入安全。

（6）结合塔河工区的超深井施工工艺和技术要求,优选出了一套适合 244.5 mm 套管下深超过 5 000 m 和 177.8 mm 套管下深超过 6 500 m 的水泥浆的体系和前置液体系。替浆采取使前置液达到紊流和保证紊流接触时间的措施,降低了施工压力并提高了顶替效率,确保了固井质量。应用已掌握的双级固井技术、尾管固井技术和采用综合的固井技术,成功完成了 TP2 井超深井固井的研究与应用工作。

（二）几点建议

（1）新疆超深井段地层的压实程度较高,地层可钻性级别高,这给钻头选型带来了很大困难,本井虽然取得了一定的成绩,但深井钻头选型仍需进一步摸索,某些非主力目的层应放宽 PDC 钻头的使用,进一步突出了 PDC 钻头钻井的优越性。

(2)上部井段在不影响录井的前提下应放宽对钻井液材料的使用限制,有助于技术措施的落实和提高钻井液处理能力。

(3)钻超深井,钻具防腐是相当关键的问题,本井防腐采取了一定的措施,但效果不理想。应加大深井钻具防腐研究的攻关力度或使用特殊材料的钻具。

(4)虽然应用了水击压力计算公式,确定了下套管前的钻井黏度、切力值范围,但在下 244.5 mm 套管到 3 500 m 时发生了漏失,套管下到位后无法建立循环,一级进行了强行固井,二级固井在替浆后期时也发生了漏失。建议开展深入研究,解决深井、超深井固井漏失问题。

(5)随着西部地区勘探开发的不断深入,固井所遇到的复杂地层、复杂情况不断增多,如低压易漏层、高压气层、深井小井眼、长裸眼长封固段固井、深井高温井、盐膏层固井等,固井质量亟待提高并保持稳定。因此,需要针对不同特点开展提高固井质量综合技术研究。

参考文献

[1]《钻井手册(甲方)》编写组:《钻井手册(甲方)》(上册),石油工业出版社,1990 年。

[2]陈庭根,管志川:《钻井工程理论》,石油大学出版社,2000 年。

[3]陈安明,高长斌:《塔河油田深井长裸眼钻井施工技术》,《钻井工程》,2005 年第 1 期。

[4]赵炬肃:《塔河油田盐下三开井段长裸眼井壁稳定问题的探讨》,《钻井液与完井液》,2005 年第 6 期。

[5]周玉仓,赵炬肃:《塔河油田长裸眼井身结构的选择与探讨》,《华东石油局 2005 年科技交流会论文集》,2005 年。

本文为华东石油局 2006 年科研项目《新疆塔河油田超深井钻井工艺技术应用研究》部分内容,项目编号:HDJ/JK-2006-02。本项目研究获华东石油局 2007 年科技成果一等奖

注水(气)油田调整井井控技术应用研究

赵炬肃,吴江麟

(中国石油化工集团公司华东石油工程有限公司六普钻井分公司,江苏 镇江 212003)

江苏工区草舍、金湖、台南等油田已开采 10 余年,有的油田已开采 30 多年。近年来,江苏工区为了充分挖掘油田潜力,把没有动用或动用不好的储层动用起来,提高最终采收率和开发效果,在原有的井网上设计了一批调整井。

调整井由于在老油区、老井网区域内钻井,在钻井过程中,受邻井注水、压裂等因素影响,会造成地层压力异常,从而发生水侵、气侵和油侵现象。据调查,近几年来已在上述油田施工注水井、注气(二氧化碳)井几十口,长期对三垛组、戴南组、阜宁组、泰州组油藏地层大量注水及二氧化碳,破坏了地层原始的压力系统,施工区域的部分地层出现异常高压。2006—2008 年施工的腰 26 井、28 井、草平 1 井、草平 2 井、草 31 井、草 32 井、草 33 井、新深 4 井、台 6 井等井在钻进过程中分别钻遇了井涌等异常现象(油藏异常高压),地层中水、气大量涌入钻井液中,造成井壁失稳和复杂情况,给正常施工带来了较大的风险和安全隐患(注水井压力较大,注入量较大,泄压困难),同时造成了大量物质投入,也污染、伤害了储层。如草 32 井因地层水井涌,造成严重卡钻,经济损失达 100 万元。最严重的是腰 26 井由于井涌失控使得该井报废,造成巨大的经济损失。开展"注水(气)油田调整井井控技术应用研究"的项目研究,其目的在油田施工的区域里,通过深入探索和研究注水(气)油田调整井井控方法和实用技术措施,制定出注水(气)井管理方案,同时为钻井施工单位提供可靠的"安全密度窗口"技术,有效地减少或杜绝井涌复杂问题的发生。

一、研究内容、技术路线预期目标和完成情况

(一) 主要研究内容

(1) 调研主要油区注水/气井分布及现状(注水/气量、压力资料及分析);

(2) 主要油区钻井液密度的优化选择及确定(安全密度窗口);

(3) 研究油田钻井作业设计井控部分的特殊要求、钻井作业现场井控措施、井控预案编写及井涌(喷)应急处置措施制定;

（4）调研江苏油田等油田调整井防喷防涌的方法和经验,建立华东油田区注水(气)调整井井控管理完整的作业程序。

（二）技术路线

认真总结油田近几年注水(气)油田调整井井控管理的经验和教训,分专业(钻井、钻井液、井控、安全技术等)对突出的问题进行解析,对项目研究期限内的油田施工井分区域、分地层制定研究方案和措施,通过对各主要油区钻井液密度的优化选择及确定(安全密度窗口),以解决油田目前存在的钻井井控难题。

（三）预期目标

（1）通过技术研究,进一步优化钻井设计,研究和总结出适合我局各油田调整井钻井作业的防井涌/喷工艺技术;

（2）探索注水/气井泄压周期性变化规律,钻井施工时注水/气井停注的要求;

（3）制定油田各区块油藏异常高压层钻井中钻井液密度的选择范围、具体措施和方法。

二、完成情况

《注水(气)油田调整井井控技术应用研究》科研项目选择调整井注水/注气具有代表性的两个区块(溱潼凹陷台兴油田台南区块和断阶带草舍构造南部),施工的台 7 井、台 8 井、台 9 井、台 10 井、台 11 井、草南 1 井、草南 2 井、草 34 井、草 35 井、草平 4 井(10 口井)进行项目攻关。至 2010 年 7 月较好地完成了项目合同规定的研究内容及技术指标。

第一章　华东油气油注水(气)油田开发现状

华东分公司自 1990 年在草舍油田草 6 井开始注水开发油藏以来,截止到 2009 年底共有 10 个注水开发油田 11 个开发单元,51 口注水井,其中开井 38 口,日注水量 1 101 m^3,平均单井注水 26.87 m^3,注气井 4 口。油田从 1990 年投注以来,累计注水 430.67 万 m^3。草舍南断块自 1995 年 7 月起,实施 CO_2 驱油矿场试验,目前 4 口注气井累计注气 11 万 t。到 2009 年底在 12 口井中进行环保注水,月注水量 3.64 万 m^3,年 42.22 万 m^3。苏北油田实施注水注气开发,有效地保持了地层能量,实现了油田的高效稳产增产。

目前注水注气开发油藏主要有:草舍油田南断块阜宁组、泰州组油藏(1995 年以前注水开发,1995 年至目前注 CO_2 气),台兴油田台南、兴圩断块阜三段油藏,洲城油田垛一段戴二段油藏,边城油田阜三段油藏,北汉庄油田阜宁组油藏,殷庄油田泰州组油藏,茅山油田阜三段油藏,金南油田 I 号、Ⅲ 号断块,腰滩油田阜宁组油藏,吕家庄油田阜二段油藏。

一、油田储量探明及动用状况

目前投入开发油田 17 个,涉及含油面积 19.81 km²,数据表明华东分公司通过注水方式开发 70% 以上的储量。

二、注水开发单元主要地质特征

注水开发单元按油藏综合分类可分为两大类,即中高渗断块油藏,以及低渗—特低渗断块油藏。除洲城油田为中高渗断块油藏外,其余均为低渗—特低渗断块油藏,其含油层位苏北油区主要为阜宁组和泰州组砂岩储层,这类油田探明地质储量占注水开发油田总探明地质储量的 87.6%,其空气渗透率一般为 $1.2 \times 10^{-3} \sim 50 \times 10^{-3}$ μm²;油田构造主要为复杂断块;油田规模很小,储量规模一般在 $50 \sim 150 \times 10^4$ t。低渗—特低渗油藏一般埋深在 $2\,000 \sim 3\,000$ m,其中埋深在 $2\,000 \sim 2\,500$ m 的储量为 528×10^4 t,占 36.9%;埋深在 $2\,500 \sim 3\,000$ m 的储量为 582×10^4 t,占 40.7%,埋深大于 $3\,000$ m 的储量 142×10^4 t,占 9.9%。

三、油田开发

由于华东油气田规模小,含油面积小,断层多,构造复杂,地下油水关系复杂。多数油田均采用不规则三角形面积井网部署,对地下构造认识的不足,导致油田多向注采对应性相对较差,导致部分注水井长期注水,周围油井不收益。典型的有北汉庄油田注采比已高达 3.0 以上,从理论上分析,应该有对应关系的油井(油水井井距在 100 m 左右),但注水两年来,却无一口油井收效。

第二章　江苏油田调整井钻井施工现状

江苏油田管辖的油田自 1976 年后,由于已开发油田的长期注水和采油,使地层原始压力系数发生了变化,在一个井筒内往往会形成高压、常压、欠压等多套压力层系,这样,在钻井施工过程中,易发生喷、漏、塌、缩、卡等复杂情况。江苏油田老区黄珏、真武、富民、曹庄、永安及新区沙垱、陈堡等,均因注水压力高或注水时间长,造成地层压力高,钻进时出水。为了解决在已开发油田钻调整井中出现的诸多复杂问题,应针对性制定一套相对完整的调整井钻井液体系,从而为实钻提供有力的技术保证。

油田早期在黄珏、真武等地区钻调整井时,就钻井液而言,由于缺乏及时相对应的技术措施,多次出现井喷、井涌、井垮甚至卡钻等严重事故,造成了很大的经济损失。2000 年和 2001 年在沙垱、陈堡、真武等地区进行调整井钻井,同样受注采井影响,地层压力系数发生变化,多口井出现出水、剥垮甚至卡钻等复杂事故,给钻井工作带来了很大的难度。目前,油田由于缺乏新区的勘探,钻调整井的数量相对较多,所以非常需要一个钻调整井的钻井液技术措施方面的概念设计,以利于在以后的钻调整井过程中有效避免出现复杂情况和事故,更好地提高钻井生产的安全性和经济效益。

江苏油田曾对真武、黄珏地区钻调整井出水问题进行了一些研究。据统计,江苏油田2009年在苏北工区10个油田共计施工210口井,其中调整井占50%以上。2009年油田因注水井影响造成地层失稳先后发生卡钻事故8起,数十口井壁垮塌,给钻井生产带来了严重影响和经济损失。值得注意的是,2009年所打的沙埝和陈堡的井出现了出水猛增的现象,沙19块、沙20块都有出水的井,陈堡所钻的井全部出水。

随着调整井的增加,地层压力发生了较大变化。为了有效控制调整井井涌的发生,近年来江苏油田使用的钻井液密度在不同的区域也在逐渐提高。目前,曹庄油田最高密度已达1.42 g/cm³;陈堡油田密度已达1.34 g/cm³;海安区块1.85 g/cm³;黄珏油田已经达到2.05 g/cm³。加重材料年使用量逐年增长,2009年方解石用量8 000 t,活化重晶石超过5 000 t。江苏油田到目前为止,钻井过程中由于受注水井影响,井涌问题一直没得到很好解决,主要原因是注水不断,地层压力也在不断发生动态性变化,控制和选择钻井液密度安全窗口难度较大。

第三章　调整井井控钻井技术研究

一、调整井钻井施工中存在的主要问题

油田开发到中后期,有时往往要在注采井区内打一些加密井、调整井、更新井,以适应油田整体开发的需要。由于在注采井网内钻井,在钻遇地层中,有时会钻遇那些和水井连通性较好的地层,发生井涌或井喷现象,严重时发生卡钻事故。而钻井工程上对付井涌通常采取的措施为加大钻井液密度压井,同时通知采油厂暂时关停相应注水井。但大密度的压井钻井液会伤害储层,造成日后采油或注水困难,钻井液污染严重的井往往要采取油酸化、压裂、酸洗等措施解堵。对钻井工程而言,调整井施工面临的主要问题:一是主要目的层(注水/气层)地层压力不清,注水层位不准确,钻井液密度难以确定;二是钻遇注水层发生井涌/井喷,压井工作量大,风险和物资投入加大;当钻遇地层注水/气层压力过大时,大量地层水泡垮地层引起卡钻事故;三是钻井施工前邻近注水/气井由于怕影响产量,未能提前对注水/气井采取停注和泄压措施,使钻井难度和风险明显增大。

例如在台兴油田施工的一批调整井中,几口井发生井涌及以后施工中出现的复杂情况说明调整井施工的难度。例台5井钻进到2 753 m(阜宁组),测得钻井液密度

由原来 1.195 g/cm³ 下降到 1.18 g/cm³，随后降到 1.17 g/cm³，失水量上升，伴随钻井液槽有大量气泡返出，停泵观察，井口有钻井液外溢，发生溢流，溢流量较小，约2 m³/h，根据现场情况分析判断为水侵。井队以排量为 25 L/s 泵入密度为 1.24 g/cm³的重浆，边循环边加重，随后将密度调整并上升至 1.20 g/cm³，恢复正常钻进。

在后期施工的台 7、台 8 井、台 9 井、台 10 井、台 11 井由于在同一平台或邻近平台施工，将钻井液密度控制在 1.33 g/cm³ 左右没有发生水侵现象，同时能安全作业。说明此区块台 6 井地层注水压力最高，当压力泄放后，其他井施工时受注水井影响明显减弱。

二、调整井施工中需要解决的技术问题

（1）调整井区域尚未能摸清钻遇地层的压力，无法为钻井施工压井工作提供有效的地层压力系数。

（2）对于那些与钻井连通性较好的水井，应该提前关停，直至新井固井结束后，才能恢复注水，在实际操作中我们没有做到。主要在注水/气井多、注入量大、注入时间长的区域，影响最大。如草南、台兴油田，出现的问题较为突出。

（3）随着油田调整井的增加，原来正常的地层压力发生了较大变化，出现了少见的异常高压。随着时间的推移，钻井中采用钻井液密度已无法满足平衡地层压力，也就必须在施工中根据地层压力加以调整，抑制地层出水。无疑中增加了钻井风险、压力和物资投入。江苏油田在黄珏油田调整井中已出现使用 2.05 g/cm³ 钻井液才能压住井涌的复杂情况。

（4）调整井的施工关键问题是钻井液密度的控制。我局油田大多数为低渗—特低渗断块油藏，其含油层主要为阜宁组和泰州组砂岩储层，油田构造主要为复杂断块，主要储层属较强的水敏性易垮地层，遇水层后极易发生井壁失稳问题。目前从工程设计上只能提供大致范围，这几年出现的井下复杂情况和事故主要发生在调整井中。所以各区域调整井的钻井液密度的控制较为重要。

（5）钻井液面临防污、抗污及油气层保护问题，也就需要钻井施工提高全井施工效率，以快制胜，缩短钻井周期。特殊井（注水层压力过大）应考虑采用膨胀管暂封技术以减小钻井风险。

三、调整井井控钻井技术

（一）井控设备配制和要求

根据调整井设计要求，为避免井涌、井喷等复杂情况发生，本井安装了井控装置（见图 1），并采用较为严格的井控措施（见表 1 和 2）。

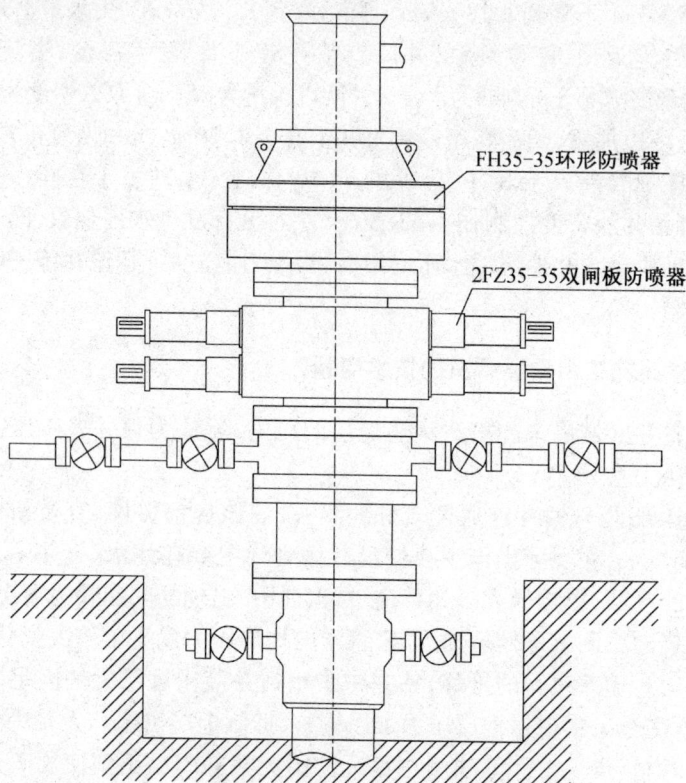

图1 调整井二开井口井控装置示意图

表1 各开井口试压要求表

开钻次序	名 称	试压要求			
		试压介质	试压值/MPa	稳压时间/min	允许压降/MPa
二开	环形 BOP 防腐套管头、短节、套管法兰、钻井四通、双闸、压井、节流管汇	清水 清水 清水	24.5 35 35	≥10	0.7
备注	试验压力在不超过套管抗内压强度 80% 的前提下,环形防喷器封闭钻杆试验压力为额定工作压力的 70%;闸板防喷器、方钻杆旋塞阀和压井管汇、防喷管线试验压力为额定工作压力;节流管汇按零部件额定工作压力分别试压;放喷管线试验压力不低于 10 MPa。				

注:井控要求省略。二开后,入井钻具应配好内防喷工具,方钻杆必须带上下旋塞;钻台上随时准备一只带固定架的下旋塞接头;大门坡道上准备一根带有回压阀,与钻铤扣相配的防喷钻杆。

表2 井控主要设备资源配置表

设备名称	规格型号	生产厂家	备注
双闸板防喷器	2FZ35-35	罗马尼亚	
钻井四通	FS35-35	上海	
压井管汇	YJG35	承德	
节流管汇	JG-SY70	承德	
地面控制系统	FKQ3204	北京	
节流控制箱	JY1-35T	盐城三益	
自动点火装置	FLLY10-3M	四川广汉思明	
钻井液气体分离器	NQF/HH800/0.7	盐城三益	
方钻杆上旋塞	168.3 mm REG, 35 MPa	盐城三益	
方钻杆下旋塞	139.7 mm FH, 35 MPa	盐城三益	
方钻杆下旋塞	88.9 mm IF, 35 MPa	盐城三益	
箭形回压阀	JF162 165.1 mm NC50	盐城三益	
箭形回压阀	JF127 88.9 mm NC38	盐城三益	

（二）钻井技术措施

（1）钻前须及时停注并对附近的注水（气）井进行泄压。

（2）考虑到注水/气井特殊因素，一开井身结构由原来下表套100 m优化为200～350 m，确保防喷装置及套管承受压力符合规范要求。

直井段工作的重点是在安全的基础上努力提高机械钻速。该井段地层比较松软，是快速钻进的井段，推荐直井段以适当的井深开始，使用PDC钻头+螺杆钻具进行双驱钻进，提高钻井效率。适时进行短起下钻，达到修整井壁的目的。

苏北油区所钻调整井，由于地层压力系统遭到破坏，地层压裂、窜通等，原来比较稳定的地层也趋于活跃，各区块明显地在三垛组和戴南组出现缩径严重、水窜通、溢流，阜宁组垮塌严重、出水等。

四、钻井液体系选择及安全窗口的确定（钻井液密度）

调整井地层特点：预测将钻遇东台组、盐城组、三垛组、戴南组、阜宁组、泰州组等地层。盐城组地层以砂岩为主，钻速快，渗透性好，要防止砂岩缩径和渗透性漏失。三垛组地层以泥岩为主，易造浆、吸水膨胀缩径，应采取提高钻井液的抑制能力和包被能力。戴南组、阜宁组、泰州组、浦口组地层，泥岩易吸水膨胀而产生剥落掉块、垮塌，必须提高钻井液的抑制防塌能力，并根据实钻情况及时调整钻井液密度。

深井调整井主要以泰州组底块砂岩为主要目的层，兼顾阜一段油藏。预计在阜四段～阜二段间(2 500～2 660 m 井段)将钻遇多条断层。且阜一段油藏长期大量注水,泰州组油藏注入大量 CO_2,本井还要钻遇多条大断层,可能造成地层异常压力,钻井时需注意防喷、井涌以及可能存在的井漏。

(一) 钻井液体系选择(例草 35 井)

一开井段:0～332 m,井眼 ϕ346 mm,预水化膨润土钻井液;

二开井段:332～2 050 m,钻头 ϕ215.9 mm,钾基聚合物不分散钻井液;2 050～3 198.03 m,钻头 ϕ215.9 mm,钾基聚合物防塌钻井液。

几年的钻井实践证明,该套钻井液体系能够满足调整井井壁稳定的要求。

根据已完钻井的钻井生产情况,这类井主要受附近井在阜一段和泰州组油藏长期大量注水,同时泰州组油藏近年注入大量 CO_2,附近油井草 32、QK21 井长期大量采液,且本井要钻遇多条大断层,已造成了油藏异常高压。钻井至阜一段地层做好钻井液液面监测工作,发现异常立即进行加重处理,防止发生井涌、井喷等复杂情况。因此,在优选钻井液的基础上,选择合适的钻井液密度来平衡阜一段和泰州组油藏的异常高压是钻井成败的关键。

(二) 安全窗口的确定(钻井液密度)

技术手段:

(1) 各油田调整井钻井液密度实钻情况统计和分析,寻找其规律和选择范围;

(2) 华东局在草舍油田南断块注水注气井区采油厂选择了两口井(草 12、24),作为定点静压测试井,用于监测地层压力变化情况,通过对地层压力数据的分析,为我们在该区钻井提供了目的层段压力参数,为选择合适的钻井液密度提供依据。

这两口井近 3 年测试数据的分析和评价,见表 3 和表 4。

表 3   测试层数据   m

层 位	流体性质	测试层井深(斜深)	测试层井深(垂深)	喇叭口
$E_f^1 - Et$(16—18 层)	原油、水	2 885.8～3 192.0	2 853.3～3 151.5	2 866.44

表 4   草 12 井静压及地层压力测试数据表

测试井深 /m	测试时间	压力/MPa	压力梯度 /(MPa/100 m)	外推地层 中部静压 /MPa	地层压力 系数
2 620	2008.11	31.491	0.947	35.009	
	2009.2	32.901	0.894		
	2009.9	34.624	0.973		
	2010.2	35.954	0.965		

续表4

测试井深/m	测试时间	压力/MPa	压力梯度/(MPa/100 m)	外推地层中部静压/MPa	地层压力系数
2 720	2008.11	32.401	0.947	36.623	
	2009.2	33.795	0.917		
	2009.9	35.559	0.966		
	2010.2	36.881	0.977		
2 820	2008.11	33.312	0.957	38.520	
	2009.2	34.712	0.873		
	2009.9	36.488	0.966		
	2010.2	37.821	0.977		
2 850	2008.11	33.551	0.957	39.876	1.189
	2009.2	34.974	0.873		1.245
	2009.9	36.730	0.969		1.310
	2010.2	38.069	0.993		1.355

从表4可以看出,由于草南区块长期注水注气,随着时间的推移,地层压力系数发生了较大变化(由正常压力转变为异常高压)。此区域其中部静压由35.009 MPa上升到39.876 MPa,地层压力系数由1.189上升到1.355。按照有关规范要求,油井安全附加值(0.05~0.10)计算,该地区调整井钻井液的密度安全窗口应在1.42~1.46 g/cm^3,方能避免注水/气层井涌的发生,满足平衡压力的需要。近期施工的草35、38井,钻井的实践证明了这一点。同时也表明:(1)定点测压井的测试结果与实际施工情况相吻合;(2)地层压力随注水/气量的增加,明显提高。

(三)使用优质钻井液,根据不同地层选择合理的钻井液密度

调整井选用钾基聚合物防塌钻井液,几年的钻井实践证明,该套钻井液体系能够满足调整井井壁稳定的要求。

我局调整井施工中常出现的井涌/井下复杂情况主要集中在注水/注气井多、注入量大的草舍、台南油田区域内,在一个井筒内往往会形成常压、高压、欠压等多套压力层系,工程方面除了配备防喷系统,优化井身结构、提高钻井效率,缩短裸眼时间等技术措施外,其调整井井控技术的关键是钻井液的预防注水侵(合理的钻井液密度)、抑制造浆缩径、导致井壁稳定及保护油气层。

调整井根据地层特点和不同压力系统选择好钻井液体系是重要的技术保证。钻井实践证明:金属两性离子聚合物/防塌钻井液是能够满足调整井抑制上部地层缩径、导致井壁稳定、适合不同密度调整、性能稳定、防止高密度压差卡钻的钻井液

类型,多年使用效果较好(详情见表5)。

表5　重点调整井区域钻井液密度选择范围　　　　　　　　　　　g/cm³

油田区块	注水/气地层	钻井液推荐密度	备　注
草南	阜宁组一段、泰州组	1.42~1.47	注水井1口、注气井4口
腰滩	阜宁组二段、一段	1.25~1.28	注水井9口
台兴、台南	垛一段、戴一段	1.28~1.33	注水井8口、注气井4口

备注:此表推荐值为2010年6月前的选择范围,随着注水/气的继续,其推荐值会有所上升。江苏油田黄珏油田调整井最高密度已到达2.06 g/cm³,方能平衡地层压力。

五、钻井液技术管理

1. 首先从设计着手重视技术措施的制定,合理制定材料的数量和品种。

2. 井队二开前就要充分调整好钻井液性能,对处理剂的加量搭配要合理足量,尽可能减少钻井过程中大幅度调整性能,钻进过程中严格按设计要求和技术措施执行,积极主动地维护性能,加重料和堵漏料提前到位。

3. 提高净化设备使用效率和效果,必须保证四级净化正常使用。技术人员及时巡井和井队人员加强坐岗紧密联系,并使技术管理标准化和规范化。

4. 钻井液人员配合工程在起下钻、完钻作业等过程中进行相互监督,及时提醒灌浆或出现拔活塞等情况。

六、优化井身结构,工程措施到位,有助于提高钻井速度,节省钻井成本

首先优化调整井井身结构设计,为有效防止调整井的井涌/井喷,在下入表层套管的设计上由原来的80~100 m改变为200~230 m,使防喷系统设备能有效地承受较大的压力,确保安全生产,避免高压层地层出水(气)发生复杂情况。在钻进过程中,优化钻具组合,用好PDC钻头,并提高其利用率,以缩短建井周期,提高钻井效率。确保一个良好的井眼质量,有助于提高调整井固井质量(防漏、防窜、防喷)。钻开油层之前应换新钻头,保证用1只钻头钻穿油层直到完钻,尽量避免在钻油层中间起下钻,引发井涌等复杂问题。

2009年江苏工区年总进尺60 224.86 m,施工井25口,平均井深比2008年增加1.44%;台月效率2 404 m,比2008年提高15.80%,钻井周期比2008年缩短14.30%;钻井效率提高了15.52%。2009年工区井下事故时间116 h,比2008年522 h降低了83.02%。取得了可喜的成效。

七、施工方与采油公司之间的协调

由于注水井的泄压,直接关系到试采的产量,往往甲方不愿停注或过早停注,

总要等到井队一再出水,且密度大幅度提高,经多方商讨才勉强停注,有时还不泄压,如金湖腰滩地区,早期钻井钻至目的层前均停注泄压,注水井一般在 0 ~ 3 MPa,现在打开目的层时,注水井压力却在 14 MPa,这给井队工作造成了很大的被动,多次在特殊作业时出水,如电测、准备下套管通井时等。所以,钻调整井时还有一个与甲方及时沟通协调的问题,这个问题解决得好双方共同受益,乙方避免高密度带来的风险,甲方避免高密度对产层的损害。

第四章　成果综述

一、主要成果

(1)基本掌握了华东分公司注水/注气井的分布、层位、相对地层地质特征。通过调研,较好地掌握了我局注水/气井的分布、层位、相对地层地质特征。此项工作对调整井的钻井设计,钻井液的优选(体系和密度),油层保护等方面技术起到了基础和保障作用。

(2)华东油气田调整井地层压力基础理论研究有所进展。华东分公司近 3 年在草舍油田南断块注水注气井区,选择了两个定点测压井(草 12 井、草 24 井),用于监测地层压力变化情况,通过对地层压力数据的掌握,为我们在该区钻井提供了目的层段压力参数,从而为调整合适的钻井液密度提供科学论据。钻井施工前准备好加重材料,要求二开前注水/气井停注,施工中加强坐岗及压力观察,保证防喷器的灵活好用,制定好相应预案,防范注水/气侵及由此引发的井下复杂情况。

(3)项目研究取得成效。2010 年上半年施工 23 口井,平均台月效率 2 375.50 m/台月,与 2009 年同期(2 347.21 m/台月)相比增加了 1.21%,平均机械钻速 7.77 m/h,与去年同期(6.58 m/h)相比增加了 18.09%。其中调整井 3 口(含水平井 1 口),除水平井外,其他两口井平均台月效率 4 185.96 m/台月,平均机械钻速 8.70 m/h,超过工区平均机械钻速 7.77 m/h,上半年没发生井下重大事故。

二、几点建议

(1)在华东油气田注采井网主要区域增加专门的压力监测井,适当增加测压次数。较系统地对注采井网进行压力监测,摸清地层压力保持水平。通过此项工作的开展,能基本理清钻遇地层的压力,为压井工作提供了有效的科学依据。

(2)深入开展调整井钻井工程技术、特殊工艺技术井钻井技术等调整井完井配套技术的调研和研究。努力探索膨胀管技术、径向水平井钻井、连续管钻井技术、采油井补孔泄压技术,用更先进的钻井技术开发老区剩余油田。

(3)对于那些与钻井连通性较好的注水/气井,必须提前关停,直至新井固井结束后,才能恢复注水。并确定不同区块、不同井网、不同条件下的降压、泄压方案,建立地层压力系数和注水/气井井口剩余压力与钻井液密度选择的关系。

本文为华东石油局 2009 年科研项目"注水/气油田调整井井控技术应用研究"(项目编号:HDJ/KJ-2009-01)报告部分内容。本项目研究获华东石油局 2010 年科技成果二等奖

腰滩油气区钻井复杂情况分析及处理

（中国石油化工集团公司华东石油工程有限公司六普钻井分公司,江苏 镇江 212003）

一、基本情况

施工井构造位置:江苏金湖凹陷腰滩构造北断块,以钻穿阜宁组一段顶部含油砂岩层段,留足测井口袋为终井原则。腰 14 井为定向井,设计垂深 2 870.00 m,斜深3 000 m。钻遇地层预测见表1。

表1　钻遇地层预测

地　　层			底界垂深	视厚	油气显示		故障提示
系	组	代号	/m	/m	邻井资料	预测	
第四系	东台组	Qd	140	140			
	盐城组	Ny^2	520	380			
		Ny^1	850	330			
下第三系	三垛组	Es	1 860	1 010			防黏卡、缩径
	戴南组	Ed	2 450	590			
		Ef^4	2 650(断点)	200			
	阜宁组	Ef^3	断缺				垮坍
		Ef^2	2 810	160			
		Ef^1	2 870	60			

以腰 14 井井下复杂情况为例进行讨论。

元月 10 日 0 点一开,钻井深度:180 m,下入 ϕ244.5 mm J55 表层套管(8.94 mm)16 根,总长 177.45 m,下深 178.35 m。

元月 12 日扫水泥塞,9∶30 时二开钻进。

元月 21 日钻井深度达 2 248.78 m,单只钻头进尺:2 052.78 m,循环钻井液,起钻。准备下钻定向。在本次钻井中,曾经短提钻具 3 次,分别为:

（1）14 日，井深 851. 84 m，短提钻具 5 立柱。钻井液黏度：57 s，密度：1.13 g/cm³。

（2）16 日，井深 1 314. 02 m，短提钻具 20 立柱。钻井液黏度：54 s，密度：1.13 g/cm³。

（3）18 日，井深 1 781. 35 m，短提钻具 16 立柱。钻井液黏度：55 s，密度：1.14 g/cm³。

元月 22 日组合增斜钻具，下钻，定向钻进；24 日井深钻达 2 393 m，提钻，准备下稳斜钻具钻进；25 日倒钢丝绳、安全检查；26 日下钻至 2 000 m，泵压下降 1 MPa，提钻检查钻具，拆去损坏单根（5 根），下钻至 2 248 m 在造斜井段划眼扩孔。钻进：27 日进尺 122.86 m；28 日进尺 136.54 m，钻井液黏度 65 s，密度 1. 14 g/cm³，井深钻达 2 652.40 m。

元月 29 日，提钻过程中分别在 2 080,1 975,1 896,1 800,1 696,1 570,1 485,1 295 m 遇卡，循环、倒划眼提钻。30 日 23：30 时起钻结束。本回次钻井液性能：黏度 68 ~71 s，密度 1. 16 g/cm³、塑性黏度 22 MPa·s，动切力：10. 5 Pa。

元月 31 日下钻中有 7 处遇阻划眼，分别为

（1）1 867 m 遇阻划眼；

（2）2 067 m 遇阻划眼；

（3）2 239 m 遇阻划眼；

（4）2 486 m 遇阻划眼；

（5）2 535.66 m 遇阻划眼；

（6）2 582.72 m 遇阻划眼；

（7）2 621.36 m 遇阻划眼到 2 652.40 m 井底。

2 月 1 日划眼到井底后，循环钻井液，短提钻 12 立柱，处理钻井液起钻。

2 月 2 日组合扭方位钻具下钻，调整钻井液。

2 月 3 日扭方位钻进，井深 2 703.92 m，起钻。

2 月 4 日组合钻具下钻，井内恢复正常。

2 月 5 日井深已达 2 789.43 m。本回次钻井液性能：黏度 47 ~ 54 s，密度 1. 17 g/cm³，塑性黏度 19 ~20 MPa·s，动切力 9 Pa，中压失水 5 mL，泥饼 0. 5 mm，pH 9。

二、井下复杂情况原因分析

腰 14 井井下出现复杂情况造成生产时间长、井眼严重失稳的问题是多年来少见的，可以说在一段时间内，上部三垛组泥岩地层吸水膨胀严重缩径、下部戴南组、阜宁组地层黑色泥岩严重剥落掉块、垮塌，造成下钻长井段划眼，提钻遇卡倒划眼

的事故。

从掌握的资料和现场处理事故的经过分析认为,井队在主观上和客观上出现了一些问题,这些问题主要表现在以下几个方面:

1. 对金湖地区地层的特点认识不够,在思想上没引起足够重视

金湖地区易坍塌泥岩地层较易水化分散,存在一定的膨胀性。其中,三垛组、戴二段泥岩几乎全分散;阜宁组泥岩地层中,阜二段和阜四段泥岩的水化膨胀性较高,分散回收率均很低,因此,易水化失稳,这些实验结论与现场井眼坍塌情况相吻合。这个问题自 20 世纪 70 年代以来反复多次强调,要求井队在施工中强化管理、精心施工、对该地区的地层特点引起高度重视。由于近年来在钻头选择、大功率泵的应用、处理剂更新换代、固控设备的改造等方面技术发展,促使成井率高、钻井周期短。在这种情况下,就容易使我们忽视抓基础工作、抓施工中细小环节。三垛组地层进尺快,往往忽视了地层极容易缩径,上提困难的问题,倒划眼过程中产生的负压又极易抽垮下部阜宁组泥岩地层。因此,在这些施工中要重视各个环节的正确把握,在思想上提高认识、高度重视,在实际工作中环环相扣,以人身、井下安全为第一要务,不求单纯高速度,讲究全井高效益。这样我们的技术才能上台阶,才会少走弯路。

2. 二开钻井液中使用部分老浆(质量较差)且水泥浆残液过多,钙侵严重,处理不彻底,直接影响钻井液性能的调整

本井从二开后的钻井液资料反映,使用的老浆由于固控设备处理效果差、固相含量高、密度高,二开又受水泥侵入影响,钻井液的流动性、黏度、切力较高。在一阶段里钻井液的流动性差、切力高,促使井壁虚泥饼增厚,在处理上不及时,难以抑制地层造浆,给后期的三垛组地层缩径、阜宁组垮塌带来隐患。

3. 在钻井液处理方法上存在误区

目前使用的钻井液主要工艺技术,为严格控制膨润土含量在 40~50 g/L,聚合物大分子包被剂和中等分子量的降滤失剂按设计浓度以溶液形式加入,用有机正电胶和聚合物大分子来调整钻井液流变性,根据情况适当补充润滑剂,强化固控设备使用率。而现场在维护处理过程中,在处理剂的加入、性能的调整上存在一些问题,总认为钻井液黏切高一些有利于携岩,客观事实与其相反。主要问题表现为:

(1)抑制三垛组地层造浆,阻缓水相侵入;强化抑制软泥岩汲水膨胀,主要依靠聚合物大分子包被剂,需要足够聚合物大分子浓度来维护性能。从该井钻井液性能分析,在处理措施上是不够的(其中也有水泥浆侵的因素)。

(2)在性能维护上存在黏度、切力过高的问题。本井从二开开始,钻井液的黏度就维持得很高(57~72 s),塑性黏度在 22 MPa·s 以上,钻进过程中钻井液黏度处在设计要求的上限(甚至超出设计要求),高黏、高切下造成了虚泥饼增厚、流动

性变差,冲刷井壁能力减弱,软泥岩井段井径逐渐缩小,提钻倒划眼造成的负压引起了下部阜宁组泥岩垮塌。一连串的复杂情况应该说与高黏、高切性能有关,现场性能调整不及时,钻进速度快,新浆补充又少,钻井液性能受到影响,井壁泥饼质量差,因而引起井下复杂情况(上部缩径、下部垮坍)。新疆工区 5 500 m 深井黏度也就控制在 50~55 s,很说明问题。

(3)配制的胶液浓度过高。过高浓度的高分子处理剂加入钻井液中起不到调节性能的作用,往往是增强了钻井液内部网状结构,使黏度和切力增加,细小钻屑不易沉降,使钻井液中的固相含量增加,黏滞性明显上升,不利于提高钻进速度,不利于井壁稳定。

4. 上部缩径的提钻倒划眼是引起下部戴二段、阜宁组泥岩垮塌的主要原因

该井在进入戴南组以下地层钻进时,井壁是稳定的,接单根和钻进无异常。钻井深达 2 652.40 m 提钻,在 2 080 m(三垛组底界)开始出现遇卡严重的问题,裸眼长井段(2 080~1 300 m)倒划眼极容易造成下部产生负压,压力激动引起易垮塌地层井眼失稳。事实证明,提完钻后,下钻从 1 867 m 划眼到井底,戴南组以下地层出现了严重的垮塌。

5. 固控设备不能正常使用也是引发井壁失稳的一个因素

长期以来,施工井队的固控设备一直比较陈旧,早已无法满足生产之需。钻井液中固相高、密度大,细小劣质钻屑不能及时清除,使钻井液质量受影响,难以维护,泥饼虚又不致密。这个问题一直没得到很好解决。

6. 施工井周围注水井的影响

金湖工区断层多,且又出现在戴南组以下地层,目前钻井队施工作业时,周围注水井并没有停注,且距离很近,长期的注水使横向地层压力发生了变化,容易造成薄弱地层的失稳。台南工区已发生类似问题,钻达目的层位前停注水是解决问题的有效措施。

地层注水导致其长期浸泡给地层带来了负面影响,增加了作业难度,建议该地区施工井的密度值设计应适当放宽(1.20~1.22 g/L 为妥)。

腰 14 井井下复杂情况从元月 28 日 22 时—2 月 3 日 7∶43 时处理结束,损失台时 129.72 小时。

三、现场钻井液处理措施

(1)由于当时钻井液中固相高、密度大,流动性差,首先在钻井液中分段混入近 20 m³ 的新浆,增加膨润土含量,配合处理剂,改善泥饼质量和流动性,使黏度从 70 s 降到 50 s 左右,保持泵排量满足携岩要求。

(2)配制稠钻井液 40 m³(稠塞),将井内垮塌物携带出井内,保持井眼干净

（返出大量钻屑和垮塌物）。

（3）当从振动筛上判断井下已干净后，恢复原有性能指标，对钻井液性能进行微调处理。适当加入膨润土浆、低浓度的胶液、润滑剂等，保持性能相对稳定。

（4）尽可能使用现有的净化设备，清除固相。

（5）在工程措施上，下钻通浆时避免在一个点长时间循环，以顶通出浆为目的，继续下钻。避免在破碎地层长时间循环破坏井壁，引起复杂情况。

该井于 2 月 9 日顺利钻达设计井深 2 993.94 m 处完钻，13 日固井结束。

井眼稳定第一，但必须考虑钻井成本，我们在实际施工中应根据井下情况，在确保井眼稳定的前提下，要节省处理剂的使用，也要考虑钻井成本，考虑综合效率。全井承包是按照局下达的每米成本核算的，我们的单井钻井液费用已达到全井费用（包括搬迁）的 10% ~ 15%，这不得不引起我们的重视。实践证明，在钻井液中加入过多（过高浓度）的高分子材料易产生高黏、高切的性能，对井壁的稳定有害而无益。

四、结论与建议

（1）全面提高钻井液质量和管理水平。参照设计认真总结施工中成功的经验和教训，根据本工区的地层特点，学习和借鉴兄弟井队的经验，不断提高解决上部缩径、下部垮塌的工作能力。

（2）根据近年钻井液类型的设计和使用效果的实际情况，建议将目前一口井的二套钻井液体系（戴南组以上地层使用钾基聚合物，下部使用金属两性离子聚合物钻井液），改为一套体系（金属两性离子聚合物钻井液），避免现场二个体系转化中出现的性能难以维护、不易掌握的问题，同时也可做到处理剂的互用，避免材料的积压和搬迁中的破损，有助于降低钻井成本。

（3）戴南组以上地层钻进中要按设计要求加入足量的聚合物，并保持聚合物含量以控制泥岩的造浆、水化、膨胀、分散，且此段地层应采用"低黏切"钻井液施工，在满足携带岩屑的条件下，黏度控制在 45 ~ 50 s 为妥。满足较高泵功率水力对井壁的冲刷，可有效地避免井眼缩径。

（4）进入戴二段以下地层后及时加入防塌剂、润滑剂 1% ~ 2%。保持钻井液具有良好的滤失造壁性能（失水：<5 mL，pH：9 ~ 9.5），确保性能稳定，并定期补充预水化新浆，有助于提高泥饼质量。有条件的井队要逐步将原来的单一处理剂溶液配制，改进为多种处理剂混配成胶液的加入方式，提高处理效果（应控制好配制的浓度）。

（5）要重视江苏工区固控设备的更新换代，增加硬件投入将有效地控制劣质固相含量和密度，提高钻井速度，避免复杂情况的发生。

（6）关于单井钻井液处理剂的使用问题。钻井液设计费用：金湖地区 30 万/井、其他浅井（2 000 m 左右）近井 20 万/井，远远超出过去使用费用（全井、每米费用）。

（7）金湖工区地层复杂、裸眼井段长、断层多，在钻进中应关闭注水井，有助于降低人为因素造成的井眼失稳问题。根据近年来施工情况，建议将该工区的钻井液密度上限设计以 1.20 g/cm^3 为妥。

参考文献

［1］刘加杰，等：《扩展钻井液安全密度窗口理论与技术进展》，《钻井液与完井液》，2007 年第 4 期。

［2］刘伟，郭大兴，赵炬肃，等：《中国油气田开发志·华东油气区卷》，石油工业出版社，2011 年。

［3］袁进平，齐奉忠：《国内完井技术现状及研究方向建议》，《钻采工艺》，2007 年第 3 期。

本文发表于《钻井工程》2007 年第 3 期

达二井欠平衡钻井钻井液工艺技术

赵炬肃

（中国石油化工集团公司华东石油工程有限公司六普钻井分公司,江苏 镇江 212003）

一、工程概况

三开钻进主要目的层为奥陶系营城组,在本井的三开施工过程中,通过采用欠平衡钻井技术和欠平衡装备,用原设计密度为 0.90 g/cm³ 的钻井液和更改的密度为 0.98、1.05、1.10、1.11 g/cm³ 的钻井液进行欠平衡和平衡钻进,最大限度地发现并保护了储层,减轻了地层损害,为正确评价储层提供了条件;另外,欠平衡钻井降低了钻井液循环当量密度,降低了井底液柱压力,为避免地层井漏、实施安全钻进提供了保障。同时由于减小了井底压差,降低了钻井液对岩石的压实作用,使机械钻速大大提高。

达 2 井设计三开井深为 3 588 ~ 4 200 m（进尺 612 m）,实际三开井深为 3 494.89 m,较设计三开井深提前 93.11 m。截至 2006 年 6 月 19 日该井实际井深为 3 980 m,实际钻井进尺为 485.11 m。

（一）井身结构设计（见表 1）

表 1　达 2 井井身结构表

开次	套管层次	钻头 × 深度	套管尺寸 × 下深	备注
一开	表 层	φ444.5 × 502 m	φ339.7 mm × 502 m	
二开	技 套	φ311.2 × 3 494 m	φ244.5 mm × 3 492.39 m	
三开		φ215.9 × 4 200 m		

（二）井口及井控装置

套管头 + FZ35-70 单闸板（127 mm 半封）+ 四通 + 2FZ35-70 双闸板（全封 + 127 mm 半封）+ FH35-35/70 环型防喷器 + 旋转防喷器。

（三）三开钻具结构

根据钻井提供的 DB11 井的实钻情况对原钻具组合进行了调整。调整前设计钻具组合为 φ215.9 mm 钻头 + φ165 mm 箭型回压凡尔 × 2 个 + φ165 mm 无磁钻铤 × 1 根 + φ165 mm 投入式旁通阀 1 个 + φ165 mm 钻铤 × 18 根 + 随钻震击器 +

$\phi165$ mm 钻铤 × 2 根 + $\phi165$ mm 投入式止回阀 1 个 + $\phi127$ mm × 347 根钻杆 + $\phi127$ mm × 78 根斜坡钻杆 + 133.4 mm 六方方钻杆。

调整后钻具组合为:$\phi215.9$ mm 钻头 + 430 × 410 接头 + $\phi177$ 减震器 + 411 × 4A10 接头 + $\phi165$ mm 箭型回压凡尔 × 2 个 + $\phi161$ mm 钻铤 + $\phi165$ mm 投入式旁通阀 1 个 + $\phi165$ mm 无磁钻铤 × 1 根 + $\phi165$ mm 钻铤 × 17 根 + 4A11 × 410 接头 + $\phi127$ mm 屈性长轴 + $\phi165$ mm 双向随钻震击器 + 411 × 4A10 接头 + $\phi165$ mm 钻铤 × 2 根 + $\phi165$ mm 投入式止回阀 1 个 + A11 × 410 接头 + $\phi127$ mm 钻杆 + $\phi127$ mm × 78 根斜坡钻杆 + 133.4 mm 六方方钻杆。

二、井底压力分析

由于地层特点、压力等不确定性,根据地质设计及邻井实测地层压力情况,确定达 2 井三开地层压力系数为 0.96。该井欠平衡工程设计压差为 0.42 ~ 2.47 MPa,在井深 4 200 m 折算成当量钻井液密度 0.01 ~ 0.06 g/cm³,故该井三开营成组井段钻井液密度初步确定为 0.90 ~ 0.95 g/cm³。

根据本井井身结构数据和采用的钻具基本数据,采用欠平衡多相流水力计算软件计算得出欠平衡钻井施工参数(见表 2)。

表 2 达 2 井欠平衡钻井施工参数表

井段/m	钻井液密度 /(g/cm³)	钻井液排量 /(L/s)	等效钻井液密度 /(g/cm³)	动欠压 /MPa	静欠压 /MPa	地层压力系数	设计环空返速 /(m/s)
3 588 ~ 4 200	0.90 ~ 0.96	30	0.92 ~ 0.98	0.7 ~ 1.44	0.42 ~ 2.47	0.96	0.951 5 ~ 1.457 5

欠平衡钻进时要根据实测的地层压力利用节流阀对井底压力进行有效控制。另外,即使实际地层压力与预测值相符,由于接单根时井底处于负压状态,此时如果油气大量侵入也会造成钻进时的井底压力小于地层压力,因此需要对井底压力进行有效控制,以避免压力失控。

三、负压值与钻井液密度设计

(一) 负压值设计

设计原则在考虑井壁稳定、安全钻井的前提下,为保证发现油气设计较低的钻井液密度,以使利用节流阀调节负压值有较大的可调节空间,降低施工费用,提高探井发现概率。

设计依据:

(1) 邻井 DB-11 井在对应本井主要欠平衡施工井段具有较高的稳定性。

(2) 邻井长深 1 井在可能负压 6.5 MPa 时未见井眼失稳记录。

（3）火成岩地层裂缝发育，易漏失。钻井过程中，避免或减少井漏井底必须维护一定的负压值。

（4）最大限度地发现储层。

综合以上因素，设计井底临界动负压值为 0.5～1.5 MPa，井口回压不超过7.0 MPa。施工时根据实际的井眼稳定性情况可通过节流阀来调节井底负压值以便最大限度地发现气层、解放气层。

（二）欠平衡钻井液体系的选择及密度设计

根据该井井眼稳定情况、地质预测的储层孔隙压力、钻天然气井的欠平衡钻井工艺要求、邻井所采用的水包油钻井液体系施工情况等综合分析，本井地质设计预测，钻井液选择低密度水包油钻井液体系，该钻井液比油包水更安全些，有较好的抗高温性能、密度稳定性能。水包油钻井液具有不可压缩性（井底负压值波动小），密度可调范围广、对油气层污染小等优势。

地质设计地层压力系数参考值 0.96。考虑预测压力的误差，本井欠平衡段钻井液密度为 0.90～0.95 g/cm³。使用该密度在静态下可以有 0.42～2.47 MPa 的负压值。刚开始施工时使用最低密度 0.90 g/cm³ 的密度，其负压值为 2.47 MPa，钻遇气层后如果井口压力长时间维持较高，应逐步提高密度保证安全。

压井液密度设计为 1.25～1.30 g/cm³，使用高密度压井液与欠平衡钻井液分段顶替到井眼中实施压井可使压井液的数量和储备降到最低，节约施工费用。

（三）钻井液循环路线

钻进时若无溢流发生，无溢流情况下钻井液循环流程：钻井液泵→方钻杆→钻头→环空→PCWD 旋转头→喇叭口→振动筛→循环罐（除砂器、除泥器）→钻井液泵。

钻进时发生溢流，溢流情况下钻井液循环流程：钻井液泵→方钻杆→钻头→环空→节流管汇（按水力计算结果控制回压）→液气分离器→振动筛→撇油罐→循环罐（除砂器、除泥器、常规除气器）→钻井液泵。

灌钻井液循环路线：钻井液泵→反循环压井管线→钻井四通→环空→钻井四通→节流管汇→循环罐→钻井液泵。

反循环压井流程（投球打开旁通阀后）：钻井液泵→反循环压井管线→钻井四通→环空→钻杆→立管→节流管汇→液气分离器→撇油罐→循环罐→钻井液泵。

四、欠平衡井段钻井液体系、配方及实钻情况

（一）钻井液技术要求

（1）本井使用水包油钻井液体系，钻井液密度初步设计在 0.90～0.95 g/cm³。由于钻井液初步设计密度值在静态下井底可以有 0.42～2.47 MPa 负压值，现场必

须加强地层压力监测,在确保达到设计井底欠压值的条件下,根据井底压力调整钻井液密度,防止井喷失控。

(2) 保证四级固控设备运转良好并根据钻井液性能要求使用好固控设备。

(3) 钻井液密度严格控制在设计范围内。

(4) 压井液为密度 $1.25 \sim 1.30$ g/cm³ 的加重液,以便起钻时压井用。

(5) 若发现 H_2S 立即加入碱式碳酸锌,同时提高 pH 值至 $11 \sim 12$。

(6) 储备一定量的加重材料备用。

(二) 三开钻井液主要配方、性能要求及维护措施

三开钻井液主要配方、性能要求及维护措施见表3。

表3 三开钻井液主要配方、性能要求及维护措施

开钻次序	井段/m	密度/(g/cm³)	黏度/s	API/mL	泥饼厚度/mm	静切力/Pa 初切	静切力/Pa 终切	pH值	含砂量/%	固相含量/%	泥饼摩阻系数	动切力/Pa	塑性黏度/MPa·s	油水比	膨润土量/%
三开	3576~	0.90~0.95	60~100	≤6	≤0.5	1~6	4~12	8~12	≤0.3	≤15	<0.10	3~16	15~40	75:25~50:50	≤2

钻井液类型	钻井液配方	钻井液维护处理措施
水包油钻井液	60% ~ 75% 0#(或 10#)柴油 + 40% ~ 25% 水 + 4% 钠土 + 1.5% A-1 + 1% B-1 + 1% PAMS-601 + 0.5% LV-CMC + 1% SMP + 2% SMC + 0.5% NaOH 处理添加剂:NaOH、钠土、QS-2、加重剂等	(1) 在实施欠平衡钻井之前,将钻井罐中所剩钻井液全部放掉,用清水将各罐及管线清洗干净,然后用清水测试罐及连接线的密封性能,在保证完全密封后方可用于水包油钻井液的配制和储放压井液。 (2) 水包油乳状液中水相的矿化度对其黏度、切力有一定影响,因此配制前应对配浆水进行分析,如果矿化度高应先进行水的预处理,再用来配制水包油钻井液。配制前做好防火等安全工作。 (3) 开钻前分2~3次配制水包油钻井液250 m³,在1#钻井液罐中配制4%的预水化膨润土浆50 m³并按配方要求依次加入1% PAMS-601 + 0.5% LV-CMC + 1% SMP + 2% SMC + 0.5 NaOH,在其他钻井液罐中加入柴油(冬季施工选择10#柴油)200 m³,按配方顺序加入 A-1、B-1 充分搅拌,配好的两种流体再按比例在地面罐中充分混合,搅拌约 2 h 后测性能,密度达到 0.90 g/cm³ 后开始下钻进行欠平衡施工。 (4) 钻具下钻到设计井深后,用清水顶替井眼内的聚合物钻井液到废浆坑中,然后注入水包油钻井液,密切注意水包油钻井液返出,经充分循环后开始三开钻进。 (5) 在钻井过程中要勤观测返出的钻屑及钻井液性能变化情况,每班检测油水比,测定电导率等,监控钻井液的稳定性。 (6) 根据欠平衡的施工情况,随时调整钻井液密度,需降低密度时,采用增加油水比的方法和利用固控设备清除固相的方法来降低钻井液密度,同时按比例加入乳化剂等材料;一旦钻遇高压层,根据设计需要及时提高钻井液密度,提高密度可采用加清水或超细碳酸钙 QS-2 两种方法。 (7) 根据钻井液的消耗情况,按配方要求随时补充水包油乳化液,正常维护及处理钻井液的处理剂尽可能按比例配成胶液加入,切勿将处理剂干粉直接加入循环钻井液中,以防在处理剂完全溶解以前就被固控设备除去。 (8) 用好振动筛等固控设备,尽可能使用高目数筛布。及时清除钻屑,严格控制无用固相,根据需要,间歇使用离心机,以"净化"保"优化"。 (9) 起钻时用压井液替出井内水包油钻井液,准确计量压井液,注意压井液和钻井液的分界面,把替出的水包油钻井液回收到罐内。起钻前灌好压井液,防止抽吸引起井喷或其他复杂情况发生。水包油钻井液循环路线:钻井液泵→井眼→出浆口→阻流管汇→分离器→振动筛。 (10) 在下套管、固井前,根据钻井液性能情况,适当调整钻井液,并充分循环洗井,起钻前灌好压井液,为顺利测井、下套管、固井等完井作业创造条件。

（三）压井储备液的性能要求

压井储备液的性能要求见表4。

表4　起钻时压井储备液性能设计表

开钻次序	井段/m	密度/(g/cm³)	黏度/s	API/mL	泥饼厚度/mm	静切力/Pa 初切	静切力/Pa 终切	pH值	含砂量/%	固相含量/%	泥饼摩阻系数	动切力/Pa	塑性黏度/MPa·s	油水比	膨润土量/%
三开	3572~	1.25~1.30	40~60	≤6	/	1~4	2~7	8~10	—	—	—	—	—		30~40

压井液类型	配方	压井液维护处理措施
压井液	二开井浆 + 清水 + 0.5% PAMS-601 + 重晶石	（1）邻井长深1井资料显示，同井段三开井段第一次压井井深3 667 m，压井液密度1.25 g/cm³。第二次压井井深3 695 m，压井液密度1.33 g/cm³。预测本井地层压力系数为1.10，根据油气层保护的密度附加值，确定本井实钻压井储备液密度为1.25 g/cm³，实际压井密度可根据井下情况调整。 （2）在储备罐中配制储备压井液200 m³。配制方法：二开完井后对完井钻井液进行分析按照性能要求确定预留老浆和水的比例，按照设计要求采用PAMS-601和重晶石调整压井液性能以备用。
隔离液	井场水 + 1% PAMS-601	（3）在压井液替换水包油钻井液时，先替入10 m³黏度大于70 s的聚合物胶液作为隔离，防止压井钻井液对水包油钻井液的污染，进入井筒后，密切注意井口液面变化情况，防止地层漏失引起井口失控，保证微过平衡条件下的压井安全。 （4）若第一次压井失败，应对压井液充分循环，除气除泡，加重后实施第二次压井施工。
水包油钻井液	欠平衡钻井液 + 超细碳酸钙（或油层保护加重剂）	（1）完钻后根据欠平衡钻井时的负压值确定完井压井液的密度，如果压井液的密度小于1.15 g/cm³可以采用超细碳酸钙加重；若压井液的密度大于1.15 g/cm³可以考虑采用油层保护加重剂。 （2）完井压井液由于采用了水包油钻井液体系加重，因此，压井液的性能除密度外，其他性能指标不做调整。 （3）为了减少压井液的固相对油层的污染，压井时钻具应尽量提钻至套管内实施压井。 （4）若第一次压井失败，应对压井液充分循环，除气除泡，加重后实施第二次压井施工。 （5）压井作业完工后要加强坐岗观察，确定无溢流后起钻。

（四）欠平衡技术的实际运用

根据达2井欠平衡施工井深与动、静负压值关系绘制的曲线见图1。

达2井在欠平衡施工设计中进行了精密的压力计算，确定了严格的负压控制范围，制定了详尽的井底压力控制策略。但由于地层压力系数和实钻差距较大，在欠平衡钻进期间多次出现严重的水、CO_2气侵，造成钻井液维护处理困难。

在井深3 494.89~3 620 m的欠平衡钻进施工作业过程中，钻井液的密度由0.90 g/cm³向上调整到了0.98 g/cm³和1.11 g/cm³。该密度调整采用超细碳酸钙有效地保护了储层，提高了机械钻速，具有良好的携岩和稳定井壁效果，平衡了CO_2气层和水层，确保了安全快速钻进和顺畅起下钻具。

在井深3 930~3 967 m的钻进中钻井液密度下调到了1.05 g/cm³，为正确评价达2井及预告主力气层和科学制定下步施工方案奠定了基础。

如图 1 中所示,3 611.5 m 处负压值出现峰值,原因是此时钻井液气侵严重,入口密度由 0.90 降至 0.84 ~ 0.86 g/cm³。3 625 m ~ 3 655 m 处静负压值上升为 6.7 ~ 6.8 MPa,根据分析是由于钻井液受气侵严重,入口密度由 0.98 g/cm³ 降至 0.95 g/cm³ 时形成的。

3 650 m 处钻井液加重为 1.07 g/cm³,图中可见此时负压值明显下降。3 715 m 处钻井液密度加重至 1.11 g/cm³ 后,动、静负压值进一步下降,此后一直到 3 900 m 处基本为动态平衡、静态欠压钻进。

钻达预测的主力气层时,根据要求降低钻井液密度至 1.05 g/cm³,负压值在 3 882 m 后升高,在 3 930 m 后明显上升,根据录井数据,3 930 m 后钻时相应加快,烃值由 0.94% 左右上升至 5.22% 左右,可见井底压力已经达到了欠平衡钻进的要求。

接单根(井深 3 950 m)上提准备划眼时,悬重由 160 t 增加到 190 t,增量 30 t,正常应该为 170 t(增量 10 t),划眼扭矩由 12 kN 左右增加到 17.18 kN,停转盘未及刹车使倒车快速回转,判定井下垮塌 10 m 左右。地质判断为岩性黑色玄武岩,是 3 920 ~ 3 940 m 层段近井底掉块。上提悬重为 210 t ~ 220 t,下放为 130 t,震击器不工作。下放悬重到 120 t,拉 210 t,震击器工作一下,悬重由 210 t 下降至 190 t。下放悬重到 120 t,拉 210 t,震击器工作一下,悬重 210 下降至 190 t,提放 2.2 m ~ 3.5 m。(钻头位置 3 969.81 m)下放悬重到 120 t,拉 220 t,拉至井深 3 965.1 m,上下活动间距约 2.5 m。

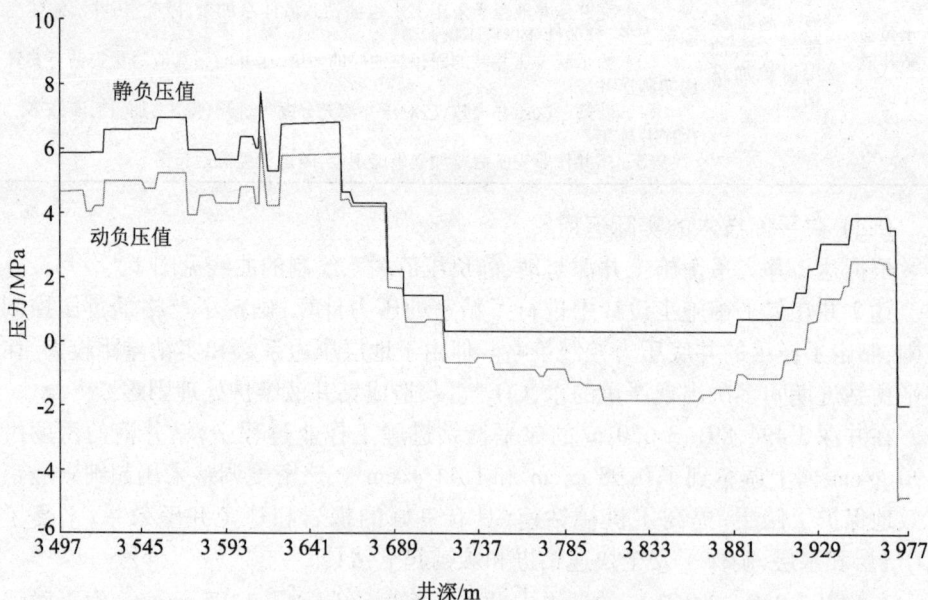

图 1　达 2 井欠平衡流程段负压值曲线

根据上述现象,现场欠平衡和钻井技术人员初步判定是由于钻井液产生支撑力不能平衡地层坍塌压力所致,经请示决定采用 1.22 g/cm³ 重浆循环,重浆返出井口后摩阻明显减小上提解卡。

为防止井下垮塌和缩径情况的持续发生,决定改用 1.17 g/cm³ 的钻井液进行下部地层的钻进,根据计算,此时井底静压差为 $+1.9$ MPa,动压差为 $+5$ MPa。根据气井静平衡附加 $3 \sim 5$ MPa 安全井底压力值的行业标准,采用 1.17 g/cm³ 的密度已经属于近平衡压力钻井。根据井壁稳定需要,钻井液密度最终调整为 1.22 g/cm³。

五、与邻井 DB11 相关数据的对比与分析

由于采用了欠平衡钻进方式,钻井液重力对地层产生的压实作用明显减小,岩石破碎由块状钻碎变为片状迸裂,使得机械钻速明显加快。下面是欠平衡钻进期间与邻井 DB11 井的钻时和钻头进尺对比情况(见表 5 和图 2、图 3)。

表 5 达 2 井与 DB11 井三开钻头使用情况对比

序号	达 2 井实钻情况				DB11 井实钻情况			
	井深/m	钻头型号	进尺/m	纯钻时间/(h:min)	井深/m	钻头型号	进尺/m	纯钻时间/(h:min)
1	3 494.68 ~ 3 612	HJT617G	117.32	81:00	3 471.14 ~ 3 513.61		42.47	34:50
2	3 615.5 ~ 3 715	HJT547	99.5	67:20	3 586.51 ~ 3 523.96		62.55	73:20
3	3 718 ~ 3 784	HJT547G	69	55:00	3 523.96 ~ 3 691.25	HA537	104.74	104:10
4	3 784 ~ 3 882	HJT617G	98	70:40	3 691.25 ~ 3 755		63.85	41:50
5	3 782 ~ 3 974.16	HJT617G	92.16	65:00				

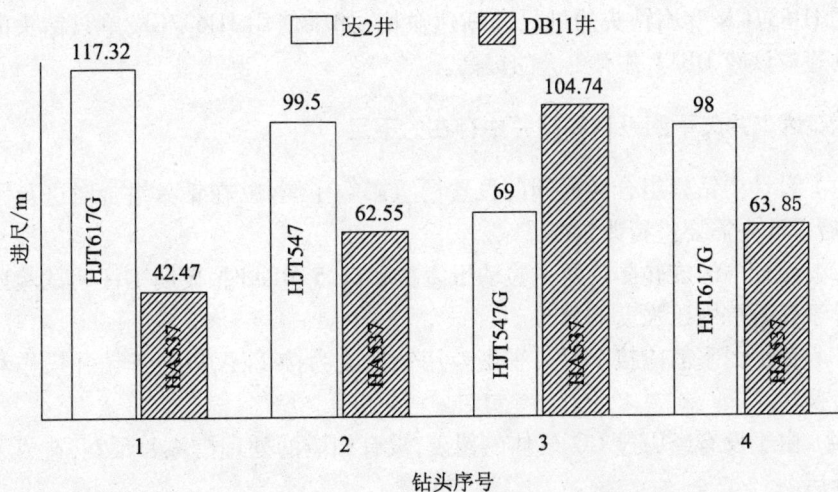

图 2 达 2 井与 DB11 井所用钻头进尺比较

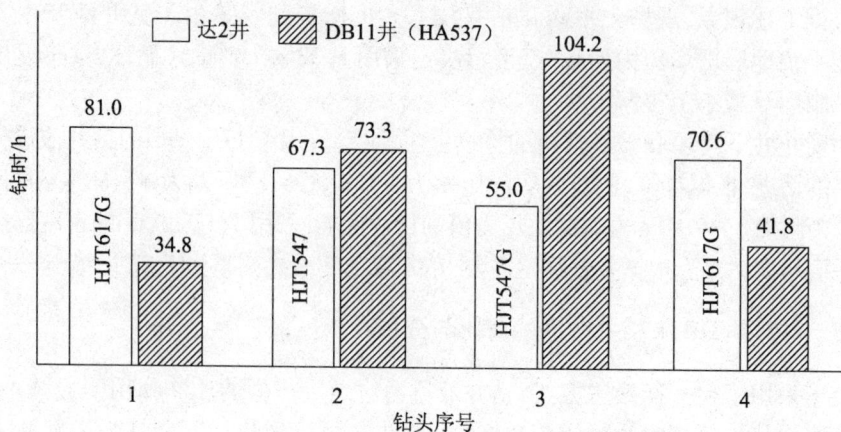

图3 达2井与DB11井所用钻头钻时比较

从表5中可以看出DB11井在相同井段用4只HA537钻头钻进进尺为273.86 m,平均进尺为68.40 m;而达2井使用5只钻头钻进进尺为475.98 m,平均进尺为95.19 m,钻头平均进尺大大提高,可以节约大量起下钻时间,钻井时效大大提高。由于DB11井井史没有每米钻时,故钻时无法比对,达2井基本钻时在20～40 min/m。本井在钻井液密度为0.90～0.98 g/cm³钻进钻时较DB11井的1.16 g/cm³钻井液钻进有很大提高,欠平衡钻井技术对提高钻进速度和节约钻头等钻井材料起到了明显的作用。

另外,该井工程设计钻头为HJ637G,而实际使用的是HJ547和HJ617,根据本井实钻情况HJ547是不适合火成岩营城组钻进的。另外,通过与大庆徐家围子气田使用HJ637GK专用钻头的进尺和钻速对比,如果使用HJ637GK单只钻头的进尺和钻速应该较DB11井有更大的提高。

六、达2井欠平衡设计和钻井中存在的不足

(1)设计中钻具组合旁通阀的位置严重影响了测斜,在钻具组合时进行了修正,今后设计中需要进行改进。

(2)设计中的旋转防喷器试验动压值在≤17.5 MPa时,要明确注明试验压力小于等于套管抗内压强度的80%。

(3)钻水泥塞前应接1根欠平衡专用钻杆改为接2柱,以便于钻井操作和轻重浆转换。

(4)由于没有经历过CO_2气体的侵袭,没有相应的处理措施和预案,造成了处理的延后。

(5)重浆罐放置太远,泵吸入困难,罐与罐(重浆)之间应该前后交错连接,循

环时使整个重浆罐呈栅式循环,使所有钻井液都参与到循环中来。

(6)钻井钻头选型不合理,今后在该区块钻井时为了优快钻进,应该根据 DB11 和该井情况重新进行钻头优选。

七、对达 2 井欠平衡钻井的认识和建议

(1)该井三开井段预测压力系数为 0.96,实钻压力系数为 1.07 和 1.12 g/m^3,而我们最初所用的钻井液为 0.90~0.96 g/m^3 密度的水包油钻井液,当量钻井液密度和地层压力系数差距较大。所选水包油钻井液体系不适用于该井且费用较高,今后在该区块和类似地层压力系数区块进行欠平衡钻井,可以考虑使用低固相钻井液,这样可以大大降低钻井液成本。

(2)本井地层含有 CO_2 气体且出水,由于 CO_2 和水的污染造成钻井液处理维护困难,钻井液费用大大升高,加上气侵导致地面钻井设备憋跳形成许多不安全因素,以及欠平衡钻泥饼较薄存在水浸造成井壁不稳定的潜在因素,应及时改为动态平衡、静态欠压的方式进行钻进避免井下复杂问题的发生。

(3)通过本井欠平衡钻井,发现了钻 DB11 井时未发现的储层证明,只要工艺措施得当,设备质量可靠,欠平衡钻井工艺在探井中的应用对保证钻井安全和发现油气层方面是有着积极作用的;同时,通过回压的控制和液气分离器对产生的 CO_2 气体部分有效分离,从一定程度上降低了 CO_2 对钻井液的污染,为制定应对措施提供了宝贵时间,避免井下和地面复杂情况的发生。

(4)由于在该井施工过程中各施工单位都能密切关注地层、扭矩、悬重等反映井下地层的参数,及时发现了井下掉块、垮塌,避免了卡钻事故发生。

(5)今后在该区块和类似地层压力系数区块进行钻井,到达 3 947 m 处出现黑色泥岩段应该立即提高钻井液密度到 1.12 g/cm^3,以免造成井下垮塌和掉块。

参考文献

[1]《钻井井控装置组合配套规范·中华人民共和国石油天然气行业标准(SY/T 5964—2003)》

[2]郭良栋:《欠平衡钻井技术在东北工区的应用》,《钻井工程》,2005 年第 2 期。

本文发表于《华东油气勘查》2006 年第 3 期

6 925 m超深井钻井液技术

赵炬肃,陈 亮

(中国石油化工集团公司华东石油工程有限公司六普钻井分公司,江苏 镇江 212003)

　　TP2井设计井深7 100 m,是2005年西北分公司施工区域外围最深的一口重点预探井。钻遇地质条件比较复杂,埋藏深、厚度大、极易发生"缩、溶、胀、塌"。第三系巨厚砂岩泥岩易缩径阻卡,侏罗系、三叠系、石炭系硬脆性泥页岩井段井壁不稳定易产生剥落、掉块、坍塌,造成井径不规则等,在钻进中,施工难度大钻井液性能始终应该保持优良,奥陶系碳酸盐岩段易漏、易涌,进入油气层,保护好油气层是关键。因此,确保钻井顺利,井眼畅通,提高钻井液的防塌、防卡、防漏等综合能力是该井钻井液技术的重点。同时,在钻井液及完井液满足施工的前提下,应该重视保护环境工作。

一、各井段钻井液体系设计

(一) 一开井段(66~1 500 m)

HV-CMC水基钻井液:

基本配方:淡水+7%夏子街土+0.5% Na_2CO_3 +0.3%~0.4% CMC-HV+0.06%~0.1% LHB-105+0.1% KPAM。

处理添加剂:NaOH、RH-4、液体润滑剂。

(二)二开上部井段(1 500~3 800 m)

钾基聚合物钻井液:

基本配方:4%~6%夏子街土+0.2~0.3% Na_2CO_3 +0.06%~0.1% KPAM+0.04%~0.08% LHB-105+0.6%~1.0% NP-2+0.2%~0.5% CMP-1+1%~1.5% RH-4。

处理添加剂:NaOH、HPT-2、MHX、液体润滑剂。

(三) 二开下部井段(3 800~5 231.72 m)

钾基聚磺钻井液:

基本配方:4%~6%夏子街土+0.2%~0.3% Na_2CO_3 +0.06%~0.1% KPAM+0.3%~0.5% CMP-1+1%~2% SMP-1+1%~1.5% CXP-2+0.5%~

0.8% ST-180 +0.5% ~1% WFT-666。

处理添加剂:NaOH、CHF-2、HPT-2、LHB-105、液体润滑剂、单封剂、HFT-301。

(四)三开上部井段(5 231.72~6 200 m)

聚磺聚合醇钻井液:

基本配方:淡水 +4% ~5%夏子街土 +0.2% ~0.25% Na₂CO₃ +0.05% ~0.08% KPAM +0.6% ~1.0% ST-180 +2% ~3% SMP-1 +1% ~2% CXP-2 +2% ~3% CHF-2 +1% ~2% GR-1 +0.2% ~0.5% MFG-1 +0.5% YK-H +0.5% SPNH。

处理添加剂:HPT-2、CXP-2、NaOH、QS-2、单封剂、润滑剂。

(五)三开下部井段(6 200~6 838.57 m)

聚磺钻井液:

基本配方:淡水 +4%夏子街土 +0.2% Na₂CO₃ +0.2% ~0.5% CMC-HV +2% ~3% SMP-2 +1% ~2% CXP-2 +0.2% YK-H +0.5% SPNH +0.5% HFT-301。

处理添加剂:NaOH、QS-2、BYJ-1、单封剂、CFH-2、GLAMC-1润滑剂。

(六)四开井段(6 838.57~6 925 m)

聚磺钻井液:

基本配方:淡水 +4%夏子街土 +0.2% Na₂CO₃ +0.2% ~0.5% CMC-HV +2% ~3% SMP-2 +1% ~2% CXP-2 +0.5% ~1% GMP-3 +0.5% SPNH。

处理添加剂:NaOH、QS-2、MC-1、单封剂、润滑剂。

分井段钻井液参数见表1。

表1　TP2井各开次钻井液性能

性能参数	设计				实际			
	一开	二开	三开	四开	一开	二开	三开	四开
$\rho/(g/cm^3)$	1.05 ~ 1.18	1.10 ~ 1.32	1.14 ~ 1.16	1.10 ~ 1.12	1.05 ~ 1.14	1.10 ~ 1.32	1.14 ~ 1.16	1.11 ~ 1.12
FV/s	45 ~ 80	40 ~ 60	40 ~ 60	40 ~ 60	52 ~ 78	45 ~ 60	52 ~ 60	44 ~ 57
FL/mL	≤10	≤6	≤5	≤5	7.2 ~ 10	4.4 ~ 6	3.2 ~ 5	4.4 ~ 5
$HTHP/mL$			≤15	≤12	–	11.2 ~ 13.6	11.2 ~ 13.6	9.6 ~ 12
$PV/MPa \cdot s$	10 ~ 20	15 ~ 25	10 ~ 22	8 ~ 14	18 ~ 20	20 ~ 25	16 ~ 22	8 ~ 15
YP/Pa	7 ~ 15	6 ~ 15	5 ~ 15	4 ~ 8	9 ~ 11.5	8 ~ 13.5	5.5 ~ 13	6 ~ 9
$G_{10 s}/Pa$	2 ~ 8	2 ~ 6	2 ~ 6	1 ~ 3	3 ~ 6	2 ~ 5	2 ~ 5	2 ~ 4
$G_{10 min}/Pa$	3 ~ 15	5 ~ 15	5 ~ 15	4 ~ 7	7 ~ 11	6 ~ 12	6 ~ 15	5 ~ 10
$Vs/\%$	≤12	≤14	≤12	≤8	8 ~ 9	8 ~ 14	10 ~ 12	7 ~ 7.5
$C_s/\%$	≤0.5	≤0.5	≤0.3	≤0.2	0.5	0.2 ~ 0.3	0.2	0.2
$C_b/(kg/m^3)$	45 ~ 55	40 ~ 50	35 ~ 45	35 ~ 45	50 ~ 54	40 ~ 50	40 ~ 42.9	35
$K_f(45 min)$	≤0.12	≤0.1	≤0.1	≤0.1	–	0.078 7	0.078 7	0.087 5

全井采用的钾基聚合物钻井液、聚磺钻井液、聚磺聚合醇钻井液等三套钻井液体系,高温高压状态下钻井液性能稳定,不但满足了超深井工程施工中的井壁稳定、润滑防卡、岩屑携带的需要,而且满足了地质录井和油气层的保护要求。

二、技术难点

(一)地层方面

(1)第四系井段地层岩性为细砂质和粉砂黏土,砂粒未胶结或胶结不好,疏松易塌,易发生井漏。

(2)第三系井段地层成岩性差,砂岩为泥质胶结,呈松散状,水化分散强,钻井液中的有害固相会迅速增加,细粉砂难以清除加上砂岩发育,渗透性好,易在砂岩段形成厚泥饼造成阻卡;同时地层中含有石膏,影响性能控制和调整。

(3)白垩系以下地层的泥岩以伊蒙混层为主,紫红色泥岩易水化造浆、缩径,随着井深增加,间层中的蒙脱石含量降低,泥岩水化分散性逐渐下降,但脆性增强,易垮塌;二叠系火成岩及石炭系泥岩由于存在欠压实,其层理发育,易沿层理和微裂缝处呈薄片状剥落坍塌,坍塌程度随着井深的增加而加剧。

(4)泥盆系、志留系地层易吸水膨胀,普遍存在剥落、掉块、垮塌,同时揭示风化壳易漏易喷。

(5)奥陶系地层孔隙发育,存在断裂带,灰岩由于受地质挤压作用较大,从岩心资料看呈网状结构,裂缝多被方解石充填,易发生大型漏失。

(二)钻井液方面

(1)TP2井为超深井,钻井液体系的优选、性能参数的制定、体系转换的时机是首要问题。各井段钻井液体系确定后的性能要具有定性、强的包被抑制性、好的造壁性、良好的悬浮和携砂能力、护堵裂隙能力、防垮塌能力和润滑性等是技术关键。

(2)目的层奥陶系已进入超深井阶段,抑制膏盐岩,防止井漏、塌,钻井液抗高温稳定等是全井的重中之重。

(3)实钻中把握合理的密度是稳定井壁,防止压差压漏地层、防止黏卡、防止井喷等复杂事故和有利于及时发现油气层是钻探的目的。

(4)沙漠现在仍是一块"净土",防止钻井液污染的保护环境是永恒的主题。

三、各井段钻井液现场工艺技术

(一)钻井液体系的确立

通过查阅新疆塔里木盆地相关地质资料和邻地域井史,特别是塔参1井、中4井、沙112井的各项资料,利用西北分公司提供的地质和工程设计,结合江苏钻井的技术和经验,确立全井使用三套钻井液体系,即第四系—二叠系,采用钾聚、聚磺钻井液;石炭系—志留系采用聚磺聚合醇钻井液;奥陶系采用聚磺钻井液。

(二) 一开井段(66 ~ 1 500 m)

第四系、上第三系上部地层岩性主要为细砂及黏土层,成岩性差,胶结强度低,容易垮塌、扩径和井漏。444.5 mm 钻头钻进井段,井眼尺寸大,环空返速低,必须保证排量,保证携岩效果,保证井内清洁。落实好大井眼的携岩、井壁稳定及流变性控制,保证适当的密度是该井段钻井液措施的关键。

配制前对淡水和生产水进行了水分析,淡水 Cl^- 2 300 mg/L, Ca^+ 280 mg/L,生产水 Cl^- 11 500 mg/L, Ca^+ 560 mg/L。对生产用水进行软化处理,并进行了膨润土配浆试验和 NH_4PAN 降黏试验,做到心中有数,处理有据。

采用细水长流的方法控制好钻井液性能以达到设计要求。在钻进中大分子的浓度始终保持在 0.1% 以上,同时以 NH_4PAN 控制好黏切。在黏切偏低时,补充适量膨润土浆,并且通过混合漏斗加入适量 HV−CMC,以达到提高黏切力的目的。

由于该井段井眼大,钻井液返速低,岩屑不易被携带出井眼,首先通过加大泵排量以提高对该井段形成有效的冲洗,降低岩屑的沉降比来携带岩屑。其次,通过提高钻井液的黏度来携带出岩屑。

本井段钻井液性能为:黏度 64 ~ 90 s;密度 1.09 ~ 1.15 g/cm³;失水 ≤10 mL;pH 9 ~ 9.5;含砂 ≤0.5%;膨润土含量 50 ~ 55 g/L。

(三) 二开井段(1 500 ~ 5 231.72 m)

本井段的库车组和康村组地层胶结程度较差,易造成泥岩段扩径和砂岩段缩径。侏罗系、三叠系、二叠系、石炭系地层中的泥页岩易吸水膨胀,造成严重的剥落、掉块、垮塌,造成井眼不规则,从而可能影响固井质量。

主要现场维护处理措施:

(1) 以 0.5% ~1% DBF−2、MHX、CMP−1 细水长流补充,保持钻井液中 DBF−2 含量为 0.3% ~0.4%,使钻井液具有较强的包被抑制能力,防止泥页岩吸水膨胀而导致垮塌。

(2) 根据实钻情况补充 YK−H、HFT−301、WFT−666 使钻井液具有较强的防塌能力。根据起下钻井下摩阻配合小型实验适量加入 RH97D 以改变泥饼摩擦系数,降低井下摩擦阻力。

(3) 补充 SMP−2、CXP−2,降低钻井液的 API 失水及高温高压失水,改善泥饼质量,增强钻井液的抗高温能力。

(4) 上部地层以 NH_4HPAN 胶液控制钻井液黏度和切力,下部地层以 GMP−3、SMP−2、SPNH 胶液控制钻井液黏切,改善钻井液的流变性,使钻井液在环空中形成平板型层流,减小钻井液对井壁的冲刷。

二叠系、石炭系井眼稳定维护处理：

（1）进入二叠系前调整钻井液性能，达到设计要求后，揭开二叠系，控制性能稳定，防止性能波动导致井壁失稳。

（2）提高钻井液密度达 $1.30 \sim 1.32$ g/cm^3，以井眼稳定力学方式控制应力坍塌。控制 API 失水在 4 mL 以内，高温高压失水控制在 $9 \sim 13$ mL 以内，控制毛细管效应的发生概率。同时，在钻井液中加入 0.5% QS-2，以改善泥饼质量。

（3）合理调节钻井液的流变性能，塑性黏度控制在 $20 \sim 25$ MPa·s，动切力控制在 $8 \sim 15$ Pa，流性指数控制在 $0.3 \sim 0.5$ 之间，保证了钻井液达到平板层流的最佳流型。

（4）进入二叠系前加足各类防塌剂，利用阳离子沥青粉 YK-H 和聚合醇润滑防塌剂以及 WFT-666 等复配防塌。按设计要求加足润滑剂，增强钻井液的润滑性，降低摩阻。

（5）严格控制钻井参数特别是排量，适当提高钻井液的切力，提高动塑比，防止或减轻钻井液对井壁的冲刷。严格控制起下钻速度，防止压力激动与抽吸的发生，加强灌浆，保持井筒液柱压力平衡。根据滤液分析检测，及录井提供的地层岩性，钻遇含石膏的地层时，及时添加纯碱调节钻井液中钙离子含量，以保证钻井液性能的稳定。

（6）为保护油气层，进入油气层前 50 m 加入 2 t PB-1 及 3% QS-2 以保护油气层。三叠系、石炭系为油气地层之一，加重材料使用可酸化的 BGH-1，以利于油气层的保护。

（7）起钻前，在钻井液中加入适量的防塌剂（HFT-301、WFT-666、YK-H）和护壁稳定剂（MFG-1）以增强钻井液的防塌护壁能力，保证了井壁的稳定。同时，加入 RH-97D，保证泥饼有较低的摩擦系数，降低井下摩擦阻力，预防黏卡。配制一定量的润滑稠浆封闭下部井段（井深：$3600 \sim 5231.72$ m）。

（8）通井下钻到底前，配稠浆 30 m^3（用 CMC-HV 增黏至黏度 $90 \sim 100$ s）进行井底清扫，保证井眼清洁。起钻前全井加入润滑剂 1 t，提高钻井液的润滑性；在裸眼井段加入玻璃微珠 2 t，提高井壁的润滑性，降低摩阻，防止黏卡。配 50 m^3 润滑稠浆封闭井底。二开钻井液性能见表 2。

表 2　二开钻井液性能表

密度/(g/cm^3)	黏度/s	塑性黏度/(MPa·s)	动切力/Pa	失水量/mL	泥饼/mm
$1.09 \sim 1.32$	$55 \sim 60$	$20 \sim 25$	$8 \sim 13.5$	$3.4 \sim 6.0$	0.5

HTHP/mL	初切/终切/Pa	固相含量/%	含砂量/%	MBT/(kg/m^3)	摩擦系数
<12	$2 \sim 4/6 \sim 12$	8% ~ 14	$0.2 \sim 0.5$	$41.47 \sim 48.6$	$0.0524 \sim 0.0875$

（四）三开井段(5 231.72~6 838.57 m)

三开钻井液重点工作：

（1）确保泥盆系、志留系地层的井眼稳定。主要通过提高钻井液的抑制包被能力,控制失水,调节密度,形成对井壁有效的支撑力。

（2）全井段要做好防漏和堵漏工作,钻井液处理中应定期补充单封剂等暂堵剂。

（3）本井段井温高,要注意防止聚合物高温降解,保持性能的热稳定性。

（4）做好油气层保护工作。对于不稳定的砂岩储层,坚持使用屏蔽暂堵技术;对于稳定的灰岩储层,使用欠平衡压力钻井。

主要维护处理方法：

（1）以0.5%~1% DBF-2、CMP-1细水长流补充,保持钻井液中 DBF-2含量为0.3%~0.4%,使钻井液具有较强的包被抑制能力,防止泥页岩吸水膨胀而导致掉块、垮塌。

（2）加强监测钻井液性能、进出口钻井液密度、钻井液池面等的变化,并按要求调整好钻井液性能。

（3）根据实钻、起下钻井下摩阻情况,配合小型实验适量加入 RH97D、SYP-1使钻井液具有较强的防塌润滑能力,降低井下摩擦阻力。补充 YK-H、HFT-301以增强钻井液的防塌能力。

（4）补充 SMP-2、CXP-2,降低钻井液的 API 失水及高温高压失水,改善泥饼质量,增强钻井液的抗高温能力。GMP-3、SMP-2、SPNH 胶液控制钻井液黏度和切力,改善钻井液的流变性,使钻井液在环空中形成平板型层流,减小钻井液对井壁的冲刷。

（5）根据滤液分析检测,及录井提供地层岩性,及时优化钻井液性能,钻遇含盐水层的地层时,每天加大对钻井液的滤液分析检测频率,根据氯离子及钙离子含量,预防盐水侵蚀,及时补充处理剂以增强钻井液的抗盐抗高温能力,保证钻井液性能的稳定。

（6）根据录井提供地层岩性及油气显示情况,进入油气层前50 m加入适量的 PB-1,QS-2以保护油气层。适当调节钻井液的比重,及较低的固相含量,控制 API失水在5 mL以内,高温高压失水在14 mL以内。钻开油气层前,储备50~100 m³的重浆,使用可酸化解堵的加重材料。

（7）起钻前,在钻井液中加入适量的防塌剂(SYP-1、YK-H)及液体润滑剂 RH97D以增强钻井液的防塌护壁润滑能力,保证井壁的稳定,同时保证泥饼有较低的摩擦系数,降低井下摩擦阻力,预防黏卡。配制一定量的润滑稠浆封闭裸眼井段。

（8）通井下钻到底前，配稠浆 30 m³（用 CMC-HV 增黏至黏度 100～150 s）进行井底清扫，保证井眼清洁。起钻前全井加入适量润滑剂，提高钻井液的润滑性能；在裸眼井段加入玻璃微珠 1 t，提高井壁的润滑性，降低摩阻，防止黏卡。配 60 m³ 润滑稠浆封闭井底。

三开井段钻井液性能见表 3。

表 3   三开井段钻井液性能表

密度/(g/cm³)	黏度/s	塑性黏度/(MPa·s)	动切力/Pa	失水量/mL	泥饼/mm
1.14～1.16	55～60	15～25	6～12	3.6～5.0	0.5

HTHP/mL	初切/终切/Pa	固相含量/%	含砂量/%	MBT/(kg/m³)	摩擦系数
<14	2～5/6～15	10～12	0.2～0.3%	40～45.9	0.052 4～0.087 5

（五）四开井段（6 838.57～6 925 m）

四开井段，奥陶系为本井目的层。本井段属奥陶系灰岩地层，裂缝、溶洞发育，钻进过程中，可能发生井漏和井涌等复杂情况。

钻井液密度保持在 1.11～1.12 g/cm³，钻进过程中用 MC-1、AT-2、SMP-2、SPNH 胶液维护钻井液性能，APL 失水保持 5 mL 以下，HTHP 失水 12 mL 以下，钻进中加入 QS-2、PB-1 进行屏蔽暂堵，减少钻井液对油气层的污染。钻井液控制低膨润土含量、低含砂、低滤失，减少对油气的污染保护油气层。为防止 H_2S 对钻井液的污染，将 pH 值保持在 9 以上。另外现场还储备 2 t 除硫剂，确保有 H_2S 侵入时能够用来降低 H_2S 浓度。

四开井段钻井液性能见表 4。

表 4   四开井段钻井液性能表

密度/(g/cm³)	黏度/s	塑性黏度/(MPa·s)	动切力/Pa	失水量/mL	泥饼/mm
1.11～1.12	45～60	8～15	6～9	4.4～5.0	0.5

HTHP/mL	初切/终切/Pa	固相含量/%	含砂量/%	MBT/(kg/m³)	摩擦系数
<12	2～4/5～10	7～7.5	0.2	35	0.078 7～0.087 5

（六）防漏、堵漏

现场配备足够堵漏材料，保证液面报警装置完好，加强人工液面观察；钻井液具有好的流变性能，保持井眼畅通，防止砂桥形成引起憋压压裂压漏地层；钻井操作平稳，避免诱发井漏，尽可能采用近平衡钻进；发生井漏要分析原因，确定漏层位置、类型、漏失速度及漏失层位的岩性等，确定随钻堵漏或关井挤压堵漏或注入桥接快凝水泥浆复合堵漏；在堵漏过程中，防止因漏失量过大诱发井喷。

（七）保护油气层

在钻井过程中实行微超平衡压力钻井,并做到起钻时井内有效液柱压力略大于或等于地层压力,保持良好的流变性,保证钻开油气层各项性能指标始终符合油气层保护及稳定井壁的要求。控制起下钻速度,避免引起压力激动,减小油气层内部黏土颗粒的运移。控制 API 失水在 5 mL 以内,高温高压失水在 12 mL 以内。加强对 H₂S 含量的检测,发现 H₂S 气体立即在钻井液中加入碱式碳酸锌,同时保持钻井液的 pH 值必须大于等于 10。在不漏的情况下提高密度压稳 H₂S。发生井漏时,分析其原因,再考虑降低密度,采用暂堵技术,不使用永久性堵漏材料。钻开油气层加重时,使用可酸化解堵的加重材料 BGH-1。

四、成果与结论

（1）顺利完成 TP2 井(超深井)6 925 m 的钻井施工任务,并钻达目的层。实现了塔河油田勘探新区(阿克库勒凸起西南坡带)深部钻遇 6 870 ~ 6 905 m 巨厚油层的重大突破,并创下了华东石油局钻井深度的新纪录。

（2）TP2 井二开井段下 244.5 mm 套管(5 231.72 m)是当时国内同型钻机下深最深、裸眼段最长、套管最重的一次下套管,创国内新纪录。

（3）形成了一套钻超深井应用聚磺体系钻井液的钻井液工艺技术和措施。通过钻井液活度控制理论和封堵理论,有效地解决了以伊蒙混层为主的泥岩坍塌掉块。较好地解决了超深井钻井液防垮塌、黏卡、井漏等方面的技术难题。

（4）确保超深井井壁稳定,必须从钻井液的化学平衡和物理平衡两个方面着手,根据不同层位的地层条件,抓住问题和矛盾的主要方面重点解决,综合治理。

参考文献

［1］赵炬肃:《塔河油田深部盐膏层钻井液技术难点及对策研究》,《钻井工程》,2004 年第 4 期。

［2］陈安明,高长斌:《塔河油田深井长裸眼钻井施工技术》,《钻井工程》,2005 年第 1 期。

［3］赵炬肃:《塔河油田盐下三开井段长裸眼井壁稳定问题的探讨》,《钻井液与完井液》,2005 年第 6 期。

［4］周玉仓,赵炬肃:《塔河油田长裸眼井身结构的选择与探讨》,《华东石油局 2005 年科技交流会论文集》,2005 年。

本文发表于《钻井液与完井液》2007 年第 3 期,并获得 2007 年中国石油学会全国钻井液技术研讨会(厦门)优秀论文奖

黄桥二氧化碳气田钻井工艺技术研究

赵炬肃,吴江麟

(中国石油化工集团公司华东石油工程有限公司六普钻井分公司,江苏 镇江 212003)

在黄桥二氧化碳气井华泰 1 井施工过程中,受工艺技术、工具管材选择等方面的影响,存在上部井段的井壁不稳定、由地层因素产生的憋跳对钻进的影响、钻至古生界地层机械钻速普遍偏低、气层的有效保护、套管过早腐蚀以及上漏下喷等复杂问题,导致钻井效率不高。在将来的规模开发中,一系列的钻井、完井、生产及修井工艺问题亟待解决,因此,开展"黄桥二氧化碳气田钻井工艺技术研究"十分必要,通过钻井工艺技术攻关,提高二氧化碳气井的钻井效率,减少对气层的损害,从而加快华东石油局二氧化碳气田的开发速度,以取得良好的经济效益,推动华东石油局经济的快速发展。为我局二氧化碳开发的稳产、高产打下坚实基础。

一、主要研究内容和技术指标

(一) 主要研究内容

1. 钻井工艺技术

在对原有二氧化碳气井的钻井工艺技术进行消化和总结的基础上,通过对钻井工艺技术深入分析和研究,为气井钻井质量提供优良保障,从而促使二氧化碳气井钻井技术的整体提高,达到降低开发成本。并通过二氧化碳气井的实践施工,进一步完善二氧化碳气井钻井工艺技术,为二氧化碳气田的规模开发形成相关配套技术方案。

主要研究内容:① 井身质量控制技术;② 根据不同的地层,优选钻头技术;③ 优化钻井参数技术;④ 定向技术;⑤ 二氧化碳气井的井控技术。

参考苏泰 174、黄验 1 井和华泰 1 井的钻井液资料,对本井钻井液进行严格而科学的设计,对于易发生问题的井段提前做好预防措施,重点井段强化技术措施的落实。二氧化碳开发井钻井液关键技术是防止缩径、防石膏侵、润滑防黏卡、防喷防漏和保持井壁稳定等。

2. 钻井液技术

① 浦口组地层含石膏,防石膏侵的钻井液措施和技术;② 青龙组(T1-2qn)地

层时有漏失,栖霞组(P1q)及下部地层钻进时,可能遇到裂缝性漏失(漏失速度为 20~50 m³/h),钻井液的防漏、堵漏工艺技术;③ 定向井的预防黏卡技术;④ CO_2 气层的井涌防井喷技术,按照井控要求进行作业,做好地层压力预测工作,确定合理的钻井液密度,精心组织施工,确保安全生产。

(二)主要技术指标

(1)成功钻成 1~2 口二氧化碳气井,机械效率提高 15%,钻井周期比华泰 1 井缩短 30%;

(2)形成一套适合二氧化碳气井开发的钻井工艺技术方案。

二、技术难点及研究思路

(一)技术难点

(1)直井段井斜控制及浅层富含氮气的天然气防喷;

(2)不同地层、不同井眼的钻头选型及钻井参数选择;

(3)古生界地层复杂,定向钻井易黏卡;

(4)二氧化碳气层的防喷,风险大;

(5)浦口组地层以泥岩为主,易吸水膨胀造成缩径、垮塌;

(6)青龙组、大隆组、龙潭组、孤峰组地层为中、古生代地层,受构造运动影响,易发生井漏和垮塌;

(7)栖霞组为本井目的层,钻井过程中有可能发生井漏、井涌等复杂情况。

(二)研究思路

二氧化碳气井钻井工艺技术包括:井身质量控制技术、优选钻头、优化钻井参数、提高钻进速度技术、定向技术、井控技术、钻井液选型技术、钻井液现场工艺技术、气层保护技术等。调研国内外二氧化碳气井的钻井工艺技术,结合黄桥二氧化碳工区的地层特点,在该工区施工 2 口二氧化碳气井,从而进一步对二氧化碳气井的钻井进行深入的研究。通过研究和总结,形成一套先进的二氧化碳气井的钻井工艺技术方案。

三、二氧化碳气井钻井工艺技术

(一)设计概况

华泰 3 井(举例)。

钻井性质:开发井。

地质任务:以二叠系栖霞组(P1q)为主要目的层,完善二氧化碳气田开发井网,增加黄桥二氧化碳气田产量,以满足不断增长的市场需求,提高经济效益。

完钻原则:完钻层位石炭系高骊山组,以钻穿栖霞组底部灰岩,留足完井口袋为终井原则。

完井方式:先期裸眼完井。

完钻井深:设计完钻井深 1 986 m(垂深)。

华泰 3 井井身结构及钻遇地层预测见图 1 和表 1。

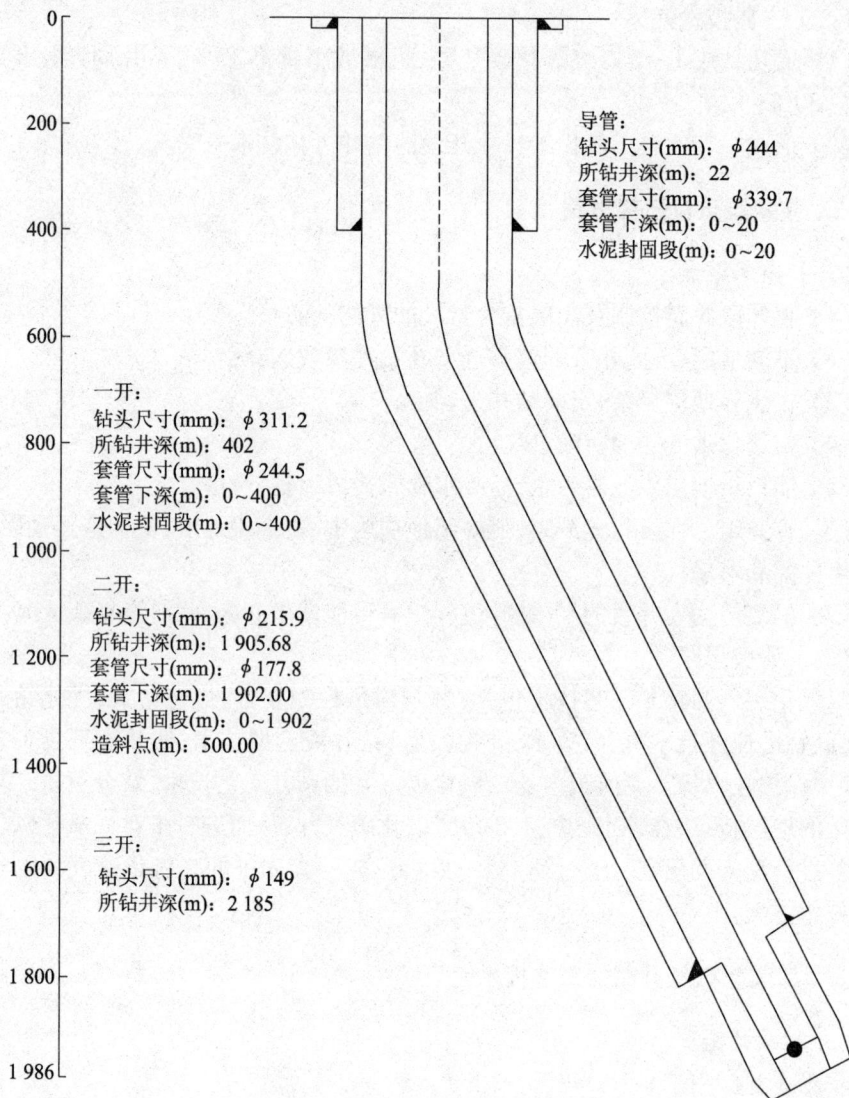

导管:
钻头尺寸(mm): φ444
所钻井深(m): 22
套管尺寸(mm): φ339.7
套管下深(m): 0~20
水泥封固段(m): 0~20

一开:
钻头尺寸(mm): φ311.2
所钻井深(m): 402
套管尺寸(mm): φ244.5
套管下深(m): 0~400
水泥封固段(m): 0~400

二开:
钻头尺寸(mm): φ215.9
所钻井深(m): 1 905.68
套管尺寸(mm): φ177.8
套管下深(m): 1 902.00
水泥封固段(m): 0~1 902
造斜点(m): 500.00

三开:
钻头尺寸(mm): φ149
所钻井深(m): 2 185

图 1   华泰 3 井井身结构示意图

表 1　华泰 3 井钻遇地层预测

地　层				底界垂深/ m	视厚/ m	备　注
界	系	组、群	代号			
新生界		东台组	Q	380	380	防井喷、防漏
		盐城组	Ny			
中生界	白垩系	浦口组	K2p	1 173	793	防憋跳钻
	三叠系	青龙群	T1q	1 557	386	防 CO_2 气喷、井漏、放空
上古生界	二叠系	大隆组	P2d	1 648	109	
		龙潭组	P2l	1 727	79	
		孤峰组	P1g	1 736	9	裂隙含气
		栖霞组	P1q	1 926	190	灰岩普含 CO_2
	石炭系	船山组	C3c	1 986	60	灰岩含 CO_2
备　注	苏 174 井井深 2 275 m 处的地层压力为 23.4 MPa,黄验 1 井井深 1 856.6 m 处地层压力 20.29 MPa,供本井参考。					

（二）井身质量控制

优选钻具组合及钻井参数是保证井身质量、提高钻井速度、保证井下安全的关键。对于定向井来说,上部直井段防斜打直尤其重要。

一开(311.15 mm 井眼)采用"ϕ311.2 mm 钻头 + ϕ203.2 mm 钻铤×3 根 + ϕ177.8 mm 钻铤×4 根 + ϕ165 mm 钻铤×2 根 + ϕ127 mm 钻杆"的塔式钻具组合,塔式钻具组合的关键是钻柱下部尽量采用大钻铤,钻铤的重心要低于全部钻铤的三分之一长度,即下部三分之一长度的钻铤质量应占全部钻铤质量的一半,钻进中加钻压控制在全部钻铤质量的 75% ~80% 以内。塔式钻具组合的适用范围是在一些不太容易井斜的井段,一开井段为东台组 ~盐城组地层,不易井斜,因此选用塔式钻具组合。

二开(215.9 mm 井眼)直井段采用"ϕ215.9 mm 钻头 +ϕ165 mm 无磁钻铤×1 根 + ϕ177.8 mm 钻铤×1 根 + ϕ215 mm 稳定器 +ϕ177.8 mm 钻铤×1 根 + ϕ215 mm 稳定器 +ϕ177.8 mm 钻铤×2 根 +ϕ158 mm 钻铤×15 根 +ϕ127 mm 钻杆"的双稳定器钟摆钻具组合,钟摆钻具组合纠斜防斜的原理是通过在钻柱下部的适当位置加一个或多个稳定器,该稳定器支撑在井壁上,产生一个支点,使下部钻柱与井壁之间悬空,这样就会产生一个较大的钟摆力,此钟摆力的作用是使钻头切削井壁的下侧,从而达到使新钻井眼降斜、稳斜。使用钟摆钻具组合时,采用高转速、低钻压、大排量,送钻均匀,勤划眼、勤测斜。本井段主要是浦口组地层,此地层易井斜,故选用钟摆钻具组合。

华泰 3 井 1 000 ~ 1 910 m 电测井井径资料表明,井径非常规则,最大井径处(1 630 m)230.55 mm,井径扩大率1.07%。测井、下套管一次成功,实践证明井壁质量较好。

定向井段井眼轨道控制如图 2 所示。

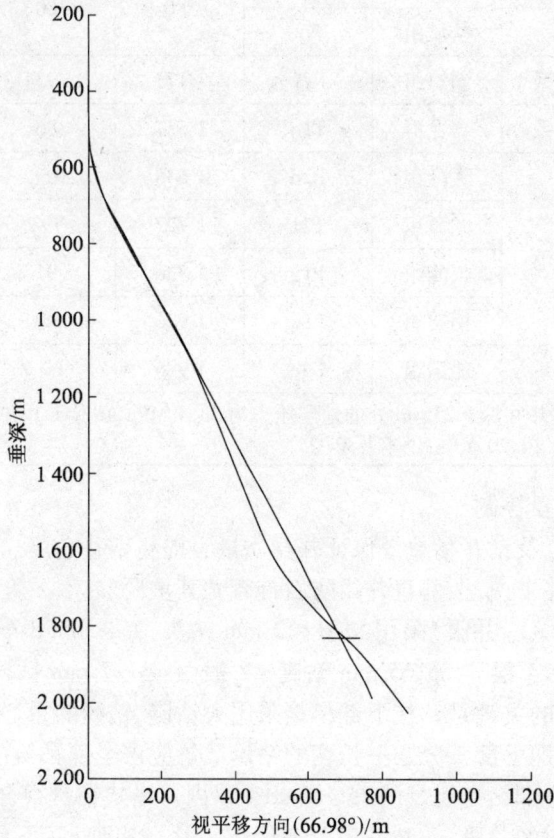

图2　华泰3井垂直投影图

华泰 2 井直井段采用了 "ϕ215.9 mm 钻头 + ϕ165 mm 无磁钻铤×1 根 + ϕ177.8 mm 钻铤×4 根 + ϕ158 mm 钻铤×15 根 + ϕ127 mm 钻杆"的塔式钻具组合,钻至 709 m 时井斜已达 12.9°,直井段井斜超标,经分析主要原因是:① 浦口组地层砂、泥岩互层,且含细砾岩,易产生井斜;② 现场所配 177.8 mm 钻铤只有 4 根,钻铤外径磨损,尺寸严重不足,加上尺寸偏小的无磁钻铤下在下部,整个组合中,大尺寸钻铤重量不够,难以形成有效的塔式防斜钻具组合;③ 现场施工过程中,由于机械钻速较低,钻压选用设计参数上限,由于地层含砾,时有憋跳现象,转盘转速选用设计参数下限,未能形成轻压吊打的良好防斜状况。后采用"ϕ215.9 mm 钻

头 + ϕ165 mm 无磁钻铤×1 根 + ϕ177.8 mm 钻铤×1 根 + ϕ215 mm 稳定器 + ϕ177.8 mm 钻铤×1 根 + ϕ215 mm 稳定器 + ϕ177.8 mm 钻铤×2 根 + ϕ158 mm 钻铤×15 根 + ϕ127 mm 钻杆"的双稳定器钟摆钻具组合来纠斜防斜。

（三）定向井技术

1. 上部直井段井眼轨迹控制技术

（1）基本控制情况。华泰 1 井一开井段（0～103 m）采用塔式钻具组合 A；二开井段（103～413 m）采用塔式钻具组合 B；三开井段（413～1 003.91 m）采用塔式钻具组合 C。上部井段采用高转速低钻压控制井斜，尤其是钻至地层交界处适当控制钻压。井斜控制效果：500 m 以上井段最大井斜角为 1.9°；500～600 m 井段井斜角由 1.9°增至 4.3°，平均增斜率约为 0.7°/30 m，井斜控制效果不太理想；600～1 003.91 m 井斜角逐步下降，定向造斜前井斜角为 1.8°。

华泰 2 井一开井段（0～165.50 m）采用塔式钻具组合 A；二开井段（165.50～421.20 m）采用塔式钻具组合 B；三开直井段使用塔式钻具组合 C，钻至 709 m 时井斜已达 12.9°，改用双稳定器钟摆钻具组合，采用小钻压吊打，并加强井斜监控（每钻进两个单根测量一次井斜），钻至 797.86 m 时，井斜降至 8.0°，为了防止井斜降得太快，改用微降斜钻具组合，施工中注意控制降斜率，确保井眼轨迹的光滑。

华泰 3 井一开直井段（0～405.50 m）采用塔式钻具组合 A；二开直井段（405.50～501.97 m）使用塔式钻具组合 C，井斜控制效果好。直井段三口井井眼轨迹控制效果见表 2。

表 2 黄桥气田定向井直井段井斜控制效果

井 号	钻进井段/m	井深/m	最大井斜/(°)	钻具类型	井斜控制效果	备注
华泰 1 井	413.00～1 003.91	593	4.3	塔式钻具 C	差	三开
华泰 2 井	421.20～709.28	685	12.9	塔式钻具 C	很差	三开
	709.28～797.86	714	12.8	双稳定器钟摆钻具	降率为 1.7°/30 m	三开
	797.86～1420.90	800	7.9	微降斜钻具组合	降率为 0.3°/30 m	三开
华泰 3 井	0.00～405.50	400	0.9	塔式钻具 A	好	一开
	405.50～501.97	470	1.3	塔式钻具 C	好	二开

（2）井斜控制效果分析。黄桥气田上部直井段东台组、盐城组采用塔式钻具组合 A 和 B，井斜控制效果较好。在浦口组地层采用塔式钻具组合 C，井斜控制效果不太理想，特别是 400～800 m 井段非常容易造成井斜超标。使用双稳定器钟摆钻具组合或刚性满眼钻具有纠斜作用。

2. 定向增斜井段井眼轨迹控制技术

（1）基本控制情况。华泰 1 井由于定向造斜时的井眼尺寸为 ϕ241.3 mm，加上对定向钻遇浦口组地层的可钻性认识不足，按照钻井施工设计下入的 1.0° ϕ172 mm 单弯螺杆钻具，开始定向钻进了 56.5 m（1 003.91 ~ 1 059.41 m），增斜率只有 1.0°/30 m，根本无法达到设计要求，被迫更换 1.5° ϕ172 mm 单弯螺杆，使增斜率达到 4.5°/30 m，从而基本上满足了设计要求，并顺利定向成功。

华泰 2 井由于上部井斜较大，形成了较大的正向位移，施工中将设计定向造斜点适当进行下移至 1 420.90 m。定向增斜时使用了 0.75° ϕ165 mm 单弯螺杆钻具（盐城产），因为本井设计对定向井段的井眼曲率要求较高，在定向钻进的过程中，尽量不使用全力增斜和全力扭方位的装置角，并通过滑动钻进与复合钻进相结合的施工方式，有效控制了井眼的狗腿严重度，平均造斜率为 2.5°/30 m。

华泰 3 井定向造斜使用了 0.75° ϕ165 mm 单弯螺杆钻具（盐城产），平均造斜率 4.3°/30 m。根据施工设计要求，在定向增斜过程中，需要绕障增斜、扭方位。施工中考虑到气井的特殊性，选择了 40 m 的绕障安全距离，并通过滑动钻进与复合钻进相结合的施工方式，控制安全距离。定向结束时井底井斜控制在预测中靶靶心，方位控制在预测中靶的低边。

（2）定向增斜效果分析。在浦口组地层定向增斜，由于地层的可钻性较差，单弯螺杆钻具的增斜率相对偏小。

在 ϕ241.3 mm 大尺寸井眼中定向造斜，1.0° ϕ172 mm 单弯螺杆钻具的增斜效果差；在 ϕ215.9 mm 井眼中定向造斜，0.75° ϕ165 mm 单弯螺杆钻具基本可以满足定向增斜的需要。

3. 稳增斜井段井眼轨迹控制技术

（1）基本控制情况。华泰 1 井由于稳斜钻进时的井眼尺寸为 ϕ241.3 mm，开始稳斜钻进时，按照钻井施工设计，采用强稳斜钻具组合、180 kN 钻压等技术措施稳斜钻进。施工中，由于地层较硬且含砾，加上稳定器尺寸较大（ϕ241 mm），憋跳严重，被迫多次更换钻具组合，使用光钻铤钻具钻进一段后采用单弯螺杆钻具增斜完成施工任务。

华泰 2 井定向结束后使用微增斜钻具稳斜至栖霞组，井斜呈降势，钻进近 60 m（1 722.16 ~ 1 782 m）井斜降了 1.8°。

华泰 3 井在 833.94 ~ 1 602.85 m 井段，使用强稳斜钻具组合稳斜钻进。施工中，在 1 000 m 之前井斜微增。1 000 m 之后，井斜大幅下降，井斜由井深 1 020 m 时的 31.5°最低降至 1 400 m 时的 21.5°；在 1 602.85 ~ 1 742.16 m 井段，使用增斜钻具组合增斜钻进。在该段地层使用 200 kN 钻压，增斜效果一般，增斜率约为 1.0°/30 m；在 1 742.16 ~ 1 757.41 m 井段，使用 0.75° ϕ165 mm 单弯螺杆钻具增斜钻进。由于地层含砂,使用的 HAT127 钻头磨损严重,在钻进 15.25 m 后,提钻换钻具;在 1 757.41～1 915.38 m 井段,采用强增斜钻具组合、180～200 kN 钻压增斜钻进,增斜效果较好,增斜率约为 2.3°/10 m。

(2)稳增斜效果分析。在浦口组和青龙群地层稳增斜钻进中,采用稳斜钻具有降斜趋势、方位基本稳定,略右漂,重点是井斜控制。

(四)优选钻头及钻井参数

统计数据表明,华泰 1 井二开井段平均机械效率仅 3.55 m/h,三开井段平均机械效率仅 1.33 m/h,全井钻进周期长、效率低。与华泰 2 井、华泰 3 井相比,除了井眼尺寸因素外,钻头选型不适合地层是影响钻速的主要因素。华泰 2 井、华泰 3 井通过探索和总结,优选了与地层匹配的钻头型号,两口井的平均机械效率有了大幅度的提高。根据地层岩石可钻性及井下情况优选钻头。在上部东台组—盐城组,地层松软、可钻性强,且含砾石层,选用 HJ437G 型钻头,使用低钻压、高转速,既提高了机械钻速,又有效地控制了井斜,保证了井身质量。华泰 2 井和华泰 3 井在本井段平均机械钻速分别达 17.05 和 17.96 m/h,而华泰 1 井机械钻速为 13.79 m/h。

二开地层为软至中,可钻性较好,选用 SKH447G 型钻头(见图 3),这种型号钻头其结构特点是在每一主齿圈与齿槽之间布置一排副齿,形成独特的双井底击碎线切削结构,钻头牙轮每一主齿圈上的布齿数量减少,每颗齿的锐利程度和钻头总布齿数量增加,牙轮背锥齿出露一定高度。这种特殊结构技术解决了传统镶齿钻头井底覆盖系数低的问题,有效地提高了钻头的切削能力和牙轮壳体抗磨损能力。这种型号钻头所用的钻压应比同型号其他结构钻头的钻压稍低,转速稍高。它是定向井、水平井钻井的理想工具,并适合于复合钻井工艺。在华泰 2 井和华泰 3 井这两口井的实际施工中均用一只 SKH447G 型钻头就完成了增斜井段的施工,钻井参数:钻压 60～120 kN,转盘转速 80～100 r/min,排量 32 L/s,泵压 10～12 MPa,而华泰 1 井用了 3 只钻头才完成。

图 3　SKH447G 型钻头结构图

二开下部龙潭组地层为中至中硬,选用 HJ517G 和 HJ537G 型钻头。钻井参数:钻压 160～200 kN,转盘转速 60～80 r/min,排量 30 L/s,泵压 11～13 MPa。华泰 2、华泰 3 井二开平均机械钻速分别为 4.73 m/h 和 5.45 m/h,比华泰 1 井分别提高 33.24% 和 53.52%。

三开栖霞组、船山组、高骊山组地层,适合选用 HA537G 和 HA617G 型钻头,尽量控制钻头的使用时间(40～50 h),不能让钻头断齿太多而影响下只钻头的使用。华泰 2 井和华泰 3 井在本井段平均机械钻速分别达 2.14 和 1.95 m/h,钻井参数:钻压 80～100 kN,转盘转速 60 r/min,排量 20 L/s,泵压 15 MPa,较华泰 1 井(平均机械钻速为 1.33 m/h)有大幅度提高。

(五)井控技术

1. 华泰 1 井井漏、井涌情况分析

钻进至井深 2 127.06 m(此时钻井参数为:钻压 50 kN,悬重 380 kN,转盘转速 34 r/min,排量 19.3 L/s,循环压力 14.2 MPa,钻井液密度 1.18 g/cm³,地层为 C2h,气测全烃未见异常),发现渡槽钻井液返出量明显减少,立即停止钻进,上提钻具停泵观察。井口不见液面,继续向井内灌入钻井液,钻井液只进不出,考虑为钻头压力对井底的作用加大钻井液漏失,改为使用灌浆管线向井内灌入钻井液,灌入钻井液 12 m³井口无钻井液返出。强起钻具至套管内,钻头位于井深 1 801.85 m,抢接回压凡尔挂方钻杆。在起钻过程中不停泵向井内灌入钻井液约 75 m³,后改为向井内灌入污水直至井口有返出,污水密度为 1.04 g/cm³。停泵观察,井内液面下降明显,漏失仍然存在。继续由环空向井内灌入污水边灌边停泵观察,期间发生溢流关井。采用开泵顶开回压凡尔的方法求取立管压力,由于地层严重漏失求取立管压力失败。

根据华泰 2 井、华泰 3 井井控设计要求,针对华泰 1 井发生井漏、井涌的复杂情况,钻井公司对井队在用的井控装置设备按 SY/T 6160—1995《液压防喷器的检查与修理》、API16A《钻井通过设备》97 版标准的要求进行了检查、修理与配套。主要设备资源配置见表 3。

表3　井控主要设备资源配置表

设备名称	规格型号	生产厂家	备注
双闸板防喷器	2FZ35-35	罗马尼亚	
钻井四通	FS35-35	上海	
压井管汇	YJG35	承德	
节流管汇	JG-SY70	承德	
地面控制系统	FKQ3204	北京	
节流控制箱	JY1-35T	盐城三益	
自动点火装置	FLLY10-3M	四川广汉思明	

续表3

设备名称	规格型号	生产厂家	备注
钻井液气体分离器	NQF/HH800/0.7	盐城三益	
方钻杆上旋塞	168.3 mm REG，35 MPa	盐城三益	
方钻杆下旋塞	139.7 mm FH，35 MPa	盐城三益	
方钻杆下旋塞	88.9 mm IF，35 MPa	盐城三益	
箭形回压阀	JF162 165.1 mm NC50	盐城三益	
箭形回压阀	JF127 88.9 mm NC38	盐城三益	

2．井控质量要求

（1）套管头的安装，应保证固井作业后套管中心线与井眼中心线的偏差不大于 10 mm。

（2）四通出口中心线离地面 45～55 cm，防喷器侧面出口应正对井场。

（3）必须装齐闸板锁紧轴手动操作杆，靠手轮端应支撑牢固，其中心线与锁紧轴偏差不大于 30°，手动操作杆出井架底座外。

（4）防喷器安装完毕后，校正井口、转盘、天车，中心偏差不大于 5 mm，并用 16 mm 的钢丝绳对角绷紧，固定牢靠。

（5）远控台要安装在井架左侧距井口不少于 25 m 处，司控台安装在钻台旁边。

（6）管排架与防喷管线保持一段距离，不允许交叉和在管排架上堆放各种物品，气管线应顺管排架安放在其侧面的专门位置，多余的管线盘放在靠远程台附近的管排架上，严禁强行弯曲和压折。

（7）放喷管线采用 127 mm 钻杆连接，管线每隔 10～15 m、转弯处、出口处用水泥基墩加地角螺栓或地猫固定牢靠，管线转弯夹角不得小于 120°。接出井口 75 m 以上安全地带，悬空处要支撑牢固。

（8）各次开钻前，要按照设计要求对防喷器进行试压。

四、二氧化碳气井钻井液工艺技术

（一）钻井液类型优选技术

1．邻井资料分析

苏泰 174 井情况：采用铁铬盐钙处理钻井液。钻井过程中，起下钻在浦口组地层 390～520 m 发生多次遇阻遇卡而划眼，其中钻至井深 1 769.74 m，起钻至 506.56 m 发生卡钻事故，损失时间达 15 d。

黄验 1 井情况：一开采用栲胶铁铬盐钻井液，钻井正常；二开采用铁铬盐钙处理钻井液，在浦口组地层起下钻发生多次遇阻遇卡而划眼，主要是浦口组地层缩径、垮塌而造成的。在井深 1 315 ~ 1 325 m 有渗透性漏浆现象,该井累计漏失钻井液 140 m^3。

华泰 1 井情况:采用钾基聚合物钻井液。该井三开井段浦口组泥岩地层出现吸水膨胀垮塌;在黄龙组(C2h)地层井深 2 127.06 m 有先漏失后井涌现象,钻井液密度为 1.18 g/cm^3。处理该类情况共压井 8 次,共压入清水 450 m^3,钻井液 522 m^3。

针对上述黄桥地区施工的三口井分析,钻进期间不同程度发生了缩径、垮塌、井漏和井涌事故,严重影响生产的顺利进行。其主要原因为钻井液类型、性能、处理技术尚不能满足施工的要求。

在黄桥二氧化碳气田施工中,地质预测将钻遇东台组(Q)、盐城组(Ny)、浦口组(K2p)、青龙组(T1-2qn)、大隆组(P2d)、龙潭组(P2l)、孤峰组(P1g)、栖霞组(P1q)、船山组(C3c)地层。该地区新生界、古生界地层从以往钻井的经验证实,井眼稳定性差,极易出现垮、漏、喷事故。

2. 钻井液类型优选

为满足施工顺利进行,确保井眼稳定和安全,所选择的钻井液必须满足以下条件:一是能够解决好浦口组地层以上泥岩缩径和垮塌问题;二是下部中、古地层可能出现的井漏、井垮;三是栖霞组裸眼井段存在不同的压力系统,安全密度窗口较窄,需要解决好井漏、井涌等复杂情况,;四是要解决好在中、古地层较长井段定向井润滑、防止卡钻问题。我们选用浦口组地层以上新生代地层使用金属两性离子聚合物钻井液,以提高钻井液的抑制包被能力和防塌能力;中生界以下地层使用金属两性离子聚合物防塌钻井液,钻井液各项性能指标能满足定向井施工要求。

3. 华泰 3 井钻井液

基于该钻井液的防塌原理,优选出硅腐殖酸钾(OSAM-K)、磺化沥青(FT-1)为封堵剂,优选降黏剂和降失水剂为铵盐(NH_4HPAN)、(XY-27)、(CMC),以高聚物复合两性金属离子聚合物 PMHA-II、80A51、PAC-141 为包被抑制水化剂。钻井液和完井液配方进行了优化试验。

根据钻井液体系的确定及设计要点,预计钻遇地层岩性特征及故障提示,采用分段制钻井液设计方案,孤峰组以上地层,设计使用金属两性离子聚合物防塌钻井液,着重解决井壁稳定问题,核心是封堵微裂缝、层理发育的脆性泥页岩水化分散剥落掉块,改善和提高泥饼质量,控制滤失量,达到有效的井壁保护效果。栖霞组以下地层(井眼 $\phi 149.2$ mm)岩性相对稳定,采用低密度,维持稳斜井段润滑性能,防黏卡措施确保性能满足井壁要求。故采用原井浆(低密度金属两性离子聚合物钻井液)。

（二）复杂情况的预防与处理

1. 防井漏

本井在青龙组（T1-2qn）、大隆组（P2d）、龙潭组（P2l）、孤峰组（P1g）、栖霞组（P1q）、船山组（C3c）地层钻进过程中存在漏失的可能性比较大，必须做好钻井液液面监测工作，以及时获得漏失的信息和采取适当的堵漏措施。

（1）漏失处理方案。黄桥工区的井漏特点，从根本上来说是地质岩性复杂，青龙组、大隆组、龙潭组、孤峰组地层为中、古生代地层存在孔隙和裂缝，构成主要漏失通道。地层受构造运动影响，易发生井漏和垮塌。此外，地层压力环境复杂，安全钻进窗口窄，防漏堵漏难度大。

① 根据邻井黄验 1 井在钻进青龙组（T1-2qn）地层时有漏失的情况，本井在进入青龙组（T1-2qn）前（井深 1 150 m），要求在钻井液中加入 0.5% 单向封闭剂 KD-23（5 kg/m³浆）随钻堵漏。

② 在栖霞组（P1q）及下部地层（船山和黄龙组地层）钻进时，如遇到裂缝性漏失（漏失速度在 20 ~ 50 m³/h 时），将储备的堵漏浆（配方为井浆 +3% ~ 5%（30 ~ 50 kg/m³浆）复合型堵漏剂 CBM（中、粗）+ 1%（10 kg/m³）单向封闭剂 KD-23 + 1%（10 kg/m³浆）贝壳渣），用小排量泵泵入井底后，起钻至技术套管内静止堵漏，堵漏期间必须保持井内灌满钻井液；堵漏浆堵漏无效时必须考虑降低钻井液密度，以达到降低漏失速度，实现边漏边钻。

③ 对于大漏和溶洞漏失（漏速 30 ~ 60 m³/h 或 ≥60 m³/h 时），首先降低钻井液密度，以降低漏失速度，灌浆保持井内钻井液液面，在无井涌、井喷的情况下可强行钻进，同时向上级主管部门汇报，组织有关专家论证并及时制定下部堵漏施工方案。

（2）常用的大漏和溶洞漏失堵漏方法。

① 对于较大和大型的漏失，漏失通道大，堵漏则需要较大颗粒的堵漏材料，此时通过钻井液泵输送堵漏材料送入井底难以实现，可采用专用工具将堵漏材料送入井底，且能关井把堵漏材料挤入漏失层一定深度，发挥堵漏作用（江苏油田已应用）。

② 采用水泥浆堵漏方法进行堵漏或采用桥堵与水泥浆堵漏相结合的方法。

③ 如为气层井段大漏，可采用酸溶性水泥进行堵漏。

采用复合堵漏浆，重点考虑颗粒大小兼顾、软硬配合，并有针对性地封堵不同地层。

在钻遇漏失层前，在钻井液中添加足够量的堵漏材料进行随钻堵漏，对于定向井段要同时预先调整好井斜和方位，简化钻具，优化钻具组合等，在钻穿漏失层后，尽量憋压挤堵一段时间，保证堵漏材料在漏失通道内形成足够强度的堵漏墙，在确保漏失层承压能力达到设计要求时开动振动筛，筛除堵漏材料，恢复正常钻进。

在钻进中,根据设计提供的地层压力资料(苏 174 井井深 2 275 m 处的地层压力为 23.4 MPa,黄验 1 井井深 1 856.6 m 处地层压力 20.29 MPa),在浦口组(K2p)、青龙组(T1-2qn)、大隆组(P2d)、龙潭组(P2l)、孤峰组(P1g)地层选用密度 1.18~1.20 g/cm³ 的钻井液,确保了上述地层不漏,其液柱压力又足以支撑井壁保持不垮。下入 ϕ177.8 mm 技术套管后的栖霞组(P1q)、船山组(C3c)地层选用密度 1.08~1.10 g/cm³ 的钻井液打灰岩地层,华泰 3 井在井深 1 937.06 m 进行地层破漏压力试验,密度 1.10 g/cm³ 钻井液 15 MPa 未破。用低密度(1.08~1.10 g/cm³)钻井液避免了灰岩孔隙的漏失,又较好地保护了气层及井壁稳定。

华泰 2 井、华泰 3 井的顺利完成,未发生井漏、井(涌)喷等问题,与钻井液安全密度(压力)的合理选择关系密切。两口井二开、三开钻井液密度对比分别见图 4 和图 5。

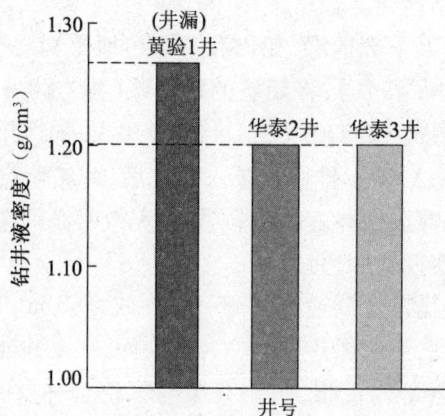

图 4 华泰 2 井、华泰 3 井二开 ϕ215.9 mm 井段钻井液安全密度对比图

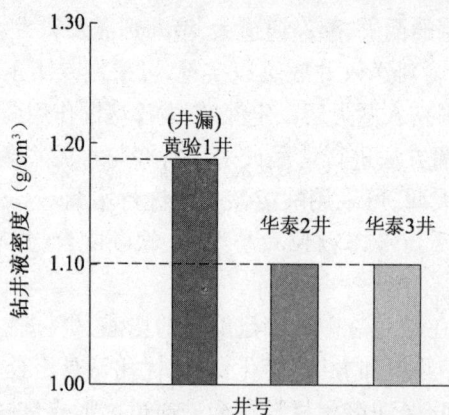

图 5 华泰 2 井、华泰 3 井二开 ϕ149.2 mm 井段钻井液安全密度对比图

2. 防黏卡

本井为定向井,为预防黏卡,必须充分利用好四级固控设备,保持较低的含砂量;按设计要求加入 OSAMK、SAS,保持较好的泥饼质量;在 450 m 造斜前加入 1% 润滑剂,增斜、稳斜段润滑剂加量保持在 2%~3%,保证泥饼摩阻系数小于 0.09,预防黏卡。一旦发生黏卡,准备泡油解卡。

3. 防缩径、垮塌

本井浦口组地层泥岩易吸水膨胀而产生缩径、垮塌,认真执行防止浦口组缩径、垮塌处理方案,严格按钻井液配方要求加入各种处理剂,提高钻井液的抑制防塌能力,防止浦口组缩径、垮塌。

4. 防井喷

本井目的层为 CO_2 气层,严格按照设计的钻井液密度施工,一旦发生井涌,立即按照井控要求进行作业,计算出地层压力,确定合理的压井液密度,组织压井施工,确保安全生产。四开要求储备密度为 1.20 g/cm³ 的钻井液 80 m³,储备加重剂 50 t。

（三）成果综述

1. 成果综述

（1）二氧化碳开发井钻井技术水平明显提高。通过《黄桥二氧化碳气田钻井工艺技术研究》专题的实施,华泰 2 井、华泰 3 井顺利完井,取得较好的成果。与华泰 1 井相比,各项钻井技术经济指标大幅提高且安全无事故,其中,钻井周期华泰 2 井缩短 43.81%,华泰 3 井缩短 54.86%;台月效率（m/台月）华泰 2 井提高 82.06%,华泰 3 井提高了 139.38%;平均机械钻速（m/h）华泰 2 井提高了 36.64%,华泰 3 井提高了 45.96%。三口井统计数据见表 4。

表 4　三口二氧化碳开发井钻井技术指标对比

项目	华泰 1 井	华泰 2 井	华泰 3 井
完钻井深/m	2 127.06	2 162.53	2 292
钻井周期/d	105	59	47.4
台月效率/（m/台月）	606	1 103.33	1 450.63
平均机械钻速/（m/h）	3.22	4.4	4.7

（2）重视井斜控制技术应用,井身质量得到保证。上部地层二开（311.15 mm 井眼）采用塔式钻具;三开井段（215.9 mm 井眼）采用钟摆钻具;钻至造斜定向段;定向井段采用（φ215.9 mm 钻头 + φ165 mm 单弯螺杆（0.75°）+ φ165 mm 无磁钻铤×1 根 + φ158.5 mm 钻铤×11 根 + φ127 mm 钻杆）;稳斜井段采用稳斜钻具（φ215.9 mm 钻头 + φ215 mm 稳定器 + φ165 mm 无磁钻铤×1 根 + φ177.8 mm

钻铤×1 根 + ϕ215 mm 稳定器 + ϕ177.8 mm 钻铤×3 根 + ϕ158.5 mm 钻铤×15 根 + ϕ127 mm 钻杆)是可行的。

(3)掌握了黄桥地区定向井井眼轨迹技术。上部直井段东台组、盐城组采用塔式钻具,井斜控制效果较好。在浦口组地层应考虑使用双稳定器钟摆钻具组合或刚性满眼钻具。在浦口组地层定向增斜,应合理选择并使用好螺杆钻具。在浦口组和青龙群地层稳增斜钻进中,重点做好井斜控制工作,以提高轨迹控制精度。

(4)形成了一套适用于二氧化碳开发井的钻头系列和钻井参数技术。华泰2井机械效率 4.18 m/h,比华泰1井(3.20 m/h)提高了 30.62%;台月效率 1 102.71 m/台月,比华泰1井(606 m/台月)提高了 81.96%;华泰3井机械效率 4.70 m/h,比华泰1井(3.20 m/h)提高了 45.96%;台月效率 1 450.63 m/台月,比华泰1井(606 m/台月)提高了 139.38%。

(5)二氧化碳开发井钻井液技术趋向成熟。金属两性离子聚合物钻井液/金属两性离子聚合物防塌钻井液体系均能满足黄桥二氧化碳定向开发井施工的需要。由于二口试验井采用合理的钻井密度,掌握了黄桥地区钻井液安全窗口密度值范围,正确选择合适的钻井液密度钻进,避免了井漏和井涌事故发生,配合超细碳酸钙、磺化沥青等屏蔽暂堵材料,起到了有效的气层保护作用,且提高了钻进安全系数,两口井井眼稳定、安全无事故。

2. 结论

通过华泰2井、华泰3井的攻关和探索,二氧化碳开发井钻井工艺技术水平得到了明显提高。专题研究的两口井与华泰1井比较,钻井技术经济指标大幅度提高且安全无事故。应用优化钻具组合、优选钻头、钻井参数、定向井技术和理论,确保了井身质量又提高了钻井效率;应用金属两性离子聚合物防塌钻井液,能够有效地防止浦口组以泥岩为主地层,易吸水膨胀造成缩径、垮塌。选择合适的钻井液密度平衡地层压力,较好地解决了井漏、井涌问题。为二氧化碳开发井提供了一整套钻井工艺技术,经两口井的测试求产结果证明,完全满足黄桥二氧化碳开发井的需要,同时也为参与国内外二氧化碳开发市场的竞争提供了强有力的技术支撑。

参考文献

[1] 蒋祖军:《直井防斜新型钻具组合设计及其特性分析》,《钻井承包商协会论文集》,中国石化出版社,2006 年。

[2] 宋碧涛,刘亚,薛芸:《江苏油田综合治漏技术研究》,《2006 年钻井液学术研讨会论文集》,中国石油工程学会,2006 年。

[3] 周四祥,辛建华,张锦荣:《华泰1井(二氧化碳定向开发井)压井及完井工艺技术》,《油气工程应用技术进展》,江苏科学技术出版社,2007 年。

[4] 张发展:《复杂钻井工艺技术》,石油工业出版社,2006 年。

本文为华东石油局 2006 年科研项目"黄桥二氧化碳气田钻井工艺技术研究"部分内容,发表于《石油钻探技术》2008 年第 4 期,并获得 2007 年华东石油局科技成果三等奖

新型无荧光润滑剂(JD-1)的研制与应用

赵炬肃[1],王万杰[2],冯桂双[2],李长生[2]

(1. 中国石油化工集团公司华东石油工程有限公司六普钻井分公司,江苏 镇江 212003;
2. 江苏大学材料学院,江苏 镇江 212013)

在钻井时,摩阻会大幅度增加,导致扭力过大,甚至会引起井壁不稳定、卡钻等事故,在钻井液中加入润滑剂可以显著减少摩擦磨损。常用的矿物油钻井液润滑剂不可降解,对环境污染大,荧光级别高。植物油润滑剂油性能好、无毒、荧光级别低,但承载能力低、热稳定性不好。添加层状固体润滑剂可以显著改善植物油的热稳定性。因此,我们尝试以植物油为基础油,开发弱荧光、高性能复合型钻井润滑液 JD-1。

一、实验研究

(一) 实验材料

(1)基础油:植物油。

(2)添加剂:清净分散剂、抗氧化剂、抗腐蚀剂、抗泡剂、层状固体润滑剂。此外,还有石墨、二硫化钼等。

(3)对比材料:某厂家生产的钻井用无荧光润滑剂(下文称样品油)。

(二) 实验仪器

(1) UTM-2 球盘式摩擦试验机;

(2) DZF-6050 真空干燥箱;

(3) JSM-7001F 扫描电子显微镜;

(4) 摇臂钻床;

(5) EP 极压润滑仪。

(三) 实验方法

(1) 利用 UTM-2 摩擦试验机考察纯植物油、含层状固体润滑剂的植物油和样品油的摩擦系数随时间变化情况。实验条件为:载荷 1 kg,转速 50 r/min,实验时间 10 min。

(2) 考虑到植物油在高温下容易氧化,而层状固体润滑剂可以在较高温度下长期润滑,在真空干燥箱中将含5%层状固体润滑剂的植物油于250 ℃下加热12 h,然后在 UTM-2 球盘式摩擦试验机上考察其摩擦系数随时间变化的情况。实验条件:载荷 1 kg,转速 50 r/min,实验时间 10 min。

(3)利用摇臂钻床模拟钻探的摩擦工况。实验条件:摇臂钻床转速设定为1 120 r/min(在实际钻井中,钻头直径是 216 mm,钻井的转速为 70 ~ 90 r/min;实验室模拟中,钻头直径是 12 mm,换算转速为 1 260 ~ 1 620 r/min,与实际情况一致),钻头为锥柄麻花钻,材料为高速钢,钻削材料为经调制处理的 45 钢,厚度为28 mm,硬度为 HRC30。

(4)利用 EP 极压润滑仪等检测设备对加入1% JD-1 和1%样品油后的钻井液性能影响。试验钻井液为新深 1 井 1 600 m 处取样的钻井液。

(四)试验结果与分析

1. 摩擦曲线

图1是在 UTM-2 摩擦试验机上3种不同润滑剂分别润滑下,摩擦副的摩擦系数随时间的变化曲线,从曲线的变化来看纯植物油润滑下的摩擦系数明显较大,而在层状固体润滑剂润滑下的摩擦系数较小,这是因为层状固体润滑剂具有六方晶系晶体结构,其层与层之间以范德华力结合,容易滑动,故表现出良好的减摩作用。加入分散剂后,表面吸附分散剂活性基团的层状固体润滑剂更易沉积到钢球表面,在摩擦剪切力及法向载荷作用下层状固体润滑剂晶体层与层之间以范德华力结合,并沿着解理平面滑动,形成薄片状润滑膜,从而更有利于抗磨减摩作用的发挥。从摩擦学性能来看,课题组试制的无荧光润滑油比样品油具有更加优越的减摩性能。

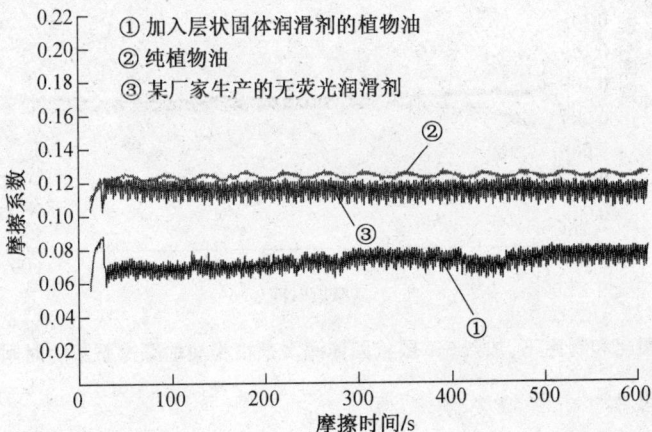

① 加入层状固体润滑剂的植物油
② 纯植物油
③ 某厂家生产的无荧光润滑剂

图1 加入层状固体润滑剂的植物油、纯植物油、样品油的摩擦系数随时间的变化曲线

图2为分别加入5%、7%、9%层状固体润滑剂的植物油润滑下摩擦副的摩擦

系数随时间的变化曲线。加入到润滑油中的层状固体润滑剂在油中存在着最佳配比,低于这个配比或高于这个配比的,没有足够的减摩性能。如图2所示,添加7%层状固体润滑剂的植物油具有较好的减摩性能。

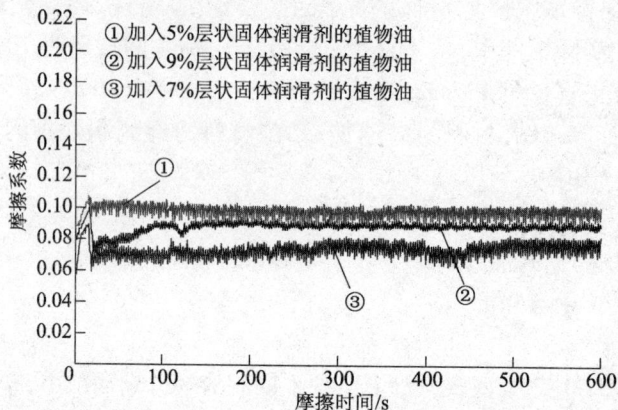

图2 加入不同配比层状固体润滑剂植物油的摩擦系数随时间变化的曲线

图3是加入5%层状固体润滑剂的植物油在常温和高温氧化(250 ℃加热12 h)后摩擦副的摩擦系数随时间的变化曲线,从图线中可以看出加入层状固体润滑剂的植物油在被高温氧化的情况下仍能保持良好的减摩性能。

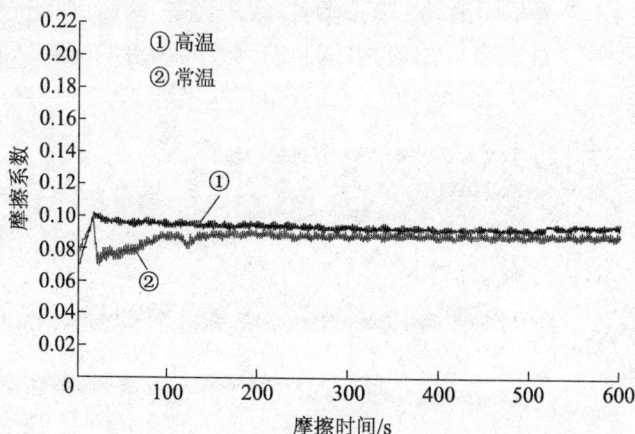

图3 高温氧化和常温下,加入5%层状固体润滑剂植物油的摩擦系数随时间变化的曲线

2. 钻探摩擦工况模拟实验

在调质后的钢块上分别钻通孔,如表1所示,当在不加润滑剂的情况下进行钻削,只钻削了1个孔,横刃就磨损得非常厉害,这是因为切削时产生刮削挤压,切削呈粒状并被压碎,横刃有明显的金属脱落,韧带磨损严重,钻头咬死,不能继续使用;当加入纯植物油润滑时,钻削了 4 个孔,钻头才咬死。如图 4a 所示。而加入层状固体润滑剂润滑的植物油润滑时,横刃和韧带的磨损得到极大的改善,横刃上有少量金属脱落,在钻削了 6 个孔之后,钻头仍能继续使用。如图 4b 所示。这说明当植物油中加入层状固体润滑剂时,可以明显改善植物油的抗磨能力。

表1　钻探模拟实验中各钻头所钻孔数

试验条件	不加润滑剂	纯植物油	含3%层状固体润滑剂	含7%层状固体润滑剂	含9%层状固体润滑剂
钻孔孔数	1	4	6	6	6

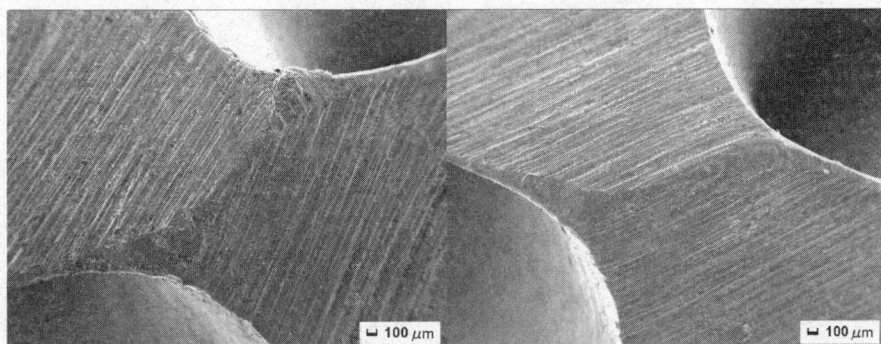

(a) 纯植物油润滑　　　　　　　(b) 加入层状固体润滑剂的植物油润滑

图4　钻头形貌

3. JD-1 性能评价

样品采用新深 1 井 2 600 m 处取样的井浆,在 160 ℃下热滚 12 h 后,测定其流变性、滤失量和润滑性,见表 2。

表2　加入 JD-1 后钻井液的性能变化

钻井液	T 热滚/℃	JD-1/%	PV/MPa·s	YP/Pa	Gel/Pa	FL/mL	K_f	ΔK_f/%
新深 1		0	22	13	13/12	7.7	0.38	
井		1	21	14	13/12	6.0	0.15	60.5
	160	0	23	15	13/11	5.5	0.47	
		1	22	15	12/10	5.5	0.20	57.4

从表 2 可以看出,加入 JD-1 后,钻井液表观黏度、塑性黏度、动切力没有影响,滤失量有所下降;润滑系数下降明显,加量为 1% 时,润滑系数下降率在 60% 左右,另外将加入 1% JD-1 的钻井液,在 160 ℃下热滚 16 h 后,JD-1 仍能使润滑系数降低 50% 以上,说明 JD-1 具有较好的抗温能力。

表3　加入1%JD-1与加入1%样品油对钻井液性能的影响

润滑剂	$PV/\text{MPa·s}$	YP/Pa	Gel/Pa	FL/mL	K_f
JD-1	21	14	13/12	6.0	0.15
样品油	21	15	12/11	8	0.25

如表3所示,某厂家生产的无荧光润滑剂虽然对钻井液的表观黏度、塑性黏度、动切力没有影响,但是润滑性能远远不如JD-1。

二、润滑机理探讨

本文从润滑剂结构和钻头表面磨损形貌两方面对层状固体润滑机理进行研究和探讨。

石墨具有明显的层状六方晶体结构,且结构稳定。石墨的分子结构使同一层内的碳原子牢固地结合在一起,不易破坏;而层与层之间的结合力较弱,受到剪切力作用后容易滑移,满足固体润滑剂的要求,如图5a所示。

二硫化钼属六方晶系的层状结构。在单元内部,每个钼原子被三棱形分布的硫原子包围着,它们以很强的共价键联系在一起。层与层之间以较弱的分子力相连接,二硫化钼极易从层与层之间劈开,所以具有良好的固体润滑性能。如图5b所示。

(a) 石墨

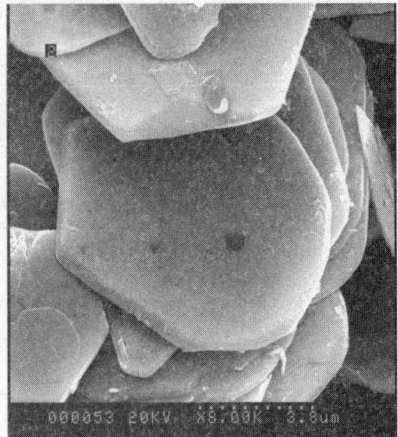

(b) 二硫化钼

图5　层状固体润滑剂微观形貌

因此,从层状固体润滑剂的结构来看,它在摩擦副间润滑时表现出低摩擦系数的特性;从钻头磨损情况来看,加入层状固体润滑剂的植物油具有一定的抗磨能力,进一步我们可以推测层状固体润滑剂在摩擦副表面形成一定厚度薄膜,防止摩擦副直接接触。层状固体润滑剂的润滑过程可以被看作是一个机械作用与化学作用复合的过程：当摩擦副表面接触时，固体颗粒随着摩擦的进行，在摩擦表面形成膜，颗粒沉积到摩擦副表面低凹处，起到填平作用，形成吸附膜，从而减少了相对表面的粗糙度，减少滑动面的摩擦。当摩擦时间增加后，层状固体颗粒与摩擦副表面发生了化学作用，如二硫化钼与摩擦副底材表面发生了化学作用，生成硫化亚铁膜，具有良好的润滑性能，能有效地阻碍摩擦副表面间的直接接触，从而显著降低了摩擦副表面间的磨损。

三、结 论

（1）本文通过对纯植物油、加入不同配比的层状固体润滑剂的植物油、高温氧化后的加有层状固体润滑剂的植物油，和样品油的摩擦性能对比研究后，发现层状固体润滑剂可以降低植物油的摩擦系数，同时，即使植物油在被高温氧化的情况下仍能保持良好的减摩性能。

（2）经过在摇臂钻床上模拟钻探的摩擦工况，然后利用扫描电子显微镜对钻头磨损形貌的观察和分析，发现层状固体润滑剂可以明显提高植物油的抗磨性能。

（3）通过对 JD-1 性能的检测，说明 JD-1 在钻井液中具有较好的润滑性能，无荧光，在常温和高温老化后不影响钻井液流变性，且有一定的控制滤失量效果。

参考文献

［1］霍胜军，等：《钻井液用润滑剂 ET24 的研制和应用》，《钻井液与完井液》，2008 年第 1 期。

［2］黄文轩：《润滑剂添加剂应用指南》，中国石油化工出版社，2003 年。

［3］黄海栋，等：《片状纳米石墨的制备及其作为润滑油添加剂的摩擦磨损性能》，《摩擦学报》，2005 年第 4 期。

［4］王毓民，王恒：《润滑材料与润滑技术》，化学工业出版社，2005 年。

本文发表于《钻井液与完井液》2009 年第 2 期，并获中国石油学会石油化工学会、中石油国家重点实验室 2008 年全国研讨会（北京）优秀论文一等奖

高性能复合型固体润滑剂(JD-A)的制备及研究

赵炬肃[1],李长生[2],冯桂双[2],王万杰[2]

(1. 中国石油化工集团公司华东石油工程有限公司六普钻井分公司,江苏 镇江 212003;
2. 江苏大学材料学院,江苏 镇江 212013)

随着石油勘探工作的发展,钻井深度不断增加,各类卡钻事故频繁发生。降低钻具扭矩、减少钻具磨损、避免卡钻事故发生已成为急需解决的问题。在钻井液中加入高效润滑剂是降低钻具扭矩、减少钻具磨损、避免卡钻事故发生的有效措施之一。目前国内外使用的润滑剂可分为两大类:一是液体润滑剂,如矿物油、动植物油的改性产品等;二是固体润滑剂,如石墨、二硫化钼、塑料小球和玻璃微珠等。耿东士等以苯乙烯和二乙烯苯制备了交联聚合物塑料小球,在华北油田进行了大规模的推广应用,取得了良好的效果。但是二乙烯苯的价格昂贵,制备的苯乙烯和二乙烯苯塑料小球成本很高,这样限制了使用范围。

无机材料具有耐高温、强度高等特点,而且价格低廉,所以以苯乙烯和无机层状材料为原料,利用单体原料插层悬浮聚合方法制备了聚苯乙烯复合粒子,其粒径分布可以通过调整搅拌强度、分散剂用量、聚合时间和温度等来控制,一般粒径分布在 0.125 ~ 2.0 mm。由于聚苯乙烯/无机复合塑料小球(JD-A)的粒径较大,具有无荧光、无毒、密度低、抗压强度高、耐温性好且不与钻井液中的其他组分发生化学反应等特点,可广泛应用于各种类型的钻井液中。

一、塑料小球的制备

(一)实验用试剂

苯乙烯、十六烷基三甲基溴化铵、过氧化苯甲酰(BPO)、聚乙烯醇、氢氧化钠、无水乙醇、盐酸均为化学纯;凹凸棒土、层状石墨和粉煤灰为工业级。

(二)苯乙烯阻聚剂的去除

苯乙烯用5%的氢氧化钠溶液洗涤数次,再用去离子水洗涤至中性,除水干燥,贮存备用。

(三)无机材料的有机化处理

无机材料在改性聚合物的耐温性、韧性和抗冲击性能上有广泛的应用,但是无机粒子与有机聚合物的相容性很差,在制备聚合物/无机复合材料时,无机粒子由于比表面积大、表面能高,粒子间极易团聚,这影响了复合材料的性能。为了降低无机粒子的表面能,能与聚合物有良好的相容性,并且使有机单体能更好地插层进入层状无机材料的内部,可以对无机粒子进行有机改性,本文采用有机插层剂十六烷基三甲基溴化铵对无机层状材料进行了有机改性,提高了无机粒子与有机聚合物的相容性,并使烷基链进入无机层状材料的层与层之间,扩大了层状材料的层间距,使得单体更好地插层到无机层状材料的层间。

1. 石墨的有机处理

石墨为层状的无机材料(如图 1 所示),层间距大约为 0.335 nm,层间没有可交换的阳离子,这样,有机插层剂很难进入石墨的层间,可以先用稀盐酸搅拌处理,再用氯化钠水溶液浸泡石墨,让 Na^+ 进入石墨层间再与有机插层剂进行离子交换,选择十六烷基三甲基溴化铵(CTAB) 为有机插层剂试剂,具体处理方法如下:

称取一定量的石墨,先用稀盐酸搅拌处理,再溶解在氯化钠水溶液中,用超声波处理一段时间。之后,过滤、洗涤数次,直至检测不到氯离子,干燥、研磨后,再加入十六烷基三甲基溴化铵水溶液中,超声波处理一段时间后,过滤、洗涤数次,至检测不到溴离子,干燥、研磨,贮存备用。

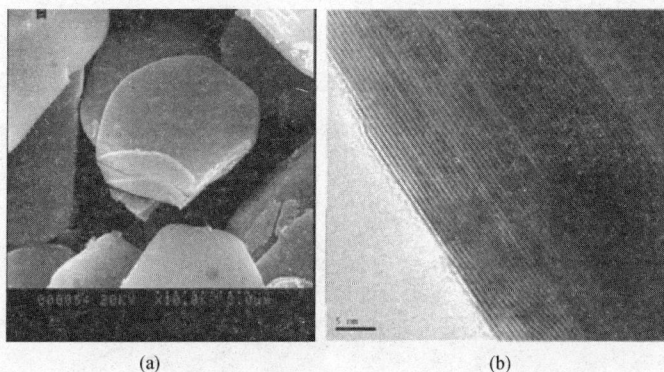

(a)   (b)

图1　层状石墨的微观结构

2. 凹凸棒土的有机处理

凹凸棒土为天然的层状无机材料,如图 2 所示。单根晶棒长约 0.34 ~ 0.64 μm,直径约 20 nm,层间距约为 1.02 nm。凹凸棒土层间含有 Na^+ 和 Ca^{2+} 等进行离子交换,使有机阳离子插层进入凹凸棒土层间,使凹凸棒土的层间距变大,更有利于苯乙烯的插层聚合,具体方法如下:

称取一定量的凹凸棒土先用稀盐酸进行搅拌处理,然后洗涤,再用氯化钠溶液处理,过滤、洗涤数次,直到检测不到氯离子,干燥、研磨后,再加入十六烷基三甲基溴化铵水溶液中,超声波处理一定时间,过滤、洗涤数次,至检测不到溴离子,干燥,贮存备用。

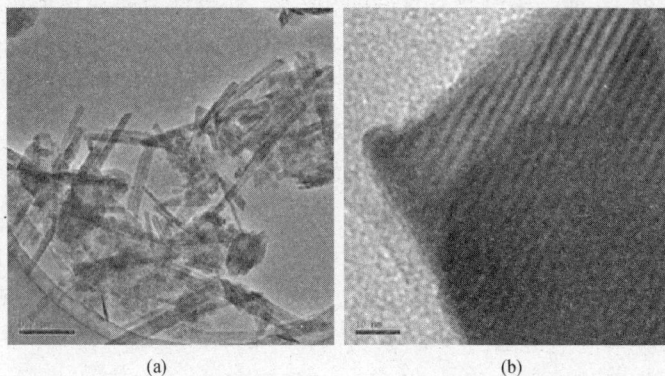

(a) (b)

图2 层状凹凸棒土的微观结构

3. 粉煤灰的有机处理

粉煤灰是网状结构的无机材料,如图3所示。粉煤灰中也富含 Fe^{3+} 和 Na^+ 等可交换离子,使用有机插层剂处理后可以使得苯乙烯单体插入粉煤灰的网孔里,具体方法如下:

称取一定量的粉煤灰,先用稀盐酸进行搅拌处理,然后洗涤,再用氯化钠溶液处理,过滤、洗涤数次,直到检测不到氯离子,干燥、研磨后,再加入十六烷基三甲基溴化铵水溶液中,超声波处理一定时间,过滤、洗涤数次,至检测不到溴离子,干燥,贮存备用。

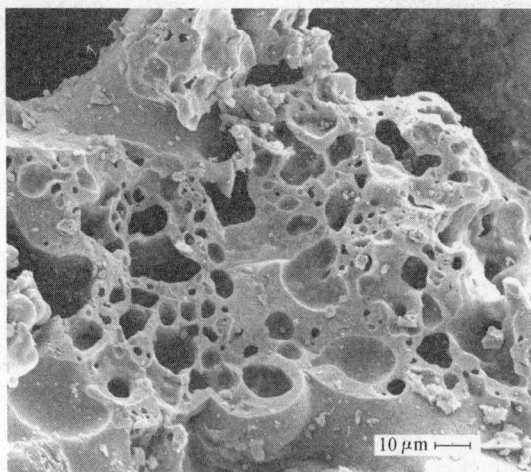

10 μm

图3 网状粉煤灰的微观结构

4. 塑料小球的合成

把一定量的过氧化苯甲酰溶解在除阻聚剂的苯乙烯中,加入一定量的层状结构材料,超声波分散 10 min,然后把苯乙烯和层状结构材料的共混物加入到聚乙烯醇水溶液中(聚乙烯醇的质量百分含量为 1%),且苯乙烯:水 = 1:3。在强力搅拌下升温至 80 ℃进行悬浮聚合。反应 8 h 后升温至 95 ℃,熟化 2 h,经出料、洗涤、烘干、筛分即可得到聚苯乙烯/层状结构材料的复合塑料小球产品。产品的外观见图 4。

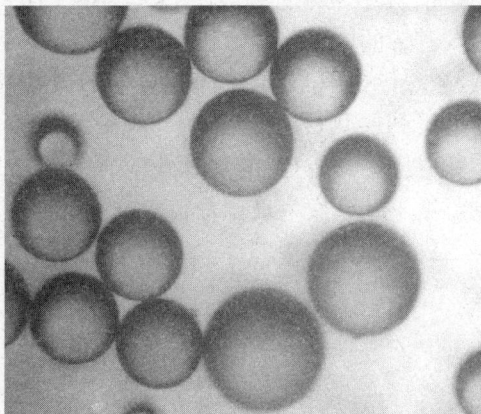

图4 复合塑料小球(JD-A)的外观

二、塑料小球的物理性能评价

(一) 粒度分布

按 SY/ T 5758—1995 标准对塑料小球的粒径做了测定,计算得到:粒径分布在 10 ~ 30 目的塑料小球所占质量百分比为 71.64%,粒径分布在 30 ~ 120 目的塑料小球所占质量百分比为 27.37%,小于 120 目塑料小球所占质量百分比为 0.99%。

(二) 塑料小球密度测定

因为塑料小球的密度稍高于水的密度,可以采用常规的方法测定塑料小球的真实密度,具体方法是:量取一定体积的蒸馏水,静置后读出其体积;称取一定质量的塑料小球,倒入蒸馏水中,静置后读出其体积。

计算公式为

$$\rho = M/(V_1 - V_0) \tag{1}$$

式中:M——称取塑料小球的质量,mg;

V_1——加入塑料小球后蒸馏水的体积,mL;

V_0——加入塑料小球前蒸馏水的体积,mL。

采用该方法对几组样品进行了测定,计算得到不同材料的复合塑料小球的密

度为 $1.01 \sim 1.09$ g/cm³。

（三）差示扫描热量分析（DSC）和热重分析（TG）

本文采用差示扫描量热法和热重分析测定聚合物的玻璃化转变温度（T_g）、熔点（T_m）、热稳定性、分解温度等热性能参数。在测试过程中升温速率是 10 K/min。测试结果见图5。

由图5a、b、c、d对比可知，层状无机材料的加入使得聚苯乙烯复合小球出现的玻璃化转变温度稍微偏高，其中聚苯乙烯/石墨复合小球（JD-A）的玻璃化转变温度提高得最大，与纯聚苯乙烯的玻璃化温度相比提高了近 20 ℃。层状无机材料的加入可以提高聚合物的耐热性是因为：层状材料加入后，苯乙烯与层状材料发生了插层聚合，聚苯乙烯链插层到层状材料的层间，与纯聚苯乙烯分子链相比，在层间的聚苯乙烯分子链的活动受到无机材料的束缚，使分子链的活动变得困难，分子链的活性降低，在稍高的温度下才会发生玻璃化转变。

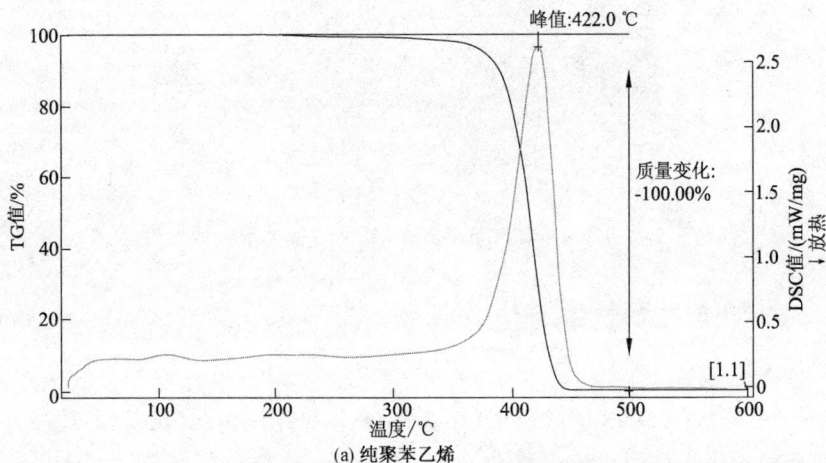

(a) 纯聚苯乙烯

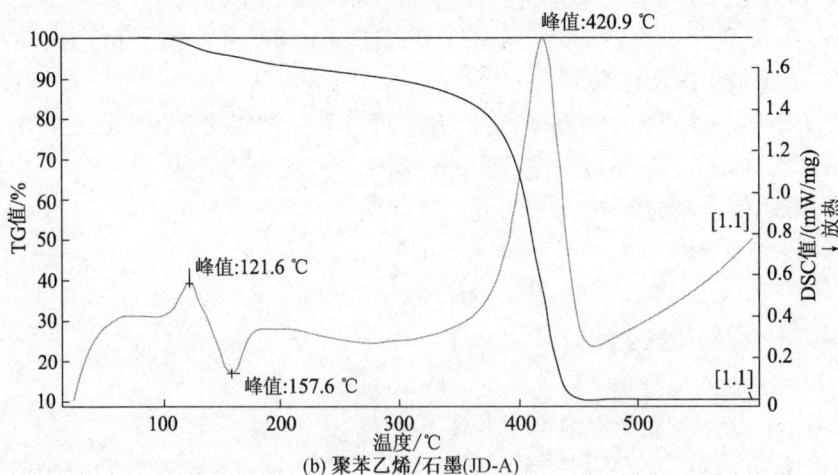

(b) 聚苯乙烯/石墨（JD-A）

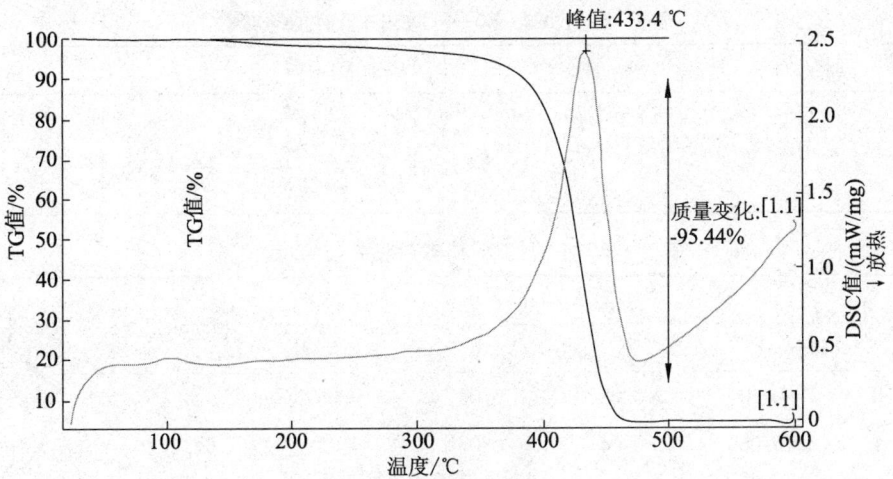

(c) 聚苯乙烯/凹凸棒土

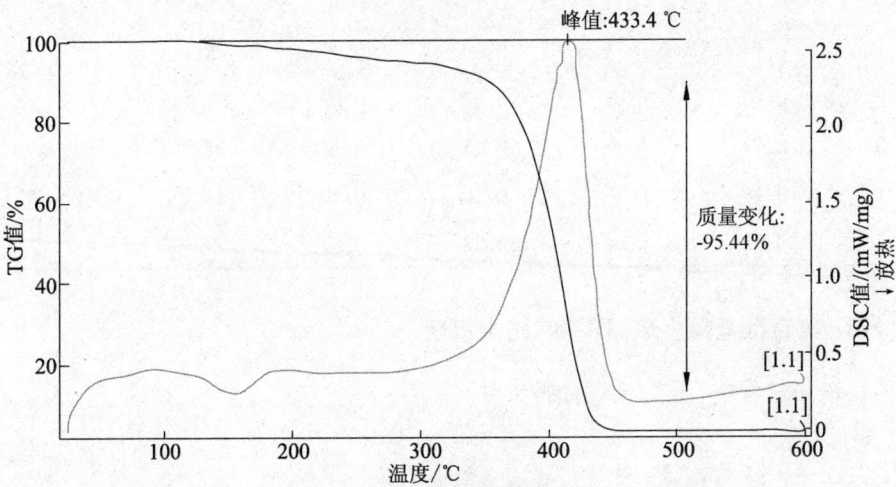

(d) 聚苯乙烯/粉煤灰

图 5 不同材料复合塑料小球的 DSC、TG 图

三、室内测试研究

为了测试塑料小球(JD-A)的润滑效果,我们分别采用了 ZN-3A 型泥饼黏附系数测定仪和 GNF 高温高压黏附系数测定仪测定了常温常压和高温高压条件下的泥饼黏附系数。实验所用钻井液是草平 1 井(水平井)2 560 m 井浆,表 1 为塑料小球对钻井液性能的影响;表 2 为塑料小球对钻井液润滑性能的改善情况。

表1 塑料小球(JD-A)对钻井液性能的影响

加量/%	AV/s	$PV/(MPa \cdot s)$	YP/Pa
0	34	22	12
1	35	23	13
2	38	25	14

表2 塑料小球(JD-A)改进钻井液的润滑性能

加量/%	K_f/min				FL/mL	测试条件
	1	5	10	15		
0	0.10	0.08	0.08	0.06	6.8	
1	0.06	0.04	0.03	0.03	6.7	常温常压
2	0.04	0.02	0.02	0.02	6.5	
0	0.18	0.13	0.11	0.10	5.6	
1	0.14	0.11	0.09	0.09	5.3	高压(3~5 MPa)
2	0.10	0.08	0.07	0.07	5.2	
0	0.19	0.18	0.15	0.14	18.4	
1	0.16	0.13	0.10	0.10	18.1	高温高压(150 ℃ 3~5 MPa)
2	0.12	0.09	0.08	0.07	17.9	

四、复合型塑料小球(JD-A)防卡机理

在钻井过程中,压差卡钻的解卡力:

$$F = \triangle p \cdot Af$$

式中:$\triangle p$——压力差,Pa;

A——钻具与泥饼的接触面积,m^2;

f——摩阻系数。

解卡力越小,发生卡钻事故的概率就越低。在钻井过程中压力差 $\triangle p$ 是一定的,只能降低 A 或 f 的值才能降低解卡力 F,才能起到防卡效果。下面就从降低钻具与泥饼的接触面积 A 和摩阻系数 f 来说明塑料小球的防卡机理。

塑料小球加入到钻井液后,均匀地分布在钻井液中并参与泥饼的形成。在泥饼的表面附着塑料小球,由于塑料小球的平均粒径较大,钻具首先与泥饼表面的塑料小球接触,起到隔离与支撑钻具与泥饼接触的效果,钻具与泥饼的接触方式由面接触变为点接触,大大降低了钻具与泥饼的接触面积,能够减小压差卡钻的解压力 F,从而起到润滑、防卡的作用。

塑料小球加入到钻井液后,极易吸附在金属钻具的表面,也避免了钻具与泥饼的直接接触,并且,吸附在钻具表面的塑料小球、泥饼表面黏附的塑料小球及悬浮在钻井液中的塑料小球,在钻具转动或上下移动时就形成一种空间多层"微轴承",钻具与泥饼的摩擦方式由滑动摩擦变为滚动摩擦,改变了钻具与泥饼的摩擦方式,大大降低了摩阻系数,从而起到了减摩、防卡的作用。

五、结　论

(1) 复合型塑料小球(JD-A)的粒径较大,99%的塑料小球粒径分布在 125 μm 以上,其中 70% 的塑料小球粒径 590 μm 以上;而常用空心微珠的粒径 90% 分布在 5 ~ 123 μm。塑料小球的平均粒径远远大于空心微珠,有利于减小钻具和泥饼的接触面积,从而大大降低了摩阻系数,起到了减摩、防卡的作用。

(2) 空心微珠具有 10 MPa 的抗压能力,而纯聚苯乙烯的抗压能力可达 30 MPa,复合型塑料小球(JD-A)的抗压能力可达 50 MPa。

(3) 无机层状材料的加入,对苯乙烯的熔融温度影响不大,但玻璃化温度有明显的提高,其中复合型塑料小球(JD-A)的玻璃化温度提高幅度较大,比纯聚苯乙烯小球提高了 20 ℃,适用深井及新疆等工区 5 000 m 以上超深井用钻井液固体润滑剂。

(4) 复合型塑料小球(JD-A)加入到钻井液后,能有效降低摩阻系数,控制滤失量,改进了钻井液的润滑性能。

参考文献

[1] 耿东士,陈卫红,等:《钻井液用固体润滑剂——塑料小球的研究与应用》,《油田化学》,1993 年第 2 期。

[2] 王平华,宋功品:《两种黏土与 PVC 复合材料的热性能及微结构分析》,《高分子材料科学与工程》,2006 年第 1 期。

[3] 王斌,马祥梅:《聚苯乙烯/氧化石墨纳米复合材料的制备》,《安徽化工》,2006 年第 6 期。

[4] 张良,姚超,等:《凹凸棒土有机改性的研究》,《涂料工业》,2007 年第 11 期。

[5] 王胜杰,李强,等:《聚苯乙烯/蒙脱土熔融插层复合的研究》,《高分子学报》,1998 年第 4 期。

[6] 龙平,尹建华,等:《塑料小球在棋北三井的应用》,《新疆石油科技》,1998 年第 2 期。

本文发表于《钻井液与完井液》2009 年第 4 期

北石 DQ70BSC 型顶部驱动装置的
现场应用及分析

沈少锋，赵炬肃

（中国石油化工集团公司华东石油工程有限公司六普钻井分公司，江苏 镇江 212003）

2007 年 9 月在哈萨克斯坦的库特塞工区，北京石油机械厂（以下简称北石）DQ70BSC 型顶部驱动装置在太阳钻井公司（以下简称太阳公司）2 号队和 4 号队首次投入使用，顶驱安装实况见图 1。12 月中旬两口 3 800 多米井施工结束，两队圆满完成任务。以往在同地区建井周期的历史最高记录，是太阳公司波兰钻井队创造的，他们使用挪威全电动钻机，带液压顶驱，建井周期为 83 d。太阳公司 2 号队（华东钻井队），使用国产 70 机械钻机，带北石 DQ70BSC 型顶驱，建井周期为 71 d，打破了历史纪录。太阳公司 4 号队（华北钻井队），使用国产 70 机械钻机，带北石 DQ70BSC 型顶驱，建井周期为 83 d，平了历史记录（其中含有 7 d 新顶驱安装时间，正常安装应该为 3 d）。此前 2 号和 4 号队没上顶驱情况下，需要 93～108 d 的建井周期，同比平均缩短周期 12～15 d，因此顶驱在钻井作业中取得的效果是明显的。

图 1　4 号队钻机 DQ70BSC 顶部驱动安装实况

一、北石顶驱结构及特点

DQ70BSC 顶部驱动钻井装置主要由动力水龙头、管子处理装置、电气传动与控制系统、液压传动与控制系统、司钻操作台、导轨与滑车以及运移架等辅助装置几大部分组成。顶驱主体结构见图 2。

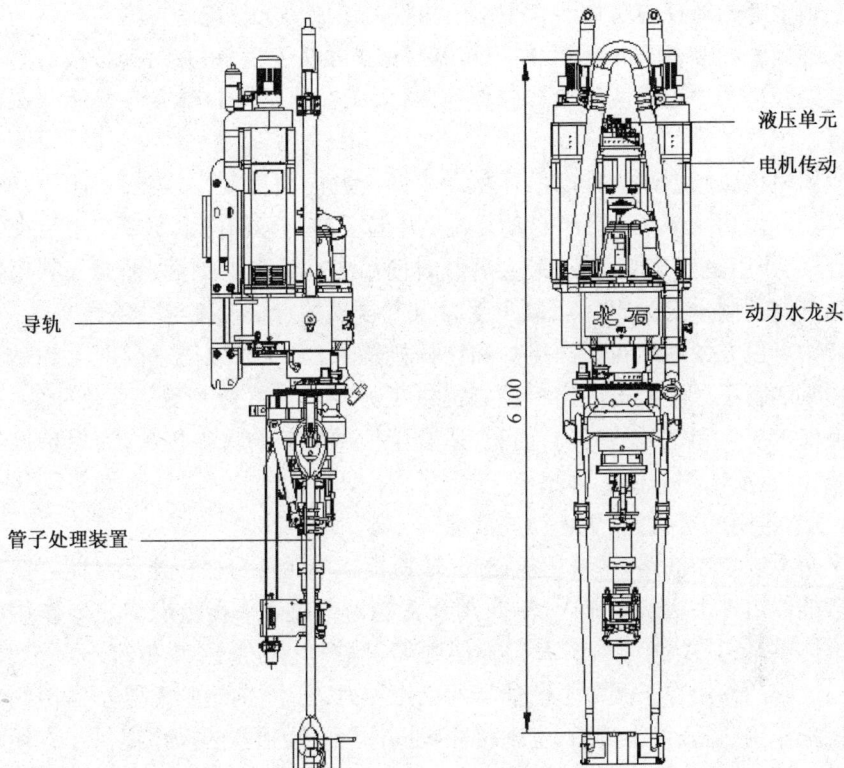

图 2 顶驱结构图

（一）导轨

导轨与井架的连接通过 U 形卡和吊耳调节板悬挂在天车梁上，下部通过反扭矩梁固定在井架上，它既具有一定的柔性，防止导轨在立柱打钻过程中摆动，造成导轨震动幅度过大损坏导轨，甚至发生危险；又可以将扭矩传递到井架底座上。不同长度的导轨随意组合，可满足各种井架的安装，这样可以随意调节导轨，最大限度地满足各种井架高度，而且标准导轨上的策筋可以在任何位置满足导轨和井架指梁，通过反扭矩支座上的正反螺丝的固定进行定位，安装方便。

（二）管子处理装置

管子处理装置是顶部驱动装置的重要部分之一，可以大大提高钻井作业的自动化程度。它由背钳、IBOP 及其操纵机构、倾斜机构、回转机构、吊环、吊卡等组成,是为起下钻作业服务的。其作用是对钻柱进行操作,可抓放钻杆、上/卸扣,可以在立柱长度内任意高度用电机上/卸扣。

内防喷器(Internal Blowout Prevent ,即 IBOP)的作用是:当井内压力高于钻柱内压力时,可以通过关闭内防喷器切断钻柱内部通道,从而防止井涌或者井喷的发生。它由上部的遥控内防喷器和手动内防喷器组成。上部的遥控内防喷器与动力水龙头的主轴相接,下面的手动内防喷器与保护接头连接,钻井时保护接头与钻杆相接。遥控内防喷器靠液压油缸操作换向,可以在司钻控制台上方便地开关内防喷装置。

倾斜机构由倾斜油缸推动吊环吊卡作两个方向的运动,可实现前倾、后倾,并具有自动复位功能使吊环吊卡自动复位到中位。前倾可伸向鼠洞或二层台抓放钻杆;后倾的作用是使吊卡回位,最大后倾时使吊卡离钻台面更远,可充分利用钻柱进行钻进。前倾角度为 30°,后倾角度为 50°,摆动的水平距离与吊环长度有关。

背钳可以方便地抓在保护接头和钻杆接箍上,为在井架任意高度上卸钻具和旋转顶驱的管子处理机构的遥控控制提供了方便。背钳有上下移动缓冲器,减少了更换保护接头和钳牙的时间,而且,适合于使用更长的保护接头,为保护接头的多次修扣、反复使用提供了可能。

（三）平衡油缸机构,防止钻具损坏

平衡系统控制油路,由减压溢流阀、转换板二单元及与之相连的蓄能器组件组成。蓄能器组件由板式溢流阀、单向阀及蓄能器组成。平衡系统的主要作用在于平衡本体重量,其功能相当于大钩补偿弹簧,保护丝扣在上/卸扣时不至于磨损。减压溢流阀的作用在于调节平衡油缸的工作压力,与本体重量相适应;溢流阀也起安全保护作用,防止冲击负荷,实现缓冲减振作用。为顶驱的操作提供了方便和安全保护。

（四）液压盘刹

每个电机主轴上部的轴伸出端装有液压操作的盘式刹车,通过刹车油缸对刹车盘施以夹紧力,以实现刹车,其制动能量与施加的压力成正比。每个刹车体带有两个复位弹簧,可以使刹车摩擦片在松开刹车时自动复位。刹车摩擦片的磨损量是通过增加活塞行程来自动补偿的。当电机飞车时,刹车装置起制动作用。

（五）交流变频控制

DQ70BSC 型顶驱的主驱动是由交流变频传动与控制的。由整流柜、逆变柜、PLC/MCC 控制柜、操作控制台、电缆、辅助控制电缆等几大部分组成。整流器与逆变器驱动两台 294 kW 交流变频电机通过齿轮传动驱动主轴旋转,从而进行钻进和上/卸扣的作业。因此,可选择单电机工作或双电机工作。从图 3 可以看出,从基频向上调速,由于升高电源电压是不允许的,故只能保持电压不变,频率越大磁通越小,功率保持不变,类似于直流电机的弱磁调速,属于恒功率调速,调速范围大,通常变频范围为 0~400 Hz,调速稳定性好,电机运行和启动无冲击,属于无级调速,实现了数字化控制。

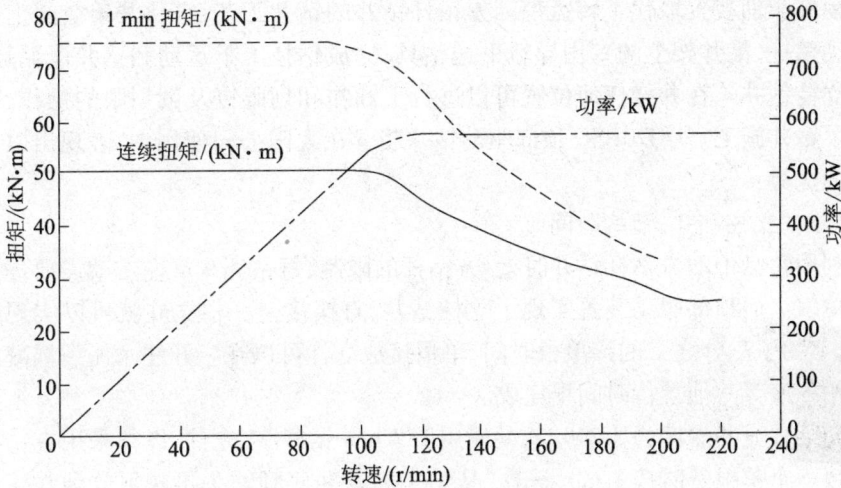

图 3　DQ70BSC 顶驱工作曲线

（六）人机界面监控

PLC 对整个系统进行逻辑控制,并监测各部分动作、故障诊断报警及程序互锁防止误操作。PLC 与驱动之间通过 PROFIBUS 现场总线控制,高可靠性,抗干扰能力强。本体子站的控制采用光纤传输,信号传输速度快,抗干扰能力强。PLC 具有自诊断功能,对温度、压力、速度、扭矩和液位可超限报警,配合 WINCC 监控软件系统可快速查找故障。实时反映顶驱运行状态和数据,采样周期快。可实现报警和数据归档功能,自动生成工作曲线,并可查找历史数据。

（七）质量轻,特别适合陆地钻机

顶驱的质量为 7 t 左右,上下钻台安装和拆卸时特别方便,而且在使用中,相对于其他顶驱来讲,减少了对游动系统钢丝绳、滑轮、轴承和绞车刹车片等机件的磨损。

（八）液压盘刹点动,有效处理飞车现象

顶驱在使用中一旦发生憋钻,在释放钻杆上的反扭矩时,只能慢慢倒转,防止发生飞车现象,造成井下钻具事故。液压盘刹点动功能,可设置钻杆上扣扭矩一半的反转扭矩,允许憋钻时倒转钻具,缓慢释放反扭矩。

（九）安装、拆卸方便安全

顶驱的导轨由双销轴连接,但它可以放入转盘内连接,不需要使用吊篮,在钻台面就可以完成导轨的安装和拆卸工作。24 h 内顶驱就可以完全装好，12 h 就可以拆除。

二、北石顶驱现场应用

顶部驱动装置取代了转盘带动方钻杆钻井的钻井工艺，它从井架空间上部直接驱动钻柱，沿井架上的专用导轨下送钻具，完成钻柱上下运动和钻井液循环，实现了立柱钻井。在井架任何位置可以进行上卸扣和划眼以及倒划眼的操作，大大方便了钻井施工。DQ70BSC 顶部驱动钻井装置在太阳公司使用中，表现出以下几方面的优势：

（一）立柱钻井，节约时间

利用转盘带动方钻杆钻井时，受方钻杆的限制，每钻完9 m 左右就需要停泵接一个单根。而顶部驱动装置实现了立柱钻井，直接接上一根立柱就可以实现连续钻进，节约了三分之二的接单根时间，单根接成立柱可以在一开注水泥后候凝或者转换钻井液等其他等待时间里完成。

如某井完井深度为 3 246 m，共使用 127 mm 钻杆 94 立柱，以往采用方钻杆钻井时接一个单根费时按 8 min 计算（从钻头离开井底到钻头再次下放到井底开始钻进计算），那么这口井在钻井施工中节约了接单根时间为 30 多 h。

在提下钻作业时，利用液压辅助装置，将钻柱送到二层台附近，减少钻台和二层台操作人员劳动强度。

（二）无方钻杆下钻划眼

在下钻过程中，如果遇到砂桥和缩径点，有了顶驱，就省去了接水龙头和方钻杆的准备时间，而且不需要把立柱甩成单根来划眼，在井架的任意高度，都可以坐上卡瓦，接上顶驱，随时开泵循环划眼，节约了钻井时间，减少了井下事故的发生。

（三）多种作业方便及时

顶部驱动装置优于转盘驱动的最大优势就是方便及时地倒划眼。如在某地区，井深钻到 1 700 m 左右的时候，由于井眼缩径现象严重，无法正常起钻，只能采取倒划眼的方法，一直划到 1 000 m 入进套管鞋的位置才易起钻，近 600 m 的倒划眼，用了 15 h，平均 45 min 起一个立柱。可想而知，如果采用转盘钻井，那么卡钻和断钻具可能性必将增大。不考虑倒划眼的难度，仅将 60 多根单根从钻台上甩下去又接成立柱，这个工作量也不小，更重要的是大大地避免了井下事故发生。

在钻井过程中可在任意位置提起钻具划眼循环，清洗井眼，有效地避免卡钻等事故发生。起下钻过程中遇卡或遇阻可迅速使顶驱接上钻具，循环钻井液进行划眼作业。

在下套管时，借助于吊环倾斜机构抓取套管，在上扣时顶驱有扶正作用，可避免乱扣、错扣,大大提高了下套管速度。

在憋钻时,可用刹车机构刹住钻具,慢慢释放,防止钻具迅速反弹,以防损坏钻具或脱扣。

在定向钻进中,可用刹车机构刹住顶驱主轴,进行定向造斜。

在井涌、井喷时,在井架内任意高度可迅速关闭遥控内防喷器。

由于不使用转盘,提高了井口操作时的安全性。

借助于倾斜臂和旋转头的作用,井口上卸扣作业和二层台作业的体力劳动强度大大减轻。

在稳斜段钻进时,可随意提动钻具,避免岩屑沉积。

可以使钻具在井口无障碍状态下,观察振动和扭矩波动,从而判断井下情况。

(四)取芯可靠

利用立根钻进,可实现连续长筒取芯达 27 m。根据其他地区有关资料介绍,统计了某地区两口井,共取芯 5 次,由于使用了顶驱,转速和扭矩很容易控制,使得 5 次取芯成功率为 100%,受到了甲方的好评,而且取芯不需要更换单根,不需要重新排列钻具,这使得井队职工都感受到了顶驱的优越性。

(五)节约钻井成本

由于采用了蜗轮钻具自转,顶驱带动钻具公转,这种钻进工艺,提高了机械钻速,缩短了建井周期,减少了成本开支。

由于顶部驱动装置可以及时方便地处理井下事故,所以它允许在钻井过程中使用较少、较便宜的钻井液和添加剂,这对占钻井成本近 25% 的钻井液处理剂来讲,无疑节约了较大的成本。

由于减少了井下事故发生,安全生产成本支出相对降低。

三、存在的不足

(一)不适应浅井

浅井的建井周期短,工程费用低,使用顶驱不但增加了上下设备时间,而且也增加了发电机组开动数量,因此,经济性明显不如深井或者超深井使用顶驱。

(二)保护接头磨损

由于顶驱质量加游车大钩质量过大的原因,在接卸立柱时保护接头磨损大,尽管有平衡油缸保护,但由于操作人员的个体差异,仍然会发生磨扣,一般 1 500 m 要换一个保护接头。

(三)BOP 寿命短

遥控 BOP 机构复杂、寿命短,由于遥控机构经常发生开不到位情况,容易出现刺坏球阀或者转销轴,一般打一口 3 000 m 以上的井要换用一个。

（四）计算机控制，人员配备要求高

尽管操作人员参加了专业培训，但顶驱是多项现代技术的集合体，其故障的判断和处理，需要具备较高的综合技术和专业技能，靠现场进行一般性培训，就担当此任，确实存在一定风险。因此，必须配备经过专业培训的顶驱工程师担任现场管理和维护，特别需要电脑控制技术和高端电控技术人才，才能保证顶驱的操作安全及使用效率。

（五）施工成本

尽管钻井成本下降了，但由于增加了人员、维护保养、发电机组和辅助消耗，施工成本增加是不可避免的。但从安全生产，运用非常规钻井技术和钻深井角度分析，其综合效益仍然是不容置疑的。

其次是人员使用适应性也直接影响成本。比如用过去的操作习惯来使用顶驱，这样作业效率很低，存在发生人为故障的不确定因素；从接单根到接立柱，从打方钻杆到打立柱，从转盘有级调速到无级调速，从转盘扭矩有级控制到无级控制，从操作气控阀件到操作电钮元件等等，都需要在长期实练中得到提高，用有效经验和合理使用来减少成本开支。

四、小　结

顶部驱动装置是近代钻井装备的三大新技术之一，能够实现立柱钻进，并可以在井架的任意高度接上钻具开泵循环旋转，实现划眼和倒划眼，大大降低了工人的劳动强度，节约了钻井时间和钻井成本。目前几乎所有的海上钻井平台都已经装备了顶部驱动装置，陆上的新型钻机，在设计时也开始考虑顶驱的安装。在国际市场，配备顶驱的钻井施工队伍在竞标过程中将占有绝对的优势，并可以另外加收日费（5 000 美元/d），由此可见为钻机配备顶驱，已经成为当代钻井技术发展的一种趋势。

参考文献

[1]《DQ70BSC 顶部驱动钻井装置操作手册》。

[2] 陈朝达：《顶部驱动钻井系统》，石油工业出版社，2000 年。

本文发表于《钻井工程》2009 年第 5 期

浅谈提高机械钻速的钻井液理论与技术

赵炬肃

(中国石油化工集团公司华东石油工程有限公司六普钻井分公司,江苏 镇江 212003)

一、国内外技术现状和发展趋势

国外从 20 世纪 90 年代开始研究并现场应用快速钻井液技术,取得了很好的效果。美国在该领域处于领先地位,取得 12 项专利,6 种增速剂产品投入使用,形成了 6~8 套钻井液体系,现场应用 200 余口井,提高钻速均在 10% 以上,不同地层提高钻速的幅度不同。有关发明人、使用地区和使用效果见表 1。

中石油钻井工程技术研究院于 2004 年着手开展清洁钻头改变润湿提高机械钻速钻井液技术的实验研究工作。

表 1　国外研究、使用快速钻井液技术情况

发明人	使用地区	现场应用效果
Baroid 与 M-I	德克萨斯州 arnescountry	钻井 19 口,钻速提高 46%
Baroid 与 M-I	德克萨斯海岸高岛地区	平均钻速从 1.52~2.44 m/h 增加到 3.05~7.62 m/h(近 2 倍)
Hasiey	南德克萨斯 Wilcox 地层	45 口井平均钻速比柴油基钻井液提高 30%,成本降低 20%
Bland	路易斯安那近海区	平均钻速提高 38%
Bland	路易斯安那陆水区	井深 4 419.6 m,钻速从低于 6.1 m/h 提高到 6.99 m/h
Walton	科罗拉多州的白河油区	平均每口井需 4.2 个钻头降低到 3.1 个,钻速提高 10.3%
Aron	墨西哥湾近海	提高 10%~20% 的钻井效率,16 口井降低成本 376 万美元,单井降低 23.5 万美元/口井
Friedheim	墨西哥湾的深水及大陆架	钻井速度提高 60%~70%
BP 公司	加拿大东北部 Noel 油田	比同样性能的柴油油基钻井液的钻速提高 50% 以上

二、影响机械钻速的因素分析

提高机械钻速是目前深井超深井钻井的迫切要求。影响机械钻速的因素主要有以下几个方面:钻头、地层性质、机械、钻头水力因素及钻井液性能等。提高机械钻速的途径主要体现在 6 个方面,见图 1。

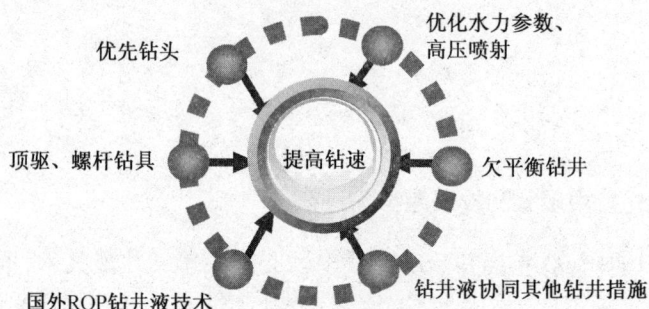

图 1 提高机械钻速的途径

从工程技术角度上分析,影响机械钻速的重要因素主要表现在以下几个方面:

(1)钻屑颗粒吸附钻头表面严重影响钻井速度。

(2)钻遇泥页岩地层,很容易发生钻屑吸附钻头(泥包),导致钻头端面承担了部分钻压,限制钻头的切削深度。

(3)井底钻头与岩石间的作用效率不高,重复破碎。高压下钻深井泥页岩影响更大——随井深增加,岩石具有更强的弹性特性,硬、软页岩特别是黏、膨胀性页岩,在压力的作用下吸附于钻头表面能力增强,从钻头表面移走钻屑的剪切力大大增加。

(4)研究表明:从钻头侧面移走钻屑比从钻头前面剪切地层所需的剪切应力要大。

与钻井液相关影响机械钻速的因素主要有:

钻屑吸附钻头、压持效应、扭矩、微米亚微米粒子以及钻井液对井底岩石强度的影响等(密度、黏度等除外)。

钻井液提高机械钻速途径主要有:

清洁钻头、改变井底岩石的润湿性、降低压持效应、降低岩石瞬间强度、大幅度提高钻井液的极压润滑性、降低扭矩、清除微米亚微米粒子,如图 2 所示。

(1)改变岩石及孔隙内部的润湿性,微裂缝面相互间不再吸附,黏土不吸附钻头;

(2)能够把已经吸附了黏土的钻头、钻具表面润湿,降低表面对黏土颗粒的吸附性,使黏土从钻头表面解吸;

（3）降低岩石瞬间强度；

（4）减少微米、亚微米粒子；

（5）与金属表面有很强的定向吸附作用，能在金属表面形成润滑油膜——防止吸附、提高润滑性、减小扭矩。

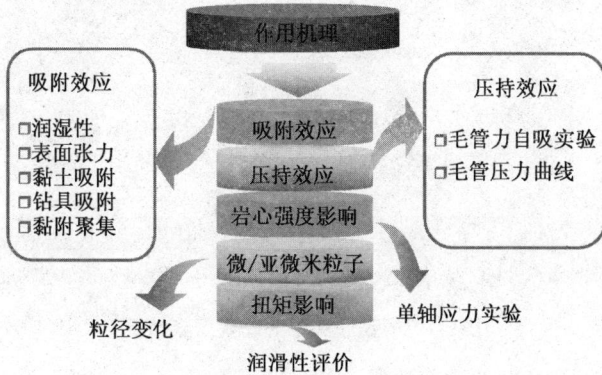

图2　钻井液提高机械钻速作用机理

三、钻井液性能影响机械钻速的理论分析

通过几十年的研究，发展了通过优选钻头（PDC 钻头）、优化水力参数、高压喷射、欠平衡钻井等一系列提高机械钻速的技术。钻井液性能（包括密度、流变性、滤失性、固含量、固体粒径、分散性以及润滑性等）影响机械钻速的研究也取得许多成果，并应用于指导钻井液性能设计及现场施工，对提高机械钻速起到重要作用。但对于钻屑颗粒吸附钻头的吸附效应、钻井液的压持效应及钻井液对岩石强度的作用等影响机械钻速的钻井液理论与技术研究有待深入。

（一）钻屑吸附钻头、钻具对机械钻速的影响

钻屑颗粒吸附钻头表面严重影响机械钻速。钻遇泥页岩地层，很容易发生钻屑吸附（泥包）钻头，导致钻头端面承担部分钻压，限制钻头的切削深度，井底钻头与岩石间的作用效率不高，重复破碎。研究表明，从钻头侧面移走钻屑比从钻头前面剪切地层所需的剪切应力要大。如图3所示。

■ 钻头泥包–黏附聚集试验

4%土浆+0.1%80A51+0.5%胺盐+1%SPNH+1%FT-1+0.5XY-27

(a) 未吸附钢棒 (b) 基浆 (c) 基浆+0.1%KSZJ (d) 基浆+0.2%KSZJ (e) 基浆+0.5%KSZJ

图3 不同钻井液中的黏附聚集情况

（二）压持效应对机械钻速的影响

压持效应严重影响机械钻速，见图4。当钻头牙齿吃入地层切下岩屑时，其周围会造成裂缝，此时若要使切削下来的岩屑尽快上举就必须有足够的液体填充裂缝，否则就会形成瞬时真空。如果引入一种不改变造壁性和压持压力（钻井液密度），但能加速钻井液或滤液进入裂缝及岩屑的孔隙而降低压持效应的技术，则可以有效地提高机械钻速。

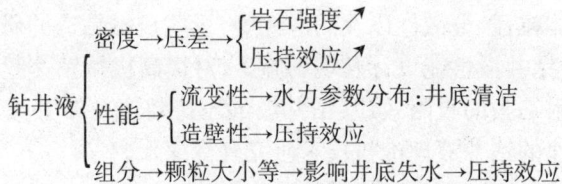

图4 压持效应对机械钻速的影响

分析：

如果引入一种不改变造壁性和压持压力，但能降低压持效应的技术，则可以有效地提高钻速。

（三）钻井液改变岩石强度对机械钻速的影响

降低岩石强度可以提高机械钻速。钻井过程中所钻地层岩石首先接触的是钻井液，地层与钻井液接触的瞬间，岩石强度发生变化，如果钻井液能在瞬间有效降低地层岩石强度，即可大幅度提高机械钻速。当然，地层岩石强度的降低不能牺牲井壁的稳定性。

此外，提高钻井液的润滑性，降低扭矩及减少钻井液中的微米、亚微米粒子（100 nm 以上的一系列超细材料），也有利于提高机械钻速。

四、对现用钻井液影响钻井速度的分析

就华东油气田而言,经多年技术攻关和研究,目前使用的钾基聚合物、金属两性离子聚合物体系钻井液较好地解决了复杂地层的井眼稳定难题。在影响钻井效率方面,钻井液存在的问题表现在:① 上部地层缩径、下部(阜宁组)易垮;② 注水(气)井易涌易漏,钻井液密度窗口窄,固相含量高;③ 钻井液性能不稳定、变化大。

现施工的井大多数为调整井,处在注水(气)井周围区域,原始的地层压力受破坏出现了异常多变的压力系统,使得需要提高钻井液密度来平衡地层压力(例如台兴地区 20 世纪 90 年代使用的密度 1.15 g/cm^3,现需要提高到 1.30 ~ 1.32 g/cm^3)。这也是影响钻井效率的一个方面。

最为普遍的问题是黏度和切力的控制。钻井液在满足携岩的情况下,进一步提高黏度和切力,携岩能力不会有大的提高,反而会给井下带来不利的影响。上部地层的阻卡对黏度和切力敏感,表现为黏度和切力高则阻卡严重。高黏度和高切力钻井液有很多弊端:在钻屑及井壁表面形成黏糊层,增加岩屑之间及岩屑与井壁的黏附力;不利于冲刷井壁;容易造成泥包;影响地面固控设备对有害固相的清除效果;起下钻时容易引起压力激动。由于这些弊端的存在,严重影响了钻井效率。我们对现场的高黏度、高切力问题需要认真加以解决。

五、提高钻井机械钻速的钻井液理论探讨

(一) 提高钻井机械钻速的钻井液性能要求

钻井过程中钻屑中的黏土矿物易于水化,所有黏土都会吸水膨胀,黏土矿物吸水膨胀的程度与黏土矿物的种类有关。黏土水化膨胀受到 3 种作用力的影响,即表面水化力、渗透水化力和毛细管作用。

钻屑中黏土矿物在钻具、井壁及钻屑之间的吸附可以使高能界面转变,使体系总能量降低,因此,钻屑吸附钻具是必然的。在高压差条件下,这种情况更为严重。因此,要减少或消除钻屑中黏土矿物在钻具、井壁及钻屑之间的吸附,必须改变钻屑中黏土矿物、钻具、井壁的表面性质,降低其表面张力。

有效的方法是在钻井液中添加一种或几种能在黏土矿物、钻具、井壁上强烈吸附并改变其润湿性能、有效降低其表面张力的化学处理剂,使钻屑、钻具及井壁表面的润湿性能向减弱亲水方向变化。

通过处理剂在岩石表面吸附以及向岩石孔隙内部渗透,改变岩石表面及孔隙内部的润湿性,降低岩石的表面张力,从而降低岩石的毛细管力,使钻井液更容易渗入钻头冲击井底岩层时所形成的微裂缝中,减小压持效应,同时,钻井液与地层接触的瞬间有效降低地层岩石强度,提高岩石可钻性,提高机械钻速。

在金属表面形成润滑油膜提高润滑性、减小扭矩,有效提高机械钻速。

（二）快速钻井处理剂（KSZJ）的分子结构要求

根据提高钻井机械钻速的钻井液性能要求,处理剂分子结构必须具有以下特征:具备强吸附基团(羟基、羧基、胺基、酰胺基及磺酸基等),并在金属表面具有极强的选择性定向吸附功能的吸附基团如磷酸基;有较长的多官能团分子链以及较长的烃基侧链。既能提高定向吸附能力,又能在吸附钻具、钻屑、井壁后,使其润湿性能从强亲水向弱亲水方向转变。

（三）KSZJ 对钻井速度的影响

利用水射流钻井模拟实验装置,分别采用不同类型的钻头,在不同的岩石上模拟钻进,测定在清水、钻井液中添加 KSZJ 前后实时钻进速度。钻进速度都有不同程度的提高。

（四）KSZJ 对不同密度钻井液机械钻速的影响

实验结果表明,随着钻井液密度的增加,KSZJ 剂对机械钻速提高率呈降低趋势,但钻速比不添加 KXZJ 剂的基浆的钻速有明显提高,即使在密度高 2.0 g/cm^3 情况下,添加了 KSZJ 剂后对应的机械钻速比基浆对应的机械钻速提高11.23%。

快速钻井液技术在吐哈油田、塔里、青海、华北及新疆等油田的 30 口井进行的现场试验结果表明:在不改变钻井参数和钻井井身结构的条件下,在泥页岩、砂泥岩井段能够提高机械钻速达 18% 以上(见表2),并有效减少起下钻过程中的阻卡情况。该技术与现场聚磺、有机盐、正电胶及聚合物等钻井液体系具有良好的配伍性。

表2　KSZJ(0.5%~1.0%)在吐哈连 23 井钻井过程中对钻井速度的影响

钻头类型	岩石	钻井液	井段/m	密度/ (g/cm^3)	机械钻速/ (m/h)	机械钻速提高率/%
PDC 钻头	灰紫色泥岩	聚合物	2 470 ~ 2 494	1.20	4.777 1	19.62
		聚合物 + 0.5% KSZJ	2 495 ~ 2 510	1.20	5.714 3	
	灰紫色泥岩夹灰色砾岩	聚磺 + 0.5% KSZJ	2 530 ~ 2 599	1.25	70.028 9	27.27
		聚磺 + 1.0% KSZJ	2 600 ~ 2 670	1.25	7.566 0	

六、结　论

（1）华东石油局已将提高钻井机械效率摆到重要位置开展技术研究,无论工程还是钻井液技术都需要认真加以研究和探索。

（2）加强钻井液技术管理，严格控制性能要求是提高机械钻速的一个重要保证。围绕主题需要进一步优化设计及钻井液材料，充分发挥其主导作用。

（3）钻井液影响机械钻速的因素分析，本文参考专家观点提出了提高机械钻速钻井液的途径和认识。中石油钻井院研发的提高机械钻速钻井液快速钻井剂KSZJ，已形成了一套提高机械钻速的钻井液技术，通过对处理剂在钻具、钻屑、地层岩石表面的吸附及润湿反转原理的研究，形成了清洁钻头、改变润湿、降低压持作用、降低岩石瞬间强度提高机械钻速的钻井液技术，值得借鉴和应用。

参考文献

［1］《钻井液与完井液》编辑部：《国外钻井液技术》（下册），石油工业出版社，2004年5月。

［2］屈沅治，孙金声，等：《快速钻井液技术新进展》，《钻井液与完井液》，2006年第3期。

［3］孙金声：《清洁钻头提高机械钻速的钻井液技术研究》，《2008年全国钻井液技术研讨会论文集》，2008年。

本文发表于《华东油气勘查》2009年第4期，并获得华东石油局钻井工程公司2009年度工程技术交流会优秀论文三等奖

钻井液用润滑剂的研究和制备

赵炬肃[1]，李长生[2]，冯桂双[2]，王万杰[2]

(1. 中国石化集团公司华东石油工程有限公司六普钻井分公司，江苏 镇江 212003；

2. 江苏大学材料学院，江苏 镇江 212013)

随着石油勘探事业的发展，钻井深度不断增加，各类卡钻事故频繁发生。降低钻具扭矩、减少钻具磨损、避免卡钻事故发生已成为急需解决的问题。在钻井液中加入高效润滑剂是降低钻具扭矩、减少钻具磨损、避免卡钻事故发生的有效措施之一。目前国内外使用的润滑剂可分为两大类：一是液体润滑剂，如矿物油、动植物油的改性产品等；二是固体润滑剂，如石墨、二硫化钼、塑料小球和玻璃微珠等。

常用钻井液液体润滑剂多为矿物油润滑剂，但是矿物油荧光级别高，影响了对地质资料的分析评价，植物油荧光级别低，且油性好，不污染环境，是一种优良的润滑剂。但是植物油的氧化稳定性和热稳定性差，需要对植物油润滑剂进行改性处理，才能满足钻井施工需求。本文以植物油和石墨为基本原料，研制了复合型植物油基液体润滑剂(JD-1)用于改善钻井液的润滑性能。

常用钻井液固体润滑剂是石墨、空心微珠，但是石墨易漂在水面上，造成浪费且污染环境，而空心微珠强度低且易破碎，最终导致起不到润滑效果。本文以苯乙烯和二乙烯苯为原料研制了塑料小球(固体润滑剂 JD-A)，作为固体润滑剂，它具有粒径较大(相对)、无荧光、无毒、密度低、抗压强度高、耐高温性好且不与钻井液中的其他组分发生化学反应等特点，可广泛应用于各种类型的钻井液中。

一、实验部分

(一)实验材料

植物油、石墨、苯乙烯、十六烷基三甲基溴化铵、过氧化苯甲酰(BPO)、聚乙烯醇、氢氧化钠、无水乙醇、乳化剂、分散剂。

(二)实验仪器

UMT-2 球盘式摩擦试验机、DZF-6050 真空干燥箱、JSM-7001F 扫描电子显微镜、摇臂钻床、泥饼摩阻系数测定仪、EP 极压润滑仪、ZNN-2 型旋转黏度计、耐驰 STA449C 型综合热分析仪。

（三）实验方法

1. 复合型植物油润滑剂乳化

选择不同的乳化剂，按一定的配方复配，加到待乳化的复合型植物润滑剂-水体系中，在磁力搅拌器中搅拌 6 h，静置 6 h，取乳浊液于高速离心机中心以 3 000 r/min 转速离心 10 min，取下层液体，在可见光分光光度计下测其吸光度。

2. 复合型植物油润滑剂中固体添加剂石墨在水中分散

分别配制不同质量分数的各种分散剂水溶液 10 mL，在容器中加入 0.1 g 石墨，再分别加入各种表面活性剂溶液，使石墨的含量为 1%，滴加 NaOH 溶液来调节悬浮液的 pH 值，溶液配好后用超声波振荡 30 min。在试管中加入分散好的石墨悬浮液，用高速离心分离机以 3 000 r/min 的速度离心 10 min，用 721 分光光度计测定离心沉降后的试管上部悬浮液的吸光度。

3. 复合型植物油润滑剂的摩擦磨损实验

（1）利用 UMT-2 摩擦试验机考察纯植物油润滑剂、复合型植物油润滑剂和市场购买的钻井液用润滑剂的摩擦特性。试验条件：载荷 10 ~ 90 N，转速 50 ~ 200 r/min，旋转半径 30 mm，实验时间 10 ~ 90 min，摩擦形式为球盘式，钢球为 440C 不锈钢，盘为 1Cr18Ni9Ti。

（2）考虑到钻井液润滑剂一般最高使用温度为 150 ℃，在干燥箱中将含 5% 层状固体润滑剂石墨的复合型植物润滑剂和纯植物油润滑剂在 150 ℃下加热 12 h，然后在 UMT-2 球盘式摩擦试验机上考察其摩擦系数随载荷变化的情况。试验条件同（1）。

（3）利用泥饼摩阻系数测定仪和 EP 极压润滑仪测定加入 1% 固体层状润滑剂的植物油对钻井液润滑性能的影响；利用 ZNN-2 型旋转黏度计对钻井液流变参数进行测定。试验钻井液为新深 1 井 1 600 m 处取样的钻井液。

（4）在氮气保护下对塑料小球进行了 TG、DSC 测试，升温速率是 10 ℃/min，测试范围 20 ~ 550 ℃。

（四）润滑剂的合成与制备

1. 液体润滑剂的制备

以十六烷基硫酸钠和聚乙烯吡咯烷酮为表面活性剂对石墨进行改性，降低石墨的表面能，提高石墨与植物油的相容性。不同百分含量经表面改性的石墨加入到植物油中，经超声波分散后，储存备用。

2. 塑料小球的合成

把一定量的过氧化苯甲酰（BPO）溶解在苯乙烯和二乙烯基苯的混合液中，超声波分散 10 min，等 BPO 完全溶解后把混合溶液加入到聚乙烯醇水溶液中（聚乙烯醇的质量百分数为 1%），且混合溶液：水 = 1∶5。在强力搅拌下升温至 80 ℃进行悬浮聚合。反应 8 h 后升温至 95 ℃,熟化 2 h,经出料、洗涤、烘干,形成塑料小球产品。

二、结果与讨论

(一) 复合型植物油润滑剂的乳化

钻井液用润滑剂的乳化效果的好坏直接关系到润滑剂的使用效果,为了得到较好的乳化效果,要求乳化剂的非极性基部分和内相"油"的结构越相似越好,这样,乳化剂和分散相亲和力强,但这种乳化剂与分散水介质的亲和力却弱,不利于乳状液的稳定。因此,一个理想的乳化剂,不仅应与油的亲和力强,而且也要与水相有较强的亲和力,常用的方法是将 HLB 小的乳化剂和 HLB 大的乳化剂混合使用,形成的膜与油和水的亲和力都强。作者使用 HLB 小的 Span80($HLB = 4.3$)和 HLB 大的 SDS($HLB = 40$)复配,取得了理想的乳化效果。

用 721 分光光度计测试了复合型植物油润滑剂的吸光度,结果如图 1 所示,吸光度大的配方为该乳状液的最佳混合乳化剂配方,即复配后的 HLB 为 13.2 时,乳化效果最好。这是因为随着乳化剂的 HLB 减小,分散相的平均粒径减小,界面面积和分散相颗粒之间的作用增加,分散相同连续相的作用也增加,因而乳化油黏度增加,随之减少了分散相颗粒的扩散系数,并导致碰撞频率和聚结速率的降低,有利于乳状液的稳定。

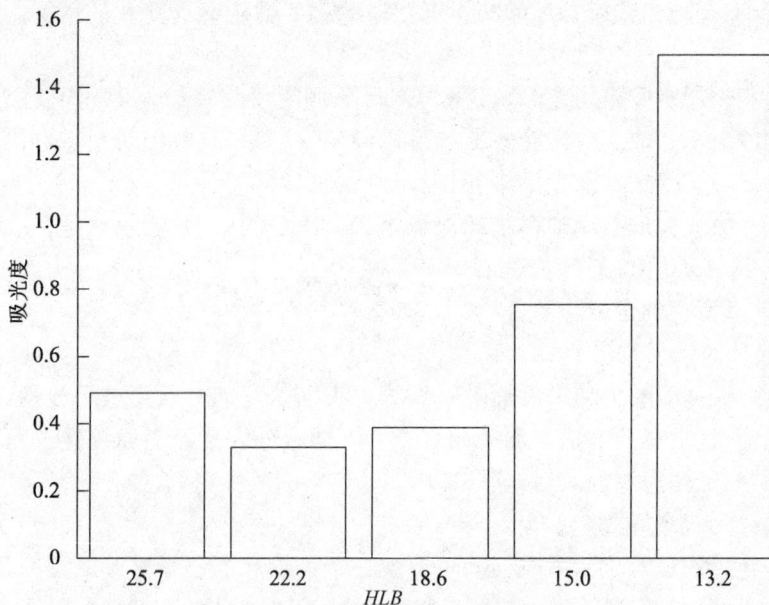

图 1　植物油质量分数 2% 时的吸光度

（二）复合型植物油润滑剂中固体添加剂石墨在水中分散

用721分光光度计测试了复合型植物油润滑剂中固体添加剂石墨在钻井液中分散时的吸光度,当光线经过钻井液时,液体中的石墨粒子会对光产生吸收和散射作用。将钻井液高速离心后,上层液体中悬浮的石墨颗粒将会减少,液体的吸光度值也就会下降。据此,可以根据吸光度值的大小来表征不同用量的分散剂对石墨分散液稳定性的影响,从而确定分散剂的最佳用量。

图2为不同分散剂对石墨在钻井液中分散时测得的吸光度随分散剂含量变化的变化曲线,从图中可以看出高分子分散剂分散石墨作用比阴离子分散剂十二烷基硫酸钠和中性分散剂吐温80的分散效果要好得多。因此,选择高分子聚合物作为石墨在水中的分散剂比较理想。这是因为高分子聚合物的高分子链能够在石墨的表面形成一个厚吸附层,使得石墨颗粒悬浮在水中,能很好地起到保护作用;而其他表面活性剂在石墨表面只有一个吸附点,很容易被溶剂分子顶替下来,所以高分子聚合物的悬浮稳定性比其他两种表面活性剂的稳定性要好得多。

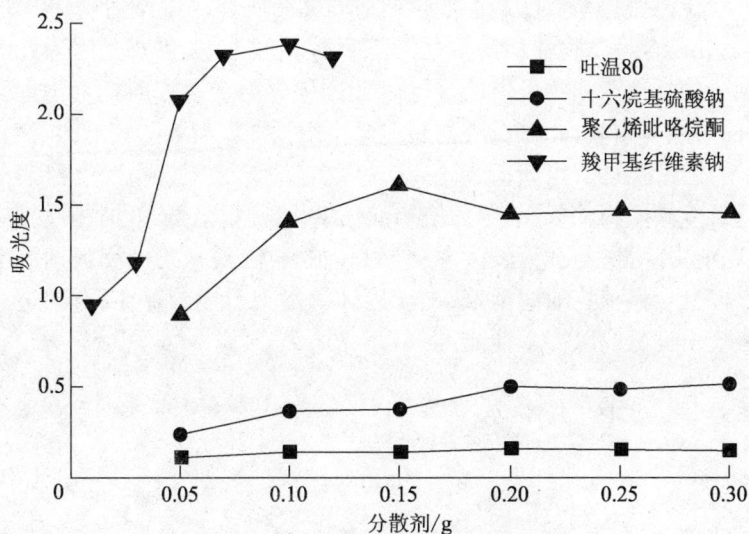

图2　吸光度随分散剂含量的变化曲线

（三）复合型植物油润滑剂摩擦磨损试验

图3为纯植物油、市场购买的弱荧光钻井液用润滑剂及复合型植物油润滑剂润滑下,在球盘式摩擦磨损试验机上(440C不锈钢球、1Cr18Ni9Ti 盘时)摩擦系数随时间变化关系曲线。从图中可以看出,纯植物油润滑剂润滑下的摩擦系数比较大,而复合型植物油润滑剂润滑的摩擦系数较小,这因为石墨具有六方晶体结构,其层与层之间以范德华力结合,容易滑动,表现出良好的减摩性能,市场购买的弱荧光钻井液用润滑剂的减摩性能明显不如研制的复合型植物油润滑剂。

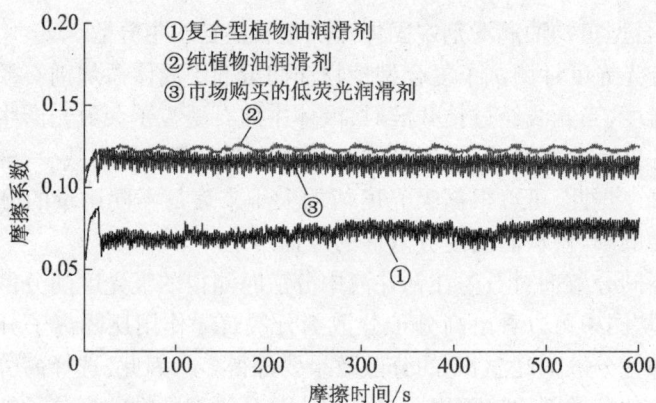

图3 不同试样摩擦系数随时间变化曲线

图 4 为纯植物油润滑剂和复合型植物油润滑剂在 150 ℃氧化 12 h 后,转速为 200 r/min,载荷为 10 ~ 90 N 下,在球盘式摩擦磨损试验机上(440C 不锈钢球、1Cr18Ni9Ti 盘时)摩擦系数随载荷变化曲线。如图所示,当载荷小于 40 N 时,纯植物油润滑剂和复合型植物油润滑剂的摩擦系数相差不大,可能是因为此时载荷较小,植物油中的甘油三酯分子中的极性官能团优先与金属表面发生物理化学反应在摩擦表面形成吸附膜,此时石墨不起主要作用,所以,当载荷较低时,表现出两者之间摩擦系数变化不大;当载荷大于 40 N 时,这时复合型植物油润滑剂的摩擦系数较小,这可能是因为,润滑剂中的植物油被氧化,油性降低,此时植物油在摩擦副表面的吸附能力降低;当载荷较大时,吸附膜被破坏,纯植物油润滑剂润滑下摩擦系数增大,而复合型植物油润滑剂,由于固体润滑剂石墨的存在,石墨进入摩擦副表面,能表现出良好的摩擦学性能。

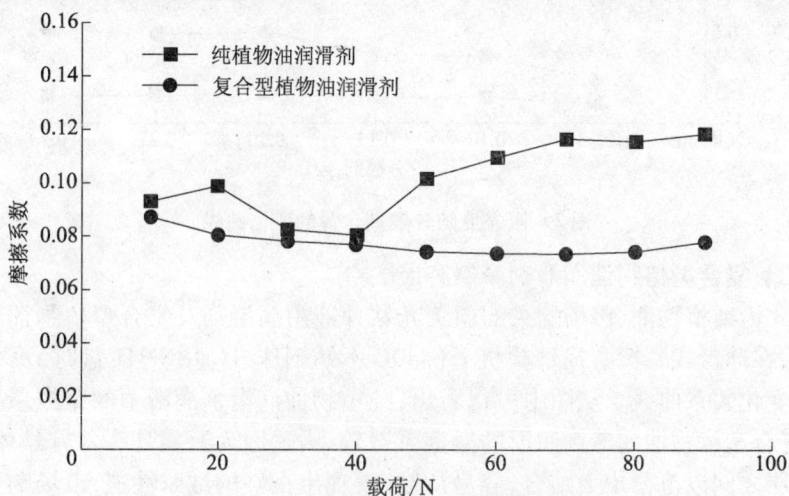

图4 150 ℃氧化后摩擦系数随载荷变化曲线

（四）固体润滑剂（塑料小球）的热性能分析

图 5 讨论了塑料小球的热性能,图 5a 为苯乙烯–二乙烯基苯交联塑料小球的热重曲线,由图可知,温度在 380 ℃之前,塑料小球的质量几乎保持不变;在 380 ℃时,塑料小球开始分解,其质量随温度的升高而减小;在 460 ℃之后,质量又保持不变,此时塑料小球已经完全分解。图 5b 为塑料小球的热重微熵曲线,由图可知,塑料小球在 430 ℃时,质量损失达到最大,说明在该温度塑料小球的分解速率最快。

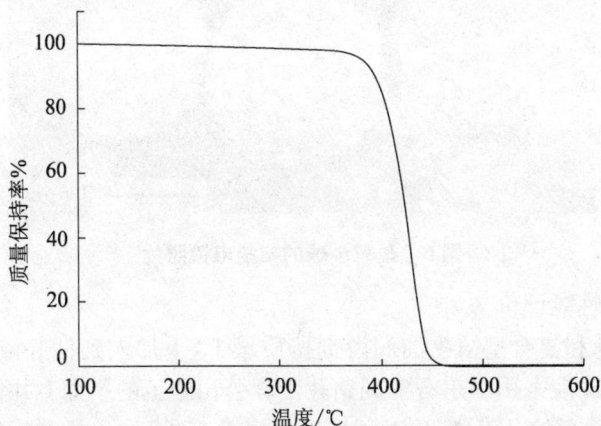

(a) 苯乙烯-二乙烯基苯交联塑料小球的热重曲线

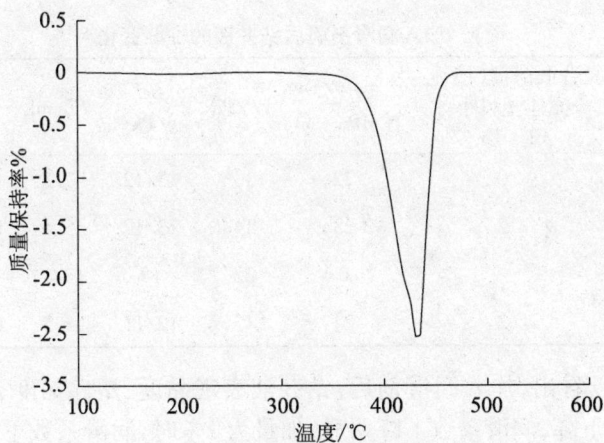

(b) 热重塑料小球的曲线

图 5　塑料小球的热性能分析

图 6 为苯乙烯–二乙烯基苯交联塑料小球的扫描电镜照片。由图可知,交联小球的粒径分布在 50～100 μm。塑料小球呈圆球状且表面光滑,所以在钻井液中加入塑料小球可以起到润滑的作用。

图 6　塑料小球的扫描电镜照片

（五）综合性能评价

将塑料小球和复合型植物油润滑剂按质量 1：1 加入到钻井液中进行性能测试,钻井液用钻井液采用华东石油局钻井工程公司施工的新深 1 井 2 600 m 处取样的钻井液,对钻井液在 150 ℃下热滚 12 h 后的流变性、滤失量和润滑性进行分析,结果见表 1。

表 1　加入润滑剂前后钻井液的性能变化

钻井液	T/℃	复合润滑剂(液体：固体塑料小球=1：1)/%	PV/(MPa·s)	YP/Pa	Gel/Pa	FL/mL	K_f	ΔK_f/%
新深1井	150	0	22	13	13/12	7.5	0.203 5	
		2	23	14	13/12	5.5	0.069 9	65.7
		0	23	15	13/11	5.5	0.249 3	
		2	24	15	12/11	5.5	0.096 3	61.4

从表 1 可以看出,加入润滑剂后,钻井液表观黏度、塑性黏度、动切力没有影响,滤失量有所下降;润滑系数下降明显,加量为 2% 时,润滑系数下降率在 65% 以上。另外,将加入 2% 润滑剂的钻井液,在 150 ℃下热滚 16 h 后,润滑剂仍能使润滑系数降低 60% 以上,说明该润滑剂具有较好的抗温能力且能降低钻具扭矩、减少钻具磨损。

三、结　论

（1）复合型植物油基液体润滑剂(JD-1)具有良好的润滑、乳化性能,其中的固体润滑剂石墨在水-钻井液体系中具有优异的分散性能。实验表明在钻井液中具有较好的润滑性能,无荧光,在常温和高温老化后(150 ℃氧化 12 h)不影响钻井液流变性,且有一定的控制滤失量效果。即使复合型植物油基液体润滑剂(JD-1)在被高温氧化的情况下仍能保持良好的减摩性能。

(2) 常用的空心微珠具有 10 MPa 的抗压能力,而纯聚苯乙烯的抗压能力可达 30 MPa,复合型固体润滑剂(JD-A)的抗压能力可达 50 MPa。复合型固体润滑剂的粒径较大,99% 的塑料小球粒径分布在 125 μm 以上,其中 70% 的塑料小球粒径 590 μm 以上;有利于减小钻具和泥饼的接触面积,从而大大降低了摩阻系数,起到了减摩、防卡的作用。抗温能力比纯聚苯乙烯小球提高了 20 ℃,适用于深井及新疆、四川等工区 5 000 m 以上深井使用。

(3) 复合型植物油基液体润滑剂(JD-1)与复合型固体润滑剂(JD-A)配伍使用,具有较优的润滑、抗温能力且能降低钻具扭矩、减少钻具磨损效果。

参考文献

[1] 耿东士,陈卫红,等:《钻井液用固体润滑剂——塑料小球的研究与应用》,《油田化学》,1993 年第 2 期。

[2] 王平华,宋功品:《两种黏土与 PVC 复合材料的热性能及微结构分析》,《高分子材料科学与工程》,2006 年第 1 期。

[3] Cranger C. Influence of the Fat Characteristics on the Physicochemical Behavior of Oil-in-water Emulsions Based on Milk Proteins-glycerol Esters Mixtures, Colloids Surf B,2003(4).

[4] 沈一丁:《高分子表面活性剂》,化学工业出版社,2002 年。

[5] Xiangqiong Zeng, Hua Wu, Hongling Yi, et al. Tribological Behavior of Three Novel Triazine Derivatives as Additives in Rapeseed Oil,Wear,2007(262).

本文发表于《钻井工程》2010 年第 3 期

东北松南气田裂缝性油气藏
水平井完井技术探讨

高平平,赵炬肃

(中国石油化工集团公司华东石油工程有限公司六普钻井分公司,江苏 镇江 212003)

岩石受上覆岩层压力超过岩石的抗压强度时,岩石被压裂,就产生裂缝,这种裂缝基本都是垂直发育的微裂缝,宽度在微米级和几十个微米的居多。在地壳构造力的作用下,岩石受挤而产生裂缝。在岩层沉降、褶皱、扭曲时会产生裂缝。这种裂缝中有大量的宏观裂缝,宽度有零点几毫米到几个毫米的宽裂缝,是以裂缝带的形式存在,裂缝呈带状,有一定的走向。由地质构造力引起的裂缝带的延伸长度是较长的,有延伸近百千米的裂缝带。

火山岩油气藏大多是经过地质构造运动、岩溶作用及多期次油气运移聚集成藏的缝洞型油藏,具有多压力系统、多油水关系、多种流体性质并存的特点;75% 以上油井完井后产能低或无产能,而根据各种地质资料的响应特征看,远井带可能发育缝洞系统,需要通过酸压改造手段投产。所以裂缝型油气藏需要科学有效的完井工艺技术,满足油气井安全和生产需要。

合理的完井方法,是根据油气储集层的地质特征制定的,采用合理的完井方法有利于减少钻井、完井过程中的风险系数,有利于保护油气层;有利于试油、修井、开采等作业;有利于延长油井的免修期。从而可以提高油藏的采收率,提高油田的综合经济效益。2008 年初我公司在东北腰英台油田完井的腰深 2 井,完钻井深 4 708 m,根据油气储集层的地质特征采取裸眼完井方式获得了日产天然气 11 万 m^3、日无阻流量 30 万 m^3 的高产工业气流,是中石化集团在东北长岭断陷营城组气藏勘探方面取得的重大突破。

经过反复论证,我们认为松南火山岩气田以溢流相储层为主,储层孔隙度高,裂缝较发育,宜采用裸眼完井或筛管完井和管外封隔器筛管完井方式。目前,已完钻 1 口直井和 2 口水平井,其中直井腰深 1 井采用裸眼完井方式,在目的层测试实现无阻流量 30 万 m^3,连续试采 1 900 万 m^3,保持了油压、套压稳定。水平井腰平 1 井和腰平 7 井采用了表层套管加技术套管加筛管(244.5 mm 套管 + 139.7 mm 筛管)完井方式。腰平 1 井 K_1yc133 至 188 层位进行测气求产,获日产气 11.86 ×

$10^4 \sim 54.71 \times 10^4 \ m^3$，获得了高产。

一、裂缝性油气藏的主要特征

碳酸盐岩（包括火山岩）岩溶缝洞型油气藏储集层的基本单元为缝洞单元，基岩基本不具有储、渗功能；单个缝洞单元即是一个相对独立的油气藏。储集体的分布受控于构造变形与古岩溶发育程度。油气藏的盖层是上覆分布稳定的泥岩，也可以是不具储渗性能的泥岩。

泥页岩裂缝性油气藏中，油、气分布主要受裂缝系的控制，裂缝的分布不均匀，较近的距离内即可消失；含油层段变化大，油、气分布范围不规则，可分布在构造的各个部位甚至可在向斜构造中产油；大部分岩层既是生油层又是储油层。

二、裂缝储集层的特点对钻完井的影响

（一）裂缝储集层中裂缝特点

裂缝呈带状分布：与孔隙型储层不同，岩石中的裂缝是由岩石的节理、层理、断裂带等构成，在岩石中呈带状分布。裂缝带有一定的长度和宽度及一定的延伸方向。裂缝在岩石中的分布密度和裂缝宽度的分布是不均匀的，因此造成钻出的井眼圆周上裂缝的分布呈不均匀状态，增加了布置井位、钻井和完井的难度。裂缝在地下是呈带状分布的，裂缝带有一定的方向。

裂缝分布的不均匀性：裂缝的分布密度相差极大。地下裂缝的张开程度有较大差异，其宽度从几微米到几毫米，相差悬殊。裂缝的分布不均匀性对产能有较大的影响，并对防止储层的污染极为不利。对较狭窄的裂缝，钻井液中的液相和固相极易在压差作用下侵入其内，造成堵塞，使渗透率降低。

裂缝在一定条件下的变形闭合：地下的岩石裂缝并不总是张开的，在钻井和完井的过程中会被钻井液和水泥浆侵入而吸水变形，引起裂缝的堵塞。对于常见的宽度在微米和毫米级的裂缝，尤其易产生因污染造成的裂缝堵塞。井壁周围的应力变化也引起裂缝的变形闭合，造成井的产量下降。因此，在裂缝储层的钻井和完井中，既要防止裂缝的污染，又要防止裂缝的闭合，工艺过程比孔隙储层更为复杂。

（二）水平井在裂缝油气田开发中的优点

我国规定，水平井是井眼的井斜角超过 85°，且井眼要沿基本是水平的方向延伸一定距离的井。

水平井有增加泄油面积，降低生产压差，提高单井产量和提高最终采收率的作用。在控制油层出砂和底水锥进方面优于其他类型井，对低渗、稠油开采和热采热注都有明显效果。水平井在薄层油藏、天然裂缝油藏、存在气锥和水锥的油藏、存在底水锥进的气藏开发方面具有明显的优势。

三、裂缝性油气藏产层分类

（一）高产单层：主要指裂缝－溶洞型或裂缝－孔洞型储层

其主要特点为：① 产层位于储层中上部，储层物性极佳。储层裂缝发育好，储层内及储层与井筒的连通性好；② 钻井过程中钻井液漏失量大，钻具放空幅度大，钻井液密度窗口小，喷漏矛盾十分突出。采用常规注水泥固井作业施工难度大，且易对储层产生严重的永久性伤害；③ 储层油气自然产能高；④ 无气顶或底水的单一储层。

（二）中、高产多层：主要指裂缝－孔洞型或裂缝－溶洞型储层

其主要特点为：① 产层位于储层中上部，储层物性较好。储层裂缝发育较好，储层内及储层与井筒的连通性较好；② 钻井施工时钻井液漏失量较大，钻具放空幅度较大，钻井液密度窗口较小，钻井作业时存在喷漏矛盾的问题；③ 裸眼段长，基本上跨越整个储层段；④ 储层油气自然产能中等或高；⑤ 完井储层段有多个油组或有气顶或底水。

（三）裂缝型低产多层

其主要特点为：① 产层可能位于储层上中下各个部位，层物性不好，储层裂缝发育一般或不好，储层内及储层与井筒的连通性不好；② 钻井施工时钻井液漏失量小，无钻具放空现象或放空幅度很小，钻井液密度窗口较宽，钻井作业时基本不存在漏失问题；③ 裸眼段长，基本上跨越整个储层段；④ 储层油气自然产能低到中等；⑤ 完井储层段有多个油组、有气顶或底水。

（四）裂缝型低产单层

其主要特点为：① 产层可能位于储层上中下各个部位，储层物性不好，属裂缝型储层，储层裂缝发育一般或不好，储层内及储层与井筒的连通性不好；② 钻井施工时钻井液漏失量小，无钻具放空现象或放空幅度很小，钻井液密度窗口较宽，钻井作业时基本不存在漏失矛盾的问题；③ 储层油气自然产能低；④ 完井储层段有一个油组，且无气顶或底水。

四、裂缝性油气藏完井方式优选

（一）完井方式的选择原则

完井工程是衔接钻井和采油而又相对独立的工程，是从钻开油层开始，到下套管注水泥固井、射孔、下生产管柱、排液直至投产的系统工程。

完井技术是直接影响油气井开发效益的关键技术，直接关系到油气勘探开发的效果和经济效益。完井方式选择是完井工程的重要环节之一，目前完井方式有多种类型，但都有其各自的适用条件和局限性。完井的井底结构一旦实现，基本上

是不可更改的。在决定完井的井底结构时,储层岩石性质、采油工艺条件是应首先考虑的两个因素。只有根据油气藏类型和油气层的特性去选择最合适的完井方式,才能有效地开发油气田,延长油气井寿命和提高其经济效益。

（二）适用于裂缝性油气藏的完井方式

在火山岩等裂缝性储层中,衬管完井是应用最多的完井方式。

1. 衬管完井

割缝衬管完井方法是当前主要的完井方法之一,特别是在水平井中应用较为广泛。在裂缝型油气藏和岩性较为疏松的稠油藏,目前广泛采用水平井和衬管完井方式,如塔里木油田和四川地区的裂缝型高压气藏、渤海湾地区的海上稠油油藏等。对低渗油气层进行压裂改造后也可下入衬管。图 1 为衬管完井结构示意图。

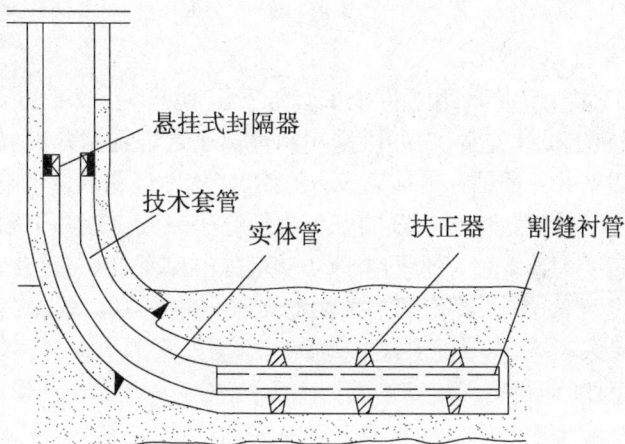

图1　衬管完井结构示意图

施工实例:我公司 50511HD 井队 2007 年在松南施工的腰平 7 井,完钻井深 4 363.61 m,水平段长度为 284.29 m,井底水平位移 817.93 m,根据油气藏类型和油气层的特性选择衬管完井方式,试获稳产 30 万 m³ 天然气,日无阻流 166 万 m³ 天然气流。为高效开发松南气田奠定了资源基础,探索了天然气开发新思路。下入衬管管串结构:浮鞋(0.5 m) + 变丝短节(0.21 m) + 筛管 ×58 根(596.18 m) + 变丝短节(0.19 m) + 盲板 + 变丝短节(0.21 m) + 套管 ×1 根(9.32 m) + 变丝 1#(2.43 m) + 管外封隔器(2.31 m) + 管外封隔器(2.4 m) + 变丝 4#(2.52 m) + 套管 ×1 根(9.79 m) + 分级箍(1.13 m) + 套管 ×62 根(605.83 m) + 尾管悬挂器(3.13 m) + 回接筒 + 送放钻具。

同样施工的腰平 9 井完钻井深 4 590.00 m,水平段长度为 801.99 m,井底水平位移 1 100.85 m,选择衬管完井方式,经后期试气取得了较好的天然气流。

2. 衬管完井特点

衬管完井有如下特点：① 产层裸露，保持了油层的原始渗透率，渗流面积大，具有较高的产能，提高了采收率；② 衬管不仅可以起到支撑井壁的作用，而且具有一定的防砂效果；③ 利用管外封隔器，隔断油气水窜的途径，提高了固井质量；④ 固井过程中水泥浆不与产层接触，消除了固井过程中水泥浆对产层的污染，有效地保护了产层。

五、结 论

（1）通过腰平1、腰平4、腰平7等井的设计与施工验证，以及腰深1井重新完井方案，奠定了成熟的火山岩裂缝型气藏钻井工艺技术，主要包括井身结构设计技术、井眼轨道设计技术、欠平衡钻井工艺设计技术、钻井液体系的优选、选择性筛管完井工艺技术等。

（2）腰平1、腰平7井采用了将技术套管下至造斜点上部的井身结构设计方案、五段制井眼轨道设计方案、直井段采用两性离子聚合物钻井液、斜井段采用非渗透聚合醇防塌钻井液的钻井液体系设计方案，经实钻证明满足了施工要求。

（3）采用水平井方式进行气藏的开发也提高了采气速度和采收率，原方案设计的直井采气速度为3.2%，评价期末地质储量采出程度48%；优化后的方案设计水平井采气速度为3.35%，评价期末地质储量采出程度为51%；水平井方案比直井方案提高阶段采收率3%，也为松南气田火山岩气藏的规模开发提供了成熟的钻井设计技术思路，使松南气田真正成为高效、低投入的集约化开发模式。

裂缝性油气藏水平井应更加重视完井方式的优选，应从完井方式对油藏的适应性和经济因素等方面综合考虑，最大限度地提高油井的完善程度，保护油气层，降低完井成本，充分发挥水平井的优势，提高油层采收率。

参考文献

[1] 王德新，吕从容：《裂缝储集层的完井特点》，《石油大学学报（自然科学版）》，1997年第6期。

[2] 袁进平，齐奉忠：《国内完井技术现状及研究方向建议》，《钻采工艺》，2007年第3期。

[3] 赵青：《塔河油田碳酸盐岩储层岩溶特征及完井方式研究》，《石油钻探技术》，2003年第3期。

[4] 王彦祺：《松南气田火山岩气藏水平井钻完井关键技术研究》，《钻采工艺》，2009年第4期。

本文发表于《钻井工程》2010年第4期

井斜控制技术在哈国阿里贝克莫拉油田的应用

黄乘升,曹华庆,赵炬肃

(中国石油化工集团公司华东石油工程有限公司六普钻井分公司,江苏 镇江 212003)

一、概　述

阿里贝克莫拉油田位于哈萨克斯坦共和国西北部,该区块呈南北走向,面积约 $10~km^2$;地层倾角大,属易斜地层。前苏联在该区块钻探井 10 余口,平均建井周期 200 多天,且部分井井斜超过了设计标准,其钻井周期长的主要原因之一就是井斜问题。

该地区平均井深 3 620 m,上部 0～700 m 主要为黏土层、泥岩,中部 700～2 000 m主要为泥岩、泥页岩、砂岩、盐层等频繁互层,下部 2 000～3 620 m 以灰岩为主,夹泥灰岩与泥岩。

通过对该构造地层的仔细研究,发现该区块中部高、四周低,是一典型的山型隆起。为此,施工者根据地层的特性与井位的分布,在钻井前就制定了明确的防纠斜方案。井位位于区块中部,钻遇地层倾角较小的井,通过变换井底钻具组合的办法,配以合适的钻进参数来控制井斜,而对于构造四周,特别是区块边缘,地层倾角大的井,则采用目前世界上比较先进的 SDD 或 VDS 自动井斜控制系统,必要时使用 MWD 定向纠斜,使所有的井都能满足设计要求。

二、井斜控制的分类应用

井斜控制大体可分为 3 类:第一,利用变换井底钻具组合来控制井斜;第二,使用自动井斜控制系统来主动防斜;第三,使用井斜监视器辅助性防斜。目前比较常用的是第一种方法。

(一)利用底部钻具组合及合理的钻井参数控制井斜

其控制井斜的机理是通过改变井底钻具组合,从而改变井底钻具的运行状态,克服横向作用力与地层自然造斜力,从而使钻头尽量沿井眼的垂直方向钻进。这类井斜控制技术又可分为 4 种:

1. 刚性满眼钻具组合控制井斜

此类钻具防斜的主要原理就是通过刚性较大的大尺寸钻铤,并在合适的位置安装稳定器,从而提高钻具的抗弯曲能力,达到防斜的目的,该钻具组合主要的优点就是能够加较大的钻压,不需要特别的工具,成本低。但是该类钻具防斜效果不太好,且理论上井斜呈缓慢的上升趋势,不适合地层倾角较大的易斜井。同时由于该组合结构较复杂,在发生井下事故时处理困难,不推荐在复杂地层中使用。其典型的钻具组合为:钻头+稳定器+短钻铤(其长度随钻挺尺寸的加大而加长,177.8 mm钻铤一般为2~3 m)+稳定器+钻铤×1+稳定器+钻铤×2+稳定器+上部钻具组合。实际操作中,为了使钻具刚性更强,一般在钻头上再增加一稳定器,见表1。

表1 A119井311.2 mm井眼钻井参数

井号	井深/m	最大井斜/(°)	钻压/MPa	转速/(r/min)	排量/m³	泵压/MPa	完井天数/d	备注
A119	3 550	2.2	18~22	100~130	50	220	62	井眼311.2 mm

该井是该区块高点位置的一口生产井,地层倾角较小,容易控制井斜,同时技术人员也对邻井的地层与施工措施进行了比较全面的分析,为了在满足控制井斜的前提下,尽量提高机械钻速,选用了刚性满眼钻具组合。其组合为:钻头+稳定器×2+短钻铤+稳定器+钻铤×1+稳定器+钻铤×2+稳定器+上部钻具组合。后在该区块同类型的10余口井推广使用,实际使用效果非常明显,取得了比较好的经济效益。

2. 钟摆钻具组合防纠斜技术

此类钻具组合分两种,一种为塔式钻具组合,一种为钟摆钻具。由于后一类钻具防纠斜效果较好,在实际使用中一般采用钟摆钻具组合。该类钻具防纠斜主要的机理,就是利用钻具自身重力的一个分力,来抵消由于钻压或地层所形成的造斜力。所以该类钻具防纠斜效果的好坏与钻压关系密切,在较低钻压下具有较明显的防纠斜能力,而随钻压的增加其纠斜能力逐渐减小,当钻压达到一定值时,将会失去纠斜功能。由于该钻具组合的这一特征,在纠斜的过程中要求使用较低的钻压,这将严重影响机械钻速。但是随着PDC钻头的推广使用,这一问题得到了比较好的解决。目前在钟摆钻具的应用中,一般与PDC联合使用,再配合高转速(一般转速200 r/min以上),使得机械转速得到了明显的提高。200 r/min的转盘转速,对于配有顶驱或电动转盘的钻机可以达到,而对于普通钻机,解决问题的办法就是使用涡轮钻具。

其典型的钻具组合为:PDC+钻铤(其长度需根据钻铤的尺寸来调整,钻铤越粗,其长度可以放得越长,对于177.8 mm钻铤一般为18 m)+稳定器+钻铤×1+稳定器+上部钻具组合。为了提高机械钻速,也可用一根同外径的涡轮钻具代替最下部的一根钻铤,见表2。

表2   A117 井 311.2 mm 井眼钻井参数

井号	井深/m	最大井斜/(°)	钻压/MPa	转速/(r/min)	排量/m³	泵压/MPa	完井天数/d	备注
A117	3 650	1.5	3~8	100~300	48	250	58	井眼 311.2 mm

A117 井距离 A119 井约 1 000 m,地层倾角相对较大,易斜。为了能够有效控制井斜,同时进一步提高机械钻速,降低钻井成本,经过技术人员对地层的仔细分析,决定在上部不易斜的地层(0~700 m)采用单扶钟摆钻具组合,中部(700~2 100 m)易斜地层采用双扶钟摆钻具组合,同时为提高机械钻速,采用高效涡轮钻具(寿命达 300 h 以上),配以 PDC,其具体钻具组合为:PDC + 228.6 mm 涡轮钻具(长 8.5 m)+ 241.3 mm 钻铤 ×2 + 稳定器 + 241.3 mm 钻铤 ×1 + 稳定器 + 上部钻具组合;而底部(2 100~3 650 m)由于地层倾角较小,且地层为比较稳定的灰岩地层,则使用满眼刚性钻具组合。由于技术措施得当,该井成为该区块首口钻井周期小于 60 d 的优质井。

3. 偏心组合防斜技术

偏心组合防斜技术又称为涡动防斜技术,是目前世界钻井界研究比较多的动力学防斜技术之一,前景比较广阔。主要特点就是在底部钻具组合中使用偏轴接头、偏心或偏重钻铤、偏心钻头等,其钻具组合形式分为带稳定器的偏心钻具组合与不带稳定器的偏心钻具组合,一般情况下采用前一种形式。

该类钻具组合防斜的主要原理就是使底部钻具产生公转式的反向涡动来保证钻头沿井眼方向钻进;井底钻具在井底的运动状态分为 3 类,即有规则摆动,无规则摆动,反向涡动。决定井底钻具运动状态的主要是钻压与转速,实验表明,在相同的钻压条件下,随着转速的增加,底部钻具组合的运动状态将由有规则摆动到无规则摆动到反向涡动,而有规则摆动不利于控制井斜,因此,应尽量避免使用低转速(小于 60 r/min)钻进;为了使井底钻具的运动状态达到反向涡动,正常情况下转盘转速应大于 90 r/min,但是,实验还表明了随着钻压的增加,形成反向涡动所需的转速临界值也在增加,因此,在选择钻进参数时应把钻压与转速综合起来考虑。典型的钻具组合为:钻头 + 偏心或偏重短钻铤(4~5 m)+ 钻铤 ×1 + 稳定器 + 钻铤 ×1 + 稳定器 + 上部钻具组合,见表3。

表3   A108 井 215.9 mm 井眼钻井参数

井号	井深/m	最大井斜/(°)	钻压/MPa	转速/(r/min)	排量/m³	泵压/MPa	完井天数/d	备注
A108	3 680	2.1	14~16	120~140	32	220	67	井眼 215.9 mm

A108 井处于区块次边沿,中下部地层的倾角都比较大,钻井周期 203 d,且自

井深 1 100 m 以后,尽管采取了各种降斜措施,井斜依然得不到有效控制,最大井斜达到 8.5°。六普钻井分公司工程技术人员对老井易斜井段进行分析后,决定 0~750 m 地层平稳,采用单扶钟摆,750~2 200 m 地层易斜采用 PDC 钻头,再配高效涡轮钻具,2 200~2 900 m 地层平稳采用满眼刚性钻具组合,2 900~3 680 m 地层倾角较大,易斜采用偏心防斜钻具组合,其组合形式为:钻头 + 偏重短钻铤(5 m)+ 钻铤×1 + 稳定器 + 钻铤×1 + 稳定器 + 上部钻具组合,同时通过各种方法寻找钻压与转速的最优配合值,最终将钻压定在 15 t,而转盘转速在 130 r/min 左右,由于有老井的资料,再加之选择的方法得当,该井比设计钻井周期缩短了 1/3。

(二)使用自动井斜控制系统的主动防斜技术

该类防斜打直技术是目前世界上最先进的,分为 VDS(VERTICAL DRILLING SYSTEM)与 SDD(STRAIGTH-HOLE DRILLING DEVICE)两类,后一类是在前一类的基础上配上一偏置井下马达,其基本原理是:当发生井斜时,放置在仪器内的井斜传感器自动感应井斜及其方向,并发出信号,然后通过电磁阀来控制 4 个活塞液压缸内的压力,进一步推动与液压缸相连的 4 个可伸展翼片,使其支撑于井壁,借助井壁的反作用力推动钻头沿井斜相反方向钻进,从而达到控制井斜的目的,由于这类工具能自动感应井斜,并同步做出相应的反应,因而在井内工作时,只要有井斜存在,它就能不停地产生横向纠斜作用力,并且该作用力随井斜的增加而加大,直到井斜为 0。

SDD 是 VDS 的改良型,由于在原有的基础上增加了一偏置井下马达,其纠防斜效果更加明显,且由于井下马达转速快,如配以 PDC,就能在较小的钻压下获得较高机械钻速。其实 SDD 自动井斜控制系统是集钟摆防斜技术、导向钻具防斜技术、VDS 防斜技术为一体的一种综合防井斜控制系统。

自动防井斜控制系统其优点是适用范围广,防纠斜能力强,几乎能够在所有的地层中使用,且能达到满意的使用效果,基本上能将井斜控制在 1°以内,但由于该仪器结构精密,制造成本高,因而其使用成本也很高,因此,一般仅仅在其他的方法控制不了井斜或对井斜要求特别高的情况下使用,见表 4。

表 4　A107 井 215.9 mm 井眼钻井参数

井号	井深/m	最大井斜/(°)	钻压/MPa	转速/(r/min)	排量/m³	泵压/MPa	完井天数/d	备注
A107	3 750	1.8	3~8	100~220	28	240	65	井眼 215.9 mm

A107 井是处于区块西部最边沿的一口井,该井地层倾角与 A108 井基本相同,但是由于在井深 2 900~3 100 m 时将钻遇地层倾角大极易井斜的破碎带,且该井离区块边沿水平距离不足 50 m,如果井斜控制不好,极有可能偏出油区而成为报费井,因而在设计时对控制井斜提出了较高要求(井斜不大于 2°),基于这种情况,

决定在井深 2 850～3 150 m 井段采用 SDD 自动井斜控制系统。

具体施工措施:一开 0～780 m 单扶钟摆钻具组合,该段最大井斜 0.3°;二开 780～2 180 m,双扶钟摆带 PDC 钻头带涡轮钻具,最大井斜 1.5°;三开 2 180～2 850 m偏心钻具组合带涡轮,带 PDC 钻头,最大井斜 1.8°;三开 2 850～3 150 m 采用 SDD,其组合形式为:PDC + SDD + 钻铤 + 扶正器 + 钻铤 + 扶正器 + 上部钻具组合,该井段井斜与井深见表 5。

表 5   三开井段井斜与井深

井深/m	2 850	2 950	3 050	3 150
井斜/(°)	1.8	1.1	0.8	0.5

从该表来看,SDD 确实防降斜作用明显,且地层造斜力对其影响较小。三开 3 150～3 750 m,采用刚性满眼钻具组合,井底井斜 0.8°。后经测井及地质资料证实 2 910～3 120 m 井段为破碎带,地层倾角达 71°。由于在易斜井段采用了 SDD 防纠斜技术,不但有效地控制了井斜,而且大大地提高了机械钻速,取得了令人满意的效果。

(三) 使用井斜监视器的辅助防斜系统

该类装置主要是在井底钻具组合上安置一类似于 MWD 的,能够通过钻井液脉冲将井斜信号同步传到地面的一种装置。由于能够及时了解井底井斜的情况,调整钻井参数,在该吊打时吊打,该加压时加压,从而在控制井斜的同时获得最大限度的机械钻速。

该装置自身并无防纠斜的能力,一般需与其他的防纠斜工具一起使用,其典型的组合为:PDC 钻头 + 钻铤(或涡轮钻具) + 井斜监视器 + 钻铤 + 稳定器 + 钻铤 + 稳定器 + 上部钻具组合。当井斜较大时可以降低钻压,井斜较小时可以增加钻压,从而达到获取最大限度机械钻速的目的。

三、几种防纠斜技术的优缺点

综上所述,防纠斜技术的优、缺点主要有以下几点,见表 6。

表 6   几种防纠斜技术的优缺点

类别	优点	缺点
刚性满眼防斜技术	使用成本低,对钻进参数要求不太高,能加较大的钻压,有利于提高机械钻速	仅适合于地层倾角小的较稳定地层,且纠斜效果差
双扶钟摆防斜技术	使用成本一般,防纠斜效果好,如与 PDC,涡轮钻具联合使用,能够在提高防纠斜能力的同时,大幅度地提高机械钻速	对参数要求较高,需与 PDC、涡轮钻具联合使用

续表6

类别	优点	缺点
偏心组合防斜技术	使用成本一般,防纠斜效果较好	对参数要求较高,且目前技术尚不太成熟
SDD自动防斜技术	防纠斜效果都很好,对各种地层都适应,对参数要求也不高	成本太高

从表6可以看出,任何防纠斜技术都有其优缺点,在实际使用中应根据钻井设计的要求和地层的特点选择合适的防纠斜技术,以便达到提高机械钻速,缩短钻井周期,节约钻井成本,实现经济效益最大化的目的。

四、结束语

在阿里贝克莫拉油田钻井过程中,技术人员通过对地层的仔细对比分析,采取了与地层相适应的各种防纠斜技术,成功地完井80余口,且钻井在满足设计要求的同时,大大地缩短了建井周期,取得了良好的经济效益。

本文发表于《2009年六普钻井技术论文集》,2009年11月

加蓬 G4-188 区块钻井液技术应用研究

赵炬肃,马春松

(中国石油化工集团公司华东石油工程有限公司六普钻井分公司,江苏 镇江 212003)

加蓬 G4-188 区块位于西非含盐油气盆地(Aptain Salt Basin)大西洋次级盆地的北部,向北邻近 EKM 地垒,向东紧靠 DAM 凹陷,再向东 LAMBA 凸起将大西洋次级盆地与内陆次级盆地分开。本区以含盐层为分界,盆地由陆相沉积变为局限海相沉积,海陆交互相沉积和开阔海洋沉积。局限海相的沉积环境和干旱气候,导致了厚层的盐层沉积,厚层的盐体活动基本控制了盐上构造和沉积。盐拱与断层共同控制了 G4-188 区块的构造活动和构造的发育。

地层特点:SAWZ-1 井实钻表明,G4-188 地区第三系地层松软,渗透性好,可钻性高,但地层研磨性强,钢齿钻头外径易早期磨损,容易形成小井眼;上 PC 组塑性泥岩发育,容易水化膨胀,引起起下钻阻卡;下 Pc 组、Anguille 组地层岩性多为砂泥岩互层,以泥岩为主,可钻性中等,硬脆性泥岩地层容易剥落掉块。软泥岩吸水膨胀,引起缩径。有高压油气层存在,容易发生气侵,井控安全级别高。下 Pc 组和 Anguille 组是 G4-188 区块事故易发井段,也是井眼质量控制关键井段。应注意调整控制钻井液性能,保护油气层,防止卡钻、井涌等。

一、技术难点及解决问题的思路

G4-188 区块 SAWZ-1 井地层实钻分段及岩性描述见表1。

表1 G4-188 区块 SAWZ-1 井地层实钻分段及简单的岩性描述

地层	底界深度/m	岩性描述	倾角/(°)	故障提示
第三系		泥岩为主,夹细砂岩和粉细砂岩。疏松-松散,成岩性差		成岩性差,易垮塌
P.G	964	灰色、灰白色粗、细砂岩夹灰色粉砂质泥岩。地层研磨性强	8	地层渗透性强容易形成虚泥饼
上 PC	1 250	灰色细砂岩与泥岩互层。砂岩:泥质胶结为主,胶结中等。泥岩:质不纯,含粉砂;中等硬度;性较脆	15	易缩径,易井漏,可能存在异常压力

续表1

地层	底界深度/m	岩性描述	倾角/(°)	故障提示
下 PC	1 750	灰色泥岩夹粉细砂岩。砂岩:泥质胶结为主,胶结中等。泥岩:质不纯,含粉砂;中等硬度;性较脆	11	发育大套泥岩段,可能存在异常压力,易垮塌
Ang	2 482	深灰色、灰黑色泥岩夹灰色、灰白色粉细砂岩,含少量燧石。砂岩:泥质、硅质、钙质胶结;胶结中等,局部疏松。泥岩:质较纯,岩性硬至中等,性脆,易碎	6	可能存在异常高压,防井喷
Azile	2 640（未穿）	放射性磷质泥岩		

加蓬 G4-188 区块井壁失稳问题主要表现在以下几个方面:

(1) 上部流砂层地层成岩性差,易塌易漏。SAWZ-1 井一开(φ444.5 mm)实钻表明,365 m 以上地层(第三系)以粗、细砂岩为主夹灰色泥岩,胶结松散,呈流砂状。由于施工初期缺乏相关钻流砂层的经验,导致施工初期流砂地层坍塌非常严重。流砂层垮塌主要表现为振动筛出砂量巨大,细砂填满筛网孔,严重跑浆。考虑井壁坍塌严重,出砂量大,担心造成沉砂卡钻,组织者不敢轻易降低排量,大排量钻进加剧了流砂层的坍塌。造成流砂地层坍塌的原因是力学和工程技术措施上的因素。

(2) 软泥岩井段(1 250 m 以下)易吸水后发生膨胀,引起井壁强度下降,容易造成钻头和扶正器泥包而形成拔活塞抽吸造成井壁垮塌。G4-188 区块二开井段下 PC 组地层为砂泥岩互层,其中砂岩为泥质胶结,泥岩层以塑性泥岩和易塌页岩互层。地层压力由上至下逐渐升高,存在异常高压层。

SAWZ-1 井钻至该地层时发生先缩井后坍塌等井下复杂情况,导致下 PC 组井眼的扩大率普遍偏大,平均扩大率大于 15%。

(3) 新区块地层的不确定性和多层地压体系,并存在异常高压层,给钻井施工带来极大难度,做好地层压力监测和防喷工作是施工的重点和难点所在。

G4-188 区块 SAWZ-1 井地层压力当量分布情况见表2。

表2　G4-188 区块 SAWZ-1 井地层压力当量分布情况

地层	井段/m	预测压力当量密度	破裂压力当量密度	SAWZ-1 井实钻钻井液密度
第三系	0～560	0.986		1.15
上 Pc	560～1 386	0.997		1.18
下 Pc	1 386～1 495	1.154	1.62	1.20
下 Pc	1 495～1 581	1.326		1.28

续表2

地层	井段/m	预测压力当量密度	破裂压力当量密度	SAWZ-1 井实钻钻井液密度
下 Pc	1 581 ~ 1 732	1.325		1.44
Anguille	1 732 ~ 1 918	1.459		1.58
Anguille	1 918 ~ 2 482	1.460	1.96	1.71
Azile	2 482 ~ 2 640	1.269		1.71

（4）盐岩层井段极易垮塌。G4-188 区块 SAIE-1 井钻遇盐岩层。盐岩地层具有很强的塑性蠕动能力，随着盐岩层的埋深增加，其塑性蠕动能力加剧。研究表明，埋深在 1 000 m 以下厚度达 300 m 以上的盐岩层就会发生变形。盐岩地层的塑性变形量随着时间的增长而增大。刚钻开盐层，作用在井壁的侧压力突然下降，盐岩层以较高的速率变形，造成缩径。SAIE-1 井实钻表明，G4-188 区块盐岩层的蠕动能力有限，盐岩不纯中间夹有泥岩，钻进中必须采用饱和盐钻井液体系，阻止盐岩溶解，使夹层泥岩能有效地支撑。

解决井壁不稳定的工程技术措施主要从以下几个方面入手，一是选用合理的钻井液密度，保持液柱压力对井壁的支撑力，采用物理方法平衡地层压力；二是优选钻井液类型与配方，用化学方法阻止或抑制地层的水化作用；三是优化井身结构，优化钻井参数，落实钻井技术措施，提高钻井速度，降低钻井液浸泡裸眼井段的时间。

二、室内试验与评价

（1）聚合醇钻井液抑制防塌性能评价：指定时间的相对膨胀率、热滚回收率对比实验情况，其结果见表3。

表3　相对膨胀率、热滚回收率对比实验

钻井液体系	线膨胀率/%			一次回收率/%（40 目/100 ℃/16 h）	提高率/%
	2 h	24 h	降低率/%		
聚合物	12.5	19.5	—	83.24	—
聚合醇/聚合物	4.2	9.6	8.3 ~ 9.9	93.91	10.67
聚磺	7.7	13.8	—	86.10	—
聚合醇/聚磺	3.9	9.1	3.8 ~ 4.7	97.46	11.36

由实验得出：聚合醇/聚合物、聚合醇/聚磺与相对应的聚合物、聚磺钻井液，其对泥页岩的防塌抑制性均有明显的提高。

（2）聚合醇钻井液抗温能力评价：将聚合物、聚合醇/聚合物、聚磺、聚合醇/聚磺钻井液在不同温度下，在 4.2 MPa 的压力的条件下，各钻井液体系样品的高温高压滤失量见表4。

表4 聚合醇钻井液热稳定性实验

钻井液体系	滚动条件(16 h)/℃	钻井液性能(60 ℃)				
		AV /(MPa·s)	PV /(MPa·s)	YP /Pa	Gel Pa/Pa	FL/k mL/mm
聚合醇/聚合物	60	30	22	8.0	1.0/8.0	5.0/0.5
	120	30	21	9.0	2.0/11.0	5.2/0.5
	140	27	19	8.0	1.0/6.0	5.8/0.5
	150	22.5	16	6.5	0.5/2.5	7.2/0.5
聚合醇/聚磺	60	40	28	12	3.5/12	4.2/0.5
	120	38	27	11	3.0/10	3.8/0.5
	140	46	32	14	4/13.5	4.0/0.5
	150	49	38	11	5.5/15	4.8/0.5

该实验表明:在120~150 ℃的热滚动条件下,聚合物/聚合醇钻井液、聚磺/聚合醇钻井液流变性基本稳定,滤失量增加不多,具备150 ℃的抗温能力。

三、现场应用

G4-188区块采用分段制钻井液设计方案,SAGE-1井一开井段设计使用两性离子聚合物钻井液体系,以两性金属离子聚合物FA368抑制黏土分散、膨胀、泥岩井段缩径,控制泥页岩地层造浆,用XY-28和铵盐控制钻井液黏切,用LV-CMC控制失水,调节钻井液性能。二开、三开井段采用两性金属离子聚合醇防塌屏蔽暂堵钻井完井液体系。该井段着重解决井壁稳定问题,核心是改善和提高泥饼质量,控制失水,抑制脆性泥页岩水化分散、剥落掉块。油层段着重解决油层污染问题,核心是在满足各项钻井液性能要求外,最大限度地降低损害程度,达到油层保护之目的。现场聚合醇钻井液维护方面还采取了以下技术措施:

(一)防塌、防卡措施

根据钻井液密度设计及随钻地层压力检测结果,及时调整好钻井液密度,以满足实际施工要求。加入足量防塌剂PF-TEX、OSAMK、DYC-2等,防止泥岩地层坍塌。保持钻井液具有良好的造壁性能,严格控制API失水小于5 mL。保持钻井液具有合适的流变性能,控制钻井液在环空中处于层流状态,避免紊流冲刷井壁。盐层井段钻进过程中,使用饱和盐水钻井液,确保氯离子含量大于175 000 mg/L,防止盐岩溶解造成地层垮塌。钻进过程中及时加入液体润滑剂GLUB,并保持其含量达到 1% ~ 1.5% ,加强泥饼黏附系数检测工作,控制 K_f 小于 0.10。

（二）防漏措施

钻遇上 PC 地层(灰色细砂岩与泥岩互层),需及时调整钻井液密度,防止压漏地层。认真做好泥浆液面监测工作,进入易漏地层前,在钻井液中加入 1% 随钻堵漏剂 GPC-1 和中粗粒堵漏剂 CBM,同时减少钻井液触变性,降低环空压降。在易漏地层控制起下钻速度,缓慢开泵,避免压力激动憋漏地层。

（三）固相控制措施

正常钻进过程中振动筛开动率达到 100% ,除砂器、除泥器开动率不低于 80% 。在用好两除装置的情况下,根据需要使用好离心机,以减少钻井液中劣质土含量,控制钻井液中固相含量,保持钻井液性能稳定。

（四）油气层保护措施

严格控制钻井液密度,尽量保持近平衡钻进。严格控制钻井液固相含量,防止劣质固相进入油层孔隙中,损害油气层。严格控制 *API* 小于 5 mL, *HTHPFL* 小于 15 mL,防止滤液对油气层的损害。加入与油层孔喉直径相匹配的屏蔽暂堵剂 QS-4 和足量油层保护剂 PSC-1,保护油气层。

两性金属离子聚合醇防塌屏蔽暂堵钻井完井液体系在 G4-188 区块使用表明,该体系基本满足钻井工程施工的需要,在地层压力预测吻合阶段井眼扩大率能够控制在设计的范围内。SAGE-1 井与邻井的施工作业比较,其中,SAGE-1 井的机械效率为 4.32 m/h,比 SAWZ-1 井(3.75 m/h)提高了 24.21% ;台月效率 1 639.39 m/台月,比 SAWZ-1 井(1 168.14 m/台月)提高了 40.34% ;辅助时间、特种作业时间比 SAWZ-1 井分别缩短了 10.16% 和 51.88% 。SAGE-1 井井壁坍塌造成的划眼事故时间为零,电测井一次成功率为 100% ;油层保护效果良好。经测试 SAGE-1 井所有油气层段表皮系数均为负数,表明油气层没有受到污染。

四、结 论

（1）G4-188 区块采用两性金属离子聚合醇防塌屏蔽暂堵钻井液体系具有很强的抑制性与封堵性,能较好地解决脆性泥岩井壁失稳问题,润滑性能好。

（2）室内实验及现场应用表明,储层井段采用两性离子聚合醇屏蔽暂堵钻井完井液体系,能够满足油气层保护要求。经测试 SAWZ-1 井 Anguille 组油气层段表皮系数为 -1.19 和 -0.598;SAGE-1 井 Azile 组油气层段表皮系数为 -1.05,UPC 组油气层段表皮系数为 -1.55,表明油气层保护效果良好。

（3）通过两口井的实践,基本掌握了加蓬工区 G4-188 区块地层压力变化规律。SAIE-1 井、SAGE-1 井实际控制的钻井液密度值,后经测井解释和完井后测试验证符合实际层压力系数,两口井未因地层压力问题造成井涌、井漏、井壁垮塌等井下复杂情况,为安全施工创造了条件。

(4) 两性离子聚合醇防塌钻井液在高温、高密度条件下,钻井液流动性较差,黏度、切力偏高,钻井液体系处理剂组合有待进一步优化。

参考文献

[1]《钻井手册(甲方)》编写组:《钻井手册(甲方)(上册)》,石油工业出版社,1990 年。

[2] 徐同台:《油气田地质特性与钻井液技术》,石油工业出版社,1998 年。

[3] 马春松:《加蓬工区 SAGE-1 井钻井液技术》,《华东石油局钻井工程公司 2007 年钻井技术交流会论文集》,2008 年。

[4] 王旭,刘明华,周乐群,等:《高温高密度钻井液研究与难点分析》,中国石油学会钻井液学组,《2009 年全国钻井液技术研讨会论文集》,2009 年。

本文发表于《油气藏评价与开发》2011 年第 5 期

"双驱钻井技术在江苏工区的推广应用"效能监察

赵炬肃,虞庆云

(中国石油化工集团公司华东石油工程有限公司六普钻井分公司,江苏 镇江 212003)

一、效能监察背景

2009 年 4 月公司在 40685 井队施工的兴北 2-2 井首次应用螺杆 + PDC 钻头双驱钻井,简化了钻具结构,减小了卡钻的风险,提高了机械钻速,同时在井眼轨迹控制方面提高了中靶精度,最小的靶心距为 2.92 m,这项新技术的应用取得了初步成功。2009—2010 年,双驱钻井技术在江苏工区得到了推广,有效解放了上部井段施工的钻压,机械钻速普遍得到提高,在台南工区单井平均机械钻速最高达到 13.98 m/h,在草舍和台南工区生产井施工中取得了明显的成效,井眼轨迹控制均达到了设计要求,实现了低成本的优质快速钻井。

为进一步提高钻井效率和管理水平,在认真分析了江苏工区历年钻井情况及地层特点、常见井型的施工要求、当前钻井技术发展情况及钻井装备情况下,我公司组织有关人员进行了效能监察立项调研工作。按照《华东石油局、华东分公司效能监察实施意见》,结合公司加强党风廉政建设和提高经济运行质量的要求,公司决定将"双驱钻井技术在江苏工区的推广应用"列为 2011 年的效能监察立项项目,并报华东石油局批准立项。通过该项目的实施,使江苏现有 5 个钻井队在 2011 年钻井生产中全面提升钻井技术水平,获得更大经济和社会效益。

因此,实施"双驱钻井技术在江苏工区的推广应用"效能监察项目,符合监察工作围绕经营管理中心任务,维护改革发展稳定大局,提高经济效益和工作效率,实现企业"又好又快"健康发展,充分发挥效能监察在经营管理中的综合监督作用,加强内部监督和风险控制的要求,具有深远的现实意义。

二、项目开展情况

(一)组织领导

为了加强"双驱钻井技术在江苏工区的推广应用"项目的统一领导,公司成立了"双驱钻井技术在江苏工区的推广应用"领导小组。项目领导小组下设工作部

（专家组），具体负责项目实施。

领导小组的主要职责：负责公司"双驱钻井技术在江苏工区推广应用"项目的立项申报、制定目标、实施方案、运行关键节点、工作进度检查等重点工作。并做好项目的协调、检查工作，加强现场监督，解决实施中遇到的技术问题，对实施效果进行评价、总结，找出不足，提出监察建议书，项目结束后认真做好总结，客观分析工作中的成绩和不足，为今后的效能监察工作提供经验和借鉴。

（二）效能监察目标

公司根据 2009—2010 年钻井施工情况，认真分析了江苏工区双驱钻井技术的应用情况，提出以下目标：

（1）钻井平均机械钻速、台月效率在 2010 年基础上提高 10%；

（2）中靶率达 100%，靶心距控制在 15 m 以内；

（3）施工井优良率达 95% 以上；

（4）井下事故台时控制在钻井台时的 0.5% 以内；

（5）钻井每米油耗量下降 10%，达到 32.8 kg/m。

（三）效能监察方案及工作安排

效能监察项目小组，根据江苏工区钻井生产的实际情况，选择了钻井队优化双驱钻井作业，从源头加强生产物资（钻头、定向仪器、泥浆材料、设备等）采购控制，降低生产成本为立项控制环节和对象，实施方案涵盖 4 个方面内容：

（1）对工区各类钻井施工设计参与会审，集成双驱钻井的经验和专家们智慧，使钻井设计方案最优化。

（2）严把钻井物资招标准入关，规范大宗物资招投标制度，公开、透明、阳光操作。严格物资月度、季度计划审批制度，做到物资使用情况要反馈，做好资格评价，优选供应商。把采购管理纳入到效能监察日常管理工作之中。

（3）根据公司"带班制"制度的有关规定，公司领导、机关科室长坚持到井队带班，工区项目部、井队领导带班不走过场，必须 12 h 跟班，实实在在参与野外队的生产过程，坚持汇报制。其目的是加强现场施工监督和管理，同时，项目工作部定期选派懂技术、懂管理的专家到现场指导作业，帮助一线技术人员更新观念，提高技能水平；技术部门在关键工序、关键井盯人到位。组织科和监察部门经常性地进行突击抽查，检查带班领导是否在现场，对领导脱岗的严肃处理，在管理措施上实行登记制，从而确保效能监察工作真正落实，不断完善钻井新技术。

（4）细化安全生产禁令，深查细找身边安全"十大薄弱环节"，强化措施落实。积极推进清洁生产和节能减排工作。

1. 准备阶段

(1) 立项审批

认真填写《效能监察立项报告表》,经"双驱钻井技术在江苏工区的推广应用"工作领导小组组长批准后,报华东石油局监察处备案。

(2) 组织领导

效能监察工作领导小组领导"双驱钻井技术在江苏工区的推广应用"工作,明确职能部门具体行使对应的工作职责。

2. 实施阶段

各部门,江苏工区各井队按照领导小组要求,各施其责,制定具体工作计划,加强与各责任主管部门的联系和沟通,安全顺利地完成各项指定工作。

3. 总结阶段

(1) 各责任部门和江苏工区项目部完成"双驱钻井技术在江苏工区的推广应用"情况小结,报公司"双驱钻井技术在江苏工区的推广应用"领导小组。

(2) 领导小组根据项目实施情况,组织人员客观分析项目完成情况,总结工作中的成绩和不足之处,完成并提交效能监察报告,为今后的效能监察工作提供经验和借鉴,填写《效能监察实施结果报告表》,并报局监察处备案。

(3) 收集效能监察项目工作资料,立卷归档。

4. 项目实施情况

公司组织项目领导小组及工作部召开专门会议,明确工作目标和任务,在江苏工区内大力开展"双驱钻井技术在江苏工区的应用"宣传,增强各井队开展双驱钻井技术的意识和责任心,在总结经验的基础上,在直井段、稳斜井段全部使用了双驱加 PDC 钻井,降低了钻井周期,提高全井机械效率,降低生产各个环节成本。

公司建立了效能监察网络管理体系:项目组全面负责机构人员、目标和任务制定及效能考核;工作部(设在工程管理科)具体指导和技术分析,负责项目进展情况汇总并及时反馈到项目组、各单位;有关科室、二线单位紧密配合;江苏工区项目部、五个钻井队具体实施。

公司 2011 年上半年钻井生产,江苏工区动用钻机 5 台,开动 17.25 台月,完井 21 口,进尺 57 364 m,为年计划的 67.49%,同比提高 39.92%。平均台月效率 3 359.98 m/台月,平均机械钻速 12.82 m/h,同比分别提高 41.44% 和 64.99%。在完成的 21 口井中,优秀井 16 口,良好井 4 口,合格井 1 口,优良率达 95.23%。江苏工区在指标、效率和技术运用上,均取得了良好的业绩。帅 1-3 井用一只 KS1942GA 钻头一趟钻成直井、造斜、稳斜段 545 m,造斜、稳斜效果好,同比进尺长、机械钻速均高于邻井;采用双驱钻井技术提高了钻探效率,上半年江苏工区钻井周期缩短了 18.49%,机械钻速提高 64.99%。

项目领导小组综合上半年钻井运行情况,制定了下半年工作要点:

(1) 在江苏工区继续推广完善双驱钻井技术,同时将双驱技术推广在直井段、定向井段使用,以提高机械钻速和缩短钻井周期。在江苏工区,强化生产环节的衔接,快速组织搬迁安装,加快生产节奏。

(2) 继续和 PDC 厂家合作,研制可以在定向井段使用的合适钻头,从而达到一只钻头、一套钻具组合、一趟钻完成二开的钻井目标。

(3) 加大对江苏工区各区块井斜和方位的变化趋势统计和研究,为以后各区块的定向钻井统一模式奠定基础。

(4) 加大对各区块各井段钻井方式、钻井技术的资料收集和研究工作,为制定江苏工区钻井技术规程做牢基础工作。

(5) 项目组继续参与新型 PDC 钻头、定向仪器、钻井液材料、钻井机械招标、评定、审核工作,从监督制度上严把内控程序关、质量关。

(6) 针对工区安全生产现状,深化"岗前五分钟"、"班组危险预知预控"、"HSE 观察"等活动,细化安全生产禁令,深查细找身边"十大薄弱环节",开展"学卫士、讲卫士、评卫士"活动。

项目领导小组根据效能监察目标,对江苏工区钻井生产情况及时分析研究,对技术较薄弱的井队重点帮助,对重点井、难度井重点指导,先后 7 次派出公司领导带队,钻井、机械、安全、调度、计财、经营等部门人员参加的专家组赴工区项目部和钻井现场,帮助井队优化钻井措施,缩短作业周期,降低作业成本,签发效能监察建议书 3 份,解决双驱钻井技术难题,为钻井生产全面提效当好参谋。同时,一年中效能监察工作紧扣重要业务开展专项检查,实施解剖式监督。项目组参与了新型PDC 钻头优选、定向井仪器、钻井液处理剂评价及钻井设备购置谈判和招标活动,本着"公开、公平、公正,合理、节支、保质"的指导思想,坚持对钻井物资实行认真细致的监察和考量。加强了生产管理监督,为项目实施提供了物质准备,也为有效地控制钻井成本打好基础。效能监督重点在严格过程控制,实现工程阳光操作,促进企业行为规范和制度完善,切实从长远提高钻井技术水平和质量。

11 月公司召开 2010—2011 年技术交流会议,重点总结了两年来双驱钻井所取得的成效。在会议期间,项目组进行了效能监察检查自查,对照目标和任务,梳理工作流程,从不同方面对双驱钻井进行总结,提出合理化建议,并着手落实项目报告的编写工作。

三、项目取得的主要成果

2011 年双驱钻井技术在江苏工区得到了推广应用,单项钻井技术指标、钻井工艺水平明显提高,使得台月效率及机械钻速等指标不断刷新同区块施工的纪录并屡创公司历年最高指标纪录,取得了较好的经济效益。取得这一成绩的关键因素在于双驱钻井技术在工区内各井队普遍得到推广应用,同时,也与效能监察工作取得的业绩分不开。

（一）双驱钻井大幅度提高钻井效率,节约成本343.20万元

2011年1—11月份江苏工区平均机械钻速达到12.86 m/h,比2010年的9.28 m/h的年平均机械钻速提高了38.57%,平均台月效率提高19.70%。2011年江苏工区按照1个井队全年20 000 m的钻井任务测算,在时间利用率45%的平均水平下,完成生产任务仅需开动钻机144 d,而按照2010年的平均机械钻速则需196 d,2011年全年可节约钻井台时52 d,按每天钻井综合成本6.60万元计算,此项目全年可节约成本343.20万元。

（二）江苏工区多项钻井指标刷新

2010年蔡1-3井全井平均机械钻速达到20.85 m/h,刷新江苏工区纪录。

2011年帅垛区块的勘探开发为我公司钻井施工的重点区块,也是我们实施双驱钻井技术最多的区块。在8月份,40685井队施工的帅1-5井仅用0.53台月顺利完成了全井2 652 m的施工任务,机械钻速23.68 m/h,钻机月速达4 973 m/月,创帅垛区块钻机月速之最。后续施工中,50151井队在帅3-4井机械钻速达27.14 m/h,创江苏工区机械钻速最高纪录。

11月40685井队施工的鹤5-2井用0.37台月顺利完成了2 680 m的施工任务,机械钻速27.42 m/h,钻机月速达7 255 m/月,创江苏工区机械钻速新纪录。

（三）钻头优选取得成效

通过在50510井队施工的帅1-3井试验江钻KS1942GA钻头一只钻头一趟钻完成直井、造斜、稳斜段545 m钻进,造斜、稳斜效果好,同比进尺长、机械钻速高于邻井,试验成功后在江苏工区推广应用。其中,在兴11补充井中取得了良好的经济效益,该钻头配合螺杆钻具一趟钻完成了侧钻、定向、稳斜直至完井,钻井井段为1 549.28～2 560 m,进尺1 010.72 m,机械钻速高达19.34 m/h。

（四）井眼轨迹控制更加精确,提高了钻井施工质量

采用双驱钻井,中靶率达100%,中靶精度进一步提高,基本控制在10 m以内。2011年1—11月,施工井优良率达到94.44%,由于钻具结构的简化,减小了井下风险,同时,井眼轨迹控制较好,未出现较大的狗腿,起下钻更加通畅,井下事故明显减少,井下事故台时仅占钻井总台时的0.26%,达到预期目标。

（五）钻井效率大幅提高,钻井能耗大幅下降

1—11月份,公司平均每米消耗柴油26.56 kg,比上年的每米36.42 kg下降了27%,大幅地减少了烟气等污染物的排放量,取得了明显的经济效益和环境效益。达到了钻井每米油耗量下降10%的目标。

四、存在的主要问题

（1）工区内探井的机械钻速仍然较低（受取心、测试等影响），如何从钻井技术上来提高机械钻速是我们要做的下步工作。

（2）下扬子区块井易漏易喷，从而造成井下复杂情况等问题，需进一步摸索和研究以取得成熟经验，为下步施工提供支持。

（3）生产连续性上还有更大的潜力可以挖掘。统计到 2011 年 11 月山工区非生产耗时间和等设计耗时共计 155 d（其中等待设计耗时 30 d）。需要加强地质设计、工程设计、调度、供应、与地方部门协调等环节的衔接，提前做好各项准备工作，避免出现情况再去协调、解决，共同建立"最少停待"运行机制。

（4）目前江苏工区均为老油区，受到附近注水井的影响，地层压力异常，在钻井施工过程中易发生井下复杂情况。

（5）随着老区挖潜力度的加大，井网密度越来越大，对定向井井眼轨迹的精度要求越来越高，钻井施工防碰难度也越来越大。今后工区将采用新技术、新工艺、加强管理等措施，以保证工区的各项技术指标有新的突破。

五、下步工作设想和建议

（1）双驱钻井技术已经在全公司范围推广使用，拟通过采用井眼轨迹控制技术，单弯螺杆弯度的优选及钻具组合设计，长寿命、大功率单弯螺杆优选，长寿命、高效的 PDC 钻头优选，在江苏工区的开发井中使用一套钻具组合，施工直井段、造斜段和稳斜段，力争一趟钻完成二开至完井井深。

（2）寻找适合于岩性致密和钻性差地层的高效钻头（牙轮钻头、PDC 钻头）、井下专用工具（减震器、液力冲击器、扭力冲击器）及钻具组合，采用孕镶金刚石 + 涡轮钻具复合钻井技术，优化水力参数，提高井底的井眼净化能力，提高深井、大尺寸井眼钻井效率。

（3）江苏工区下扬子区块钻井的机械钻速仍然较低，在钻井技术上要通过技术攻关，解决这些井的机械钻速问题；组织攻关，解决江苏工区下扬子古生界地层由于溶蚀性孔洞、裂缝发育，防漏及堵漏难度大，易造成井下复杂情况及故障问题。

（4）进一步完善效能监察机制和管理制度，加强督促、检查、评比工作，树立典型，发挥榜样的示范作用，把效能监察工作向纵深推进。

2011 年 12 月 28 日

屏蔽暂堵技术在华东油气田的研究与应用

赵炬肃

(中国石油化工集团公司华东石油工程有限公司六普钻井分公司,江苏 镇江 212003)

屏蔽暂堵技术是一种易于实施的保护油气层技术,从而得到了广泛使用,自1996年开展油气层保护研究以来,已在江苏溱潼、金湖、东北腰英台等油田400多口开发井中得到运用。采用改性完井液的屏蔽暂堵技术方案,将井壁稳定与储层保护通盘考虑,将低损害射孔液和优化完井技术配套使用。

根据江苏地区1991—1997年所钻井测试后取得的表皮系数资料(48口井)调查,30%以上的测试层都存在损害,主要集中在阜宁组、三垛组,其中严重损害的占21.43%,中等损害7.14%,轻度损害的为71.43%,表皮系数最高的竟达91%。这说明我局各油田均存在不同程度的油气层损害问题。通过对国内外油气层保护研究资料进行研究并参考我局对江苏地区"油气层伤害机理的研究"的成果,进行钻井(完井)液配方类型研制、现场试验,力求达到有效减轻油气层损害的效果。

华东油气田是以中、低渗透性储层为主的断块性油气藏。各区块储层能量不足,储层压力系数普遍小于1.0,孔隙度及渗透率也比较低,储层敏感性较强,属于低压、低渗易损害油气藏。由于本区上覆地层压力高,储层压力低、水敏性强,单纯地依靠近平衡压力钻井往往是顾此失彼,难以取得理想的保护油层效果。为此,我们在室内试验的基础上,优选适合地层特点的优质钻井液研制出具有适合江苏地区探井、生产井油气层保护的屏蔽暂堵型钻井完井液体系——钾基聚合物不分散钻井液、金属两性离子聚合物防塌钻井液、钾基聚磺钻井液。

从实验结果可知,采用屏蔽暂堵技术的钻井液,近井带封堵效果明显,钻井液浸入深度浅;未采用屏蔽暂堵技术的钻井液,近井带封堵效果差,钻井液浸入深度深。用加入QS-2、SAS的钻井液污染后岩心渗透恢复值达92.3%,起到了有效的屏蔽暂堵作用,暂堵深度在2 cm以内,远小于射孔深度,可通过射孔来解堵。

屏蔽暂堵技术应用效果:

自1996年开展油气层保护技术应用以来,先后在金湖、溱潼地区400多口井的低渗透油层进行了钻井完井液保护工艺技术应用试验。

(1)基本摸清了华东油气田储层物性,找到了一套行之有效、成本较低的油层保护方法,并取得了良好效果。如小尺寸套管开窗定向井苏金 205B 井,经油层保护技术处理,该井达到了日产 20 t 原油的产能。

(2)钻井完井液体系抑制能力强,试验井平均井径扩大率在 5% 以下,且无缩径现象,井径规则,为提高固井质量提供了保障。

(3)钻井完井液密度较低,降低了井底钻井液与地层之间的压差,有效地提高了机械钻速。

(4)试验井无一发生由于钻井液问题而引起的井下事故,满足了安全、优质、高效钻井和取全取准地质资料的需要。

目前,该项技术已在我局所属各井队广泛推广应用,1999 年施工的各井均将此体系及保护油气层的技术措施纳入钻井设计中。

以华东油气田台南、茅山、边城阜宁组 3 段低压低中渗油区储层为研究对象,在充分借鉴国内外相关领域研究成果基础上,以先进的理论和技术思想指导,调查分析储层工程地质特征,认识储层潜在损害因素,诊断钻井过程中的储层损害机理,筛选出低损害的处理剂,优选获得低损害的泥浆体系。针对不同区块的孔隙喉道尺寸情况,研究适合于苏北台南、茅山、边城低压低中渗油区储层的系列屏蔽暂堵剂。研究有针对性并与现场泥浆配伍的油层暂堵剂和暂堵技术工艺。通过现场应用,形成一套适合苏北地区台南、茅山、边城低压低中渗油区保护储层的系列工艺技术。

阜宁组油藏属低中渗储层,由于油田注采开发井网不完善,长期利用弹性能量开采,或者注采对应性差,无效注水量大,导致油藏存水率低,原始地层压力降低严重,在钻采过程中如不采取油层保护措施,油层伤害就会很大,从而导致自然产能受到重大影响。因此,要想获得更多的油气产能,必须运用各种先进的开发工艺技术和增产措施,并在各施工作业中有效地运用储层保护技术,尽可能降低各种工作液和固相粒子对储层的损害,保护好地下原始的渗流通道,从而提高原油产量。

从 2003 年 11 月以来,利用过去研究资料,在分析该区储层工程地质特征的基础上,对兴 1、兴 4 等井开展了探索性的油层暂堵保护试验。从对现场测试资料的分析试验,可知获得了一定的效果,表皮系数从邻井过去的 6～10 降低到现在的 0 左右,两口井的产量获得了一定程度的提高。

岩心静态污染评价实验结果表明,加入 QS-2 后的屏蔽暂堵型钻井完井液岩心渗透恢复率为 82.17%。将岩心污染端截去 1.82 cm 后,测定剩余部分岩心渗透恢复率高达 92.3%,起到了有效屏蔽暂堵作用。暂堵深度在 2 cm 以内,远小于射孔深度,可通过射孔解堵。

通过对台兴、茅山、边城等油田区块阜宁组储层孔喉分析,优选出了适合不同区块的暂堵剂:台兴为 EP-1、ZD-2,茅山为 EP-1、ZD-1,边城为 EP-2、ZD-1,并进行暂堵实验。暂堵工艺参数为:EP 系列暂堵剂加量为 3% ,ZD 系列暂堵剂加量为2.5% ,暂堵时间为 20 min,暂堵压差 3.0 MPa。矿场实验结果证明在以上施工工艺参数下,暂堵率能达到 99% 以上,完全满足暂堵要求;试验井比非试验井的产量有了较大幅度的提高,产量曲线对比表明增产稳产明显,研究结果表明,达到了增产和稳产的目的。

实施暂堵后,可采用压力返排和酸化作为解堵措施。实验证明,暂堵后,在返排压力为 6 MPa,返排时间为 48 h 的条件下,渗透恢复率在 85% 以上;酸化后,返排解堵率可达 90% 以上。

2005—2006 年华东石油局开展了"苏北油田阜宁组油藏低中渗储层保护技术研究及应用"专题研究,使用的钻井液体系主要为:钾基聚合物不分散钻井液、金属两性离子聚合物防塌钻井液(3 000 m 以深),常规钻井液密度控制在 1.16 g/cm³ 以内。本项目研究的低中渗储层保护技术,能明显降低表皮系数,油井产量也有一定程度的提高,可以明显减缓油井产能的衰减。这里以每年在苏北油田实施 25 口井的储层保护来计算,保守估计采用本项技术后使每口井原油产量平均提高0.5 t/d,每月可增产 375 t,年增产 4 500 t。

项目研究形成的低中渗储层保护技术在"十一五"期间,将对苏北油田的储层保护工作有一个有力的推动作用。不仅如此,本项目所形成的储层工程地质特征研究方法、损害机理及其评价技术、油层保护研究技术,对"十一五"期间华东分公司在东北区块的油气勘探开发也将发挥重要的指导作用。

苏北油田低中渗储层保护技术尽管是针对苏北地区低中渗储层提出的,但它同样可以适用于国内外同类型的其他油藏。在技术进一步提高和完善的情况下,若扩大推广到国内其他地区的低中渗储层油藏开发,完全有理由相信该项技术的应用必将产生更大的经济效益。

本文发表于《石油石化科技装备技术》2012 年第 7 期

江苏工区 2011 年钻井生产的分析和探讨

谈士海[1]，赵炬肃[2]

(1. 中国石油化工集团华东石油工程有限公司，江苏 南京 210019；

2. 中国石油化工集团公司华东石油工程有限公司六普钻井分公司，江苏 镇江 212003)

一、基本情况

(1) 2011 年钻井工程公司在江苏工区动用钻机 5 台，开动 42.19 台月，钻井施工 41 口，完成井 37 口，完成钻探工作量 108 032.64 m，与 2010 年同期相比 (82 391.93 m)增加 25 640.71 m；甲方验收 40 口，其中，优质井 30 口，良好井 7 口，合格 3 口。完成井工程质量合格率为 100%，优良率为 92.5%。

(2) 江苏工区取芯 33 回次，取芯进尺 199.02 m，岩芯长度 194.83 m，岩芯收获率为 97.89%，同比 98.77%降低了 0.89%。

(3) 江苏工区钻井施工 41 口，探井 8 口，开发井 33 口；探井机械钻速 7.41 m/h，开发井机械钻速达 14.76 m/h；直井 4 口，定向井 37 口，其中水平井 5 口，定向井及水平井中靶率 100%，井眼轨迹及直井井底位移控制均符合钻井工程设计及技术规范。

(4) 江苏工区平均台月效率 2 560 m/台月，与 2010 年同期(2 160 m/台月)相比增加了 18.52%，平均机械钻速 12.57 m/h，与 2010 年同期(9.43 m/h)相比增加了 33.30%。平均钻井周期为 23.83 d(同比 2010 年 27.08 d)缩短了 12%。平均钻井深度为 2 682.92 m(同比 2010 年 2 486.22 m)增加了 7.91%。

二、钻井新技术的应用

2011 年，公司着力科技创新，努力探索钻井新领域新技术，促进了钻探技术水平不断提升。注重加强技术工作的组织和领导，积极营造自主创新氛围，推进科技工作有效开展。坚持科技先行，针对生产实际，广泛开展课题研究，全年共实施科研项目 8 项(集团公司项目 3 项，局项目 5 项)，有 4 项获局科技成果奖，其中一等奖 1 项、二等奖 1 项、三等奖 2 项。一批科研成果在生产实践中取得了良好的效果。双驱复合钻井、地质导向钻井以及 PDC 钻头和新型钻井液等工艺技术的推广应用，提升了公司在江苏工区的钻探能力，大幅度提高了钻井效率，促进了经济快速增长。

自主创新意识的增强,技术的全面推进和实验,不仅提升了效率,同时,也为成功实施高难度井的开发和利用,提供了有力的支撑。帅 1-6 井完井井深 2 994 m,井底水平位移 1 222.24 m,创江苏工区定向井井底水平位移最高纪录。张 3 斜 1 井,创江苏工区造斜点深度 2 685.88 m、完井井深 3 850 m、裸眼井段 3 520 m 的最新纪录,为进一步勘探开发提供了良好的井眼条件。

(一)双驱钻井技术推广应用,解决了苏北新生代地层提速提效问题

通过近两年的技术储备,以及和钻头厂家的合作,采用 PDC 加单弯螺杆双驱钻井技术以达到提高钻井速度的目标。双驱钻井技术的特点是滑动定向后,仍然使用定向造斜用钻具组合,在转盘带动钻具旋转的同时,钻井液驱动螺杆带动钻头转动,形成了复合式的连续导向钻井技术。

常见的双驱钻具组合为:高效钻头 + 近钻头稳定器(通常为单弯螺杆自带)+ 单弯螺杆 + 欠尺寸稳定器 + MWD 短节 + 无磁钻铤(或承压钻杆)+ 加重钻杆 + 钻杆。该套钻具中下稳定器的位置、外径和单弯螺杆弯曲角度对钻具的造斜率影响最大。下稳定器离钻头越近,钻头侧向力越大,造斜率越高。下稳定器的磨损会明显降低造斜率,增大单弯螺杆的弯曲角度,显著提高造斜率。

在钻头选型方面,优选出 FL1654M 和 KS1942GA 型 PDC 钻头在江苏工区各个区块使用,江苏工区全井的平均机械钻速最高已达到 27 m/h。其中江钻 KS1942GA 钻头在 40686 井队施工的兴 11 补充井中取得了良好的经济效益,该井用此钻头配合螺杆钻具一趟钻完成了侧钻、定向、稳斜直至完井,钻井井段为 1 549.28 ~ 2 560 m,进尺 1 010.72 m,机械钻速高达 19.34 m/h。

2011 年双驱钻井技术在江苏工区全面推广,提高了定向井井眼轨迹控制质量、提高了机械钻速、缩短了钻井施工周期,平均机械钻速比 2010 年提高 33.3%、平均台月效率提高 18.52%,大幅度提升了江苏工区总进尺,取得了较好的经济效益(见表 1)。

表 1　江苏工区 2010—2011 年钻井提效提速对比

年度	平均井深/m	钻井周期/d	机械钻速/(m/h)
2010 年	24 86.22	27.08	9.43
2011 年	2 682.92	23.83	12.57
对比	7.91%	-12%	33.3%

从表 1 可以看出,在今年较去年同期平均井深增加 7.91% 的前提下,江苏工区的钻井周期缩短了 12%,机械钻速大幅提高了 33.3%。

（二）螺杆加 PDC 钻头钻井技术的应用，缩短了钻井周期，确保了井下安全

利用无线随钻测斜仪全程 MWD 监控，随时调整井斜角或方位角，及时修正井眼轨迹，减少了调整钻具组合和扭方位作业的次数。2011 年江苏工区钻井施工 41 口，平均钻井深度为 2 682.92 m 比 2010 年增加了 7.91%；平均钻井周期为 23.83 d，比 2010 年 27.08 d 缩短了 12.00%。由于井下钻具组合比较简化，减少了黏附卡钻等复杂情况的发生概率，增加了钻井施工作业的安全性。

使用 PDC + 螺杆双趋钻井技术，可以充分发挥 PDC 高转速优势，在完成同样破岩效率下，钻压就可以相对减小，对防斜打直起到积极的作用。钻具疲劳损坏程度减轻、疲劳损坏概率减小，螺杆钻具承受一部分反扭矩，在较低转盘转速下，钻具承受的扭矩冲量减小，大大减轻钻具的疲劳程度。

（三）钻井液技术趋向完善，为钻井提速提效提供了良好的井眼条件

通过"八五"以来技术攻关，钻井液类型已满足工区不同地层钻井的需要。苏北溱潼、台兴、金湖地区钻井液体系的选择主要为：一开采用预水化膨润土钻井液；二开后盐城组、三垛组采用钾基聚合物钻井液，防缩径、防黏卡；戴南组、阜宁组采用两性离子聚合物钻井液，以防垮塌、防黏卡。

3 500 m 以上井段的易缩径问题取得了突破，该技术主要改变了基浆的配制模式和包被剂加入钻井液体系的方式，从而改善了聚合物钻井液的性能，提高了聚合物的利用率；二是采用聚磺钻井液体系解决了 4 500 m 以下井段地层的剥落、垮塌问题。三是苏北阜宁组储层保护的钻井液体系优化取得成果，实现了油气层渗透率恢复值达到 80% 以上，新型高性能钻井液及完井液的优化与使用效果显著。

江苏工区通过低黏低切和提高钻井液抑制性等技术手段，为钻井提速创造了一个良好的施工环境。近年来，乳化石蜡在水平井上的使用，不仅解决了使用原油带来的高荧光和高全烃问题，井眼更加稳定，油层保护效果更加明显，对环境的污染更小，而且，更为重要的是成本大大降低。原来水平井原油用量一般在 35 ~ 40 t 之间，成本超过 20 万元，帅 1–平 1 井首次使用乳化石蜡替代原油，用量仅为 13 t，成本约为 15 万元；在溪南平 2 井，用量降至 8 t，成本仅为 10 万元左右，经济效益非常明显。

（四）定向钻井技术为钻井工程提供技术支撑和保障

江苏工区草平 4 水平井施工中，首次使用 GEOLINK–MWD/LWD（电阻率 + 伽马）随钻测斜仪，进行地质导向钻井施工，严格按照施工设计要求，圆满完成了井眼轨迹控制任务，电阻率和伽马曲线解释结果与录井解释结果吻合率达到 97.7%，确保了钻头在设计靶窗（油层）内的钻进施工。目前，地质导向钻井技术正在得到推广应用。

江苏工区还推广了双驱钻井技术，提高了定向井井眼轨迹控制精度，提高了定

向井中靶精度优良率,钻井效率大幅度提高。江苏工区中靶精度优良率从 2009 年的 76.20% 提高到 2011 年的 96.70%,江苏工区平均定向井施工周期从 2009 年的 30.86 d 缩短到 2011 年的 17.26 d(见表 2)。

表 2　2009—2011 年工区定向井中靶精度和施工周期统计表

年度	定向井数量/口	中靶精度/%		平均定向井施工周期/d
		优良率	合格率	
2009	19	76.20	23.80	30.86
2010	32	84.38	15.62	19.70
2011	32	96.70	3.30	17.26

江苏工区大斜度阶梯式探井张 3 斜 1 井,应用 LWD 地质导向钻井技术,完成了追踪探索多目标层位油气层的地质任务,地质录井显示 7 层阜宁组三段油气层(视厚累计 316.79 m),初步掌握了张家垛 3 断块油藏特征和特性,为张家垛油田的进一步勘探开发提供了良好的技术准备。张 3 斜 1 井创造了苏北工区定向施工的多项纪录:深部地层定向施工(造斜点深度 2 685.88 m)、井深最深(3 850.00 m)、大斜度井段(40°~60°)长达 920 m、裸眼井段长达 3 520 m。

2011 年,在应用双驱钻井技术的基础上,研究、应用了井眼轨迹连续控制技术,常规定向井力争从二开到完钻,一趟钻完成钻井施工,实现了优快钻井,钻井速度大幅提高,节能降耗成效显著。定向井中靶精度优良率 96.70%,对比 2010 年提高 14.60%;平均定向施工周期 17.26 d,对比 2010 年缩短施工周期提高 12.38%。

2011 年,在江苏工区应用推广了地质导向钻井技术,完成了 12 口水平井、1 口大斜度阶梯式探井的定向施工。在水平井施工中,利用 LWD 地质导向钻井技术,对地层进行了有效识别,解决了薄油层水平井中靶难和保证井眼轨迹在油层中最佳位置穿行等难题,提高了水平井的油层钻穿率(8 口水平井的油层钻穿率超过 80%),取得了较好的经济效益。

丛式井、调整井防碰绕障技术应用成熟。江苏工区,随着油田勘探开发的需要,丛式井、调整定向井的数量越来越多,防碰绕障定向施工的难度越来越大。目前,已经形成了一套适合苏北油田的防碰绕障导向钻井技术,通过优选钻具组合、钻进参数等工程技术措施,利用国产无线随钻测斜仪 MWD 和定向井井眼轨迹控制软件对施工井的实钻井眼轨迹进行随钻监控和防碰扫描,并采取相应对策和措施,进行防碰绕障定向施工。成熟的调整井防碰绕障技术,在苏北油田得到了充分应用,对老油区的开发利用起到了重要作用。

三、工区取得的主要钻井业绩

（1）2011 年江苏工区完成钻探工作量 108 032.64 m,创工区年进尺最高纪录。

（2）帅 1-6 井自 1 050.86 m 开始定向施工,斜井段控制长度为 1 943.14 m,井底水平位移 1 222.24 m,创华东局江苏工区定向井井底水平位移最大的纪录。

（3）溪平 1 井从 1 990.00 m 开始定向侧钻,侧钻处井斜为 83.49°,侧钻一次成功,创华东石油局水平段侧钻施工纪录。

（4）张 3 斜 1 井创造了江苏工区的多项纪录:深部地层定向施工(造斜点深度 2 685.88 m)、井深最深(3 850.00 m)、大斜度井段(40°~60°)长达 920 m、裸眼井段长达 3 520 m;同时,地质录井显示 7 层阜宁组三段油气层(视厚累计 316.79 m),初步掌握了张家垛 3 断块油藏特征和特性,为张家垛油田的进一步勘探开发奠定了良好的基础。

四、存在的问题

（1）工区内深井、侧钻井和探井的机械钻速仍然较低,如何通过钻井技术的改进来提高机械钻速是我们要做的下一步工作。随着老区挖潜力度的加大,井网密度越来越大,对定向井井眼轨迹的精度要求越来越高,钻井施工防碰难度越来越大。

（2）江苏工区下扬子区块的机械钻速仍然较低,同时溶蚀性孔洞、裂缝发育,防漏及堵漏难度大,易造成井下复杂情况及故障。

（3）生产连续性上还有更大的潜力可以挖掘,2011 年度工区非生产时间和等设计时间共计 155 d(其中等待设计 30 d)。需要加强地质设计、工程设计,调度、供应、地方等部门的衔接,提前做好各项准备工作,共同建立"最少停待"运行机制。

（4）经统计分析,江苏工区各井队在采用新技术、新工艺,加强管理等方面发展不平衡,存在较大差距,难以保证工区的各项技术指标有新的突破。

（5）在海安凹陷张家垛构造施工的井钻井难度较大,尤其是盐城组泥岩缩径、下部地层的防塌、防卡问题还没有得到很好的解决。

（6）由于现有地质导向仪器在使用中暴露出的本身结构上的局限性和对使用环境要求高的特点,定向井公司现有的地质导向仪器数量已显不足。

五、建议和设想

（1）在江苏工区要把重点放在持续提速、推广"优快"钻井技术和施工水平井、大位移定向井上。加大对大斜度定向井、短半径水平井的钻井技术研究与完善,同时,加大 PDC 钻头应用力度,从而提高钻井速度和效益。针对黄桥、张家垛区块地层特点,认真抓好随钻地质导向技术和新型高性能钻井液体系研究与推广应用,要坚持采用外引内联等方式,上下结合、内外结合,将年度钻井技术自主攻关课题任务,落实到各个工区、有关井队、相关职能部门和技术服务单位。

(2)井下动力钻具(单弯螺杆)+转盘双驱复合钻井已经在全公司范围推广使用,要着重在上新水平上下功夫,通过井眼轨迹控制技术、单弯螺杆弯度的优选及钻具组合设计、长寿命大功率的单弯螺杆优选,长寿命高效的 PDC 钻头优选,在江苏工区的开发井中使用一套钻具组合,施工直井段、造斜段和稳斜段,力争一趟钻完成二开至完井井深。

(3)进一步挖掘新技术的应用潜力,完善和配套其相关钻井技术,积极寻找适合岩性致密可钻性差地层的高效钻头(牙轮钻头、PDC 钻头);井下专用工具(减震器、液力冲击器、扭力冲击器)及钻具组合;孕镶金刚石 + 涡轮钻具复合钻井技术;如何优化水力参数、提高井底的井眼净化能力、提高深井大尺寸井眼钻井效率。

(4)要加大新技术推广力度,善于总结提高。工程技术部门及项目部需要对已完工井或正在施工井的各种钻井资料进行统计、整理、分析,找出各区块各地层最佳的钻头、钻具组合,最优钻井参数等,对各种工程参数进行综合评价。要求做到准确、及时、全面、系统,为现在及以后施工提供指导。对取得的新成果及时总结和推广,以达到全面提速提效的目的。

(5)要通过技术攻关,解决下扬子区块井的机械钻速低、古生界地层溶蚀性孔洞裂缝发育、防漏堵漏难等突出的技术难题。

参考文献

[1] 朱德武:《国内外钻井工程标准对比分析》,《钻井工程》,2011 年第 5 期。

[2] 冯煜东,等:《江苏台南油田水平井钻井技术》,《油气工程应用技术进展》,江苏科学技术出版社,2007 年。

[3] 赵炬肃:《浅谈提高钻井钻速的钻井液理论与技术》,《华东油气勘查》,2009 年第 4 期。

[4] 赵炬肃,虞庆云,等:《双驱钻井技术在江苏工区的应用效能监察报告》,华东石油局,2011 年。

[5] 杨志杰:《苏北工区地质导向钻井技术应用研究》,《石油工程技术交流会论文集》,2011 年。

本文发表于《六普技术通讯》2012 年第 4 期

江苏低、中渗透性油气层
保护技术的研究及应用

赵炬肃

(中国石油化工集团公司华东石油工程有限公司六普钻井分公司,江苏 镇江 212003)

屏蔽暂堵技术是一种易于实施的保护油气层技术,从而得到了广泛使用。中石化华东石油局自1996年开展油气层保护研究以来,已在江苏溱潼、金湖、东北腰英台等油田应用于400多口各类井中。采用改性完井液的屏蔽暂堵技术方案,将井壁稳定与储层保护通盘考虑,实施配套低损害射孔液和优化完井技术。

根据江苏地区1991—1997年钻井测试后取得的表皮系数资料(48口井)调查,30%以上的测试层都存在损害,主要集中在阜宁组、三垛组,其中严重损害的占21.43%,中等损害7.14%,轻度损害的为71.43%,表皮系数最高的竟达91%。这说明我局各油田均存在不同程度的油气层损害问题。

通过对国内外油气层保护研究资料调研并参考我局对江苏地区"油气层伤害机理的研究"的成果进行钻井(完井)液配方类型研制,经现场试验,结果表明,达到了有效减轻油气层损害的效果。

一、储层损害研究

华东油气田是以中、低渗透性储层为主的断块性油气藏。各区块储层能量不足,储层压力系数普遍小于1.0,孔隙度及渗透率也比较低,储层敏感性较强,属于低压、低渗易损害油气藏。由于本区上覆地层压力高,储层压力低、水敏性强,单纯依靠近平衡压力钻井往往是顾此失彼,难以取得理想的保护油层效果。

华东分公司阜宁组油藏属低中渗储层,由于油田注采开发井网不完善,长期利用弹性能量开采或者注采,对应性差,无效注水量大,导致油藏存水率低,原始地层压力降低厉害,在钻采过程中如不采取油层保护措施,油层伤害就会很严重,从而导致自然产能受到严重影响。因此,要想获得更多的油气产能,必须运用各种先进的开发工艺技术和增产措施,并在各施工作业中有效地运用储层保护技术,尽可能降低各种工作液和固相粒子对储层的损害,保护好地下原始的渗流通道,是提高原油产量的重要手段之一。

我们以华东油气苏北台南、茅山、边城阜宁组三段低压低中渗油区储层为研究对象,在充分借鉴国内外相关领域研究成果的基础上,以先进的理论和技术为指导,调查分析储层工程地质特征,认识储层潜在损害因素,诊断钻井过程中的储层损害机理,评价出低损害的处理剂,优选获得低损害的钻井液体系。针对不同区块的孔隙喉道尺寸情况,研究出适合于华东油气田苏北台南、茅山、边城低压低中渗油区储层的系列屏蔽暂堵剂;研究出具有针对性并与现场泥浆配伍的油层暂堵剂和暂堵技术工艺。

通过深入研究,我们对苏北油田阜宁组储层的物性和地质特征有了较全面的认识:该油层为低中渗孔隙型储层,其平均孔喉直径较小,孔隙中黏土矿物含量丰富,因此,潜在损害机理具有多样性,复杂性。

另外,储层存在着中等—中等偏弱的速敏,储层的酸敏性为中等—中等偏强,储层存在中等碱敏,储层有中等—强的水敏损害,应力敏感中等—中等偏强,储层盐敏程度中等—弱。钻井完井液体系会对储层造成大的损害,时间和压差是加剧损害的主要因素。

通过对台兴、茅山、边城区块阜宁组储层温度、孔喉的详细分析,研制出了适合不同区块的暂堵剂 EP、ZD 系列。系统实验表明,对阜宁组储层而言,以架桥粒子、软化填充粒子复合使用,从而使暂堵效率进一步提高,达 99% 以上,且稳定性更好,而且具有很好的压力返排、酸化解堵能力,并与低损害的钻井液体系配伍形成良好的保护低中渗储层的钻井完井液体系。

从降低水泥浆滤液对储层的损害、减少水锁损害方面入手,优选出了性能优良的水泥浆外加剂,从而降低水泥浆体系的失水量,减少水泥浆滤液对储层的损害,形成了保护苏北地区低中渗储层的固井水泥浆技术;从原有射孔液存在的问题入手,通过对处理剂进行优选,形成了适合苏北地区低中渗储层的射孔液技术(其配方为:盐水 +0.3% ~ 0.5% DRS +1.0% ~ 2.0% RZ-5 +2.0% ~ 3.0% FPJ-1 + 0.3% ~ 1.0% ZPJ-2 +0.5% ~ 1.5% HSJ-1。)、固井水泥浆技术(其配方是:JHG 水泥 +1.5% RZ800 +0.5% SXY +0.1% TW200R +0.8% KQ-B +0.5% RB-8 + 44% 水)。

在室内试验的基础上,优选出适合江苏地区探井、生产井油气层保护的屏蔽暂堵型钻井完井液体系:钾基聚合物不分散钻井液、金属两性离子聚合物防塌钻井液、钾基聚磺钻井液。

由实验结果得知,采用屏蔽暂堵技术的钻井液,近井带封堵效果明显,钻井液浸入深度浅;未采用屏蔽暂堵技术的钻井液,近井带封堵效果差,钻井液浸入深度深。岩心静态污染评价实验结果表明,用加入 QS-2、SAS 的钻井液浸润后岩心渗透率恢复值达 92.3%,起到了有效的屏蔽暂堵作用,暂堵深度在 2 cm 以内,远小于射孔深度,可通过射孔来解堵。

二、屏蔽暂堵技术应用效果

自 1996 年开展油气层保护技术应用以来,先后在金湖、溱潼等油田 200 多口井的低渗透油层进行了钻井完井液保护工艺技术应用试验。其效果分析如下:

(1) 基本形成一套行之有效、成本较低的油层保护技术,取得了良好效果。如小尺寸套管开窗定向井苏金 205B 井,经油层保护技术处理,该井达到了日产 20 t 原油的产能。

(2) 钻井完井液体系抑制能力强,试验井平均井径扩大率在 5% 以下,且无缩径现象,井径规则,为提高固井质量提供了保障。

(3) 钻井完井液附加密度低,降低了井底钻井液与地层之间的压差,有效地提高了机械钻速。试验井无一发生由于钻井液问题而引起的井下事故,满足了安全、优质、高效钻井和取全取准地质资料的需要。

目前,该项技术已在我局所属各井队广泛推广应用。

从 2003 年 11 月以来,利用过去研究资料,在分析该区储层工程地质特征的基础上,在兴 1、兴 4 等井开展了探索性的油层暂堵保护试验。从现场测试资料分析,获得了一定的应用效果,表皮系数从邻井过去的 6～10 降低到现在的 0 左右,两口井的产量获得了一定程度的提高。

通过对台兴、茅山、边城等油田区块阜宁组储层孔喉分析,优选出了适合不同区块的暂堵剂:台兴为 EP-1、ZD-2,茅山为 EP-1、ZD-1,边城为 EP-2、ZD-1,并进行暂堵实验。暂堵工艺参数为:EP 系列暂堵剂加量为 3%,ZD 系列暂堵剂加量为 2.5%,暂堵时间为 20 min,暂堵压差 3.0 MPa。实施暂堵后,可采用压力返排和酸化作为解堵措施。

2005—2006 年华东石油局开展了"苏北油田阜宁组油藏低中渗储层保护技术研究及应用"专题研究,使用的钻井液体系主要为:钾基聚合物不分散钻井液、金属两性离子聚合物防塌钻井液(3 000 m 以深),常规钻井液密度控制在 1.16 g/cm³ 以内。本项目研究的低中渗储层保护技术,能明显降低表皮系数,油井产量有也有一定程度的提高,可以明显减缓油井产能的衰减。

苏北油田低中渗储层保护技术尽管是针对苏北地区低中渗储层提出的,但它同样可以适用于国内外同类型的其他油藏。在技术的进一步提高和完善的情况下,若扩大推广到国内其他地区的低中渗储层油藏开发,完全有理由相信该项技术的应用必将产生更大的经济效益。

三、结 论

(1) 苏北地区阜三段油层为低中渗储层,储层具有中等—中等偏弱速敏,中等—中等偏强酸敏性,中等碱敏,pH 值临界值为 9 ~ 10;由综合敏感性实验结果可知,水敏对储层的损害最大,其次依次为酸敏、应力敏感、盐敏(矿化度降低)、碱敏、速敏、盐敏(矿化度升高)。

(2) 现场实验表明,钾基聚合物不分散钻井液、金属两性离子聚合物防塌钻井液(3 000 m 以深),在各方面的指标都能达到钻井的要求,适合于苏北地区这种低中渗储层,是一种保护低中渗储层的低损害钻井液体系,而且在相同的钻井工艺条件下,显著提高了钻井速度和缩短了钻井周期。

(3) 研究出了针对苏北地区低中渗储层的射孔液,对台兴、茅山、边城区块储层平均损害率分别为 22.7%、23.2%、25.5%,与原有射孔液体系相比,具有明显保护储层的作用。优选出了性能优良的水泥浆外加剂,从而降低水泥浆体系的失水量,减少水泥浆滤液对储层的损害。

(4) 实施暂堵后,可采用压力返排和酸化作为解堵措施。实验证明,暂堵后在返排压力为 6 MPa,返排时间为 48 h 的条件下,渗透恢复率在 85% 以上;酸化后,返排解堵率可达 90% 以上。

(5) 试验井的平均产量比非试验邻井增幅达 20% 以上,科研项目达到了增产和稳产的目的,可以明显减缓油井产能的衰减。低中渗储层保护技术表现出良好的推广应用价值。

参考文献

[1] 林勇,王定锋,冀忠伦:《特低渗透油藏油层钻井液研究与应用》,《钻井液与完井液》,2006 年第 5 期。

[2] 李惠东,韩福术,潘国辉:《采用屏蔽暂堵技术保护油气层》,《大庆石油地质与开发》,2004 年第 4 期。

[3] 张金波,鄢捷年,赵海燕:《优选暂堵剂粒度分布的新方法》,《钻井液与完井液》,2004 年第 5 期。

[4] 刘伟,郭大兴,赵炬肃,等:《中国油气田开发志·华东油气区卷》,石油工业出版社,2011 年。

本文发表于《钻井工程》2012 年第 5 期

近十几年华东石油局水平井施工业绩

赵炬肃

（中国石油化工集团公司华东石油工程有限公司六普钻井分公司，江苏 镇江 212003）

一、水平井概念

水平井是定向井的一种特殊类型。那么什么是定向井呢？

定向井就是使井身沿着预先设计的井斜和方位钻达目的层的钻井方法。它是沿着预先设计的井眼轨道，按既定的方向偏离井口铅垂线一定距离钻达目标的井。通俗讲，定向井就是钻井时，钻头垂直向下钻至预定深度，再"拐弯"钻达目标的井。

知道了什么是定向井，那么水平井理解起来也就比较容易了。井斜角大于或等于86°并保持这种井斜角钻进一定井段后完井的定向井称为水平井，水平井是定向井的一种特例。套用定向井的说法，水平井就是在钻井时，钻头垂直向下钻至预定深度，再"拐弯"向水平方向钻进的钻井方式。

一般的油井是垂直或倾斜贯穿油层，通过油层的井段比较短。而水平井是在垂直或倾斜地钻达油层后，井筒转达接近于水平，以与油层保持平行，得以长井段地在油层中钻进直到完井。这样的油井穿过油层井段上百米甚至2 000余米，有利于多采油，油层中流体流入井中的流动阻力减小，生产能力比普通直井、斜井提高几倍。它既可大幅度提高单井产量，又能适应多种不同地质构造的勘探开发。

二、水平井技术

水平井施工最关键的技术，就是钻头在直井段钻至设计深度时如何造斜。换句话说，就是钻头如何才能"拐弯"，由垂直钻进变成水平钻进。

简单讲，它是由特殊的钻具来实现的。通过这种俗称"狗腿"的特殊钻具，施工人员可以在设计的范围之内完成造斜、增斜施工。

水平井技术于20世纪20年代提出，40年代付诸实施，80年代相继在美国、加拿大、法国等国家得到广泛产业化应用，并由此形成研究、应用水平井技术的高潮。

如今，水平井钻井技术已日趋完善，由单个水平井向整体井组开发转变，并以此为基础发展了水平井各项配套技术，与欠平衡等钻井技术、多分支等完井技术相结合,形成了多样化的水平井技术。

石油行业对钻井技术低成本、低污染、精确轨迹、高产量的技术需求,促使水平井数量逐年增长。石油剩余资源和低渗、超薄、稠油和超稠油等特殊经济边际油藏开发的低成本高效益,是水平井技术发展的直接动力。

目前,国外水平井钻井成本为直井的 1.5 至 2 倍,甚至有的水平井成本只是直井的 1.2 倍,而水平井油气产量是直井的 4 至 8 倍。

最初,水平井主要用于开发低渗透裂缝性地层横穿裂缝和气顶、底水油藏减缓气水推进。近年来,随着钻井技术进步和钻井成本的不断降低,应用范围不断扩大。如今,水平井技术已作为常规钻井技术应用于裂缝性碳酸盐岩、页岩、砂岩地层,有效开发枯竭油藏、致密气藏等所有类型的油藏。水平井技术也出现了一些应用新趋势:水平井作为注入井,提高产量;分支水平井开采多个产层;开采老油田剩余油;多目标开发产层;开采气藏或疏松砂岩油藏;水平井资料用于油藏描述;薄层油藏、注水剖面修正、持续增产等。

目前,国外水平井钻井技术已发展成为一项常规技术,无论大、中、短曲率半径水平井,其井身质量、钻速、钻时、钻井成本、综合效益都可以得到保证。就总体而言,目前国外水平井钻井技术的井身结构设计、钻具配置、钻头、井下动力钻具、轨迹控制、随钻测试、泥浆技术等都有了很大程度的提高,大大降低了水平井的技术风险。

在大力推广水平井、分支井、多底井技术的同时,水平井技术的发展还有很多不完善的地方。目前,水平井、分支井、多底井地下渗流机理研究落后于钻井技术,许多传统的开发原理和开采工艺技术已经不再适用,这些问题严重影响了水平井技术及多底、分支井的推广与应用。

20 世纪 90 年代以来,钻井技术逐步细化为具有代表意义的水平井、多分支水平井、大位移井、深井钻井、连续管钻井等钻井技术,并相继开发了许多新工具、新装备,增加和完善了钻井测试和控制手段、过程分析和控制软件。

三、华东石油局水平井施工业绩

华东油气田境内湖泊众多、水网密集、人口密度高、村庄星罗棋布。随着勘探领域的不断扩大,为少占耕地,克服水网地区钻机搬迁和钻前工程的困难,适应向河、湖区域发展和满足精细勘探的要求,1987 年,六普钻井分公司开始掌握和运用定向井等钻井技术,开始试用螺杆钻具,并逐渐代替了涡轮钻具。为控制定向井轨迹,施工中使用稳定器和变向器及扶正器,为预防和减少井下事故,施工中还使用了随钻震击器、键槽破坏器、加重钻杆。

随后,高难度、大斜度定向井钻井技术得到了快速发展,并开展了复杂结构井和水平井钻井,油田开发钻井技术有了较大提高。六普钻井分公司 4017 井队在 1995 年苏平 1 井的施工中成功钻成了江苏地区和地质矿产部第一口水平井; 2002—2003 年六普钻井分公司在江苏工区施工了 3 口长裸眼水平井(台平 110-1 井、台平 1 井、台平 2 井),在大斜度段和水平段钻遇垮塌严重的阜宁组地层,而且钻井深度超过 3 000 m,水平段长度超过 200 m。2003 年 4 月 2804 井队钻成了新星公司系统及江苏省第一口 ϕ139.7 mm 小尺寸套管开窗侧钻水平井(侧平苏 185 井),填补了原中国新星石油公司系统及江苏省的一项空白。该项研究成果又成功应用于江苏工区台平 110-1 井、台平 1 井、台平 2 井,取得了显著效果。

2008 年华东石油局在复杂断块高含水油藏、薄油藏、稠油藏及浅层疏松砂岩油藏中加大了水平井的应用力度。在华港、北汉庄、草舍油田共部署水平井 8 口,占总部署开发井数的 27.50%,平均单井日产原油 8 t 以上,是直井产量的 4 倍。其中草平 1 井是江苏工区第一口双绕障防碰水平井,全井从一开到完钻,仅用了 22 天时间,对比施工设计的进度要求,提前 11 天完成了双绕障防碰水平井的钻进施工任务。

2008 年 9 月 40685 井队施工的草平 2 井是目前江苏工区最深的生产水平井,完钻井深 3 445 m。该井于 2008 年 7 月 14 日开钻,开孔直径 346 mm,表层套管下深 616.39 m(创江苏工区表层下深最深纪录)。

60829 井队采用地质导向钻井技术施工完成了第一口开发水平井——DB33P1 井,第一口采用欠平衡钻井技术钻进的水平井——腰平 1 井,测试无阻流量 352 万 m³/d。腰平 3 井完钻井深 5 068.00 m,井底水平位移 1 623.11 m,最大井斜角 93°,水平段长 1 206.73 m。2008 年腰平 7 井完钻井深 4 363.61 m,井底水平位移 817.93 m,最大井斜角 93°,水平段长 284.27 m,测试无阻流量 156 万 m³/d;腰平 4 井用于开发火成岩气藏,完钻井深 4 550.88 m,井底水平位移 993.20 m,最大井斜角 91.3°,水平段长 424.80 m。

2009 年 50511HD 井队施工的腰平 9 井,钻井周期 173.16 天,完钻井深 4 590 m,水平段长度 801.00 m,井底位移 1 100.85 m。该井井底位移和水平段长度在该地区仅次于腰平 3 井,创华东石油局、钻井工程公司水平井施工的最新纪录。

2010 年 70826HD 井队施工的 TP10CH 井,完钻井深:垂深 6 839.89 m/斜深 7 160.00 m,创中石化水平井井深(垂/斜深)两项最深纪录;腰平 8 井为东北油气分公司今年在松南气田布置的一口高产天然气开发水平井,该井完钻井深 4 994 m,水平位移 1 524.02 m,水平段长 1 232 m,为东北局水平段长度新纪录,也是我公司在东北工区承钻的井眼最深、全井水平位移最大、水平段长度最长的一口井。

2011 年帅 1-6 井自 1 050.86 m 开始定向施工,斜井段控制长度为 1 943.14 m,井底水平位移 1 222.24 m,创华东局江苏工区定向井井底水平位移最大的纪录;

2012 年 30551HD 井队施工的石狮平 1 井(水平井),垂深 681.45 m,位移 1 147.73 m,位垂比达到 1.68,创华东石油局、分公司位垂比新高。

1995—2012 年底,华东石油局已完成水平井 92 口。

当前,华东石油工程公司水平井钻井技术正在向集成系统发展,即以提高成功率和综合经济效益为目的,结合地质、地球物理、油层物理和各工程技术,对地质评价和油气藏筛选、水平井设计和施工进行综合优化。

参考文献

[1]《中国油气田开发志》总编纂委员会:《中国油气田开发志(卷二十)华东油气区卷》,石油工业出版社,2011 年 4 月。

[2] 王金荣:《浅谈水平井钻井技术在塔河油田中的应用》,《科技创业家》,2012 年第 16 期。

本文发表于《六普技术通讯》2013 年第 2 期

句容油气区浅层水平井技术研究与应用

赵炬肃[1]，谈士海[2]，王宗敏[3]，王洪亮[3]，贺　庆[3]

(1. 中国石油化工集团公司华东石油工程有限公司六普钻井分公司，江苏 镇江 212003；

2. 华东石油工程有限公司，江苏 南京 210019；

3. 华东石油局工程技术设计研究院，江苏 南京 210031)

下扬子区是我国唯一尚未找到规模性油气田的大型沉积盆地，该区中、古生界保存较好，为油气勘探前景有利区之一。但同时该区中、古生界油气勘探具有高复杂性、高难度性和高风险性的特点，需要根据区域地层不同的岩性特征，采取不同的工程技术去实现油气勘探开发。近两年，江苏苏北地区在下扬子中、古生界致密砂岩储层采用水平井已经取得了突破，苏南地区尚未有新的突破。为此，2012年中石化华东分公司石油工程技术研究院、六普钻井分公司(简称:六普)进行了"句容地区油气浅层水平井钻完井工艺技术研究与应用"项目的研究，旨在探索出一套适合句容地区浅层水平井的钻完井工艺技术。

句容区块西部和北部以宁芜山脉为界，东邻茅山山脉，南靠溧水火山岩盆地，面积约 2 500 km²。钻井及地震资料显示，区内中、古生界保存较好，下三叠统除句容断块上局部地段缺失外，其他地区均有保存。中、上三叠统在湖熟—大卓一带有保存。

句容区块所钻地层跨越的地质年代较多，地质条件变化大，岩性复杂。钻遇地层存在重复、倒转现象，且印支面以下地层倾角很大，超过 50°。本区储层有两类。一是砂岩储集层，主要有坟头组、茅山组、五通组、龙潭组和白垩系陆相砂岩。二是碳酸盐岩储层，储集空间类型主要有孔洞型、裂缝—孔洞型、裂缝型 3 种。储层主要发育在上震旦统灯影组、寒武系白云岩及下奥陶统、石炭系云化灰岩、三叠系灰岩当中。目前，句容区块的油气显示层主要位于:① 浦口组、葛村组(垂深约 100 ~ 500 m)；② 青龙组(垂深约 500 ~ 600 m)；③ 龙潭组(垂深约 600 ~ 800 m)。其中青龙组碳酸岩储层垂深约 500 ~ 600 m 为该地区主要储层之一。

从钻井工艺技术角度讲，浅层水平井最适合采用斜直钻机进行施工，但从新疆油田及河南油田的开发实践来看，采用斜直井技术给后期配套及维护带来很多不便，近几年来，这些油田也逐渐放弃了斜直钻机钻探，改用直井钻机，但直井钻机给钻井施工带来了许多困难，因此，在句容区块推广应用新技术、新工艺，开展浅层水平井钻井技术应用研究具有重大意义，一方面，可以探索提高句容区块单井产能的工程技术手段;另一方面,也为句容区块的开发方案提供依据。

一、研究内容

(一)句容地区浅层水平井钻井工艺技术研究

从井身结构优化、井眼轨迹设计及控制、钻头优选及钻井参数优化设计等几个方面考虑,形成一套适合句容地区的浅层水平井钻井工艺技术。

(二)句容地区浅层水平井钻井液技术研究

通过对已钻井的分析和室内实验研究,优选钻井液体系,满足碳酸岩储层保护要求,同时,满足水平井的井眼稳定、润滑防卡等钻井安全要求,形成适合句容地区开发碳酸岩储层浅层水平井的钻井液技术。

(三)句容地区浅层水平井完井方式及固井工艺技术研究

针对句容地区井浅、低产、多目的层的特点优选出合适的完井方式;通过优化固井工艺、优选水泥浆体系,达到提高储层段固井质量,满足后期压裂要求,形成适合句容地区浅层水平井的固完井技术。

二、国外浅层水平井技术现状及发展趋势

浅层水平井在国内外很多地区得到应用,加拿大的 San Joaquin 油田的 Tular 层,油藏埋深在 122~367 m 之间,为上新世全更新统期的极浅疏松砂岩,油质为重质油,为提高稠油采油速度和采收率,几乎全部采用直井钻机进行浅层水平井钻井开发。

美国用直井或斜井钻机钻成了多口浅层大位移水平井,德国用直井钻机钻了多口浅层水平井,其中 1 口采油水平井,垂深 270 m,水平段长 430 m。钻 ϕ212.7 mm 短半径井眼下入 ϕ177.8 mm 套管是其钻井技术水平的最高体现。

新疆油田三叠系克下组、克上组以及侏罗系八道湾组、头屯河组和齐古组拥有丰富的浅层稠油资源,稠油油藏埋深浅,最浅埋深仅 120 m 左右。1994 年为开发风城浅层稠油,用 JZ-15X 斜直钻机钻成国内第一口浅层水平井,垂深仅 264 m,水平垂直比为 1.98。2005 年在克拉玛依油田九 8 区开展了 HW9802 超浅层稠油水平井试验,完钻井深 421.8 m,完钻垂深 144.09 m,井斜 91.2°,闭合方位:222.17°,水平位移 329.42 m,水平垂直比达到 2.28。HW9802 超浅层稠油水平井的工艺技术试验获得成功,为当时国内应用常规直井钻机所钻垂深最浅的水平井。该井采用井身结构见图 1。

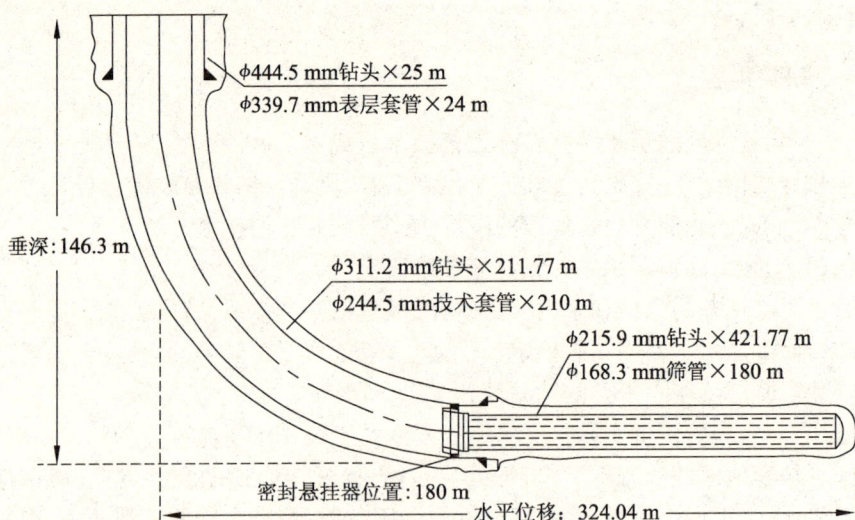

图 1　HW9802 井井身结构示意图

吉林油田扶余地区主力油层为中生代泉头组(泉四段)油藏埋深为 380～460 m 之间。吉林油田第一口浅层水平井扶平 1 井,于 2004 年 8 月 25 日开钻,2004 年 9 月 16 日 5 时完井,历时 14.36 d,是国内采用常规钻机——ZJ15 钻机施工的第一口浅层水平井。

河南油田主要目的层为古近系核桃园组,埋深 90～1 000 m,绝大多数小于 500 m。2007 年 10 月先后投产了楼平 2、楼平 3、楼平 1 和楼平 4 共 4 口热采水平井。其中楼平 2 井完钻井深 536 m,垂深 162 m 为当时中国石化最浅水平井纪录,水平位移 407.9 m,最大井斜 96.28°,水垂比达到 2.51,为当时国内陆上油田水垂比最高纪录。

2008 年 11 月,河南油田又在新庄相继投产了 11 口水平井,有了水平井的成功的经验,新庄水平井效果十分显著,累积产油 8 779.6 t,平均日产油达 9.89 t,油气比已达 0.57。

综上所述,① 国内外在浅层水平井研究与实践方面已取得显著效果,形成了采用直井和斜直井钻机进行浅层水平井钻井技术;② 如何克服钻进和下套管中的摩阻问题,就成为浅层水平井钻井需要解决的关键问题;③ 国内外浅层水平井钻井技术主要应用于新生界、中生界储层,尤其是稠油的开发实践中,文献调研显示该项技术尚未应用于中、古生界低孔低渗储层的开发实践中;④ 从钻井工艺角度讲,浅层水平井最适合采用斜直钻井,但从新疆油田及河南油田的开发实践来看,采用斜直井技术给后期配套及维护带来很多不便,此次研究重点是利用直井钻机完成浅层水平井钻井开发活动。

三、句容地区地层特性分析及水平井关键技术应用

句容区块所钻地层跨越的地质年代较长,地质条件变化大,岩性复杂。分析句容钻遇地层地质概况、可钻性及地层压力系统,能进一步明确句容地区实施浅层水平井所面临的难点及研究攻关重点,也为后续研究奠定基础。

(一)地质概况

句容地区自上而下钻遇东台组、浦口组、葛村组、象山组、青龙组和龙潭组,部分地区钻遇地层存在缺失、重复、倒转现象。如表1所示。

表1 句容地区钻遇地层地质概况

系	统	组	段	代号	岩性简述
第四系	全更新统	东台组		Q_d	土黄色黏土层,含粉砂及铁锰质结核,分布不均匀
白垩系	上统	浦口组		K_{2P}	上部灰-暗褐色玄武、橄榄玄武岩、红色碳酸盐化风化玄武岩;下部棕红色粉砂质泥岩,灰色、棕红色玄武质、安山质凝灰岩;底为棕灰色砂砾岩
	下统	葛村组		K_{1g}	上部咖啡色泥岩,含灰含粉砂质泥岩与浅灰色含灰含云粉砂岩、石英细砂岩互层;下部咖啡色泥岩、含粉砂灰质泥岩夹棕色粉砂岩、灰色含灰细砂岩;底为杂色灰质细砾岩
侏罗系	下统	象山组		J_{1x}	灰色、浅棕灰色中-粗砂岩,局部砂砾岩与灰色、棕色泥岩互层
三叠系	中下统	青龙组		T_{1-2qn}	灰色泥晶含泥质灰岩,局部含灰色泥岩
二叠系	上统	龙潭组		P_{21}	灰色砂砾岩、细砂岩、粉砂岩与灰色泥岩、黑色炭质泥岩等厚互层

目前句容区块的油气显示层主要位于:① 浦口组、葛村组(垂深约 100 ~ 500 m);② 象山组、青龙组(垂深约 500 ~ 650 m);③ 龙潭组(垂深约 650 ~ 800 m)。目前所实施浅层水平井主要目的层为象山组。

(二)地层压力系统

地层三压力(孔隙压力、坍塌压力和破裂压力)剖面的建立对井身结构优化、优选钻井方式、保证钻井各作业环节过程中井眼稳定有十分重要的意义。同时,句容地区前期施工井句平 1 井(导眼井)漏失情况较为严重,全井共计漏失 140 m^3。因此针对句容地区的实际情况,明确地层压力系统,建立地层压力剖面是此次研究

首先要解决的问题之一。句容地区地层三压力剖面如图 2 所示。

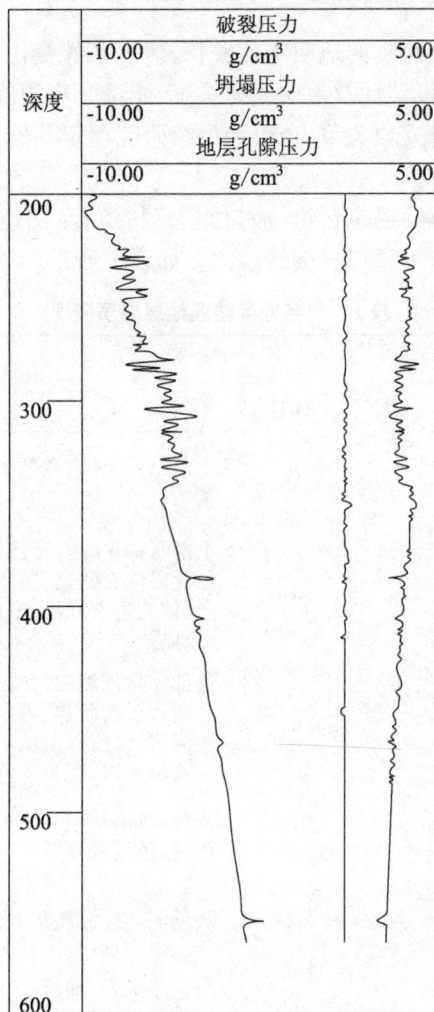

深度	破裂压力		
	-10.00	g/cm³	5.00
	坍塌压力		
	-10.00	g/cm³	5.00
	地层孔隙压力		
	-10.00	g/cm³	5.00

图 2　句容地区地层压力剖面图

结合地层情况对句容地层压力剖面图,可以得出以下认识:

(1) 句容地区地层孔隙压力属于正常压力系统,地层压力系数在 1.01～1.03;

(2) 句容地区地层坍塌压力低于孔隙压力;

(3) 句容地区破裂压力系数较高,可以判断前期施工井产生的漏失问题不是由于钻井液当量循环压力大于地层抗破能力造成。

(三) 地层可钻性分析

依据句容地区岩石可钻性室内试验、已钻井资料和测井资料,对句容地区岩石特性进行分析,建立该地区岩石可钻性剖面,如图 3 所示。

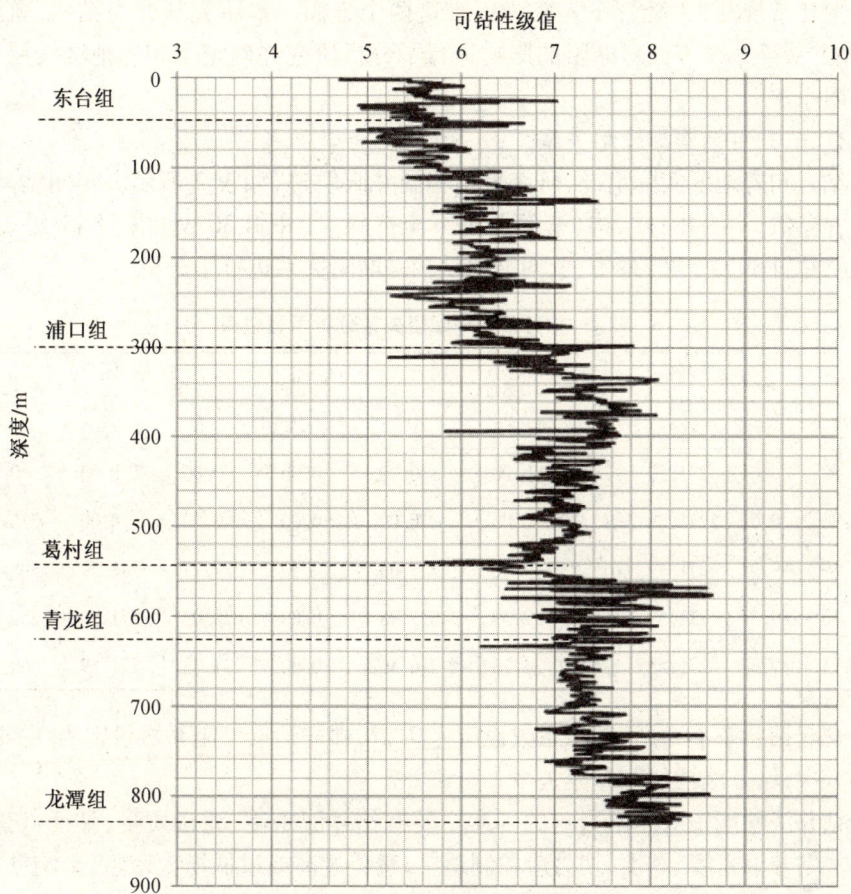

图 3　句容地区地层可钻性剖面图

　　从可钻性剖面图可以看出,东台组和浦口组上部地层岩石的可钻性级值较好,在 5 级左右;进入浦口组后随着地层的埋深增加,岩石的致密度增大,可钻性级值随井深的变化逐渐升高,维持在 5~6 级;葛村组可钻性变化幅度较大,上部较浦口组可钻性极值明显升高在 7 级以上,局部达到 8 级,下部可钻性逐渐回落至 6~7级;青龙组可钻性高,在 7 级以上,局部 8 级以上;龙潭组上部可钻性在 7 级左右,下部 7.5 级以上,局部达到 8 级。

　　上述可钻性分析认为,句容地区浅层水平井施工,钻头具有进一步优选的空间,尤其是 PDC 钻头在满足轨迹控制要求的前提下允许优选并现场应用试验。

（四）浅层水平井摩阻分析

　　摩阻问题是浅层水平井施工的一大难点,也是浅层水平井施工过程中首先要解决的问题。其突出表现在浅层水平井钻进中钻压传递困难和在下套管的过程中摩阻要比常规井大、套管下入较为困难这两个方面。本研究从井身结构,轨道曲率、钻井液等几个方面对摩阻的影响进行了分析研究并确定了句容地区浅层水平井摩阻系数。

首先,井身结构与摩阻关系。

结合句容地区实际情况,研究采用相同井眼轨迹,如表 2 所示。相同钻具,相同钻井参数,不同井身结构(套管分别下至造斜点、井斜 30°处、井斜 45°处、井斜 60°处、井斜 89.37°处)的方法,对井身结构—摩阻关系进行了分析。

表 2　井身结构—摩阻关系分析示意轨道

测深 /m	井斜 /(°)	网格方位 /(°)	垂深 /m	北坐标 /m	东坐标 /m	狗腿度 (°/30 m)	闭合距 /m	闭合方位 /(°)	段长 /m
0.00	0.00	271.59	0.00	0.00	0.00	0.00	0.00	0.00	0.00
235.30	0.00	271.59	235.30	0.00	0.00	0.00	0.00	0.00	235.30
831.10	89.37	271.59	617.25	10.46	−377.63	4.50	377.77	271.59	595.80
1 081.36	89.37	271.59	620.00	17.39	−627.78	0.00	628.02	271.59	250.26
1 690.71	89.37	271.59	626.70	34.26	−1 236.86	0.00	1 237.33	271.59	609.35

在起钻状态下,套管摩阻系数设定为 0.27,裸露地层摩阻系数设定为 0.39。

其次,钻井液性能与摩阻关系。

钻井液性能中对摩阻影响的因素主要有钻井液密度、泥饼质量、黏度、切力等因素。钻井液密度、黏度、切力应控制适中,避免过高或过低增大摩阻,影响钻井效率或满足不了悬浮携沙,引起井下复杂情况。优质的钻井液体系和性能是减小摩阻的保证。

第三,摩阻系数的确定。

应用实测钩载与悬重之差,将上提和下放管柱计算得来的摩阻,取其平均值,再用力学分析软件进行回归即为摩阻系数(无因次)的方法对石狮平 1 井导眼井摩阻系数进行力学回归,得出套管摩阻系数为 0.27,裸露地层摩阻系数为 0.39。

(五) 浅层水平井关键技术

1. 井身结构优化

根据句容地区地层压力分析结果,句容地区地层自上而下不存在异常高压带,结合邻井句平 1 井(导眼井)及句北 1 井的钻井及地质资料分析,句平 1 井施工过程中也出现渗透性漏失。同时句容地区浦口组地层以泥岩为主,易吸水膨胀造成缩径垮塌。综合上述情况,浦口组及葛村组为句容地区的工程"必封点"。

井身结构受钻机条件限制不能实施,则采用小一级井身结构。以 ϕ311.1 mm 钻头开孔、钻穿表层,下入 ϕ244.5 mm 导管,用水泥封固地表松散黏土、砂砾层,建立井口;一开使用 ϕ215.9 mm 钻头钻至入窗点附近,下入 ϕ177.8 mm 表层套管,二开使用 ϕ152.4 mm 钻头,钻至设计井深,下入 ϕ114.3 mm 套管完井,如表3 所示。

表3　不需要实施导眼井的浅层水平井备用井身结构

序号	井径/mm	井深/m	套管尺寸/mm	套管名称	套管下深/m
1	ϕ311.1	第四系 +2 m	ϕ244.5	导管	封固第四系
2	ϕ215.9	(1)钻穿葛村组 (2)钻至入窗点	ϕ177.8	表层套管	(1)封固葛村组 (2)封固造斜段
3	ϕ152.4	设计井深	ϕ114.3	生产套管	

注:如钻穿葛村组后,出现复杂情况,则考虑提前下入表层套管。

2. 轨道优化设计

由地层特性分析可知,句容地区储层垂深变化大,一方面浅层水平井轨道设计需要具有可调整性,以解决储层提前或滞后的问题;另一方面地层存在缺失、重复、倒转现象,造成储层垂深落实程度差,水平井施工前期可能需要实施导眼井来确定储层垂深。

采用"直—增—稳—增—稳"五段制剖面。

句容地区目的层垂深浅,结合目前水平井钻井技术、设备及工具能力,选择"直—增—稳—增—稳"五段制剖面。则一增段需增斜至45°以上,为后期施工创造良好条件。

表4 为示意水平井及导眼井一体化轨道设计。

表4　示意水平井及导眼井一体化轨道设计

	斜深/m	垂深/m	闭合位移/m	井斜角/(°)	方位角/(°)
示意导眼井轨道设计					
直井段	0.00 ~ 210.00	0.00 ~ 210.00	0.00	0.00	271.59
增斜段	210.00 ~ 571.37	210.00 ~ 482.89	199.25	0.00 ~ 72.27	271.59
稳斜段	571.37 ~ 1 071.61	482.89 – 635.23	675.73	72.27	271.59
示意预测水平井轨道设计					
侧钻点	987.68	606.89	587.23	72.27	271.59
增斜段	987.68 ~ 1 064.16	606.89 ~ 620.47	671.30	72.27 ~ 89.37	271.59
水平段	1 064.16 ~ 1 630.76	620.47 ~ 626.70	1 237.86	89.37	271.59

3. 轨迹控制(略)

4. 导向钻头优选

句容地区浅层水平井用钻头优选,尤其是 PDC 钻头的优选,一方面要考虑地层本身岩石可钻性特点,另一方面还要着重考虑钻头的定向性能,如任一方面无法满足要求,则无法保证浅层水平井的施工质量和施工进度。目前句容地区经过相关课题研究以提速为前提的钻头优选已取得初步成功,故此次研究钻头优选在前期工作的基础上,重点考虑钻头的定向能力。

根据句容地区浅层水平井钻遇地层及井径情况,浦口—象山组 ϕ215.9 mm 井眼优选 FL165X 系列 PDC 钻头,见图4。

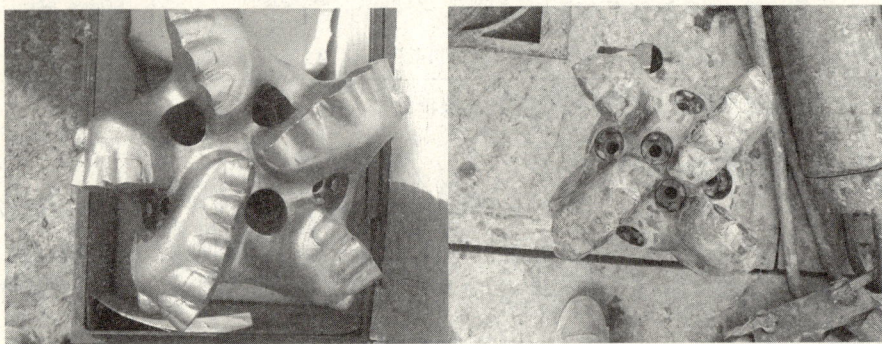

图4 FL165X 系列 PDC 钻头

该系列 PDC 钻头最大特点是在复合片后面安装吃深控制块,吃深控制块的出露高度低于前面的复合片。

5. 石狮平1井钻井液体系

石狮平1井是一口水平探井,地质预测将钻遇东台组、浦口组、葛村组、象山组地层,目的层为象山组砂岩储层。井身结构为:一开钻完葛村组下表层套管,二开钻至设计井深完钻,下入油层套管。因此,钻井液体系确定为:一开采用金属两性离子聚合物钻井液体系,防止浦口、葛村组缩径;二开采用金属两性离子聚合物钻井液和屏蔽暂堵技术保护象山组储层。

6. 完井方式优选和固中技术

(1)完井方式优选

通过评价,优选出适合于具体地层地质条件和工程技术要求的最佳完井方式。

① 砂岩储层的完井方式:该地区地层压力不高,低孔、低渗,完井方式主要考虑后期能进行压裂改造,完井方式的选择宜采用套管完井。

② 碳酸岩储层的完井方式:该地区储层主要以缝洞为主,完井方式主要考虑能有效沟通储层,并防止储层污染,完井方式的选择宜采用裸眼完井。

（2）固井技术

对于句容地区这种中浅层水平井来讲，扶正力要求较高，宜采用刚性扶正器。但考虑到井眼实际状况，井径不是很规则，则采用弹性扶正器和刚性扶正器混加的方式。

水泥浆体系优选：多数情况下，采用的是组合使用方式，即根据井的实际情况，优选合适的水泥浆体系组合，以达到满足地质要求，提高固井质量的目的。在这些成熟应用的体系当中，膨胀早强体系在延川南煤层气井低温环境下也得到了推广应用，固井质量优良率在90%以上。综合分析，句容区块水平井水泥浆选择采用膨胀早强水泥浆体系。

（六）石狮平1及导眼井现场应用情况

石狮平1井及导眼井钻井周期：42.48 d（一开等螺杆3.1 d，二开定向仪器无信号0.38 d，二开抗台风1.19 d，二开加深钻进2.25 d，侧钻定向仪器无信号1.68 d，二开加深井段测井1.21 d），完井周期：54.83 d，机械钻速：5.66 m/h。

施工过程中共计使用3只ϕ215.9 mm FL165X系列PDC钻头，其中导眼井使用FL1654和FL1655各一只，水平井使用FL1655MD，3只钻头工作平稳，能够满足浅层水平井轨迹控制要求。

四、研究成果综述

（一）成果综述

（1）对浅层水平井设计施工中各因素对摩阻的影响进行了分析；

（2）明确了句容地区浅层水平井井身结构优化原则，并根据是否需要实施导眼井确定浅层水平井井身结构优化方案；

（3）形成了适应浅层水平井的轨道设计技术，尤其是在需要实施导眼井的情况下运用了"导眼井—水平井一体化轨道设计"的方法，在满足浅层水平井施工要求的前提下，节约报废进尺，降低了开发成本；

（4）从钻头、钻具组合及钻井参数几个方面对句容地区浅层水平井井眼轨迹控制进行了探讨优化应用；

（5）结合句容地区不同地层特点，优选出满足该地区浅层水平井施工的水泥浆体系，并用于现场施工，取得良好效果；

（6）结合句容地质特点优选合理的水泥浆体系，进行了套管的强度校核、套管下入摩阻分析及扶正器间距设计，优选出合理的前置液体系，达到良好的固井效果；

（7）完成了石狮平1井的钻井工程设计和施工，并进行现场跟踪指导。

（二）主要技术创新

（1）首次应用"导眼井—水平井一体化轨道设计"完成浅层水平井轨道设计；

（2）完成设计并实施了句容地区第一口浅层水平井石狮平1井及导眼井。

五、结论与建议

（一）结 论

（1）摩阻问题是浅层水平井施工首先要解决的问题，通过对井身结构、轨道剖面等几方面因素与摩阻关系的分析研究，有针对性地提出了解决方案，为石狮平1井的设计和施工提供了保障。

（2）通过对句容地区地层压力的分析研究结合浅层水平井特点，进行井身结构优化能够满足该地区勘探开发需要。同时实践表明，优化井身结构是缩短该地区钻井周期，保持浅层水平井提高施工安全性的主要手段之一。

（3）水平井及导眼井一体化轨道设计，可节约大段报废进尺。石狮平1井及导眼井顺利施工证明，在浅层水平井轨道设计中采用"直—增—稳—增—稳"五段制剖面及中长曲率半径，可有效控制摩阻，结合轨道控制技术，能够满足现场施工需求。

（4）深入分析句容地区地层特点基础上，结合钻井液体系的室内评价，针对青龙组碳酸盐岩储层，优选采用低密度无黏土相聚合物钻井液体系；针对龙潭组等砂岩储层，优选采用金属两性离子聚合物钻井液体系，石狮平1井施工采用金属两性离子聚合物钻井液，现场应用情况良好，能够满足勘探开发需要。

（5）结合句容地质特点及井眼轨迹特点优选，水泥浆体系及前置液体系，以及进行套管的强度校核、套管下入摩阻分析及扶正器间距设计，在句容地区取得良好的固井效果。

（二）建 议

（1）句容地区浅层水平井实施难度大，为了更好地提高钻井效率和勘探开发效果，建议在理论研究和分析总结的基础上，进一步加强对该地区浅层水平井钻完井工艺技术攻关，推广先进的钻完井工艺技术，为句容地区油气早日建产提供技术保障。

（2）石油勘探是一项系统工程，施工征用土地需要地方政府紧密配合，在水源、供电、环保等方面提供保障，以使工程顺利展开。

（3）搞好工农关系是我们的责任，搬迁效率的高低也直接关系到建井周期的长短，对钻井提速增效有着举足轻重的作用，需要市、乡、村各级政府配合，防止村民因运输问题引起矛盾。钻探工作是一项连续工程，在施工作业期间难免产生部分噪声，地方政府应做好相应工作，避免产生纠纷影响工程施工。

参考文献

［1］祖峰,张宗林,马开良,等:《江苏句容地区水化膨胀泥页岩坍塌压力研究》,《钻采工艺》,2001 年第 24 期。

［2］姚爱国,等:《岩土工程钻进原理》,中国地质大学出版社,2000 年。

［3］汤风林,等:《岩心钻探学》,中国地质大学出版社,1997 年。

［4］鄢捷年:《钻井液工艺学》,中国石油大学出版社,2006 年。

［5］屠厚泽:《钻探工程学(下册)》,中国地质大学出版社,1987 年。

［6］邹德永,等:《PDC 钻头钻进的岩石可钻性研究》,《石油大学学报》,1992 年第 1 期。

［7］刘希胜,等:《钻探工艺学(上册)》,地质出版社,1991 年。

［8］赵国隆:《勘探工程技术》,上海科学出版社,2003 年。

［9］增于中:《聚晶金刚石钻头(上、下)》,《国外探矿工程情报》,1986 年第 1 期。

［10］赵业荣,等:《气体钻井理论与实践》,石油工业出版社,2008 年。

［11］谢国明,袁祥成:《江汉湖区浅层大位移定向井长 10X 井井眼轨迹控制技术》,《天然气工艺》,2005 年第 4 期。

本文为中石化集团公司 2012 年石油工程先导试验和推广应用项目"句容地区浅层水平井钻完井工艺技术研究与应用"(项目编号:15150011-11-S-FW0407-077)部分内容,获江苏省镇江市科协 2013 年"四大行动"征文三等奖;江苏省镇江市 2012—2013 年度优秀论文二等奖

浅谈油基钻井液技术的发展

赵炬肃

(中国石油化工集团公司华东石油工程有限公司六普钻井分公司,江苏 镇江 212003)

一、技术发展概况

早在20世纪20年代,人们就使用原油作为钻井液。但是,人们在实践中发现使用原油具有切力小、难以悬浮重晶石、滤失量大和容易引起火灾等缺点。油基钻井液的配制成本要比水基钻井液高得多,使用时也往往会对井场周围的生态环境造成影响。因此,多数甲方单位会考虑到成本等问题,从而限制了油基钻井液的使用。

近几十年,我国油基钻井液技术发展特别是高性能油基钻井液技术相对滞后,呈现出"水基强,油基弱"的局面。与国际先进水平相比,我国钻井液发展至少落后20年。从市场份额上看,斯伦贝谢、哈里伯顿和贝克休斯三大钻井液服务公司占75%的国际钻井液市场份额。中国石油集团2010年国际市场份额仅为1.6%。委内瑞拉油基钻井液比例已达60%(全白油基钻井液),墨西哥、阿尔及利亚油基钻井液比例已达70%,叙利亚、巴基斯坦、伊朗等国家也有需求。随着环保意识的提高,社会对全油基钻井液提出了新的要求,国外公司在低毒环保全油基钻井液体系研发和推广应用上抢占先机。

从技术上看,全球钻井液服务已进入"油基时代",油基钻井液技术服务占了2/3份额,而我国尚处于水基泥浆的"旧时代"。我们公司虽然打出中国石油最深井——8 023 m克深7井,却需要国外公司提供全油基钻井液技术服务。

近年来,中国石油钻井液发展取得了较快进步,但是,在油基钻井液体系方面还没有实现较大突破,没有形成完整的体系。目前,在全球钻井液市场,油基钻井液占60%,但油基钻井液技术是我国钻井液的短板,使用率较低。为了提高钻速,20世纪70年代开始,我国广泛使用了低胶质油包水乳化钻井液。为了保护环境,适应海洋钻探需要,20世纪80年代初开始,又逐步推广使用了以矿物油作为基油的低毒油包水乳化钻井液。经过不断创新与发展,世界油基钻井液从最初的以原油作为钻井液发展形成油基钻井液、油包水乳化钻井液、低胶质油包水乳化钻液、低毒油包水乳化钻井液和全油基钻井液。与传统的水基钻井液技术相比,油基钻井液将钻井液技术带入一个新的发展阶段。2008 年长城钻井液公司研发环保全油基钻井液体系,在委内瑞拉 Barinas 油田及国内沈-307 井进行了初步应用,取得良好效果。

随着近年页岩气等非常规能源勘探开发的需要,油基钻井液的上述优势逐渐被重视。

二、油基钻井液的特点、组成及发展趋势

(一) 油基钻井液的特点

1. 油基钻井液(OBM, Oil Based Mud)的定义

油基钻井液被定义为以油为连续相的钻井液。与水基钻井液(WBM, Water Based Mud)相比较,后者是以水为连续相的钻井液,其他则为分散相。

2. 油基钻井液的优缺点

(1) 优点

良好的润滑性、良好的热稳定性、优良的泥页岩等地层稳定性、突出的油层保护特征、易于维护良好的抗污能力、不易变质。

(2) 缺点

成本高,环境适应性差(毒性高)。

柴油中所含的芳烃对钻井设备的橡胶部件有较强的腐蚀作用。

(3) 油基钻井液的主要用途

① 钻敏感性地层,如页岩、盐层、硬石膏层;

② 钻高温深井;

③ 生产层的钻进和取芯,射孔和完井液,作修井液;

④ 定向井钻井液,小井眼的钻井液;

⑤ 大位移井、复杂结构井钻井液;

⑥ 钻含 H_2S 和 CO_2 的地层,作封隔液,作防腐蚀控制液;

⑦ 解卡的浸泡液。

(4) 油基钻井液的分类

油基钻井液主要分两大类:

一是油相钻井液。是由氧化沥青、有机酸、碱、稳定剂及高闪点柴油等组成的混合物。通常只混 3% ~5% 的水。

二是油包水乳化钻井液(反相钻井液)。是由各种添加剂组成,包括被用来水乳化和稳定的乳化剂、改变其他添加剂润湿性的润湿剂。这种体系的特点是最高含水可达 60% 。

合成基钻井液、气制油基钻井液是油包水乳化钻井液的一类。

（5）油基钻井液的发展历程

油基钻井液的发展历程见表1。

表1　油基钻井液的发展历程

类　型	组　份	开始使用时间	特　点
原油级钻井液	原油	1920 年前后	防塌、防卡、油保等性能好。但流变学不易控制,易着火,温度小于100℃的浅井
全油基钻井液	柴油、沥青、乳化剂及烧碱	1939 年	具有油基钻井液的各种优点。但成本高,易燃,钻速低
油包水乳化液	柴油、乳化剂、润湿剂、亲油胶体、乳化水（10% ~60%）	1950 年	增加水相活度提高井眼稳定性,耐燃性提高
低胶质油包水乳化液	柴油、乳化剂、润湿剂、少量亲油胶体、（乳化水15%）	1975 年	可明显提高钻速,降低钻井总成本。但由于放宽滤失量,对某些松散、易塌地层储层不适合
低毒油包水乳化钻井液	矿物油、乳化剂、润湿剂、亲油胶体、乳化水（10% ~60%）	1980 年 1990 年 2005 年	具有油基钻井液的各种优点,同时环境友好,特别适用于海上钻井

（6）油基钻井液的发展趋势

油基钻井液的发展取决于需求与成本、环境要求的平衡。

需求:性能上几乎可满足任何地层钻进的需要。

成本:成本高、对环境毒性大等缺点,决定了该类体系只有特殊要求时,才考虑使用。

环境:由于环境要求越来越严格,尤其海上钻井作业对排放物毒性限制严格,以柴油为基油的油基钻井液体系不能满足环境保护部门提出的毒性指标要求。所以近年来发展了低毒和无毒油基钻井液以满足生态环境方面的要求。

三、油基钻井液的组成

油基钻井液是以水为分散相,油为连续相,并添加乳化剂、亲油性胶体及其他处理剂和加重材料所形成的稳定的乳状液。

若需使用原油,则必须对原油预处理,使其不含破乳剂并且要经过充分风化,没有经过风化的原油含有烃组分,使用时容易挥发,除引起火灾之外,还将增加钻井液的维护费用并改变钻井液的性能。选用黏度低、闪点高的柴油最为有效和经济,这是最好的选择。选柴油时要选苯胺点70 ℃以上,闪点83 ℃以上,燃点93 ℃以上的。

从环境要求考虑,可选用精制矿物油、合成油等。海上钻井施工,大多数用这两类。油基泥浆的毒性主要来自基础油中的芳香烃。芳香烃含量越多,毒性越大。芳香烃的含量一般用苯胺点来表示,苯胺点越低,则芳香烃的含量越高,毒性也越大。

四、油基钻井液的配方与性能

国外 H 公司逆乳化油基钻井液配方组成:基础油 + 3.5% Invermul NT(主乳) + 1.7% 石灰 + 0.56% ~ 1.7% Carbotrol A9(降失水剂) + 0.85% ~ 1.7% Geltone V(有机土) + 0.56% ~ 0.85% Suspentone(高温有机土) + 1.2% ~ 2.4% EZmul NT(润湿剂) + 11.4% $CaCl_2$(7.8%)油水比 = 75/25 – 85/15。

国内配方组成:75% 矿物油 + 3.8% 主乳化剂 + 1.2% 辅乳化剂 + 1% 润湿剂 + 3% 有机土 + 0.5% 增黏剂 + 25% $CaCl_2$(25% 溶液) + 2% CaO + 2% 降滤失剂 + 加重至 1.0 ~ 1.60 g/cm³。

国内外油基钻井液性能比较见表2。

表2　国内外油基钻井液性能对比

研制单位	密度	ES/V	AV/ (MPa·s)	PV/ (MPa·s)	YP/Pa	Cell/ (10 s/10 min)	FL_{HTHP}/mL
中石化工程院	1.22	886	41	31	10	4/7	5.21 (50 ℃)
国外 H 公司	1.22	>700	37	28	9	5.5/7	2.0 (121 ℃)
国内 H 公司	1.20	625	39	32	7	—	6.0 (150 ℃)

五、油基钻井液配制及性能控制

1. 单罐混合配制方法

由于条件限制没有足够的配浆罐时,可采取单罐配制法。

将基础油、主乳剂、辅助乳剂、润湿剂、各类亲油胶体等全部置于一个罐中混合。在良好的搅拌条件下加入所需的水量,加入一定量的粉末状 $CaCl_2$,一般选用70%,剧烈搅拌直到全部溶解为止。用重晶石加重至所需钻井液密度。将剩余的 $CaCl_2$(粉末)慢慢地加入,并搅拌直至全部溶解为止。

若用块状 $CaCl_2$ 则先配成所需浓度的水溶液,开始时,先用 70% 配成乳状液并加重后,再把剩余的 30% 溶液加到乳状液中。

2. 流变性与固相

塑性黏度维持尽可能地小以获得最大的钻速,在一段时间里同样的比重情况下,若出现塑性黏度逐渐增高,往往表明泥浆中的固相增加了,固相增加来源于:①降滤失剂的加入;②低比重钻屑;③超微固相的形成。对于给定比重的油基泥浆,其体系所需不同,对固相含量的要求也不同。一般来说,固相含量越小越好,要综合考虑,尽量维持低的固相水平。

3. 碱度(*POM*)

石灰有促进水润湿作用的趋势,因此,过量的石灰是有害的,过高的碱度也会引起流变性数值的增加。油基泥浆碱度的测定,其实是测定其体系中石灰的剩余量。每方泥浆加入 3 kg 石灰可使 *POM* 增加大约 0.2 mL。*POM* 值必须保持在 1.0 ~ 2.5 mL 范围内。

4. $CaCl_2$ 含量(活度)

"活度"是用来定义钻井液或页岩中的水的化学位的量度单位,主要是用来控制敏感性泥页岩地层的稳定性。若使用的是控制活度的油基泥浆,则需要用滴定法检测 $CaCl_2$ 的含量。使用 $CaCl_2$ 配制成的盐水可获 1.0 ~ 0.5 活度值,淡水的活度值是 1.0,使用 NaCl 可获得最小的活度值为 0.75。

5. HTHP 滤失量

合乎标准的油基泥浆其 HTHP 失水量一般 3 ~ 4 mL,并且必须全部是油,若这个值是平稳地增加的,则说明钻井液需要处理,可用乳化剂或辅助乳化剂进行处理,若滤液有水还应加入润湿剂以加强乳化作用,出水情况不允许长期存在。

6. 电稳定性

电稳定性是测量水在连续油相中被乳化的程度,油不导电,电流是建立在接头电极之间,当被乳化的水珠连接起来(即聚结)形成连续的电桥(即电路)时才会产生导电。乳状液越稳定,产生破乳或水珠合并形成的电桥所需的电压愈高。有几方面的因素将影响电稳定性值的变化:

(1)电解质浓度。水的导电性随电解质浓度的增加而增加,因而电解质的增加有降低电稳定性的暂时效应。

(2)水的含量。当分散水相增加时,水珠之间的平均距离减少(被挤得更靠近一些),这样明显地使得水珠聚结,从而更容易形成电路,因而降低电稳定性。

7. 固控设备使用

振动筛:经常使用的是 120 ~ 200 目筛布。离心机:离心机是唯一能清除泥浆中积累起来的微小固相的设备,离心机的使用会大大减少所需的稀释量。对于加重泥浆只有使用两台离心机才能解决上述问题,用第一台回收"稠"的部分,把"稀"的部分供给第二台离心机进行第二级处理,处理后的"稠"的部分主要是低密度固相,"稀"的部分主要是油给予回收。

六、油基钻井液的回收

油基钻井液回收流程及处理见图 1 和表 3。

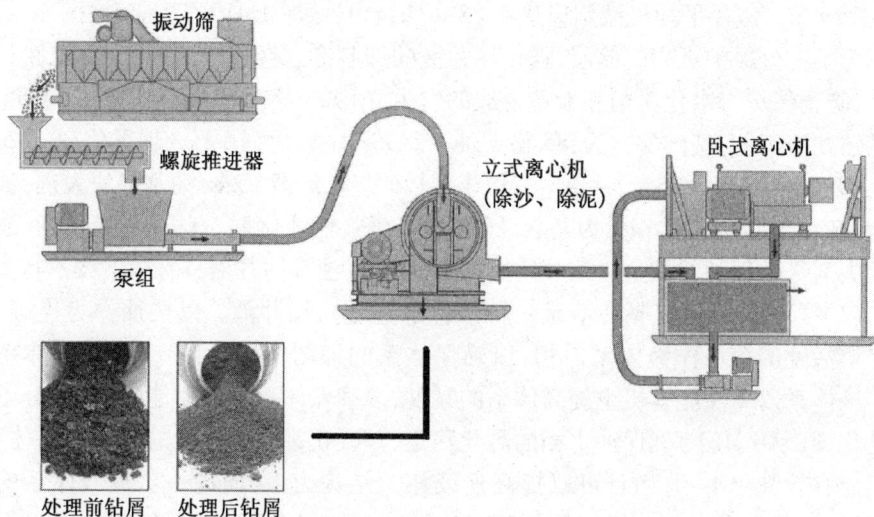

图1　油基钻井液回收流程

表3　国内油基钻井液废弃物处理

序号	处理方法	适用规模	优 点	缺 点	国内应用该法的企业
1	定点固化	单井/批量	成本低、处理时间短	处理后体积增大，存在潜在隐患	中石油
2	定点焚烧	单井/批量	成本低廉、焚烧物制作建材	须具备焚烧装置	中石化

七、油基钻井液的实际应用

江汉油田完成中石化第一口页岩气水平井，建页 1 井的施工采用油基钻井液，国内外合作实施，施工顺利，没有出现井眼失稳问题。

河南油田实施泌页 1 井的施工，采用油基钻井液体系。

华东石油局完成的页岩气彭页 3HF 井，采用 LVHS-D 油基钻井液体系等。

从以上现场施工钻井液性能来看，该钻井液性能稳定，满足了现场对油基钻井液的技术要求。其应用效果如下：

（1）高温稳定性好，易于维护处理。从实际应用效果看，该体系抗高温能力强，热稳定性好，悬浮能力强，沉降稳定性好。

（2）振动筛返出的岩屑棱角分明、保持原始状态，钻进过程中使用 152 mm 钻头钻进,钻速明显加快。

华东石油局六普施工的彭页 3HF 井为三开制水平井,完钻井深 4 190 m,垂深 3 021.36 m,水平位移 1 373.77 m,最大井斜 87.59°,水平段在页岩层中穿行达 1 167.19 m。该井平均机械钻速达 4.23 m/h,台月效率 1 410.77 m/台月。

为了充分保护页岩气储层,强化钻井液的抑制性、造壁性、封堵性、流变性和润滑性,防止泥页岩水化垮塌和卡钻事故的发生,彭页 3HF 井三开井段采用 LVHS-D 油基钻井液工艺,基础配方为:85 份柴油 +2.5% 主乳化剂 +1% 辅乳化剂 +15 份氯化钙盐水(浓度为25%) +3% 有机土 +1.5% 氧化钙 +2% 油基降滤失剂,油水比为85:15,以油水体积量为基数计算主乳化剂、辅乳化剂、有机土、氧化钙、油基降滤失剂等处理剂的加量。该井使用的 LVHS-D 油基钻井液具有以下技术特点:

(1) LVHS-D 油基钻井液是一种油包水逆乳化钻井液。以柴油作为连续相,以平衡活度的盐水作为体系内相,以确保体系的抑制性,同时提供必要的体系黏度。该体系以高性能有机土提高体系的黏度,以确保体系的悬浮能力;以大分子强力乳化剂(SMEMUL)确保油水相的乳化稳定,该乳化剂具有较大的分子伸展体积,不仅能有效乳化水相,而且可以提高连续相的结构力,从而进一步提升体系的黏切;另外体系中含有高效提切剂(SMHSFA),它通过电性作用可增强油/水界面膜的强度,不仅可有效减少分散相的团聚概率,提高体系乳化稳定性,而且,可以大幅度增强体系内部的结构力,显著提高体系切力,这对于提高体系对固相的悬浮稳定性具有重要作用,这也是 LVHS-D 油基钻井液区别于国内常规油基钻井液的突出特点。

(2) LVHS-D 油基钻井液抑制性强,极大延缓了地层的水化膨胀,具有良好的井壁稳定性能,可以满足优质快速钻井的要求。

(3) LVHS-D 油基钻井液润滑性好,利于水平井和大位移井钻井施工。

(4) LVHS-D 体系抗高温强,在 180 ℃范围内性能稳定,体系初终切差值小,长时间静止后开泵激动压力小,可有效降低压漏风险,尤其利于窄密度窗口施工。

八、应注意的几个问题

(1) 钻井方面。应更换所有循环系统中密封件为耐油性的,在循环系统上方搭建良好的遮雨棚。

(2) 固井方面。油浆与水泥混合会形成黏稠的不易泵送的物质,结果造成水泥浆等串槽、井漏和水泥胶接不良,此外油润湿的套管会造成固井失败,使用专门设计的隔离液不仅可消除与混合有联系的问题,而且能有效地改变套管和井眼的润湿性,以使油润湿的表面变成水润湿而使水泥胶结良好。

如果得不到专门设计的隔离液将需要使用复合隔离液,它们是由水与基础油组成,各自位于与其相容的流体界面上,(即水泥/水、基础油/油浆)。隔离液在钻杆中的长度至少应是 150～300 m,隔离液的黏度和比重最好比要隔离的钻井液稍大些。

另外旋转或上下活动钻杆可以改善顶替效率。

随着页岩气等非常规能源勘探开发需要不断加大,油基钻井液的上述优势逐渐被重视。油基钻井液已成为钻高难度井、高温深井、大斜度定向井、水平井和各种复杂井的重要手段,对更好地开展资源调查和资源开发利用,促进钻井液技术进步,并对地质大调查具有重要的现实意义。由于油基钻井液的使用对地质录井也有一定影响,会造成岩屑清洗困难、岩性辨认困难、油气显示发现困难。因此,钻井液在钻探过程中是否对环境,尤其是对地下水造成毒性污染,以及钻探施工结束后钻井液的排放是否对环境造成污染正受到特别关注。而要想使油基钻井液有较好发展,就需要更加深入地对油基钻井液进行研究,通过资料对比,技术实践,充分掌握油基钻井液应用技术。

参考文献

[1] 中石化石油工程技术研究院:《中国石化钻井液技术发展需求》,中石化2010 年 9 月钻井液技术培训班教材。

[2] 中石化石油工程技术研究院钻井液研究所:《油基钻井液技术》,中石化2010 年 9 月钻井液技术培训班教材。

[3] 中国石油长城钻探公司钻井液公司:《环保型全白油基钻井液研究与初步应用》,中国石油学会 2011 年钻井液研讨会交流材料。

[4] 万小勇,高磊,郑晓东:《彭页 3HF 井页岩气水平井钻井关键技术分析》,六普 2013 年工程技术交流会材料。

本文发表于《六普技术通讯》2013 年第 3 期

水力脉冲空化射流技术
在非常规钻井施工中的应用

辛建华，赵炬肃

（中国石油化工集团公司华东石油工程有限公司六普钻井分公司，江苏 镇江 212003）

一、前　言

非常规油气资源近年来成为国内外勘探开发的热点之一，中国石化也积极开展此项活动。华东石油局作为中石化开拓非常规油气领域的主要队伍，积极探索勘探开发工作，既是职责所在，更是发展的需要。非常规井由于地层岩性致密，可钻性差，使用常规方式钻井，周期长，钻井过程中遇到的复杂情况多，机械钻速下降幅度明显增大，同时钻井成本也急剧增加，直接影响到油田的勘探开发速度和成本。宣页1井，其一开井段使用常规钻井，平均机械钻速仅0.6 m/h。因此，开展水力脉冲空化射流钻井提速技术研究，对非常规页岩气井解决机械钻速低、钻井成本高等具有重要的现实意义。

二、地层可钻性分析

宣页1井是一口页岩气参数井，处于江南隆起北部梅林向斜东南翼，构造稳定，远离大的断层，是页岩气勘探的有利地区；主要目的层荷塘组处于有利的沉积相带——盆地相，发育大套厚层稳定的泥页岩，与美国已开发的页岩气盆地相比，各项评价指标均有一定的可比性，因而具有较大的勘探潜力。

页岩气井由于地层普遍古老，地层研磨性强，可钻性差，加之地层倾角大，井斜控制难度大，常规的防斜钻具组合，对钻井参数的要求高，钻压得不到释放，从而导致宣页1井及其邻井一开井段平均机械钻速仅0.6 m/h左右，而该地区的皖宁1井、皖宁2井岩石可钻性实验结果报告见表1，由地层预测软件得出宣页1井地层可钻性见表2，宣页1井岩性硬度实际数据见表3。

表 1　皖宁 1 井、皖宁 2 井岩石可钻性实验结果

牙轮模式			$V_{电机}=55$ r/min			
编号	井号	层位	井深/m	时间/s	位移/mm	可钻性分级级值
1	皖宁 1 井	牛上	683.00	87.35	2.40	6
2	皖宁 1 井	宁国	790.00	94.36	2.40	6
3	皖宁 1 井	印渚埠	992.00	200.62	2.40	7
4	皖宁 2 井	杨柳岗	103.00	96.43	2.40	6
5	皖宁 2 井	杨柳岗	实验过程中岩心碎裂			
6	皖宁 2 井	荷塘	776.00	549.69	2.40	9

表 2　宣页 1 井黏土矿物总量和常见非黏土矿物 X 射线衍射定量分析

岩样编号	井号	井段/m	层位	岩性	矿物种类和含量/%						
					石英	钾长石	斜长石	方解石	白云石	铁白云石	黏土总量
1	宣页 1 井	2 107.78 ~ 2 115.88	荷塘组	灰黑色含硅质泥岩	20.4		3.4	57.3	7.7	2.4	9.0
2		2 420.35 ~ 2 427.91		灰黑色板状页岩	55.0		4.6	22.6	6.0	2.9	8.9
3		2 427.91 ~ 2 436.27		灰黑色板状页岩	62.3	1.4	2.2	4.4	13.4	7.4	8.8

表 3　宣页 1 井岩性硬度实验结果

地区:宣城	井号:1	压膜直径(cm):0.215
岩性:灰黑色含硅质泥岩	地层:荷塘组	岩样编号:1
井深(m):2 107.78	试验人:韦忠良	试验日期:2010-12-10
硬度平均(MPa):580	硬度标准误差:30.964	硬度相对误差:0.053
塑性系数平均:1.5	塑性系数标准误差:0.424	塑性系数相对误差:0.282 3
地区:宣城	井号:1	压膜直径(cm):0.215
岩性:灰黑色板状页岩	地层:荷塘组	岩样编号:2
井深(m):2 420.35	试验人:韦忠良	试验日期:2010-12-10
硬度平均(MPa):1 881	硬度标准误差:227.77	硬度相对误差:0.121
塑性系数平均:1.67	塑性系数标准误差:0.236	塑性系数相对误差:0.142
地区:宣城	井号:1	压膜直径(cm):0.215
岩性:灰黑色板状页岩	地层:荷塘组	岩样编号:3
井深(m):2 427.91	试验人:韦忠良	试验日期:2010-12-10
硬度平均(MPa):2 316	硬度标准误差:221.36	硬度相对误差:0.095
塑性系数平均:1.26	塑性系数标准误差:0.116	塑性系数相对误差:0.187

宣页1井煤层气储层埋深较浅(大多集中在400~1 200 m之间),地层相对较老,且岩性比较致密,岩石可钻性较差,可钻性数据见表4。贵州织金地区地层岩性见表5。

表4　宣页1井地层可钻性

编号	井号	层位	井深/m	可钻性分级级值
1	宣页1井	于潜组	1 24.50	6.5
2	宣页1井	宁国组	210.27	6.3
3	宣页1井	印渚埠组	1 147.51	5.2
4	宣页1井	西阳山组	1 383.45	7.2
5	宣页1井	华严寺组	1 485.98	5.8
6	宣页1井	杨柳岗组	2 107.78	6.8
7	宣页1井	荷塘组	2 570.00	7.4

表5　地层的可钻性

层位	岩性
长兴组	黑色隐晶燧石灰岩
龙潭组	黑色炭质页岩,砂质、钙质页岩,夹煤层
峨眉山玄武岩组	暗绿色及深灰色玄武岩

三、水力脉冲空化射流钻井提速机理分析

水力脉冲空化射流发生器主要由本体、弹性挡圈、导流体、自激振荡喷嘴等组成(见图1)。本体两端选用石油钻杆标准螺纹,内部中段用于安装其余部件,并在前端设计有限位台肩;本体内部依次安装自激振荡喷嘴、叶轮总成、导流体、弹性挡圈。导流体位于本体顶部,其斜坡流道的设计改变了钻井液的流动方向和速度。钻井液进入叶轮总成后,对叶轮叶片产生切向冲击力,使叶轮快速旋转。叶轮总成主要包括叶轮座、叶轮、叶轮轴和轴套等组成部件,叶轮安装在叶轮轴上,并通过轴套连接坐在叶轮座上,在钻井液的冲击下可以连续旋转。

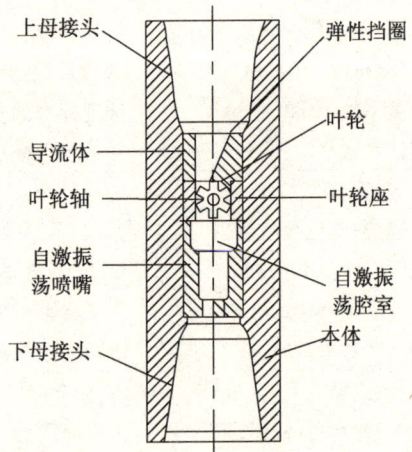

图1　水力脉冲空化射流发生器结构示意图

工作原理:水力脉冲空化射流发生器工作时,钻井液从上部钻杆流入首先进入导流体,经过加速、变向后,进入叶轮总成,冲击叶轮并使叶轮快速旋转。叶轮旋转周期性改变了流道截面积,钻井液产生周期性的压力脉动。位于水力脉冲空化射流发生器最底部的自激振荡腔室对钻井液脉动信号进行放大并产生流体谐振,当其通过振荡腔室的出口收缩截面进入谐振喷嘴时,产生压力波动。这种压力波动又反射回谐振腔形成反馈压力振荡,当压力波动的频率与谐振腔的频率相一致时,反馈压力振荡得以放大,从而在谐振腔内产生流体声谐共振,在流体出口端产生强烈脉动涡环流,以波动压力的方式冲击井底,改善井底流场。

水力脉冲空化射流发生器安装于钻头上部,将流体的扰动作用和自振空化效应耦合,使进入钻头的常规连续流动调制成振动脉冲流动,钻头喷嘴出口成脉冲空化射流。脉冲空化射流可以提高射流清岩破岩能力。由于压力脉动可在钻头附近形成低压区,能够降低井底岩石的压持效应,间断地产生欠平衡状态,可以大幅提高钻井速度。但水力脉冲方法得到的低压仅局限在井底钻头附近区域,整个环空仍为过平衡压力,比欠平衡钻井方法能更好地保证井壁稳定性。同时,当压力脉冲产生时,由于压力降低在井底附近易产生空泡,在相同排量下,空化射流的冲击压力是连续射流滞止压力的 8.6 ~ 124 倍,这将大大增加中低压射流的清岩、破岩能力,从而有效提高机械钻速。

四、水力脉冲空化射流钻井现场试验及效果分析

(一)水力脉冲空化射流钻井技术在宣页 1 井的现场试验

宣页 1 井为页岩气直井,设计井深 2 570 m,补充设计井深 2 848 m,构造位置为下扬子盆地江南隆起北部梅林向斜东南翼,宣页 1 井邻区资料少,与皖宁-1 井、皖宁-2 井对比困难,实际钻遇地层与设计出入较大,地层复杂,破碎带多,地层倾角大,井斜控制难度大,为保证井身质量,不得不减压钻进;同时,由于地层可钻性差,钻时高,钻头磨损严重,因此为提高钻井机械钻速,水力脉冲钻井工具也多次入井试验。现场共进行了 12 次试验,试验井段分别为西阳山组、荷塘组的泥质灰岩地层,这类地层硬度大可钻性差,机械钻速低。在二开 1 147.51 ~ 1 243.28 m 井段进行了试验,进尺 95.77 m,平均机械钻速达 2.73 m/h,相同工况下二开试验井段与同井相邻井段相比钻速分别提高 27.6% 和 105.3%;在三开 2 060.58 ~ 2 848.80 m 井段也进行了现场试验,试验进尺 369.08 m,纯钻时间 211.58 h,机械钻速达 1.74 m/h,相同工况下三开试验井段与同井相邻井段相比平均机械钻速提高 18.1%。施工情况如下:

1. 钻具组合

二开试验井段钻具组合:ϕ311.1 mm PDC 钻头 + ϕ228 mm 水力脉冲空化射流发

生器 + 直螺杆 + φ203 mm DC + 扶正器 + φ178 mm DC ×2 + φ165 mm DC + φ127 mm 加重钻杆 + φ127 mm 钻杆。

三开试验井段钻具组合:φ215.9 mm PDC 钻头 + φ178 mm 水力脉冲空化射流 发生器 + 浮阀 + 无磁钻铤 + φ165 mm DC + φ127 mm 加重钻杆 + φ127 mm 钻杆; φ215.9 mm HJT737G 牙轮钻头 + φ178 mm 水力脉冲空化射流发生器 + 浮阀 + 无 磁钻铤 + φ165 mm DC + φ127 mm 加重钻杆 + φ127 mm 钻杆。

2. 钻井参数(见表6)

表6 钻井参数

井段/m	钻井参数				钻井液性能	
	钻压/kN	转数/(r/min)	排量/(L/s)	泵压/MPa	密度/(g/cm³)	黏度/s
1 147.51 ~ 1 243.28	90	90 ~ 110	39	9	1.15	48
2 182.01 ~ 2 212.37	60	65	26	7	1.12	52
2 436.27 ~ 2 467.32	60 ~ 80	60	34	9	1.1	35
2 457.25 ~ 2 510.99	60 ~ 80	65	34	9	1.1	36
2 519.48 ~ 2 549.02	60 ~ 80	60	34	9	1.1	35
2 557.39 ~ 2 570.00	80	60	34	9	1.1	36
2 570.00 ~ 2 604.76	80	80	36	9	1.1	35
2 614.81 ~ 2 634.85	160	50	37	11	1.1	35
2 642.99 ~ 2 663.10	140	50	36	11	1.1	35
2 671.67 ~ 2 724.81	140	52	38	11.5	1.1	35
2 733.00 ~ 2 799.26	140	50	37	9	1.1	34 ~ 38
2 806.53 ~ 2 842.00	140	45	34	10	1.1	35

3. 试验结果分析

试验井段详细结果见表7。

表7 宣页1井现场试验结果

序号	钻头尺寸/mm	井段/m	地层	岩性	进尺/m	纯钻时间/h	辅助时间/h	机械钻速/(m/h)
1	311.1	1 147.51~1 243.28	西阳山组	灰质泥岩	95.77	35.08	16.15	2.73
2		2 182.01~2 212.37	荷塘组		30.36	21.67	4.15	1.40
3		2 436.27~2 467.32	荷塘组		31.05	8.83	4.10	3.51
4		2 475.25~2 510.99	荷塘组		35.74	11.00	7.00	3.25
5		2 519.48~2 549.02	荷塘组	灰黑色泥岩、硅质泥岩	29.54	11.9	4.20	2.48
6		2 557.39~2 570.00	荷塘组		12.61	5.25	4.15	2.40
7	15.9	2 570.00~2 604.76	荷塘组		34.76	31.9	5.00	1.09
8		2 614.81~2 634.85	荷塘组		20.04	16.17	5.40	1.24
9		2 642.99~2 663.10	荷塘组		20.11	12.00	4.05	1.68
10		2 671.67~2 724.81	荷塘组		53.14	35.34	4.30	1.50
11		2 733.00~2 799.26	荷塘组		66.26	52.17	6.50	1.27
12		2 806.53~2 842.00	荷塘组		35.47	26.34	9.40	1.35

二开试验井段进尺95.77 m,平均机械钻速2.73 m/h,由于与本井邻近的井只有皖宁1井及皖宁2井,且这两口井均为参数井,全井段取芯,与本井不具可比性,所以试验井段只能和同井的相近地层作比较,与同井对比井段相比平均机械钻速分别提高了27.6%和105.3%,由图2也可以看出整个试验井段的钻时要明显小于对比井段。

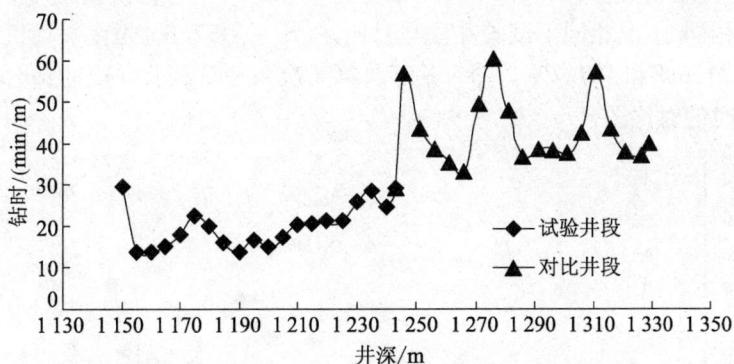

图2 宣页1井二开试验井段与同井相邻井段钻时对比

在三开井段2 060.58~2 848.80 m进行了现场试验,试验进尺369.08 m,纯钻时间211.58 h,辅助时间(循环、划眼)59.75 h,合计工作时间为271.33 h,平均机械钻速达1.74 m/h,相同工况下与同井相邻井段相比机械钻速提高18.1%~25.19%。

（二）水力脉冲空化射流钻井技术在织 4 井的现场试验

织 4 井是一口煤层气井，设计井深 576 m，进入上二叠统峨眉山玄武岩组 10 m 完钻。该井钻遇地层复杂，邻井资料少，地层倾角大，孔隙度大，渗透率高易漏失。水力脉冲空化射流钻井于 2011 年 3~4 月在织 4 井进行 4 井次现场试验，现场试验井段分别为 196.00~223.16 m，228.65~280.55 m，287.36~302.49 m 和 319.5~432.00 m，总进尺 206.69 m，纯钻时间 32.75 h，平均机械钻速达 6.3 m/h，在试验地层相同、工况相近下与对比井相比机械钻速平均分别提高 21.6% 和 187.7%。

1. 钻具组合

ϕ215.9 mm PDC 钻头 + ϕ178 mm 水力脉冲空化射流发生器 + ϕ177.8 mm 无磁钻铤 × 1 根 + ϕ177.8 mm 钻铤 × 1 根 + ϕ215 mm 螺旋稳定器 + ϕ177.8 mm 钻铤 × 1 根 + ϕ215 mm 螺旋稳定器 × 1 根 ϕ177.8 mm 钻铤 × 1 根 + ϕ165 mm 钻铤 × 8 根 + ϕ127 mm 钻杆。

2. 钻井参数

钻井参数见表 8。

表 8　织 4 井现场试验钻井参数

钻井参数				钻井液性能	
钻压/kN	转数/(r/min)	排量/(L/s)	泵压/MPa	密度/(g/cm³)	黏度/s
20~60	70~80	10~12	1~2.9	1.02~1.09	40~50

3. 试验结果

织 4 井试验总进尺 206.69 m，纯钻时间 32.75 h，平均机械钻速 6.30 m/h，在试验地层相同、工况相同下试验井段与对比井（织 1、织 2 井）相比平均机械钻速分别提高了 21.6% 和 187.7%。图 3 是工具第 4 次入井时试验井段的钻时与织 1 井同井段钻时的对比图。

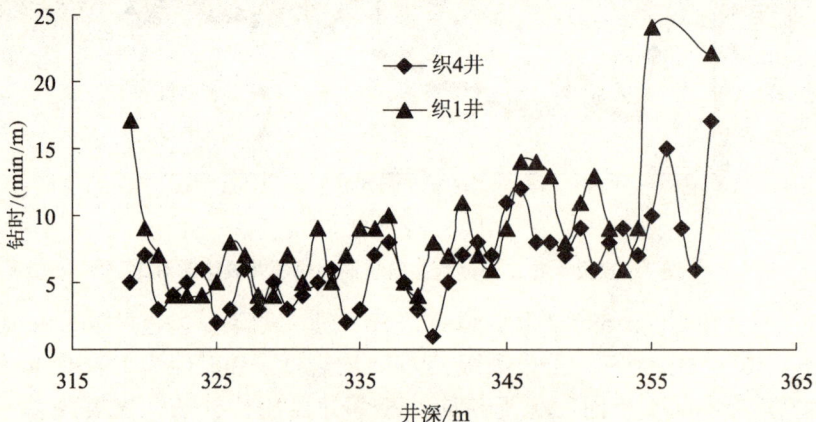

图 3　织 4 井与邻井钻时对比图

（三）水力脉冲空化射流钻井技术试验小结

（1）在宣页 1 井二开和三开井段进行了 12 井次现场试验,其中二开试验井段 1 147.51 ~ 1 243.28 m,进尺 95.77 m,平均机械钻速达 2.73 m/h,相同工况下二开试验井段与同井相邻井段相比钻速提高 105.3% ;三开井段 2 060.58 ~ 2 848.80 m 进行了现场试验,试验进尺 369.08 m,纯钻时间 211.58 h,辅助时间（循环、划眼）59.75 h,合计工作时间为 271.33 h,机械钻速达 1.74 m/h,相同工况下与同井相邻井段相比机械钻速提高 18.1 % ~ 25.19 % 。

（2）在织 4 井进行 4 井次现场试验,现场试验井段 196.00 ~ 223.16 m,228.65 ~ 280.55 m,287.36 ~ 302.49 m 和 319.5 ~ 432.00 m,总进尺 206.69 m,纯钻时间 32.75 h,平均机械钻速达 6.3 m/h,在试验地层相同、工况相近下与对比井相比机械钻速平均分别提高 21.6% 和 187.7% 。

五、结论及建议

（一）结　论

（1）对水力脉冲空化射流钻井在华东石油局 2 口井,16 井次的应用结果进行统计分析,初步得出了技术适应性分析结果。

（2）在 2 口井的试验中,相同或相近工况下与对比井及对比井段相比机械钻速平均提高 18.1% ~ 187.7%,满足平均机械钻速提高 10% ~ 15% 的经济技术考核指标。

（3）ϕ178 mm 水力脉冲空化射流发生器在宣页 1 井三开井段 2 060.58 ~ 2 848.80 m 进行了现场试验,试验进尺 369.08 m,工作时间达 271.33 h,满足使用寿命超过 260 h 的经济考核指标。

（二）建　议

（1）建议水力脉冲空化射流钻井技术分别在不同区块、井径、地层进行多井次现场试验。

（2）建议水力脉冲空化射流钻井工具与常规钻具、螺杆钻具、垂直钻井等配合使用,进行多区块、多井次现场试验。

参考文献

[1] 李根生,史怀忠,沈忠厚,等:《水力脉冲空化射流钻井机理与试验》,《石油勘探与开发》,2008 年第 2 期。

[2] 马清明,王瑞和:《水力脉冲诱发振动钻井研究》,《第七届全国水动力学学术会议暨第十九届全国水动力学研讨会文集(上册)》,海洋出版社,2005 年。

[3] 王敏生,王智锋,李作会,等:《水力脉冲式钻井工具的研制与应用》,《石

油机械》,2006 年第 3 期。

[4] 史怀忠,李根生,沈忠厚,等:《水力脉冲空化射流发生器配合 Power V 防斜打快技术》,《石油钻探技术》,2009 年第 1 期。

[5] 马东军,李根生,史怀忠,等:《水力脉冲空化射流发生器参数优化试验研究》,《石油机械》,2009 年第 12 期。

[6] 史怀忠,李根生,王学杰,等:《水力脉冲空化射流欠平衡钻井提高钻速技术》,《石油勘探与开发》,2010 年第 1 期。

[7] 王学杰,李根生,康延军,等:《利用水力脉冲空化射流复合钻井技术提高钻速》,《石油学报》,2009 年第 1 期。

[8] 李根生,黄中伟,牛继磊,等:《利用钻井新型井下工具提高复杂井钻速研究》,《科技成果》,2008 年。

本文发表于《钻井工程》2013 年第 5 期

江苏工区套管开窗侧钻井超长
裸眼钻井及钻井液技术探讨

吴江麟， 赵炬肃

(中国石油化工集团公司华东石油工程有限公司六普钻井分公司,江苏 镇江 212003)

套管开窗、小井眼侧钻技术,以其良好的实用性和可观的经济效益在国内外得到了迅速发展,它不仅可以节约上部井段大量钻井和套管费用,更引人注目的是可使"死井"复活,提高单井产能和采取率,已成为油气田开发后期降低钻井成本,挖掘剩余潜力的一种重要手段,越来越得到国内外石油工程界的重视,应用范围不断扩大。华东石油局为救活一批已下套管的低效或无效试、采油井,自 1997 年以来对 $\phi139.7$ mm 套管内开窗侧钻小井眼进行了积极的探索工作,到目前已完成套管开窗侧钻井 50 余口,并取得了一定的成效。

苏东 187B 井位于江苏东台台南地区,设计垂深:2 200 m,靶点半径 30 m。在 1 440 m 开始使用套管锻铣工具进行开窗,完钻斜深 2 340.13 m,垂深 2 203.09 m,最大井斜角 38.4°,水平位移 439.35 m,裸眼段长 900.13 m。本井钻井周期 18.52 d,纯钻时 251 h,纯钻时间利用率 54.68%,平均机械钻速 3.56 m/h,台月效率 1 395 m/h。测井一次成功,下套管顺利,固井质量良好。该井从锻铣套管、造斜、稳斜钻进直到完井作业未发生任何井下事故。本井创下了我局目前套管开窗侧钻井裸眼井段最长的纪录。

一、地层特点及原井基本情况

苏东 187B 井勘探目的为探索该地区泰州组断鼻构造的剩余油藏资源。钻遇地层为第四系(东台组)、上第三系(盐城组)、下第三系(三垛、阜宁、泰州组)。在钻井过程中易发生缩径和掉块、垮塌、黏卡事故,其特征是:上部开窗、定向段三垛组一段软泥岩地层造浆,易缩径和黏卡;中部缺失垛一段下部至阜三段上部地层,断缺阜三段下部至阜一段上部地层,断层上下灰黑色泥岩吸水膨胀易剥蚀掉块、垮塌和黏卡。

原井基本情况:该井 1988 年施工(直井),完井深度 2 386.63 m,下入 $\phi139.7$ mm,壁厚 7.72 mm 油层套管 2 345.84 m,水泥返深 1 794 m,固井质量良好。在本井开窗 1 440 m 处井斜 3.19°,方位 80.5°。

二、套管开窗技术

（一）钻前准备

原井资料的收集和汇总分析调研工作：包括对原井地层分层、地层可钻性、故障提示、钻井液类型、钻井参数选择、钻遇复杂情况等方面资料；原井井下套管数据及固井质量的资料收集。

装好 350 型封井器，压井、洗井起出原井管柱；用 ϕ118 mm 通井规通井至 1 500 m 无遇阻，彻底热洗井两周；在 1 480～1 500 m 注悬空水泥塞，候凝 24 h。对原井试压 15 MPa，30 min 压力降低不超过 0.5 MPa 为合格。

用钻井液替出井内清水，并进行充分循环处理，以使性能指标达到设计要求。做到所有钻具下井前进行通径检查；开窗前，井场 500 m 以内的注水井停止注水。

（二）开窗方式的确定

套管开窗侧钻目前主要采用两种方法：① 利用套管锻铣工具在预定位置铣去一段套管，然后打水泥塞，下入造斜钻具侧钻；② 利用设计的一种套管开窗工具下造斜器，在适当的层段磨铣出一个窗口，然后再下入造斜钻具侧钻。前者施工工艺简单，单层套管易于锻铣、周期短、效果明显。后者工艺复杂，易出现井下复杂情况，而且施工周期较长、效率低。结合苏东 178B 的实际情况，确定使用较为成熟的锻铣开窗工艺。

（三）窗口位置及锻铣长度

选用 TDX-140 型锻铣器在 1 440 m 开始锻铣开窗，设计锻铣井段 1 440～1 465 m（实际为 1 440～1 460 m）。

（四）锻铣开窗工艺

TDX-140 锻铣器下井前认真检查和调试，确保全部铣刀片开、合灵活。下钻时控制速度，避免中途开泵，转动钻盘，遇阻不强压，防止锻铣片损坏。

锻铣钻具组合：TDX-140 型锻铣器 + ϕ89 mm 加重钻杆 2 根 + ϕ73 mm 钻杆。

钻井参数：钻压 10～30 kN，转速 60～70 r/min，排量 9 L/s，泵压 12 MPa。

钻井液性能：黏度 45～50 s，密度 1.02 g/cm^3，失水 6 mL，切力 2～5 Pa，塑/动比 0.34～0.40。

锻铣施工：将工具下至 1 440 m（避开套管接箍），缓慢开泵，以 45～60 r/min 的转速启动转盘开始锻铣，同时注意观察扭矩变化情况，平稳操作。当套管切断后，缓慢加压送钻，开始正常锻铣作业。施工中，钻井液性能要满足携带铁屑的需要，并在泥浆出口槽内放置多个打捞磁铁，根据铁屑数量和形状分析井下情况，尽可能减少铁屑进入泥浆罐，以避免铁屑对泵及净化设备的损坏。同时，每锻铣 1 m 左右，停止锻铣，用大排量钻井液循环清除井下铁屑，以防止卡钻事故的发生。本井至1 460 m锻铣结束。经调整钻井液性能,确保井底干净。

在锻铣井段打水泥塞45 m,候凝、扫水泥塞。调整钻井液性能,以满足下步定向侧钻施工的要求。

（五）侧钻技术

1. 定向造斜段

用陀螺测斜仪测量原井套管轨迹:锻铣井段处井斜3.19°,方位80.5°。本井采用小尺寸单点、电子多点和有线随钻测斜仪进行定向造斜、扭方位作业,对井眼轨迹实施连续控制。

侧钻造斜钻具组合:ϕ118 mm PDC钻头+ϕ95 mm×1.75°单弯螺杆+定向接头+ϕ89 mm无磁钻铤1根+ϕ89 mm加重钻杆2根+ϕ73 mm钻杆。

从1 450 m开始造斜钻进,钻井参数:钻压15~20 kN,转速70~100 r/min,排量9 L/s,泵压15 MPa;钻井液性能:密度1.05 g/cm³,黏度50~55 s,失水5 mL。钻进至1 570.14 m定向、侧钻造斜结束。井眼轨迹:井斜:34°,方位:328°。本井仅用2 d时间完成了20 m套管的锻铣工作,由于技术措施得当,锻铣效率较高,井内未发生阻、卡事故。

定向造斜段技术措施:下钻完毕,利用非磁性测量仪器对侧钻方向定位,并锁定转盘。侧钻时,先让钻头在同一位置空转10 min左右,使井下裸露的地层造出台阶,并用测量仪器进行连续监控,以防侧钻方向变化。钻进中,根据井内返出钻屑的含量变化情况,调整钻井参数,当新、老井眼距离超过1 m以上时就可逐步加压造斜。同时,要控制造斜率,防止狗腿严重度过大,造成提下钻具及下部施工困难。

2. 增斜、稳斜锻(中靶钻进)

钻具组合:ϕ118 mm单牙轮钻头+ϕ89 mm无磁钻铤1根+ϕ89 mm加重钻杆2根+ϕ73 mm钻杆。钻井参数:钻压40~60 kN,转速60~80 r/min,排量9 L/s,泵压14~17 MPa。钻达井深(斜深)2 340.13 m完钻。其基本数据:垂深2 203.09 m,井斜30.2°,方位角343°,水平位移439.35 m,中靶垂深2 120.0 m,闭合距390.55 m,闭合方位331.98°,靶心距16.82 m,达到设计要求。全井裸眼进尺900.13 m,下入ϕ89N-80×6.45 mm油层套管1 017.76 m,下深2 323.34 m,悬挂器位置1 306.74 m,与上层套管重叠131.73 m,固井质量良好。

自定向造斜1 450 m至2 340.13 m中靶完钻,仅用了18.52 d时间。该井井斜角较大,最大井斜38.4°/1 994 m,而全井造斜及随钻井段平均"狗腿度"很小。

本井定向增斜、稳斜段施工质量及速度是较高的,全井畅通无阻。实践证明,在小井眼开窗测钻井中钻具的优化组合是十分重要的,它是提高钻井效率、缩短建井周期、降低成本的行之有效技术措施。

三、开窗侧钻钻井液技术

苏东187B井钻遇地层为下第三系三垛、阜宁、泰州组。本井要重点解决的问题是井壁稳定及润滑防卡,同时钻井液必须具有良好的流变性能,满足携带铁屑、井眼净化的要求,最大限度地防止钻井液对储层的损害,保证小井眼环空畅通,减少环空流阻,提高钻井效率。

(一)钻井液类型的确定

通过该地区已施工的2口开窗侧钻井的实践,认为选择正电胶乳化聚合物钻井液能满足钻井的需要。该体系钻井液具有一定的抑制、防塌能力,性能容易控制。且工艺简单,施工方便,既可满足钻井工程要求,又可达到降低密度,保护油气层目的。

(二)井壁稳定

对三垛组软泥岩易造浆、缩径地层,将钻井液的黏度、切力控制得较低(黏度35~40 s),适当增大排量,冲刷井壁;钻进中控制钻井速度,速度过快要及时对新钻开裸眼井段短程起下钻,确保井眼畅通,以防缩径卡钻。由于技术措施合理,本井未出现缩径、垮塌等事故。

(三)井眼净化

在锻铣井段,将黏度控制在55~60 s,动塑比在0.38~0.42,使钻井液具有良好的悬浮携岩能力。实践证明尺寸较大的铁屑能被带出地面,能避免铁屑沉降堆积,锻铣钻井正常。

斜井段钻屑携带是小井眼开窗侧钻井的成败关键。一般认为,井斜角30°~60°(中斜度)范围属井眼净化的危险区,中斜度井锻洗井最困难。本井井眼小(φ118 mm),环空间隙小,为保证钻屑能及时携带出地面,首先确保钻进的泵排量,保持井眼环空返速在1.25~1.34 m/s;此外,根据井眼轨迹及其他情况的变化,每钻进50 m左右短程起下钻一次,以破坏钻屑在井内形成的岩屑床,有利于井眼净化。

(四)润滑防黏卡

本井设计井斜较大,裸眼段长。相对而言,造成黏卡的机会也就增多,因此,润滑防黏卡工作显得十分重要。在侧钻及以后的钻进期间,首先要维护好两台振动筛的正常运行,及时清除粗的钻屑。在这基础上,确保钻进期间离心机利用率达到70%以上,使钻井液固相和密度得到了有效的控制。全井钻井液最高密度1.15 g/cm³(人为加重),钻进期间密度一般维持在1.12 g/cm³以内。固相和密度的有效控制,提高了钻井液质量,减少了黏卡机会。

该项研究成果还成功应用于江苏工区台平110-1井、台平1井、台平2井、侧平苏 204 井。在挖掘油田潜力、降低开采成本方面发挥了重要作用。

2006 年 2804 井队施工的侧储 1 井自 2 051 m 开窗侧钻,完成侧钻定向进尺斜深 3 088.00 m/垂深 2 930.69 m;裸眼进尺 1 037.00 m。创江苏工区侧钻井裸眼井段最长纪录。

自 1996 年以来,华东石油局共施工小尺寸套管开窗井 55 口,包括侧钻水平井 6 口,侧钻定向井 49 口,累计完成进尺 1.56 × 10⁴ m,中靶率 100%。

四、几点认识

(1)小井眼套管开窗侧钻井已在我局施工 50 余口,积累了一些经验。实践证明:它能够充分开采低效或无效油井的剩余资源,无论是钻井投资还是钻井效率方面都体现了"多、快、好、省"的经营方针,具有推广应用价值。

(2)根据江苏地层的特点,开窗侧钻井造斜、增斜段应尽可能地多用 PDC 钻头,既能提高纯钻进时间,又无掉牙轮之忧,且钻进寿命长。同时,选择合适的单牙轮钻头与优化的钻具组合相匹配是提高全井钻进效率、避免扭方位、缩短钻井周期的重要技术措施。在钻井过程中,要坚持短程提下钻,以达到破坏钻屑床的目的。

(3)本地区适应低密度、中黏度性能的正电胶-聚合物体系钻井液。提高钻井液的润滑能力是套管开窗侧钻井的关键问题,在 30°~60° 定向斜井中尤其重要。施工中在进入易垮塌地层前应做好钻井液的防垮塌预处理工作,增强钻井液抑制垮塌能力,以确保井眼畅通和稳定。

(4)结合江苏地区套管开窗定向侧钻井的施工情况和理论研究,应深入地研讨提高套管锻铣效率及全面提高小井眼钻进速度的影响因素,完善和发展套管开窗侧钻井技术。

参考资料

[1]魏文忠,郭卫东,贺昌华,等:《胜利油田小眼井套管开窗侧钻技术》,《石油钻探技术》,2001 年第 1 期。

[2]张永青,王同昌,刘杰:《任丘地区套管开窗侧钻配套技术》,《石油钻探技术》,2000 年第 1 期。

[3]赵江印,王芬荣,庄立新,等:《套管开窗侧钻技术的钻井液技术》,《钻井液与完井液》,1999 年第 6 期。

本文发表于《中国科技博览》2013 年第 6 期

塔河油田 TK1201 井 PDC 钻头选型技术

高长斌,赵炬肃

(中国石油化工集团公司华东石油工程有限公司六普钻井分公司,江苏 镇江 212003)

一、PDC 钻头选型时应遵循的基本原则

在钻井过程中,钻头是破碎岩石的主要工具,井眼是由钻头破碎岩石而形成的。一个井眼形成得好坏,所用时间的长短,除与所钻地层岩石的特性和钻头本身的性能有关外,更与钻头和地层之间的相互匹配程度有关。如何优选出既与所钻地层相适应又比较经济的钻头,以实现安全、高效、优质钻井,一直是人们长期致力研究的课题。目前石油钻井工程中绝大多数的钻井进尺都是由牙轮钻头和 PDC钻头完成的,钻头工作性能的好坏与地层岩石的适应性和钻井方式有着密切的关系,随着现代钻井技术的发展,对钻头技术服务提出了进一步的要求,准确地利用各种手段、方法进行钻头选型来满足钻井工程现场的实际需要,具有非常重要的实际意义。

(1)钻头选型时应考虑地层的可钻性、研磨性。地层可钻性反映钻头牙齿吃入地层的难易程度;地层研磨性反映钻头在切削地层时,地层对钻头的磨损程度。

在可钻性较好的泥岩、研磨性较弱的砂岩地层,可选择 5 刀翼刮刀式的刚体材料钻头,钻头结构选择深内锥、单一直径复合片布齿(推荐 19 mm)、斜刀翼、一般保径;在可钻性较差的泥岩、研磨性较强的砂岩地层,钻头类型可选择 5 刀翼刮刀式的刚体或胎体材料钻头,钻头结构选择浅内锥、两种直径复合片布齿(推荐 19 mm +13 mm)、直刀翼、加强保径;在可钻性较差、研磨性较弱的灰质泥岩和泥质灰岩地层,钻头类型可选择 5 刀翼刮刀式的胎体材料钻头,钻头结构选择浅内锥、单一直径或两种复合片布齿(推荐 19 mm 或 19 mm +13 mm)、直刀翼、一般保径。

(2)钻头选型时应分析区域测井资料和临井实钻钻时、岩性剖面资料,从测井资料分析将钻遇地层电性特征;了解砂岩的物性(渗透性、孔隙度)、胶结物性质。其中,胶结物性质决定砂岩地层的研磨性,泥质胶结的砂岩研磨性弱;灰质胶结、沥青质胶结的砂岩研磨性强。泥岩的灰质含量决定泥岩的可钻性,灰质含量越高则可钻性就越差。对比临井实钻资料,分析特殊地层(如含砾地层),及时调整参数,

避免钻头过早损坏。

（3）钻头选型时应考虑钻头的稳定性,钻头的内锥角度决定钻头的稳定性,在易斜地层应选择深内锥的钻头,内锥角越小,钻头的导向作用越强。

（4）钻头选型时应考虑泥包问题对钻头结构的要求,在排除钻井液和工程的影响因素外,刚体、深内锥钻头发生泥包问题的可能性小;胎体、浅内锥钻头在软泥岩中容易出现泥包问题。

二、应用实例

塔河地区石炭系–奥陶系地层岩石强度及范围:34～200 MPa,变化范围较大,下部井段抗压强度相对较高。拟应用井段地层硬度分级为 IADC 4～7,地层软硬交错,邻井平均机械钻速 2 m/h 左右。综合考虑塔河油田沙雅区块、托普台区块地层特点和 PDC 钻头的地层适应性,结合本区块钻井实践,对于石炭系及石炭系以下地层以压实性好的泥岩、灰岩为主,可钻性相对较差,推荐选择中等抛物线形、中等布齿密度、13～16 mm 复合片、负前角 20°或 25°的胎体 PDC 钻头。

（一）TK1201 井三开井段钻遇地层综述

TK1201 井在三开井段(4 510～6 446 m)钻遇地层年代跨度大,从中生界白垩系的巴西盖组到古生界奥陶系的恰尔巴克组(见表1)。岩性变化大,沉积环境复杂,有陆相沉积的泥岩、砂岩和海相的碳酸盐岩。上部三叠系泥岩可钻性较好,但容易造成泥包问题;从石炭系开始,泥岩的灰质含量开始增多,可钻性变差。砂岩的胶结物成分多以灰质胶结为主,研磨性强。综上所述可以看出:单一的钻头选型不能适用以上地层,需要根据不同的地层合理选择 PDC 钻头。

表1　TK1201 井钻遇地层岩性预测(深度自钻台面起算)

地层					井深/m	视厚/m	岩性简述
界	系	统	群	组	代号			
渐生界	第四系				Q	80	73	灰白色细砂层、粉砂层,夹黄灰色黏土层
	上第三系	上新统		库车组	N_2k	1 848	1 768	黄灰色泥岩、粉砂质泥岩与灰白色粉砂岩略等厚互层
		中新统		康村组	N_1k	3 302	1 454	浅灰、灰白色细粒砂岩、粉砂岩与黄灰色泥岩、含膏泥岩、粉砂质泥岩略等厚互层,泥岩中含分散状石膏
				吉迪克组	N_1j	3 732	430	棕褐色泥岩夹泥质粉砂岩
	下第三系	渐～古新统		苏维依组	E_3s	3 748	16	棕红色细砂岩与棕色泥岩等厚互层
			库姆格列木群		$E_{1-2}km$	3 830	82	棕红色细、中砂岩,含砾粗砂岩,局部夹棕色泥岩薄层

续表1

界	系	统	群	组	代号	井深/m	视厚/m	岩性简述
中生界	白垩系	下统	卡普沙良群	巴什基奇克组	K_1bs	4 480	650	上部为棕褐、棕色泥岩与灰白色细砂岩不等厚互层;中、下部棕红色细、中砂岩夹红棕、褐棕色泥岩
				巴西盖组	K_1b	4 528	48	棕褐色泥岩与浅棕灰白色色细砂岩略等厚互层
				舒善河组	K_1s	4 938	410	棕、棕褐、灰绿色泥岩与浅棕、灰白色细砂岩、粉砂岩略等厚互层
				亚格列木组	K_1y	4 987	49	灰、灰白色细、中砂岩、砾质粗砂岩、细砾岩夹棕褐、灰绿色泥岩
	侏罗系	下统			J_1	5 027	40	棕褐、深灰色泥岩与灰白色含砾中砂岩等厚互层,局部夹灰黑色煤层
	三叠系	上统		哈拉哈塘组	T_3h	5 250	223	① 5 027~5 172 m,视厚 145 m,深灰色泥岩夹灰色细砂岩薄层 ② 5 172~5 250 m,视厚 78 m,其上部为深灰色泥岩与浅灰色细砂岩等厚互层;下部为浅灰色细、粗砂岩,夹深灰色泥岩薄层
		中统		阿克库勒组	T_2a	5 502	252	第一段:深灰色泥岩夹灰色粉砂岩、细砂岩;第二段:浅灰色细砂岩、含砾中砂岩夹深灰色泥岩薄层;为三叠系T-Ⅱ砂组;第三段:深灰色泥岩夹浅灰色细砂岩;第四段:浅灰色含砾中粒砂岩夹深灰色泥岩;为三叠系T-Ⅲ砂组
		下统		柯吐尔组	T_1k	5 584	82	深灰色泥岩、粉砂质泥岩夹浅灰色细砂岩、粉砂岩
古生界	二叠系	中统			P_2	5 633	49	浅灰、灰黑、灰绿色英安岩
	石炭系	下统		卡拉沙依组	C_1kl	5 880	247	第一段:灰白、浅灰色砾质中砂岩、含砾中砂岩、细砂岩与棕褐色、粉砂质泥岩略等厚互层,即泥砂岩互层段;第二段:棕褐、深灰色泥岩、粉砂质泥岩夹浅灰色细砂岩薄层
				巴楚组	C_1b	6 108	228	第一段:黄灰色泥晶灰岩、深色泥岩,为"双峰灰岩"段;第二段:深灰、浅灰、粉砂质泥岩夹灰色灰质泥岩、膏质泥岩,为"下泥岩段";第三段:棕褐色泥岩、灰质泥岩与浅灰色细砂岩含灰细砂岩呈等厚互层,为"砂泥岩段"
	泥盆系	上统		东河塘组	D_3d	6 208	100	上部为灰白色细砂岩含砾细砂岩夹褐灰色泥岩、粉砂质泥岩;下部为浅灰、灰白色细砂岩与棕褐色泥岩呈等厚互层
	志留系	下统		柯坪塔格组	S_1k	6 352	144	浅灰、灰、褐灰色含沥青质细、粗砂岩,沥青质细、粗砂岩与灰绿色泥岩呈略等~不等厚互层
	奥陶系	上统		桑塔木组	O_3s	6 426	74	深灰色泥岩,灰质泥岩夹灰色泥质灰岩,泥微晶灰岩
				良里塔格组	O_3l	6 477	51	黄灰、浅灰色泥微晶灰岩、泥微晶砂屑灰岩、团块状泥晶砂屑灰岩、亮晶砂屑灰岩、泥晶砂屑鲕粒灰岩、粒屑灰岩、瘤状灰岩、砂质泥晶灰岩夹灰色泥岩
				恰尔巴克组	O_3q	6 506	29	上部浅灰色泥质灰岩,下部灰色泥晶灰岩
		中统		一间房组	O_2yj	6 606	100（未穿）	黄灰、浅灰色泥晶砂屑灰岩、砂屑泥晶灰岩、泥晶灰岩、含生物屑泥晶砂屑灰岩

（二）TK1201 井三开井段 PDC 钻头选型及效果分析

TK1201 井在三开井段共选择使用了 5 只 PDC 钻头,从使用效果分析,钻头选型基本合理,机械钻速较快,取得了预期的效果,三开井段施工周期较设计提前了 18 d。表 2 将 5 只 PDC 钻头选型和使用情况按入井顺序统计如下。

表 2　PDC 钻头选型和使用情况

入井序号	型号	厂家	钻进井段/m	钻遇地层
1	GS605F	川克	4 543.31 ~ 5 211.76	K_1b、K_1bs、K_1y、J_1、T_3h
2	FS2565N	DBS	5 211.76 ~ 5 578.58	T_3h、T_2a、T_1k
3	FS2565N2	DBS	5 641.53 ~ 5 991.80	C_1kl、C_1b
4	M1955SS	百斯特	5 991.80 ~ 6 316.15	C_1b、D_3d、S_1k、O_3s
5	M1965D	百斯特	6 316.15 ~ 6 446.00	O_3s、O_3l、O_3q

序号 1 钻头使用情况说明:

入井依据:本只 PDC 钻头为 5 刀翼刮刀式刚体钻头,上只牙轮钻头钻时持续在 120 ~ 140 min/m,钻进层位:K_1b 泥岩,钻时异常升高,起出钻头良好。下入本只 PDC 钻头将钻遇地层:K_1bs、K_1y、J_1、T_{3h}、T_{2a}、T_{1k}、P_2。该段地层岩性主要为:可钻性较好的泥岩,胶结性差、研磨性一般的砂岩。有利于 PDC 钻头快速钻进。

使用效果:下入本只 PDC 钻头,钻时在 10 ~ 25 min/m,本只钻头共钻进 668.45 m,平均机械钻速 4.12 m/h,实际钻遇地层:K_1bs、K_1y、J_1、T_3h。该型号 PDC 钻头复合片质量欠佳,没能完成预期目标。

起钻依据:起钻前钻时在 60 ~ 70 min/m,扭矩波动幅度大 3% ~ 17%,钻进层位 T_{3h} 泥岩段,分析钻头在钻进上部砂岩段磨损严重,起出钻头检查,钻头冠部和肩部复合片磨损严重,是钻时变慢的主要原因。

该段地层推荐选型:FS2565N、M1952SS、DM654、FM226G。

序号 2 钻头使用情况说明:

入井依据:本只 PDC 钻头为 5 刀翼刮刀式防泥包型刚体钻头,下入本只 PDC 钻头预计钻遇地层为可钻性较好的泥岩,胶结性差、研磨性一般的砂岩,T_{3h}、T_{2a} 泥岩段地层容易出现钻头泥包问题。

使用效果:下入本只 PDC 钻头,开始钻时在 10 min/m 以内,本只钻头共钻进 366.82 m,平均机械钻速 2.19 m/h。实际钻遇地层:T_{3h}、T_{2a}、T_{1k}、P_2。

起钻依据:起钻前钻时在 60 ~ 70 min/m,钻进层位 T_{1k} 泥岩段,扭矩波动幅度大 4% ~ 17%,判断钻头已磨损严重。后期扭矩波动幅度小 7% ~ 8%,已进入二叠系。起出钻头冠部和肩部复合片磨损严重,无修复价值。准备下入牙轮钻穿 P_2 二叠火成岩地层后再下 PDC 钻头。

该段地层推荐选型:FS2565N、M1952SS、DM654、FM226G。

序号 3 钻头使用情况说明:

入井依据:本只 PDC 钻头为 5 刀翼刮刀式防泥包型刚体钻头,下入本只 PDC 钻头预计钻遇地层:C_1kl、C_1b,该段地层岩性主要为:C_1kl 砂泥岩互层段和上泥岩段,C_1b 下泥岩底部和砂泥岩的灰质含量逐渐增高,可钻性变差;砂岩胶结物含灰质胶结,研磨性增强;C_1b 的砂泥岩段从临井测井资料和岩性剖面分析主要为灰质含量很高的泥岩夹少量灰质细砂岩。

使用效果:使用牙轮钻穿 P_2 二叠火成岩地层,进入 C_1kl 下入本只 PDC 钻头,起钻前牙轮钻时在 150 min/m,下入本只钻头开始钻时在 10~20 min/m 以内,本只钻头共钻进 350.27 m,平均机械钻速 2.54 m/h。

起钻依据:起钻前钻时在 35~45 min/m,钻进层位 C_1b 灰质泥岩,扭矩波动大 7%~20%,起出钻头冠部切削齿未磨损,肩部及保径部分明显磨损,是造成扭矩大进尺慢的主要原因。另外,分析测井资料显示本区 C_1b 灰质含量高,局部含灰质团块,不宜使用刚体钻头,换胎体 PDC 钻头下钻。

该段地层推荐选型:FS2565N、M1955SS、M1952SS。

序号 4 钻头使用情况说明:

入井依据:本只 PDC 钻头为 5 刀翼刮刀式胎体钻头,下入本只 PDC 钻头预计钻遇地层:C_1b、D_3d、S_1k、O_3s O_3s、O_3l、O_3q,该段地层岩性主要为:灰质泥质和泥质灰岩,可钻性差;D_3d、S_1k 主要以砂岩为主,其中 S_1k 底部砂岩含沥青质胶结,岩屑呈片状,研磨性极强。

使用效果:下入本只钻头开始钻时在 20~30 min/m,钻进同样岩性的地层,钻时比上只钻头快 1 倍,本只钻头共钻进 324.35 m,平均机械钻速 2.27 m/h。

起钻依据:起钻前钻时在 130~160 min/m,分析钻头钻进 S_1k 底部砂岩磨损严重,起出钻头肩部及保径部分磨损严重,造成扭矩大 6%~26%,进尺慢。

该段地层推荐选型:M1955SS、M1965D。

序号 5 钻头使用情况说明:

入井依据:本只 PDC 钻头为 6 刀翼刮刀式胎体钻头,该钻头刀翼复合片为 19 mm+13 mm 布齿,下入本只 PDC 钻头预计钻遇地层:O_3s、O_3l、O_3q,该段地层岩性主要为:灰质泥质和泥质灰岩,可钻性差。

使用效果:下入本只钻头钻时在 15~20 min/m,本只钻头共钻进 129.85 m,平均机械钻速 2.7 m/h,该钻头创该区块钻时最快纪录。

起钻依据:钻达三开完钻井深。

该段地层推荐选型:M1955SS、M1965D。

三、结　论

（1）综合考虑塔河油田沙雅区块、托普台区块地层特点和 PDC 钻头的地层适应性，结合本区块钻井实践，对于石炭系及石炭系以下地层以压实性好的泥岩、灰岩为主，可钻性相对较差，推荐选择中等抛物线形、中等布齿密度、13～16 mm 复合片、负前角 20°或 25°的胎体 PDC 钻头。在地层跨度大，岩性纵向变化大的地层，PDC 钻头选型时要综合考虑钻头的适用性，优选钻头，以获得较高的平均机械钻速，尽量避免造成钻头报废。

（2）钻头入井后，要随时分析钻头使用情况，分析钻遇地层岩性和钻头的适用性，正确判断钻头工况，避免不必要的起下钻。起出钻头后，要仔细分析钻头磨损特征，分析造成钻时多的原因，分析将要钻遇地层的岩性，为入井钻头选型提供依据。

（3）塔河油田 PDC 钻头成功运用，彻底解决了深井钻井效率低、油井投产周期长的弊病，为油田的快速发展提供了条件。目前所采用的 PDC 钻头选型设计有必要进一步优化，在快速钻进的同时，要清晰认识到 PDC 钻头钻进过程中存在的问题，防斜是重中之重。要加快发展新的录井技术，以适应 PDC 钻头快速钻进的需要。

参考文献

[1]《钻井手册（甲方）》编写组:《钻井手册（甲方）》，石油工业出版社，1990 年。

[2] 常领,陈华忠:《PDC 钻头在胜利油田深井中的应用》，《石油钻探技术》，2007 年第 4 期。

[3] 石强,陈网根:《塔河油田 PDC 钻头应用评价分析》，《天然气工业》，2004 年第 3 期。

本文发表于《钻井工程》2009 年第 3 期

塔里木盆地沙雅 S111 井钻盐膏层技术

高长斌，赵炬肃

（中国石油化工集团公司华东石油工程有限公司六普钻井分公司，江苏 镇江 212003）

一、概　况

S111 井位于塔里木盆地沙雅隆起阿克库勒凸起兰尕—塔河盐丘背斜构造带，是为了全面探索石炭系盐下奥陶系油藏规模，同时探索盐上低幅度背斜圈闭和东河砂岩岩性圈闭及含油气性而部署的一口探井。该井是由华东石油局六普 60826 钻井队和中石化集团公司德州钻井研究所钻井液服务方共同承担施工。本井钻进至井深 5 176 m 后进行盐上地层堵漏及承压试验及盐水钻井液转换，钻进至 5 190 m 进入盐膏层，至 5 352 m 盐膏层结束，实钻盐膏层 162 m，钻进至井深 5 380 m 三开结束，进行四开钻进和五开钻进，完钻井深 6 386 m。

二、钻井实践

（一）二开井段

该井在二开井段（302.35 ~ 3 000 m）（444.5 mm 井眼）仅用了 13.75 d，比设计 25 d 提前了近一半的时间，平均机械钻速为 13.68 m/h，最大井斜 0.4°/2 520 m，共用钻头 4 只，单只钻头最大机械钻速为 52.72 m/h。

1. 技术措施

（1）444.5 mm 钻头钻进，井眼尺寸大，环空返速低，必须保证排量不低于设计要求，确保携岩效果和井内清洁。在可钻性强的地层钻进时，应根据钻屑返出情况适当控制机械钻速。

（2）钻进过程，在钻铤出套管 2/3 前，采用轻压吊打方式将井眼打直，确保了井身质量。

（3）起下钻作业时必须控制速度，防止压力激动造成井壁不稳定，同时钻井液处理必须严格。

（4）严格按照设计要求处理钻井液，保证井壁稳定，保证钻井液清岩、悬浮等特性，保证将钻屑携带出井，防止沉砂。

（5）井眼尺寸大，钻井深度大，扭矩、摩阻大，注意加强钻具管理，保证钻具安全。

2. 合理使用了减震器

在钻至 1 600 m 左右，由于地层原因，易发生跳钻，我们根据其他井的经验教训，及时下入了 SJ203 双向减震器，它能够维持正常的钻压和扭矩，从而减少钻头、钻具和地面设备受到振动破坏，可实现提高钻速和机械效率。使用后，效果非常明显，为 S111 井二开钻进缩短了大量时间。

3. 合理使用钻井参数，加强对钻头的分析和判断

通过扭矩、泵压、转盘转速等参数的分析判断，清楚地了解钻头在井下的使用情况和磨损情况，使钻头能最大限度地发挥其功效，避免了盲目地起下钻换钻头，这样不仅节约了钻井周期，同时，也节约了钻井成本，提高了经济效益。

（二）三开井段（ϕ311.15 mm）（3 000~5 380 m）

1. 盐层以上井段（3 000~5 176 m）

（1）钻进进入地层前，试验防喷器、节流、压井管汇效能，以及进行套管试压，取全取准各项压力试验资料。钻入地层后，按规定做地破压力试验，详细记录各种数据，计算出地层破裂压力系数，确定最大允许关井套压。

（2）本井段地层压力逐渐升高，地层易剥落，坍塌造成井眼扩径，我们严格按照设计控制钻井液密度，同时严格控制起下钻速度，防止压力激动过大，破坏井内液柱压力与地层压力间的相对平衡，破坏井壁岩石和井内液柱压力间的相对稳定。另外此井段砂岩地层渗透性好，易造成压差黏附卡钻，应采取：① 控制固相含量，减小泥饼厚度和黏滞系数；② 进入油气层前，dc 指数实时监控，采用合理的钻井液密度，控制好井底差；③ 严格控制排量，控制泥浆的上返速度在 1.05~1.20 m/s 之间，减小井壁冲刷作用，同时，保证岩屑携带效果。

（3）在钻头的选型方面宜选用江汉钻头厂生产的 ϕ311.15 mm 的 HJ 系列，实钻资料证明，HJ 系列钻头在常规参数下：$W=180~240$ kN，$N=80~95$ r/min 的参数下，纯钻时间长，进尺多，而且出井后，牙齿崩损少，轴承密封好，在深井中可以节约起下钻时间，减少设备的机械磨损，减轻工人劳动强度，提高经济效益。

（4）由于三开下部有盐膏层，在不下入套管的前提下进行高密度钻井液转化，因此，需要对上部地层做地层承压能力的测试。我们在 4 070.78 m 处做了地层承压抗压能力测试，测得地层破裂压力当量密度为 1.64 g/cm^3，钻至 5 176 m 后（盐上 20 m）进行测井及钻井液转化工作。

2. 盐膏层段（5 176~5 380 m）

盐膏层钻进工艺技术措施：

（1）在钻台上做出盐膏层地质预告表。

（2）严格按设计下入钻具组合，并尽可能简化钻具组合。

（3）钻盐膏层时，每钻进 0.5 m 上提 2 m 划眼到底，如划眼无阻卡、无憋钻显示，可逐渐增加段长和划眼行程，但每钻进 4～5 m 至少划眼一次，每钻完一个单根，方钻杆提出转盘面，然后下放划眼到底；每钻进 4 h 短起下过盐膏层顶部，全部划眼到底，若无阻卡显示，可适当延长短起下间隔，但坚持钻具在盐膏层作业时间不超过 12～15 h。

（4）钻盐膏层时应调整钻井参数，控制钻时不低于 10 min/m。

（5）注意钻速变化，若机械钻速降低，应立即上提划眼到底。

（6）密切注意各参数（扭矩、泵压和返出岩屑）的变化，若发现任何变化和异常，立即上提钻具划眼。

（7）盐膏层井段一定要保持钻具处于活动状态，特别是出现特殊情况时，一定要大幅度活动钻具，防止钻具静止而卡钻。

（8）发现有任何缩径井段都要进行短起钻到盐膏层顶，以验证钻头能否通过。钻穿盐膏层后应短起钻至套管内，静止一段时间后，再通井观察其蠕变情况，检查钻井液性能是否合适。

（9）钻进出现复杂情况时不要接单根，不宜立即停转盘、停泵，应维持转动和循环，待情况好转后，再上提划眼，判断分析复杂情况发生原因。

（10）尽可能延长开泵的时间，特别是加单根时必须是钻具坐于吊卡上时方可停泵。

（11）盐层钻进，应尽可能地保持较大的排量和较高的返速，有利于清洗井底，冲刷井壁上吸附的厚虚假泥饼。

（12）采用 RWD 扩孔器扩孔时注意扭矩的变化，发现异常及时上提划眼。

（13）盐膏层段钻进，应切实加强地层对比，卡准地层，盐层钻穿 30 m 后及时下入技术套管封隔，以便降低钻井液密度钻开下部地层，防止井漏。

（14）严把钻具入井关，二级以下钻杆杜绝入井。在钻进膏盐层之前对钻铤和加重钻杆进行探伤。

三、承压堵漏及转化钻井液技术

（一）承压堵漏

根据地层承压试验方案，配制堵漏浆 308 m³，注入堵漏浆 290 m³，起钻至 1 906 m，根据工程设计要求，开始做地层承压试验。

先关井、承压。通过几次堵漏，停泵后立压逐渐上升，由 6 MPa ↗ 8 MPa ↗ 10 MPa ↗ 12.5 MPa，说明有一定的堵漏效果。共挤堵漏浆 116 m³，立压稳定于 8.5 MPa 不降，井底承压达到 1.64 g/cm³ 的当量密度，当地层完全闭合后，承压能力应加强。

但由于本井裸眼段长,易漏层多,压力上升缓慢,按照目前的堵漏工艺继续施工效果甚微。主要原因是:当井底当量密度 $1.68 \sim 1.72\ g/cm^3$ 应附加压力为 $13.5 \sim 15\ MPa$,管鞋处承压达当量密度 $1.93\ g/cm^3$。而管鞋处砂岩物性好,非常薄弱,难以承受 $1.93\ g/cm^3$ 的当量压力。从现场观察分析看,渗漏层在套管下第一层砂岩层($3\,000 - 3\,717\ m$)。

因此,经请示甲方,我们先将钻井液密度提至 $1.63\ g/cm^3$,再试压(井口附加压力为 $2.6 \sim 4.6\ MPa$),共挤漏 $45.3\ m^3$,最高压力 $6.2\ MPa$,稳压 $4.6\ MPa$,井底当量密度达 $1.72\ g/cm^3$,试压成功。

（二）欠饱和盐水钻井液转换

井浆 $+2.0\% \sim 3.0\%$ PB-1 $+1.5\% \sim 2.5\%$ 云母 $+0.05\% \sim 0.1\%$ AT-1;

井浆 $+2.0\% \sim 2.5\%$ PB-1 $+1.0\% \sim 1.5\%$ CXD $+1.5\% \sim 2.5\%$ 云母 $+1.5\% \sim 2.5\%$ SQD-98 $+0.05\% \sim 0.1\%$ AT-1。

1#堵浆封堵井段 $4\,540 \sim 5\,170\ m$,2#堵浆封堵井段 $3\,000 \sim 4\,540\ m$。配制 1#堵浆 $60\ m^3$,分两次注入井眼 $50\ m^3$;配制 2#堵浆 $210\ m^3$,分 7 次注入井眼,主要考虑地面循环系统容积和配堵浆速度,罐容积大可减少次数。最后将钻头起至 $2\,000\ m$,关井憋压,试压值达到井底当量密度 $1.72\ g/cm^3$,共挤入地层 $161\ m^3$,耗时 $11\ d$。

盐膏层钻进前 20 m 进行欠饱和盐水钻井液转换。首先按设计要求边循环边补充胶液,将井内钻井液(密度为 $1.63\ g/cm^3$)流变性等调整至合适范围,补充盐水钻井液 $126\ m^3$,边循环边加盐,使 Cl^- 含量达 $156\,000\ mg/L$,并补充加重剂等。充分循环后,钻井液性能满足施工设计要求,转换完成。

四、操作技术措施

(1) 严格控制提下钻速度,防止造成抽吸或压力激动造成井壁失稳而发生井漏;

(2) 下钻时坚持每两立柱灌浆一次,一排灌满;

(3) 开泵时缓慢,可采用先挂泵后挂车的方法,以防憋漏地层;

(4) 停泵时,尽可能地活动钻具,防压差卡钻;

(5) 加单根时必须将钻具坐于吊卡上时方可停泵,并及早开泵;

(6) 每班坚持测 Cl^- 2 次,同时按规定检测其他性能;

(7) 必须保持两台泥浆泵的工况处于完好状态,同时,对振动筛的返出岩屑进行仔细观察;

(8) 记录工每 1 h 对各参数进行记录和对比,发现异常及时汇报和处理;

(9) 每班由大班或司钻操作,钻台上必须保持 3 个人;

（10）钻盐膏层钻时不得低于 10～15 min/m，每钻进 0.5 m 上提 2 m 划眼到底，每钻进 4 h 短起下过盐膏层顶部，全部划眼到底。

五、盐膏层扩孔技术措施

工具下井前，应确保井眼畅通无阻，确保工具能一次下钻至扩孔井段。

（一）工具准备

（1）按设计要求组装好钻具，上紧工具外部各处的紧固螺栓；

（2）工具入井前必须在井口试验。

① 试验方法：将工具与方钻杆连接，放到井口，开泵泵入钻井液，此时刀片被打开，6 个刀片顺利张开至最大位置，然后停泵，停泵后 6 个刀片应顺序收拢。达不到以上要求，工具不能入井；② 试验完毕后，再用 $\phi 2$ mm 铁丝（放置在捆绑槽内）将刀片捆好，以防止下钻过程将刀片的复合片碰坏，造成扩孔失败。

（二）下钻注意事项

（1）工具的上部应接足够长度的钻铤，以满足施加钻压的要求；

（2）下钻过程操作要平稳，要控制速度，以防止损坏扩孔刀片；

（3）在下钻途中禁止开泵循环并转动钻具划眼，防止刀片提前打开造成工具下钻困难和刀片先期损坏；

（4）如下钻遇阻，可转动转盘轻轻划眼通过（不能开泵），切不可加压强行通过。

（三）扩孔作业

（1）将工具下至扩孔位置；

（2）先启动转盘，钻柱旋转正常后，方能开泵（注意：工具内部设计有节流水眼，开泵时注意立压的变化）；

（3）当钻井液流经喷嘴时，在喷嘴处产生压降，作用在活塞上，对活塞产生推力，活塞推动刀片外伸扩孔（注意：此时不能下放钻具加压）；

（4）当初始造台阶完成后，6 刀片完全张开，此时由于调压杆的作用，压力将下降 2～5 MPa；

（5）初始造台阶完成后，再旋转工具 10～20 min，以休整台阶造型，然后试加钻压，能加上钻压，证明造台阶成功，可以加压进行扩孔；

（6）钻压由小到大，逐步增加，以寻找扩孔速度最快的最佳钻压和转速；

（7）扩孔过程应密切观察扭矩的变化和憋跳情况，若出现跳钻现象，可降低转速和钻压，使工具工作平稳，待恢复正常后，再逐步恢复原钻压和转速，以找到最优工作参数；

（8）起钻：一旦扩孔完成或刀片复合片磨损严重，决定停止钻进，应循环钻井

液一周,清洗井眼,然后停泵;

(9)停泵后继续旋转 5~10 min,这样有助于刀片收拢,然后起钻;

(10)在工具未进入套管前,缓慢上提钻具,使之顺利进入套管,方能按正常速度起钻。

六、盐膏层蠕动规律

该井于 2004 年 1 月 31 日钻至 5 380 m,通过对盐膏层段进行两次电测井径来确定其蠕动规律,电测结果见表 1。

表1 盐膏层电测井径对比

第一次测井井径 D_1/mm				第二次测井井径 D_2/mm			
井段/m	最大	最小	平均	井段/m	最大	最小	平均
5 190 ~ 5 200	386.08	330.20	375.92	5 190 ~ 5 200	368.30	330.20	355.60
5 200 ~ 5 220	386.08	355.60	370.84	5 200 ~ 5 220	365.76	325.12	340.36
5 220 ~ 5 255	368.30	337.820	355.60	5 220 ~ 5 255	340.36	325.12	330.20
5 255 ~ 5 275	381.00	340.36	360.68	5 255 ~ 5 275	358.14	325.12	340.36
5 275 ~ 5 312	381.00	330.20	355.60	5 275 ~ 5 312	365.76	325.12	340.36
5 312 ~ 5 352	383.54	368.30	375.92	5 312 ~ 5 352	365.76	330.20	350.52
5 190 ~ 5 352	386.08	330.20	358.14	5 190 ~ 5 352	368.3	325.12	339.85

注:第 1 次测井时间为 2004 年 1 月 31 日,第 2 次测井时间为 2004 年 2 月 1 日。

经过两次电测对比:

平均蠕变速率 $= (D_1 - D_2) \div h$

$\qquad\qquad = (358.14 - 339.85) \div 26$

$\qquad\qquad = 0.7$(mm/h)

选择蠕变速率最快的点如下:

5 261 m:$D_1 = 381$ mm,$D_2 = 342.9$ mm

蠕变速率 $= (D_1 - D_2) \div h = (381 - 342.9) \div 26 = 1.46$ mm/h

清楚地掌握了盐膏层蠕变规律,仅用了 30.67 h 就成功地将 244.5 mm + 250.8 mm复合套管顺利下入。

七、结 论

塔河油田在石炭系巴楚组钻遇 70~260 m 厚度不等的盐膏层,主要以碳酸盐岩→石膏岩→盐岩为主夹泥质岩薄层的一套蒸发岩,盐岩较纯。盐岩在高温高压下产生塑性蠕变,给钻井和完井造成极大风险。同时也存在井眼坍塌、剥落掉块,致使井径很不规则及其带来的不稳定因素。为了控制盐膏层的蠕变速度,提高钻井液密度是有效方法之一。根据过去已钻几口井情况分析,钻井液密度控制在 $1.65 \sim 1.70$ g/cm³ 范围较为理想。而盐上裸眼井段($3\,000 \sim 5\,100$ m)地层压力当量密度小于 1.20 g/cm³,为了满足钻盐膏层的要求,对盐上裸眼井段必须做地层承压堵漏试验。

聚磺欠饱和盐水钻井液在现场应用中必须精心维护,正确处理,严格控制其固相组成和各项性能参数,以获得优质泥饼和良好的流变性。该钻井液体系很好地满足了 S111 井钻井施工及地质的要求,钻进、电测、下套管作业顺利。

在此感谢 60826 井队提供部分资料!

本文发表于《六普技术通讯》2005 年第 2 期

新疆巴麦隆起玛北 1 井钻井技术先导试验

赵炬肃,辛建华

(中国石油化工集团公司华东石油工程有限公司六普钻井分公司,江苏 镇江 212003)

一、概 况

(一) 引 言

我国深井、超深井比较集中的地区有塔里木盆地、准噶尔盆地、四川盆地及柴达木盆地等。为适应勘探开发领域正逐步向深部地层转移形势,更好地进行深部油气资源的钻探与开发,特别是在提高超深井的钻井效率方面,华东石油局承担2011 年 6 月中国石化石油工程管理部立项"玛北 1 井钻井技术先导试验"科研课题(项目编号:SG11045)研究工作。

玛北 1 井是为了探索新疆巴麦隆起中带寒武系盐下构造的含油气性,早日实现该地区深层油气开导的突破而部署的一口风险探井。该区域勘探程度低,未知因素较多,钻井工程将遇到构造与地层的复杂性,如盐膏层、高压盐水层发育、构造特征、地层岩性与产状等等。将集中解决防卡(盐膏层缩径、压差卡钻)、防漏(风化面裂缝型漏失、奥陶系和寒武系溶蚀孔洞漏失)、防喷(高压气层、高压盐水层)等各类钻井难题。

塔河油田是中国陆上十大油田之一、中石化集团公司第二大油田,位于资源丰富的新疆塔里木盆地北缘,2009 年计划生产原油 659 万 t、天然气 12.1 亿 m^3。随着勘探开发工作的逐渐深入,中石化塔河油田探明的储量每年增加 1 到 2 亿 t 油当量。2010 年,塔河油田的探明储量上升到 10 亿 t 油当量,年产量达到 1 000 万 t。"玛北 1 井钻井技术先导试验"科研课题的实施及该区域深井、超深井钻井综合技术的突破,对于塔河油田巴麦地区降低钻井风险、提高机械钻速和降低钻井成本具有积极意义。

(二) 主要研究内容

项目研究内容主要包括下面几个方面。

(1) 钻头选型及钻井参数优选。针对二开井段钻遇新生界、中生界及古生界的二叠系地层,跳钻严重,可钻性较差,机械钻速低的特点,对巴麦地区钻井进行调研与分析,收集玛北 1 井邻井钻井资料,分析影响机械钻速的因素,优选出合适的钻头类型及钻井参数。

（2）防斜打直技术。本井设计井深 6 930 m,全井最大井斜 9°,井斜控制难度大,研究和选择国内外防斜工艺技术和方法,拟采用胜利油田石油工程研究院研制生产的联捷式自动垂直导向钻井系统,以确保全井最大井斜满足设计和施工的要求。

（3）井眼稳定及超深井钻井液技术。二叠系地层主要为黑色玄武岩、辉绿岩,深灰、绿灰色英安岩,同时夹泥岩、泥质砂岩、灰岩及白云岩;二叠系地层的玄武岩、英安岩稳定性差,极易掉块垮塌,造成井下复杂情况。寒武系吾松格尔组地层裂缝发育,极容易发生井漏。选择更好的强抑制防塌钻井液体系,以保证井壁稳定。根据钻井情况与中石化石油工程技术研究院等研究单位合作,加强钻井液技术难点的攻关研究。

（4）气体钻井技术。本井 444.50 mm 井眼,段长 2 630 m,机械钻速慢,憋跳钻严重;二叠系中统开派兹雷克组 458 m 火成岩易垮塌,极易造成井下复杂情况和事故;古近系泥膏岩井段缩径,起下钻阻卡严重。为解决以上难题,拟进行气体钻井技术应用试验。

（5）防漏堵漏技术。本井地层可钻性差、地质结构复杂、地层易坍塌、漏失、缩径等;深部地层设计三开同一开次揭开石炭系、泥盆系、志留系、奥陶系、寒武系,风险较大;四开寒武系存在两套盐膏层,且含 50 m 夹层,裂缝发育,安全窗口较小等,拟采用承压堵漏,以增强地层的承压能力。并加强防漏堵漏技术攻关研究。

（6）盐膏层钻井技术。四开是盐层段施工,整个寒武系地层存在两段盐膏层,预测厚度分别为 385 m 和 405 m。且在两段盐层间夹沙依里克组 50 m,灰岩夹白云岩,可能裂缝发育,加之盐层高密度易使沙依里克组漏失,钻井液密度安全窗口很小,易造成盐膏层缩径等复杂情况,拟采用密度高于 1.75 g/cm^3 的欠饱和盐水钻井液,以解决盐膏层的塑性蠕变对钻井的影响。

（三）主要技术指标

本项目以玛北 1 井的钻井技术先导现场试验为基础,针对中石化将巴麦地区确立为中石化西北油田分公司勘探突破重点区域,要求西北油田分公司加快巴麦地区的勘探进度,在目前已取得的勘探成果上,进一步在皮山北 1 井、玉北 1-1 井力争尽快突破,形成新的油气接替区块。

主要技术指标如下:

（1）成功完成本井施工任务;

（2）钻井平均机械钻速比设计提高 10%;

（3）形成一套适合巴麦地区小海子区块安全高效钻井技术。

二、技术难点分析

玛北 1 井是由中石化部署在塔里木盆地巴麦地区小海子区块的一口五开制外围风险探井,主探寒武系盐间灰岩及盐下白云岩,兼探奥陶系中-下统的鹰山组、泥盆系碎屑岩及石炭系碳酸盐岩储层发育特征及含油气性。完钻原则是钻穿寒武系,进入震旦系 50 m 完钻。

技术难点包括以下几个方面:

(1) 区域勘探程度低,未知因素较多,潜在风险和问题较多;

(2) 二开井段钻遇新生界、中生界及古生界的二叠系地层,从邻井资料显示,自新生界安居安组开始地层跳钻严重,可钻性较差,机械钻速低;

(3) 二叠系地层厚,整个二叠系厚度 1 565 m,其中火山岩地层就厚达 316 m,地层坍塌、漏失的风险较大;

(4) 三开井段石炭系巴楚组泥岩段石膏含量较高,易膏侵,防井壁坍塌、缩径卡钻等;

(5) 三开泥盆系、志留系地层可能存在漏失;

(6) 三开奥陶系地层溶洞、裂缝发育,存在漏失风险,影响下步施工;

(7) 奥陶系及以下地层以碳酸盐岩为主,可能钻遇 H_2S 气体,增加钻井风险;

(8) 三开井段同开次揭开石炭系、泥盆系、志留系、奥陶系、寒武系上统,可能存在钻井液密度和地层压力匹配的问题,可能存在漏失风险;

(9) 四开是盐层段施工,整个寒武系地层存在两段盐膏层,预测厚度分别为 385 m 和 405 m,且在两段盐层间夹沙依里克组 50 m,灰岩夹白云岩,可能裂缝发育,加之盐层高密度易使沙依里克组漏失,可能安全窗口很小,造成盐膏层缩径等复杂情况;

(10) 五开寒武系下统肖尔布拉克组和震旦系地层未施工过,同开次揭开,易井漏;

(11) 可能存在地层倾角大,易斜地层,存在控制井斜困难等。

本井钻井难点较为集中在防卡(盐膏层缩径、压差卡钻)、防漏(风化面裂缝型漏失、奥陶系和寒武系溶蚀孔洞漏失)、防喷(高压气层、高压盐水层)等各类钻井难题方面。

本井地层压力和破裂压力:

根据地质设计提供的地层压力数据,结合邻区的康 2 井、和田 1 井和方 1 井等井的实钻情况分析,中寒武统压力系数较高,奥陶系压力系数偏低,其余地层均属正常压力系统。邻井情况:

康 2 井在寒武系地层存在两段盐膏层:上盐岩井段为 5 036.5 ~ 5 272.5 m,钻厚 236 m;下盐岩井段为 5 311 ~ 5 556.5 m,钻厚 245.5 m,钻进中采用密度为 1.85 ~ 1.75 g/cm³ 的欠饱和盐水钻井液钻过。

和 4 井在寒武系地层存在两段盐膏层:上盐岩井段为 5 101 ~ 5 330 m,钻厚 229 m;下盐岩井段为 5 381 ~ 5 681 m,钻厚 300 m,钻遇该层段时采用密度为 1.70 g/cm³ 的欠饱和盐水钻井液钻过,钻至 5 804 m 后发生井漏被迫停钻。

其他风险:

(1) 沙依里克组 50 m 厚灰岩夹白云岩,可能裂缝发育,加之上部盐膏层塑性蠕动快,高密度条件下在沙依里克组易发生漏失,从而造成盐膏层缩径而发生卡钻等复杂情况;

(2) 两段盐膏层段地质要求取心 2 回次,盐膏层蠕动快,控制安全取心时间难度极大;

(3) 泥盆、志留系地层可能存在漏失,方 1 井和 4 井都发生了钻井漏失;

(4) 奥陶系及以下地层以碳酸盐岩为主,钻进过程中可能钻遇 H_2S 气体。

和 2 井在下奥陶统风化壳 6 427 ~ 6 439 m 处伴有 H_2S 气体,钻井液出口测得 H_2S 最高浓度 247 mg/L,钻台测得最高值 70 mg/L;方 1 井在奥陶系地层测试中有 H_2S 气体。

三、技术研究与应用

(一) 玛北 1 井设计与实钻井身结构

玛北 1 井设计与实钻井身结构见表 1。

表 1　玛北 1 井设计与实钻井身结构对比

开次	设计		实际	
	钻头尺寸及井深/ mm × m	套管尺寸及下深/ mm × m	钻头尺寸及井深/ mm × m	套管尺寸及下深/ mm × m
一开	660.4 × 1 176	508 × 1 175	660.4 × 1 254.07	508 × 1 253.76
二开	444.5 × 2 731	339.7 × 2 730	444.5 × 2 746	339.7 × 2 743.41
三开	311.2 × 5 665	244.5 × 5 662	311.2 × 5 753	244.5 × 5 752.5
四开	215.9 × 6 506	206.4 × 6 503	215.9 × 6 255.99 (侧钻至 6 160 m)	177.8 × 5 655 184.15 × 6 159.09
五开	165.1 × 6 930		149.2 × 6 476.89	

(二) 钻井装备条件

目前六普钻井分公司新疆工区 7 000 m 钻机(钻台高度 9 m)可以参与外围探井施工,根据外围探井施工的特殊要求,在目前主体设备基础上,已补充以下配置:

① 350 ~ 400 m³ 重浆储备罐;② 通径为 520 mm,压力级别为 14 MPa 的双闸板和钻井四通;③ 通径为 280 mm,压力级别为 105 MPa 双闸板封井器、70 MPa 环形封井器、105 MPa 压井、节流管汇;④ 三开井段需配置的顶驱装置;⑤ φ139.7 mm G105 钻杆 3 500 m,φ127 mm G105 钻杆 4 000 m,φ88.9 mm G105 钻杆 300 m。另外,中石化石油工程技术研究院具有油气资源与探测国家重点实验室,为本项目开展与实施提供技术支撑,在工具结构参数选择、水力参数优化、底部钻具组合优选、井眼稳定及钻井液技术等方面积累了丰富的经验,为该项目的研究、执行提供了很好的基础。

(三) 井斜控制技术

邻井巴探 5 井因井斜超标进行纠斜,影响了施工进度。本井一开始就严格控制井身质量,控制好井身质量有利全井的提速提效。特别是一开井段与三开奥陶系蓬莱坝组易斜井段井队加密测量检测,防止井斜超标。玛北 1 井井身质量见表 2。

表 2　玛北 1 井井身质量要求表

井段/m	井斜角/(°)	全角变化率(°/30 m)	井径扩大率/%	水平位移/m
0 ~ 1 000	≤3.0	≤1.0°	≤25	≤70
1 000 ~ 3 000	≤3.0	≤2°10′	≤20	≤70
3 000 ~ 4 000	≤4.0	≤2°15′	≤20	≤80
4 000 ~ 5 000	≤5.0	≤2.5°	≤25	≤90
5 000 ~ 6 000	≤6.0	≤3.0°	≤30	≤125
6 000 ~ 6 930	≤9.0	≤3.0°	≤35	≤155

注:若地质有特殊要求,则按地质要求执行。

全井井身质量控制技术,采用塔式钻具组合,优选钻进参数,采用小钻压、高转速、大排量打直井眼。塔式钻具特点是下部钻具的重量大、刚度大、重心低、与井眼间隙小,一方面,能产生较大钟摆力来防止井斜;另一方面,稳定性好,有利于钻头平稳工作。塔式钻具是国内外广泛使用的一种防斜钻具,它钻出的井眼规则,井斜变化率小,对井径易扩大地层特别有效。实践证明塔式钻具组合在奥陶系岩性稳定的深部灰岩层段能够达到防斜打直目的。采用 PDC + 螺杆钻进,能高转速、低钻压控制井斜。发现井斜时,采用低压、控制钻时的方式吊井斜。

1. 一开井斜控制和解决跳钻问题

由于本井为外围风险探井,本着稳扎稳打,杜绝冒进的原则,一开每钻进 150 m 坚持测斜一次,钻进至 658 m,发现井斜有增大趋势,采取吊打方式,井斜仍然在增加,现场采用低钻压,控制钻时的方法将井斜降在 1°以内,842 ~ 965 m 井段,井斜 2.74°↘0.35°,效果良好。分析为该地层倾角大,且对钻压非常敏感,钻压大于 8 t 就很容易造成井斜。现场通过加入双向减震器,适当降低转盘转速,跳钻得到很大程度的缓解,钻压得到很大程度的释放,对提高机械钻速明显。同时针对此敏感地层,采用控制钻时在 20 min/m 的方式低压吊打控制井斜,效果显著,有效地保证了井身质量。

2. 奥陶系蓬莱坝组井斜控制

蓬莱坝组岩性为深灰色粉晶、细晶白云岩,机械钻速很低,而且,地层倾角 45°左右,很容易井斜。井深 4 403 ~ 4 631 m 测得井斜 0.34°、1.91°,井斜已有上涨趋势,施工重点做好防斜工作,加强井身质量监测、优化钻具组合,控制好钻井参数,井深 5 660 m 井斜控制在 0.91°。

本井井斜控制较好,满足设计和施工的需要,因此,未采用胜利油田石油工程研究院研制生产的联捷式自动垂直导向钻井系统。

（四）二开空气钻井试验

玛北 1 井于 2011 年 1 月 15 日一开钻进,设计井深 350 m,为提高钻井速度,加快该区块的勘探进程,本井二开采用气体钻井施工。通过对邻井巴探 5 井、和田 1 井的资料对比,为满足二开气体钻井需求,封闭三叠系潜在高产水层,一开加深至 1 254.07 m,508 mm 套管下深 1 253.76 m。

二开空气钻进 1 254.07 至 1 296.27 m(进尺仅 42.2 m)时,由于地层大量出水(出水量大于 50 m³/h),已经不能满足空气、泡沫钻进的技术要求,随后转为常规钻井液钻进。整个空气钻井共用时 11.96 d。从表 3 可以看出空气钻井技术效果明显。

表3 气体钻进与钻井液钻进对比

钻进方式	钻头	井段/m	进尺/m	纯钻时间/h	机械钻速/(m/h)	层位
空气	牙轮	1 254.07 ~ 1 296.27	42.2	6.0	7.03	P3s
钻井液	牙轮	1 296.27 ~ 1 418.00	121.73	48.0	2.54	P3s
钻井液	PDC	1 418.00 ~ 2 015.03	597.03	128.5	4.65	P3s

注:本井二开空气钻井试验,取得机械钻速 7.03 m/h 的效果。

使用的主要设备见表4。

表4 空气钻井施工设备

规格型号	数量	单位	备注
ATLAS XRVS476 空压机	3	台	
ATLAS XRVS606 空压机	5	台	总排量可达 280 m³/min
CKY500 增压机	2	台	
FY400 增压机	1	台	
旋转防喷器	2	套	
雾化泵	1	台	

施工流程:采用纯空气钻井流程。空气压缩机→(膜制氮设备→增压机→)主供气管线→立管→方钻杆→钻具内→环形空间→旋转控制头旁通口→排砂管线→沉砂池。见图1。

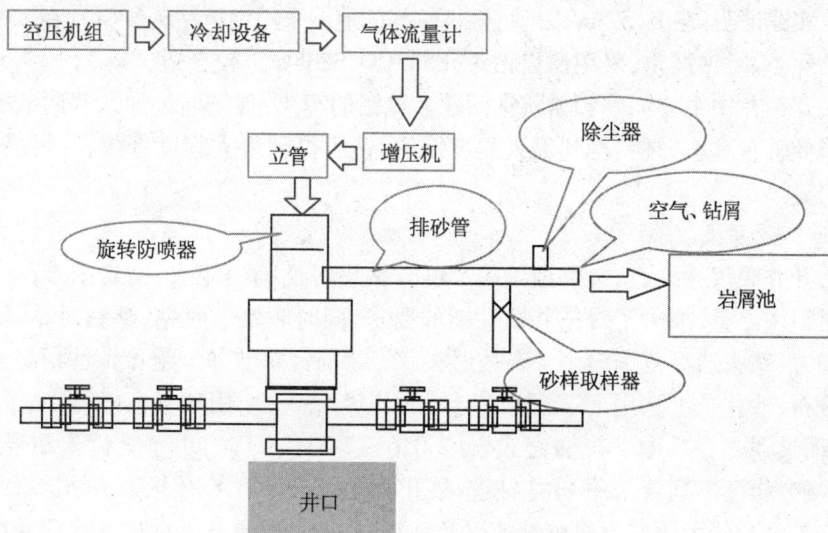

图1　施工流程示意

施工步骤:① 气举排液;② 干燥井眼;③ 气体钻进。

具体钻井参数及钻进效果见表5和6。

表5　钻井参数

钻压/kN	转速/(r/min)	空气排量/(m³/min)	泵压/MPa
20	50	225	3

表6　施工时效

空气钻井井段/m	进尺/m	纯钻时间/h	机械钻速/(m/h)
1 254.07 ~ 1 296.27	42.2	6	7.03

空气钻井技术的优点:一是空气密度低,降低了井底压力,有利于提高机械钻速;二是对不稳定低渗油气层储层有保护作用;三是空气在井内循环速度快,有利于及时准确了解井底情况。通过该项目的研究,掌握了空气钻井技术在钻井施工中的应用,提高了钻井平均机械钻速,减少了对地层的污染。气介质容易制备,在井漏或缺水(供水困难)的工区施工,可大大降低生产成本。

（五）优选钻头、钻井参数及提速提效

1. 一开井段

一开钻头尺寸大（660 mm），地层以砂、泥岩为主，可钻性较好，使用牙轮钻头钻进。实践证明：在 1 057 m 以前可钻性较好的地层采用钢齿钻头（PC_2），在 1 057 m 后可钻性差、跳钻严重，采用镶齿钻头（S525CG、S535CG）较合适。

一开钻井中主要面临频繁跳钻问题。跳钻的解决：现场通过加入双向减震器，适当降低转盘转速，跳钻得到很大程度缓解，钻压得到很大程度释放，对提高机械钻速明显。

2. 二开井段

二开井眼尺寸大，钻头选型困难。PDC 钻进时面临扭矩大、携岩困难，玄武岩钻进时掉块严重，加大了对钻井液性能的要求，同时频繁的跳钻、憋钻对钻具损害程度加大，钻头选型范围缩小。在钻遇玄武岩之前针对沙井子组可钻性稍好，根据数据分析，沙井子组选用 FS2563BG 型号的 PDC 钻头，使用效果良好，提高了机械钻速；而钻遇二叠系中下统的玄武岩（2 016 ～ 2 731 m）时，由于玄武岩耐磨性极强，现场分析已不适合采用 PDC 钻进，故开始使用 ST537GK 牙轮钻头钻进，使用效果较好。为减轻因跳钻对机械钻速以及钻具的影响，现场分析后加入双向减震器，一定程度上解决了跳钻问题。

二开沙井子组：二开上部井段沙井子组以砂、泥岩为主，本井使用一只 DBS 生产的 444.5 mm PDC（FS2563BG），钻进井段：1 418.00 ～ 2 015.03 m，进尺 597.03 m，纯钻时间 128.5 h，机械钻速 4.65 m/h，使用效果较好，较邻井同地层机械钻速有很大提高。

二叠系玄武岩钻头选型：二开派兹雷克组以黑色玄武岩为主，局部夹泥岩，钻时相对较长。选用 ST517GK 三牙轮钻头钻进，起出钻头 95% 的牙齿崩掉落井，下入 ST537GK 三牙轮钻头钻进，起出钻头掉齿相对较少，有 20% 的掉齿，此段地层钻头选型有待继续探讨。

3. 三开井段

本开次提速难点：泥盆系、志留系研磨性砂岩，对 PDC 的抗研磨性要求很高；奥陶系下统蓬莱坝组、寒武系上统的白云岩，邻井都是使用的牙轮钻头。

（1）根据邻井资料，在石炭系、泥盆系、志留系使用的牙轮钻头、PDC 的提速效果不明显，机械钻速较低，提速空间较大，与 DBS 公司合作，针对该井段定制抗研磨性强的 PDC，配合螺杆钻进。

（2）在奥陶系中上统灰岩段，继续使用 PDC 加螺杆钻进，优选钻头、优化参数进一步提高机械钻速。

（3）在奥陶系蓬莱坝组、寒武系白云岩段为粉晶白云岩，邻井机械钻速普遍小于 0.8 m/h,而且井身质量难以控制,针对这种岩性采用 PDC + 螺杆钻进,低压高转速,保证井身质量,如果 PDC 不适用,建议采用 HJ617G,HJT637GY 牙轮钻头。

石炭系 PDC 钻头选型:因石炭系以泥岩、泥灰岩、粉砂岩为主,在提速理念上坚持使用 PDC 加螺杆复合钻进,在石炭系使用了两个厂家 4 个型号的 PDC,进行实钻对比,优选适合本地层的 PDC 钻头,其中 DBS 生产的 FX65D、FX65 机械钻速分别为 2.10、2.91 m/h,提速效果明显。

泥盆系、志留系钻头选型:泥盆系、志留系以研磨性石英砂岩夹棕褐色泥岩为主,研磨性石英砂岩可钻性差,为三开提速难点之一。针对难点,用牙轮钻头与 PDC 实钻对比,优选适合本地层的高抗研磨 PDC 钻头,DBS 生产的高抗研磨 PDC (FMH3843X3)钻头机械钻速达 1.70 m/h,提速效果明显。

例 31#钻头:FMH3843X3(DBS)钻进井段:3 666～3 970.02 m,进尺 304.02 m,纯钻时间 178.5 h,机械钻速 1.70 m/h,使用效果较好。

奥陶系钻头选型:奥陶系主要以灰岩、泥灰岩为主,地层可钻性强,优选适合本地层地 PDC 钻头,DBS 生产的 FX65D 钻头配合螺杆钻具组合机械钻速达 1.95 m/h,提速效果明显,蓬莱坝组的粉晶白云岩可钻性很差,研磨性强,FX65D 使用不理想,可使用 DBS 生产的 FMH3843X3。根据上述情况从钻井成本及机械钻速方面考虑,建议在含燧石结核岩层井段使用 HJT637、HJ617 系列钻头,在不含燧石结核井段使用高抗磨 PDC 钻头配合螺杆钻进。

寒武系钻头选型:寒武系中上统主要以白云岩、灰岩为主,地层可钻性差,下入 DBS 生产的 FX65DX3 钻头 PDC + 螺杆钻具组合钻进,机械钻速达 1.5 m/h,但是钻头磨损严重,起出新度只有 20%,不适于本地层钻进;优选适合本地层的牙轮钻头,江汉生产的 HJT637GY 钻头使用效果较好,机械钻速达 1.5 m/h,起出新度基本保持在 80%,崩齿较少。

4. 四开井段

该井四开井段井较深,从邻区已钻井可知,机械钻速都较低,为进一步提高机械钻速,缩短钻井周期,在深部井段采用高压喷射钻井方式,钻进中尽可能提高排量,利用大排量高泵压以提高钻头水功率。

四开寒武系穿过两套盐层(上盐膏层 243 m,下盐膏层 70 m),在两套盐层之间还夹有 64 m 灰岩段,从目前钻井情况分析寒武系吾松格尔组分上下两段,上段膏盐岩发育,下段主要为白云岩夹薄层膏岩。本井主要采用型号 HJT517G 及 HJT537G 三牙轮钻头穿盐钻进,该两种型号钻头在本井段使用情况良好,机械钻速达 1.37 m/h,较邻井 BT5 井机械钻速 0.79 m/h 提高了 0.58,提高率 42.34%。

根据分析四开穿盐与下部白云岩地层采用 HJT537G 型号钻头钻进使用效果均较理想。

5. 五开井段

五开钻具组合为：149.2 mm 牙轮钻头（HJ537G）+ 双母接头 + 单流阀 + 120.7 mm DC×24 根 + 旁通阀 + 88.9 mm DP×111 根 + 配合接头 + 127 mm DP。取芯井段（6 410.85～6 411.50 m）钻具组合：149.2 取芯钻头（DC206）+ 川 5–4 取芯筒 + 120.7 mm DC×15 根 + 88.9 mm DP×153 根 + 配合接头 + 127 mm DP。

五开钻至寒武系下统吾松格尔组时，岩性以灰褐色粉晶、细晶白云岩，6 318 m 以后开始钻遇火成岩，根据以上情况分析今后同种地层岩性情况下建议使用 637 系列牙轮钻头，此种钻头外排齿为球形齿，而且齿的耐磨强度高，预计此系列钻头可以解决此种地层对 617 系列钻头齿造成的崩齿严重问题，同时也能降低对 537 系列钻头齿的磨损。

五开采用 149.2 mm 钻头，降低钻井液密度钻进，钻达地质目的。五开钻井达 6 476.89 m 完井，平均机械钻速 0.99 m/h。与邻井巴探 5 井同开次相比机械钻速提高 0.33 m/h。

（六）井眼稳定及钻井液技术

本井钻井液所采取的技术措施综合考虑了该井所处的地理位置、地质状况和井眼特点，结合设计技术难点及周边各井的具体情况，在钻井过程中，采取了提高钻井液性能综合质量和工艺技术克服高温、塌、卡、有进无出严重井漏、固相侵入、膏盐污染、大环空携砂等技术难题，使钻井液高温稳定性、润滑性、防塌性和失水造壁性都得到很好控制，提高携岩能力的总体方案。

一开钻井液技术：一开钻井液基本数据见表 7。

表7 一开钻井液配方

配方设计	
基本配方	5.0%～7.0%膨润土 +0.1%～0.2%烧碱 +0.1%～0.2%纯碱 +0.1%～0.3% 聚丙烯酸钾 +0.2%～0.5%高黏羧甲基纤维素钠
处理添加剂	烧碱、润滑剂、包被剂、聚丙烯腈铵盐等

Q～T 上部地层欠压实，二叠系易漏易坍塌掉块、石炭系泥岩不稳定，针对此情况，重视与加强钻井液的护壁及井下清洁。石炭系巴麦组中泥岩段石膏含量较高，要注意石膏对钻井液性能的影响，及早调好钻井液性能，防止井壁坍塌、缩径卡钻等。本井段采用聚合物钻井液，及时补充预水化膨润土浆，并且加入大分子聚合物，钻进过程中，聚合物浓度维持在 0.3% 以上，提高了钻井液的黏度，提高了大井眼岩屑携带效果。

二开钻井液技术：二开钻井液基本数据见表 8。

表 8 二开钻井液配方

配方设计	
基本配方	5.0% ~7.0%膨润土 +0.1% ~0.2%烧碱 +0.1% ~0.2%纯碱 +0.1% ~0.3% 聚丙烯酸钾 +0.2% ~0.5%高黏羧甲基纤维素钠 + 足量防塌剂
处理添加剂	烧碱、润滑剂、包被剂、防塌剂

二开将进行气体钻井,此井段钻井液转化为阳离子悬乳液聚合物钻井液,坚持一开已有的聚合物为主抑制体系,综合考虑二叠系易垮塌、易漏失情况,选用了乳化沥青、乳化石蜡防塌剂,高效硅醇抑制剂,配合合适的钻井液密度维护井壁的稳定。采用新材料、新工艺解决了塔河油田二叠系堵漏周期长、反复漏失的难题:即经过资料调研,通过使用国外进口超强堵漏剂,结合传统桥塞堵漏材料,成功地应用于盐上二叠系堵漏。

二叠系井眼稳定技术:提高钻井液密度达 $1.32 ~ 1.35$ g/cm^3,以井眼稳定力学方式控制地层坍塌应力,并且要维持密度稳定,禁止钻井液密度波动,导致压力激动造成井壁失稳。针对二叠系玄武岩易吸水垮塌,为保证该井段的井眼质量和井眼安全,进入二叠系的玄武岩前必须控制钻井液的 API 失水在 4 mL 以下,高温高压失水控制在 12 mL 以下,防止钻井液的滤液侵入地层过多,对井壁造成损害。同时在钻井液中加入 2%QS-2,改善泥饼质量,使泥饼薄而韧,且十分致密。加足各类防塌剂,利用 1% ~2%乳化石蜡和 3% ~5%乳化沥青复配防塌,并在二叠系钻进过程中不断补充,稳定井壁。

三开钻井液技术:三开钻井液基本数据见表 9。

表 9 三开钻井液配方

配方设计	
基本配方	3.0% ~4.0%膨润土 +0.1% ~0.2%烧碱 +0.1% ~0.2%纯碱 +0.1% ~0.3% 阳离子乳液聚合物 +0.5% ~1.0%有机硅醇抑制剂 +2% ~3%磺化酚醛树脂 (干粉)+2.0% ~3.0%磺化褐煤 +2.0% ~3.0%沥青 +2.0% ~3.0%聚合醇 +2.0% ~3.0%乳化石蜡 +5% ~7% KCl +0.5% ~1.0%非渗透处理剂 + 2.0% ~3.0%超细碳酸钙
处理添加剂	润滑剂、超细碳酸钙、单向压力屏蔽剂、加重剂等

本开次主要钻遇石炭系、泥盆系、志留系、奥陶系和寒武系上统,泥岩及膏泥岩发育,为了提高钻井液的抗污染能力和抑制性能,将钻井液体系转化为 KCl$^-$阳离子悬乳液聚磺钻井液体系。钻井液处理以提高抑制性和封堵性为主。在该井段适时加入屏蔽暂堵材料,充分利用非渗透处理剂、超细碳酸钙、单向压力屏蔽剂、乳化石蜡类复合屏蔽暂堵技术,保证钻井液具有良好的造壁性能。奥陶系地层裂缝发育,易漏失,在该井段及时补充暂堵材料,做好随钻封堵及防漏堵漏工作。

四开钻井液技术及钻盐膏层技术:四开钻井液基本数据见表10。

表10 四开钻井液配方

配方设计	
基本配方	2.5% ~3.0% 膨润土 +0.1% ~0.2% 纯碱 +0.2% ~0.3% 羧甲基纤维素钠 + 0.1% ~0.15% 聚丙烯酸钾 +4% ~5% 磺化酚醛树脂(二型) +4% ~5% 褐煤树脂 +2% ~3% 抗高温抗盐降滤失剂 +2% ~3% 抗饱和盐降滤失剂 +2% ~3% 乳化石蜡 +2% 弱荧光沥青 +5% ~7% KCl +17% ~24% NaCl +1% ~2% 减磨剂 +1% ~2% 超细碳酸钙
处理添加剂	金属离子聚合物、表面活性剂、硅酸钾、KCl、盐结晶抑制剂、润滑剂、烧碱、稀释剂、超细碳酸钙、加重剂

玛北1井5 757 m进入四开,5 752 ~5 995 m为上盐层,5 995 ~6 059 m为灰岩中间夹有高钙盐水层(5 990 ~6 007 m为高钙盐水层段),6 059 ~6 129 m为下盐层,6 129 ~6 255.99 m为白云岩。

四开寒武系盐膏层易发生缩径蠕变,钻井液体系采用欠饱和盐水钻井液体系,控制氯根110 000 ~165 000 mg/L,钻井液密度控制在1.75 ~1.95 g/cm^3,根据井下实钻情况对氯根密度作适当调整,以保证井下安全为原则。

四开井段设计运用欠饱和盐水聚磺体系钻井液,运用控制Cl^-含量及合适的钻井液密度控制井眼,但是在实际钻井过程中5 990 ~6 007 m钻遇高压高钙低渗盐水层,钻井液污染严重,运用设计的盐水钻井液体系已经不能够满足钻井安全需要。针对这一技术难点,本井在调研的基础上,经室内试验后,利用硫酸钠微溶的原理,根据溶解度推算,加入硫酸钠可以将钻井液Ca^{2+}浓度控制在3 000 mg/L左右,再辅助加以适量的纯碱烧碱等,该钻井液体系可以将Ca^{2+}一般控制在2 000 mg/L以内,大胆提出应用高密度硫酸根饱和盐水钻井液体系来解决这一复杂问题并取得成功,满足了安全钻进要求。

本井在6 180 ~6 255 m多次发生漏失,在漏失的同时也存在高压高钙盐水侵入,井漏的主要原因为该井段存在纵向裂缝性发育。这种既漏失也溢流的情况导致钻井液的密度窗口特别的狭窄,现场分析总结得出1.85 ~1.90 g/cm^{3}为最佳密度,既能有效防止漏失也能比较有效地阻止高钙盐水的过快侵入。

四开井漏与堵漏:

本井深部地层特点为:奥陶系地层以碳酸盐岩为主,溶蚀孔洞、裂缝可能发育,存在漏失及控制风险,威胁安全持续钻进。寒武系下统吾松格尔组中部以火成岩侵入体为主,侵入体应力敏感性强、易坍塌,是安全钻井与成井的潜在隐患。

二叠系火山岩段地层较厚(预测井段:2 115 ~2 573 m,厚度为458 m),可能存在坍塌与漏失风险。

钻井四开6 180 m后累计漏失20次,现场采取分析井漏原因和地层特性,测其漏速,视情况采用静堵、适当降密度、桥堵等手段。一般采用加入随钻堵漏剂静止堵漏和承压堵漏,承压堵漏一般采用纤维状和细颗粒堵漏材料复配。针对性堵漏,不断改变堵漏配方和堵漏浆浓度,提高承压堵漏效果。

根据多次承压堵漏经验分析总结以下堵漏方案:

堵漏配方: 45 m³ 钻井液 +4% 核桃壳(中粗 1.5 t) +4% 核桃壳(细 1.5 t) +4% SQD-98(中粗 1.8 t) + 4% SQD-98(细 1.8 t) +1% 蛭石(0.45 t) +1% 弹性堵漏剂(0.45 t) +3% CXD(1.35 t) +0.5 % 棉籽壳(0.225 t) +0.5% 锯末(0.225 t)。

五开钻井液技术:

五开钻井液基本数据见表 11。

表 11　钻井液配方

配方设计	
基本配方	2.5% ~4.0% 膨润土 +0.1% ~0.2% 烧碱 +0.1% ~0.2% 纯碱 +0.2% ~0.3% 聚丙烯酸钾 +3% ~5% 磺化酚醛树脂(干粉) +3% ~5% 磺化褐煤 +0.5% ~1% 抗高温降滤失剂 +0.5% ~1% 非渗透处理剂 +2% ~3% 超细碳酸钙 +1% ~2% 弱荧光沥青 +5% ~7% KCl
处理添加剂	碱式碳酸锌、油保加重剂、减磨剂等

五开钻井液的置换,由于四开经过长时间高钙盐水侵,活性膨润土已经完全钝化,为保证下开次钻井液性能稳定,进行全井钻井液置换(五开钻井液体系为 KCl⁻聚磺钻井液体系)。

按照室内小型试验结果选择配方,进行全井钻井液置换。钻井液置换步骤如下:置换前做好置换小型试验确定结果,根据确定结果,确定转置配方方案,按膨润土浆:胶液 = 1：2 混合。膨润土浆配方为:8% 膨润土 + 0.5% NaOH + 0.1% Na₂CO₃;胶液配方为:0.4% NaOH +2.5% SMP-2 +2.5% SPNH +0.4% CMC-HV +0.2% PAC-LV。钻井液置换时,根据现场实验情况加入加重剂、处理剂,使之达到设计性能要求。

全井取芯情况见表 12。

表 12　玛北 1 井全井取芯情况

取芯回次	取芯井段 开始井深/m	取芯井段 结束井深/m	层位	进尺/m	芯长/m	取芯率/%	钻头(型号)	岩性
1	4 101.01	4 108.35	01-2y	7.34	7.34	100	DC206	黄灰色泥晶灰岩
2	4 819.02	4 820.68	O1p	1.66	1.35	81.3	DC206	白色细晶白云岩

续表12

取芯回次	取芯井段		层位	进尺/m	芯长/m	取芯率/%	钻头(型号)	岩性
	开始井深/m	结束井深/m						
3	6 002.08	6009.67	∈2s	7.59	7.59	100	DC206	灰色云质灰岩
4	6 180.38	6 180.49	∈1w	0.11	0	0	DC206	无岩芯
5	6 180.49	6 182.28	∈1w	1.79	1.70	95	DC206	深灰色白云岩
6	6 182.28	6 184.41	∈1w	2.13	2.13	100	DC206	深灰色白云岩
7	6 410.85	6 411.50	∈1w	0.65	0.55	84.62	DC206	深灰色流纹岩

按照钻井地质设计要求,共设计取心 8 回次。目的分别为了解储层的岩性、物性和含油气性,烃源岩研究,寒武系和震旦系地层发育特征等。本井实际取心 7 回次(三开 2 回次、四开 4 回次、五开 1 回次),使用钻头类型:PC206(迪普公司产),取心工具:川 8-4 和川 5-4 型。地层:泥晶砂屑灰岩、深灰色白云岩。累计进尺:21.27 m,心长:20.66 m,取心率 97.13%,满足地质设计要求。

四、现场应用效果

现场应用效果如下:

(1)一开采用大尺寸钻头钻进,西北分公司将一开中完井深由 350 m 加深到 1 254.07 m,影响了一开钻井机械钻速。

(2)二开井段试用空气钻井技术,钻进效果良好,机械钻速较设计提高 0.2 m/h,提速率 16.53%。截止到二开结束施工周期 124.9 d(其中空气钻进使用 11.96 d),比设计提前 62.1 d,钻井周期节约率 33.2%,钻井效率明显提高。

(3)三开钻进效果良好,机械钻速较设计提高 0.11 m/h,提高率 8.40%。截止到三开结束施工周期 180.54 d(其中额外工作量 20.52 d),比设计提前 31.46 d,钻井周期节约率 14.84%。

(4)四开统计至井深 6 255.99 m,平均机械钻速 1.37 m/h,比邻井巴探 5 井 0.79 m/h 提高了 0.58 m/h,提高率 42.34%。四开因井漏(13 次)失返承压堵漏用时 49.07 d,处理 2 次井下卡钻事故用时 99.44 d,实际正常钻井时间 56.18 d。特殊情况处理占此阶段钻井总时间的 80%,是影响四开机械钻速的主要因素。

(5)五开采用 149.2 mm 钻头,降低钻井液密度钻进,钻达地质目的。五开钻井达 6 476.89 m 完井。平均机械钻速 0.99 m/h。与邻井巴探 5 井同开次相比机械钻速提高 0.33 m/h。设计与实际钻井技术指标和钻井同期对比分析见表 13 和表 14。

表 13　钻井技术指标对比分析

开钻次序	井段/m	段长/m	设计参数		实际参数		较设计提速率
			机械钻速 m/h	纯钻台时 h/台	机械钻速	纯钻台时	
一开	20~350	330	8	42	2.78	444	-65
二开	350~2 731	2 381	1.21	1 973	1.41	1 061.83	16.53
三开	2 731~5 665	2 934	1.31	2 233	1.42	2114	8.4
四开	5 665~6 506	841	1.5	561	1.25	402.83	-17
五开	6 506~6 930	424	1.0	424	0.99	636	0
合计		6 476.89	1.31	5 255	1.49	4 342.3	13.74

表 14　设计与实际钻井周期对比

设计工况	设计				实际			
	井深/m	工况	天数/d	累计	井深/m	工况	天数/d	累计
一开	20~1 176	钻进	3	3	20~1 254.07	钻进	24.23	24.23
		中完	5	8		中完	14.50	38.73
二开	1 176~2 731	钻进	170	178	1 254.07~2 746	钻进	70.71	109.44
		中完	9	187		中完	15.46	124.90
三开	2 731~5 665	钻进	180	367	2 746~5 753	钻进	143.77	268.67
		中完	32	399		中完	36.77	305.44
四开	5 665~6 506	钻进	88	487	5 753~6 255.99（侧钻至6 160 m）	钻进	270.94	576.38
		中完	60	547		中完	32.92	609.30
五开	6 506~6 930	钻进	50	597	6 160~6 476.89	钻进	26.5	635.80

注:截至 2012 年 10 月 12 日。

五、项目实施中遇到的主要问题

（1）玛北 1 井自四开钻进至 6 180.49 m 发生盐下漏失起,钻进施工中井漏频繁,累计发生漏失多达 20 次,累计漏失高密度钻井液 1 191.13 m^3(密度为 1.85~1.95 g/cm^3)。

井漏原因分析:地层裂缝发育,已钻漏失层位堵漏成功后,随着揭开新的地层,仍然会再次发生漏失,地层压力系统与钻井液密度不匹配。

（2）四开发生 3 次卡钻事故，导致事故的原因，均为发生井漏失返引起井垮和承压堵漏过程中堵漏剂和加重剂混合物在环空相互搭桥，形成大段的桥塞，堵死环形空间，造成钻具卡死。

六、取得的成果及创新点

（一）取得的成果

（1）全井有效地控制地层井斜。采用塔式钻具组合，使用牙轮钻头钻进时在钻具组合中加入双减震击器，优化钻具组合，能有效地缓解跳钻现象，起到保护钻头、钻具的作用。采用钟摆钻具组合，大尺寸钻铤加稳定器，这样形成的钟摆长，减斜效果好。采用 PDC + 螺杆钻进，用高转速、低钻压控制井斜。上部地层阿图什组很容易产生井斜，需加密监测井斜，发现有上涨趋势，采用控时钻进方法进行吊打，能较好控制井斜。西北分公司井斜质量验收良好。

（2）空气钻井提高钻井效率明显。二开上部井段采用了空气钻井技术。空气钻进 1 254.07 m 至 1 296.27 m，机械钻速达 7.03 m/h，是常规钻井技术的 2.8 倍。

（3）钻头优选取得成效。在二开沙井子组 444.50 mm 井眼中，在合理控制钻井参数的前提下，可以使用 PDC 钻进，机械钻速比牙轮钻头有明显的提高；二叠系开派兹雷克组的玄武岩，合理选用牙轮钻头，控制单只钻头纯钻时间，防止牙轮掉齿过多，能取到快速持续钻进的目的。三开井段石炭系使用 DBS 生产的 FX65D、FX65 机械钻速分别为 2.10、2.91 m/h，提速效果明显；泥盆系、志留系优选适合本地层的高抗研磨 PDC 钻头，DBS 生产的高抗研磨 PDC（FMH3843X3）钻头机械钻速达 1.70 m/h；四开寒武系穿过两套盐层（上盐膏层 243 m，下盐膏层 70 m），本井主要采用型号 HJT517G 及 HJT537G 三牙轮钻头穿盐钻进，该两种型号钻头在本井段使用情况良好，机械钻速达 1.37 m/h，较邻井 BT5 井机械钻速 0.79 m/h 提高了 0.58 m/h，提高率 42.34%；五开使用 637 系列牙轮钻头能适用于角闪二长片麻岩（基岩）地层，较好解决岩石可钻性极差、对钻头磨损大问题。各开次钻头选择取得了优化，为今后施工提供了经验。

（4）复合钻井技术应用成效显著。在泥盆系、石炭系、奥陶系地层优选 PDC，采用 PDC 加螺杆复合钻井技术，能较大程度地提高机械钻速。采用 PDC + 螺杆技术钻进，突破外围探井以牙轮钻头为主的传统思路，机械钻速较设计提高 50%，较邻井提高 80%。在奥陶系下部、寒武系的易井斜白云岩段，采用研磨性强的牙轮钻头，合理控制钻压，在较好地控制井斜前提下能增加单只牙轮钻头进尺，提高钻井速。四开寒武系穿过两套盐层，在两套盐层之间还夹有 64 m 灰岩段，机械钻速达 1.37 m/h，较邻井 BT5 井机械钻速 0.79 m/h 提高了 0.58 m/h。今后如果条件允许，可使用井下动力钻具提高钻井速度，降低钻具事故的发生。

(5)钻井液选型和处理满足井眼稳定。一开使用聚合物钻井液;二开钻井液转化为阳离子悬乳液聚合物钻井液;三开将钻井液体系转化为 KCl⁻阳离子悬乳液聚磺钻井液体系;四开井段设计运用欠饱和盐水聚磺体系钻井液,五开井段转化为 KCl⁻聚磺钻井液体系,全井钻井液体系能够满足不同地层稳定井眼的需要。钻井液在防塌能力处理以足量优质防塌剂、降失水、高黏切为首要手段,不单纯盲目提高钻井液密度防掉块,在实钻过程中取得良好效果。

(二)创新点

(1)控制上部地层井斜及频繁跳钻问题,现场通过合理组合钻具结构,加入双向减震器,适当降低转盘转速,跳钻得到很大程度的缓解,钻压得到很大程度的释放,对提高机械钻速明显,有效地保证了井身的质量。

(2)奥陶系主要以灰岩、泥灰岩为主,地层可钻性强,优选适合本地层的 PDC 钻头,DBS 生产的 FX65D 钻头配合螺杆钻具组合机械钻速达 1.95 m/h,提速效果明显。

(3)泥盆系、志留系以研磨性石英砂岩夹棕褐色泥岩为主,研磨性石英砂岩可钻性差,为三开提速难点之一。优选适合本地层的高抗研磨 PDC 钻头,DBS 生产的高抗研磨 PDC(FMH3843X3),钻头机械钻速达 1.70 m/h,提速效果明显。

(4)石炭系以泥岩、泥灰岩、粉砂岩为主,在提速理念上坚持使用 PDC 加螺杆复合钻进,优选适合本地层的 PDC 钻头,其中 DBS 生产的 FX65D、FX65 机械钻速分别为 2.10、2.91 m/h,提速效果显著。

(5)钻井过程中 5 990 ~ 6 007 m 钻遇高压高钙低渗盐水层,钻井液污染严重,运用设计的盐水钻井液体系已经不能够满足钻井安全需要。针对这一技术难点,本井在调研的基础上,大胆提出应用高密度硫酸根饱和盐水钻井液体系来解决高压高钙低渗盐水层这一复杂问题,取得成功。

七、结论与建议

通过玛北 1 井(五开制外围风险探井,钻穿寒武系)技术攻关(先导试验)项目研究,提高了新疆塔里木盆地巴麦地区超深井钻井整体技术水平。玛北 1 井井深钻达 6 476.89 m 提前完钻,完钻层位震旦系苏盖特布拉克组,达到施工设计要求。通过试验和技术攻关,应用钻头、钻井参数优选、防斜打直、气体钻井、井壁稳定及超深井钻井液、防漏堵漏、盐膏层钻井等新技术,进一步提高在该区块的深井钻井工艺技术,为该工区提供一种有效的提速技术方法和手段。玛北 1 井较邻井巴探 5 井(0.82 m/h)提高 81.70%;康 2 井(0.934 m/h)提高了 59.53%;比本井钻井设计(1.31 m/h)提高了 13.74%,较好完成本项目的研究。

（一）结　论

（1）玛北1井钻井施工是塔里木盆地巴麦地区一成功案例，对后续超深井的钻井工程设计和施工都具有指导意义。

（2）二开上部井段采用了空气钻井技术。空气钻进至1 296.27 m，机械钻速达7.03 m/h，是常规钻井技术的2.8倍。为今后该项技术的应用起到了支撑作用。

（3）在泥盆系、石炭系、奥陶系地层优选PDC，采用PDC加螺杆复合钻井技术，能较大程度地提高机械钻速。采用PDC＋螺杆技术钻进，突破外围探井以牙轮钻头为主的传统思路，机械钻速较设计提高50%，较邻井提高80%。

（4）用塔式钻具组合，优选钻进参数，采用小钻压、高转速、大排量打直井眼。塔式钻具钻出的井眼规则，井斜变化率小，对井径易扩大地层特别有效。实践证明塔式钻具组合在奥陶系岩性稳定的深部灰岩层段能够达到防斜打直目的。

（5）钻遇石炭系、泥盆系、志留系、奥陶系和寒武系上统，泥岩及膏泥岩发育，将钻井液体系转化为氯化钾阳离子悬乳液聚磺钻井液体系。钻井液处理以提高抑制性和封堵性为主。在该井段适时加入屏蔽暂堵材料，充分利用非渗透处理剂、超细碳酸钙、单向压力屏蔽剂、乳化石蜡类复合屏蔽暂堵技术，保证了钻井液具有良好的造壁性能。

（6）针对四开施工中灰岩夹白云岩裂缝发育，加之盐层高密度易使沙依里克组漏失问题（本井出现了26次漏失），采用加入随钻堵漏剂静止堵漏和承压堵漏，承压堵漏一般采用纤维状和细颗粒堵漏材料复配。挤压技术可按循序渐进方法进行作业，使堵漏材料逐渐在漏失层堆积，使堵漏作业取得成功。

（二）建　议

（1）巴麦隆起中带寒武系盐下构造区域勘探程度低，未知因素较多，井漏频繁发生，需加强该区域深井段地层压力检测和预测，为钻盐膏、防漏堵漏提供较为准确的钻井液密度，避免发生重大事故。

（2）因巴麦隆起构造与地层的复杂性，如盐膏层、高压盐水层发育等，本井发生井漏事故20余次，防漏堵漏工艺技术需继续加强探索和研究。

本文为2011年中石化集团公司科研先导项目"玛北1井钻井技术先导试验"（项目编号：SG11045）部分内容

华东石油局钻井工程技术发展概论
(1978—2008 年)

(中国石油化工集团公司华东石油工程有限公司六普钻井分公司,江苏 镇江 212003)

华东石油局钻井工程作业队伍自 1958 年成立以来不断壮大。已从昔日的几台小型钻机(千米以内)、300 余人的石油普查勘探队伍,发展成各类资产 1 298 台(套),其中 3 000~7 000 m 大中型石油钻机 21 台套,职工 1 700 余名(其中 400 余名高级、中级技术人员),形成了以石油钻井工程 21 支钻井队、定向井和钻井液技术服务为主,多业并举发展的专业化石油工程技术服务队伍。

钻井工艺技术从成立初期的浅井、中深井普通钻井方式发展到喷射钻井、定向井钻井、丛式井钻井、水平井钻井、深井和套管开窗侧钻工艺等技术,逐步形成和完善了一整套适合江苏地区复杂小断块油田的配套钻井工艺技术(钻井工程设计、钻井液、固井以及各种完井工艺)。为华东石油局油田的持续稳产、增产提供了技术保障。

1950 年来,华东石油局钻井工程作业队伍的足迹遍及国内外 10 多个省份和地区,先后发现了江苏油田、吉林腰英台油气田、全国最大的江苏黄桥二氧化碳气田、江苏淮安、金坛盐矿,参加了大庆、胜利、东海、塔河、延长、冀东等油气田的勘探开发会战。从 20 世纪 90 年代起,先后承担过俄罗斯、哈萨克斯坦、巴巴多斯、泰国、加蓬等国际石油工程钻井施工及技术服务。

第一章　开发钻井

1970—1975 年江苏找油气的二次历史性突破,使华东油气区勘探和开发工作进入了新的快速发展阶段。钻井方式已由直井发展到复杂结构井和超深井等类别,钻井、固井工艺技术的不断提高,极大地满足了油气田开发的需要。华东石油局 1958—2005 年累计实施石油、天然气勘探、开发达 920 余口井,总进尺 208.37 × 10⁴ m,最深钻井井深已达 6 925 m(TP2 井)。其中施工各类定向井已达 432 口,成功率 100%。钻定向井最深为 4 735 m,最大位移为 930 m,最大井斜角为 42°。

第一节 钻井技术的发展

一、初期钻井(1958—1977 年)

1958—1960 年,使用的钻机均为浅型岩心钻机,最多时拥有 20 多台,钻井能力为 150 ~ 1 200 m。其中,可钻千米井深的钻机只有 1 台 3NQ-1200 型和 2 台 B3-1000 型。到 1963 年底,岩芯钻机总计打井 220 口,总进尺 17×10^4 m。浅型岩芯钻机因设备配套简单,只能在盆地边缘和凸起处钻井,探及不到苏北盆地的新生界内部结构,满足不了江苏地区找油的需要,到 20 世纪 60 年代中期陆续淘汰停用。

自 1960 年使用 B-35 型钻机起,中石化华东石油工程公司六普钻井分公司(简称六普)进入了中深钻井阶段。1962 年,苏联 5Д-59 型钻机投入使用,之后又相继投入 ZJ-130、4LD-150、3DH-250 和 F200-2DH 等型号钻机,到 1976 年底,除 B-35、5Д-59 和 1 台 ZJ-130 型钻机停用外,还拥有中深型钻机 9 台。具有了一定规模的钻井生产能力和钻探 5 000 m 深井的条件。钻井装备的增加和性能的提高,给钻井生产的快速发展和钻井科技进步提供了重要的物质技术基础。这一时期,钻井纪录不断刷新,并在油田勘探开发中有较大突破。3005 井队连续创出 B-35 型钻机钻井新纪录;3208 井队使用 5Д-59 型钻机在苏 6 井钻井深度达 3 001 m,首次突破了江苏地区钻井 3 000 m 大关。

1971 年起,不同型号的罗马尼亚制造的深井钻机(3 500 ~ 5 000 m)开始配备使用。对苏北盆地井斜规律有所认识,根据地层特点及井斜规律制定了具体措施和钻具组合,强调了易斜井段和换层时的操作管理,有效地推动了钻井生产的发展。1971 年 3502 井队在苏 27 井使用(4LD-150D)钻机成功地钻成一口 3 536.86 m 的裸眼深井,创当时江苏地区最深井纪录。

1976 年初,为了提高直井钻井效率,普遍推广了千米刮刀钻头,使日进尺一跃到 700 ~ 800 m,5002 井队在苏 82 井创造了日进尺 970.98 m 的纪录。5003 井队在苏 94 井以班进尺 835.24 m,日进尺 1 311.44 m,13 小时 35 分钻达 1 000 m,6 天 20 小时 25 分上 2 000 m 的优异成绩,创造了国家地质总局石油系统 4 项钻井单项指标的历史最高纪录。

1977 年 3 月 3502 井队施工的苏 89 井(表层套管下入直径 339.70 mm ×93.65 m),用 121 d 打成了一口 4 045.03 m 的深井、在江苏地区突破了 4 000 m 的深井关,并创造了江苏地区裸眼井段最长、完钻取心最深的新纪录,为钻井进一步向深部地层发展积累了经验。

钻井技术工作开始从经验钻井向科学钻井转变,快速钻井、新型钻头、低密度聚合物钻井液、快速拆迁安装开始推广应用。

二、喷射钻井(1978—1993年)

1978年起张大钧、王充刚、江天云、袁文清、刘晓钟、陈康生、赵炬肃等参加原地质矿产部石油海洋局组织的华东石油局推广喷射钻井技术项目研究工作。通过17口井现场试验,构成了华东石油局现有的喷射钻井理论和水功率参数设计的基础,使喷射钻井成为科学化钻井时期的主要技术成就之一。通过设备的更新和改造,如配备大机泵组,匹配高效钻头,优化钻井液等技术,强化水功率辅助破岩作用,大力推广喷射钻井技术,使钻井工程有了根本性的变化。2005年江苏工区平均台月效率为3 114.00 m/台月,比"八五"期间平均台月效率1 780.05 m/台月,提高了74.9%;平均机械钻速9.46 m/h,比"八五"期间平均钻速6.35 m/h,提高了48.9%;纯钻时间利用率为45.73%,比"八五"期间纯钻时间利用率38.96%,提高了17.38%。

1979年施工的苏130井,首次使用美国瑞德公司生产的FP-51型"四合一"钻头,采用喷射工艺和优质钻井液,钻进832 h,创造了单只钻头进尺1 834.084 m,用两只同类型钻头,0.64个台月,打成一口井深2 421.67 m的石油普查勘探井的国内新纪录,受到了国家地质总局"达到用该型钻头钻进的世界最好水平"的高度评价。

6003井队施工的苏111井,钻穿了阜宁组易水敏坍塌地层,井深达4 505.66 m。该井采用双级注水泥和"尾管挂"新工艺固井一次成功,并首次在苏北油田获取了三叠系青龙群含油岩芯。

1983—1990年开展二轮油气普查,在东至大丰(N参2井),西至安徽无为(N参4井),南至江阴(N参7井)、句容、江宁(N8井),北至淮安(N参1井)地区钻井20口(多数钻井集中于江苏泰兴与海安地区),最大钻进井深5 644.04 m(N4井),钻及最老地层为震旦系上统。

1987年11月引进定向钻井技术,解决了苏北水网地区上钻条件差的难题,结束了30年来只能钻直井的历史。

从1988年起,相继匹配了大功率机泵组、高效钻头、优质钻井液、泥浆净化系统,从而使喷射钻井技术发生了根本性变化,进一步推动了喷射钻井技术的发展。

1990年开展了石油钻井数据库研制,建成了江苏地区可靠性好、结构合理、功能完善的钻进工程数据库系统。

为解决地表条件复杂下快速搬迁、老油田增产挖潜等油田开发问题。20世纪80年代后,推广应用以喷射钻井为主,水陆快速搬迁和钻机整体搬迁等配套技术。1993年开始研究罗马尼亚系列钻机的整体搬运技术,对设备有关受力部位,特别是底座受力部分的钢材、焊缝和抗剪切能力进行计算并采取增强措施,底座和水泥基础的摩阻系数、地锚设计和土壤抗压强度,有关牵引钢丝绳的抗拉强度和整体设备移动重量,制订整体搬运技术措施。1993 年 2 月 4017 井队在施工 QK-11、QK-14、QK-17 丛式井组中由 QK-11 井向 QK-14 井,QK-14 向 QK-17 井搬运时,放井架后对前后车底座加固整体搬运试验,获得成功。钻机整体搬运技术突破了多年来搬迁时设备需全部解体的落后搬运方式,大幅度地缩短了搬运周期,加快了上钻速度,到 2005 年底实施整体搬迁 72 井次。

三、大斜度和水平井钻井(1994—2005 年)

这一期间高难度、大斜度定向井钻井技术得到了快速发展,开展了复杂结构井和水平井钻井,油田开发钻井技术有了较大提高。1995 年 4017 井队在苏平 1 井成功钻成了江苏地区和地质矿产部第一口水平井;4017 井队和 6003 井队在 1997 年台年进尺均超过 20 000 m,其中 6003 井队年进尺 23 121.72 m,打破了中国新星石油有限责任公司九普大队 2402 井队创造的台年进尺 23 080 m 的最高纪录。各项钻井经济技术指标均有较大提高。

2001 年施工井全面推广使用高效钻头,并根据江苏油区的地层和岩性特点,形成了江苏油区三段制定向井井身结构。直井段采用 HJ437 钻头钻进,定向扭方位井段采用 HAT127 钻头钻进,增斜和稳斜段采用 HT517 钻头钻进,部分特殊地区和地层使用 HJ517 或 HT537 钻头钻进。其中 6019 井队在施工草 17 井中,使用 HJ437 钻头,钻进井段 87.88 ~ 1 919.70 m,进尺 1 831.82 m,平均机械转速 12.62 m/h,创多年来钻头使用最高指标。

2002—2003 年在江苏工区施工了三口长裸眼水平井(台平 110-1 井、台平 1 井、台平 2 井)在大斜度段和水平段要钻遇垮塌严重的阜宁组地层,而且钻井深度超过 3 000 m,水平段长度超过 200 m。其中台平 110-1 井在华东局的钻井历史上还是第一次,最大井斜 78°。

2004 年完成了边城油田近距离、大斜度双靶定向井 6 口(边 5B、边 7、苏泰 288、边 8、边 9、边 10,其中边 10 井两个靶点垂直距离 105 m,两个靶点靶心距 143.54 m,设计井斜 53.81°)为边城油田特殊构造增储上产提供了良好的技术支持。同时完成了第一口防碰绕障井。洲 12B 井设计与 QK11 井 1 380 m 处设计距离只有 5.3 m,应用 MWD 随钻导向、兰德马克软件跟踪监测,在井深 1 290 m 距离 QK11 井 13 m 处绕开。

2004 年试验选择高效 PDC 钻头,边 9 井在 Es-Ed 地层直井段进尺 600.95 m,平均机械钻速 19.88 m/h,与牙轮钻头相比提高效率 161%。叶 3 井 PDC 钻头与牙轮钻头机械钻速同比提高 3.78 倍,机械钻速在 Es 地层创 22.9 m/h 的最好成绩。单只 PDC 钻头 4 次入井,进尺 3 263 m,平均机械钻速 16 m/h。创江苏工区单只钻头成本最低、进尺最多的好成绩。

2005 年在吴堡北汉庄油田采用优快钻井技术,钻井周期明显降低,其中北 1-14

井仅 6.75 d 就完成了全井钻井。苏 290 井、北 1-2 井、北 1-3 井的突破及北汉庄油田的发现,是华东分公司在溱潼探区西部斜坡勘探的重大进展。

优快钻井技术的应用使机械钻速有了较大幅度提高。在碳酸盐岩(二叠系栖霞灰岩 3 339.16 ~ 3 700 m)地层中与 8 口对比井比较,试验井机械钻速提高了 38.5%,台月效率提高 25.9%;在陆相新生代地层中与 27 口对比井比较,3 口试验井机械钻速提高了 25.8%,台月效率提高 19.6%。同时进行了加长喷嘴喷射钻头(XHP2A)新技术的应用,通过试验对比,在相同条件下单只钻头机械效率提高 11% ~ 39%。据江苏工区统计,"八五"期间平均钻井周期 42 天,平均台月效率为 1 780.05 m/台月,机械钻速平均 6.35 m/h;"九五"期间平均钻井周期比"八五"期间平均缩短 7 d,平均台月效率提高 33%;平均机械钻速提高 11.2%。"十五"期间平均台月效率为 2 718.25 m/台月,比"九五"期间提高 13%,平均机械钻速达到 7.92 m/h,比"九五"期间提高 10%。

2005 年江苏工区平均台月效率已达到 3 114 m/台月,平均机械钻速 9.46 m/h。取得了较好的技术指标及显著的经济效益。

第二节 直井钻井

油气田开发钻井是随着油气勘探开发向深部地层扩展和钻井装备能力的增强,由浅井(垂直井深小于 2 000 m)到中深井(垂直井深 2 000 ~ 4 500 m),再到深井(垂直井深 4 500 ~ 6 000 m)和超深井(垂直井深大于 6 000 m)发展的。钻井方式已由直井发展到定向井、套管开窗井、水平井等类别,钻井工艺技术的不断提高,极大满足了油气田开发的需要。

一、浅井钻井

1958—1976 年共施工浅井(1 200 m 以内岩心钻机)126 口,钻探总进尺为 129 326 m,取心进尺 15 249.4 m,取心率 50.27%。其中 1970 年至 1976 年的 7 年间共施工岩心钻井 35 口,累计进尺 29 065 m,设计千米以上的有 25 口。不仅能满足石油普查的需要,而且对盐岩勘探(金 7 井至金 19 井)和天然气(CO_2 和氦气、黄浅 1 井和黄浅 2 井)的勘探开发做出了贡献,早在 1964 年 5 月,1203 井队就在金 7 井发现厚层盐岩,为江苏金坛盐矿和荣炳盐矿的开发提供了先决条件。

二、中深井钻井

从 20 世纪 60 年代中期开始,大量的钻探工作,证实了苏北平原为中、新生界沉积坳陷,并发现了古近系阜宁组的生、储、盖条件良好,初步确定了阜宁组为苏北盆地找油主要目的层系之一。自 1960 年使用 B-35 型钻机起,华东石油开发进入了中深钻井阶段。随着找油主要目的层系的确定,中深开发井的数量逐步增多。

1960—1964 年共施工勘探井 5 口,进尺 8 659.89 m。1962 年 2 月,首次使用

5Д-59 钻机钻成基准井—苏3井,井深2 010.50 m 为当时最深井,该井取芯进尺为 1 178 m。1964 年 4 月,3005 井队使用 B-35 钻机在兴化殷家庄苏 5 井,闯过 2 000 m大关(2 097.50 m)。在三垛组、戴南组钻遇油砂,经连续 5 个月的测试(这 是苏北地区第一口试油井),获得原油 30 kg,实现了苏北首次重要的油气发现,从 而揭示了苏北盆地是一个含油气盆地,同时也进一步明确了利用深井钻机下深凹 找油的主攻方向。

1965—1969 年间,完成钻探进尺 35 330 m,超过 2 000 m 的井 13 口。其中,超 过 2 300 m 的井 1 口,超过 2 500 m 的井 2 口,超过 2 600 m 井 2 口,超过 2 700 m 的 井 1 口,超过 3 000 m 的井 3 口。

1970 年 8 月,3208 井队使用5Д-59 钻机在溱潼凹陷兴化戴南构造苏 20 井(井 深 3 006.29 m),不仅创造了 5Д-59 型钻机最深钻井纪录(也是苏北首次下入油层 套管最深的一口井),并在戴南组二段地层发现并经测试获得最高 14.5 m^3/d 工业 油流,实现了江苏油气普查勘探的第一次突破。

1974 年,4007 井队使用罗马尼亚 F-200 型 4 000 m 钻机在高邮凹陷南部真武 构造带苏 58 井的 1 877 ~2 320.4 m 戴南组二段发现 8 层油层和 6 处含油显示,累 计厚度 52 m。测试获 56.8m^3/d 工业油流。1975 年 1 月在溱潼凹陷储家楼构造苏 59 井戴南组一段试获 168.4 m^3/d 自喷工业油。在金湖凹陷东金 64 井阜 2 段中试 获以甲烷为主,无阻流量为 112 × 10^4 m^3/d 的天然气流,从而实现了苏北油气普查 勘探的第二次突破。

1970—1976 年共钻井 103 口,总进尺 211 976 m,其中深钻井 68 口,进尺数 182 911 m。这 7 年间钻探生产蓬勃发展,深钻完工井数由 1970 年的 6 口/年,增加 到 1976 年的 17 口/年。

1958—2005 年底,江苏油气区施工中深直井 448 口(2 000 m 以深),总进尺超 过 112 × 10^4 m。

三、深井、超深井钻井

江苏地区深井超深井很少,垂深超过 4 500 m 的深井江苏地区只有 N4 井 1 口,其余均在新疆。

1986 年 4 月,由 6003 井队施工的 N-4 井。克服了严重不稳定的水敏性高家 边页岩地层和复杂易塌地层,攻克了地温高、层系多、小井眼长等多重困难,成功地 钻穿了从新生界—古生界 4 个地质时代的 26 套地层,创造了 5 644.04 m 迄今为止 江苏地区最深井纪录和当时小井眼井段长 1 182.04 m 的全国最长纪录。该技术 研究获地质矿产部科技攻关成果三等奖。

在塔克拉玛干沙漠腹地施工井深 6 925 m 超深井——TP2 井时实现了塔河油 田勘探新区深部 6 870 ~6 905 m 巨厚油层的重大突破,二开采用 444.5 mm 的钻头钻进至 3 010.00 m,创同类井身结构同井径钻头钻深最深纪录;该井下入 177.8 mm 尾管 6 835.57 m 创造中国石油化工集团公司新纪录。该井完井井深 6 925 m,选择合理的钻具组合,可以有效地控制井身质量,井深 6 900 m 处最大井斜 0.63°,在 6 878.27~6 893 m,采用川 5-4 工具取心 2 回次(每回次进尺均超过 7 m),取心率均 100%,对取全取准新区域深层油层资料,实现油气重大突破做出了贡献。该井创造了当时中国石化集团公司排名第三超深井纪录。

S94-1 井使用单只单井 PDC 钻头进尺 4 298.89 m 的中国石油化工集团公司钻井纪录。TK807 井,克服了 4 000 m 裸眼带来的井眼稳定问题,仅用 50.25 d 的时间完成了 5 870 m 井深的钻探,在新疆工区创出了最快钻井速度。

截至 2005 年底,六普钻井公司已在塔河油田已施工 5 500 m 以上的深井达 35 口(超过 6 000 m 的超深井 10 口),其中超深水平井 5 口(侧钻水平井 1 口)、超深长裸眼井 7 口,深盐膏层井 5 口,积累了丰富的超深井钻井技术和经验。

第三节 特殊工艺钻井

苏北地区经济发达、人口稠密、地表水网密布。随着石油勘探开发的不断发展,钻井过程中遇到地面条件、地下地质条件限制等许多难题。为解决这些问题,满足石油勘探开发的需要,从 1987 年开始江苏工区按照"地面服从地下,地下照顾地面"的原则,在地面条件受到限制、地下存在多套目的层情况下,油田开发需要利用定向井技术,钻定向井、丛式井、水平井扩大含油气面积,完善开发井网,增储上产,提高采收率。

一、定向井钻井

1987 年 11 月由 4017 井队施工的第一口定向井(草 10 井)开钻,解决了苏北水网地区上钻条件差的难题,结束了 30 年来只能钻直井的历史。同时为今后施工水平井、套管开窗定向井创造了条件,此后把定向钻井技术推向一个新高度。现已形成了包括定向井、水平井、大位移井、丛式井和套管开窗水平井等多种井眼轨道形式的定向井钻井技术。1997 年后江苏工区施工的定向井占全年钻井总数的 90% 以上,在油气田开发中定向井正在发挥越来越大的作用。

1988 年推广了定向钻井工艺技术,从钻井工程设计入手,以地层压力预(检)测理论为基础,采用计算机进行钻井工程施工方案的优选,定向井剖面的设计已由二维发展到三维设计,使得定向工艺技术理论与方法更加完善。根据苏北工区的地质情况,建立了各项操作规程,从开始逐级下技术套管到裸眼定向井,从单一定向井发展到丛式井组和多底井。在定向仪器、工具不断更新、定向技术的不断发展,已经先后钻过大位移井、多目标定向井,为苏北小油田的滚动开发做出了重大贡献。

1998 年起引入的有线导向钻井技术作为一种新兴的钻井手段在钻井工程中应用于普通定向井的定向工作,使钻井效率得到明显的提高,试验井比常规定向平均钻井周期缩短 4.39 d;平均台月效率提高了 19.54%,解决了深井扭方位的技术难题,有效地控制了井内复杂情况的发生,同时也取得了很好的经济效益。

截至 2005 年底,共施工定向井 432 口,成功率 100%。所施工定向井最深为 4 735 m,最大位移为 930 m,最大井斜角为 42°。

二、丛式井钻井

丛式井是几口到几十口井的井口密集于一个井场(钻井平台)的定向井井组。其优点是较之钻直井可以大幅度减少工业占地、钻前搬迁和油气田建设地面工作量,以及有利于采油的集中管理。1992 年 12 月 QK-14 井距 QK-11 井 7.28 m 处施工,开创了在苏北地区施工丛式井的先河。1992—2005 年底,已施工丛式井 36 组,共 94 口,最多的一组为 1997 年 6003 井队在台兴油田一个平台施工 6 口井,包括 1 口垂直井。

三、水平井钻井

进入 20 世纪 90 年代,为提高苏北小油田的采油速度和油藏的最终收获率,加速了小油田的勘探开发,引进了水平井钻井工艺。

1995 年在洲城油田成功地钻成了地质矿产部系统及江苏地区第一口水平开发井(苏平-1 井)。苏平-1 井采用简单长眼井身结构及 MWD 和水力加压工具组成的先进独特的钻井导向系统施工,全井完钻斜深 2 014.86 m,完钻垂深 1 629.51 m,闭合位移 601.56 m,最大井斜角 88.13°,水平段长 215.62 m,穿透油层段长度 212 m,钻井周期 23.98 d,比原计划节约了 38.12 d,平均机械钻速达 9.99 m/h,台月效率达 2 521.73 m,比原设计机械钻速提高了 137%。

通过攻关研究与苏平-1 井的实施,开发了设计、监控、资料汇总分析的计算机软件,研究掌握了井身结构、轨道优化、钻具组合及机械水力参数优化设计、随钻监控及轨迹控制调整、导向系统等水平井特种工具的应用、钻井作业操作要点等水平井钻井工程施工关键性技术,为今后水平井技术推广应用和发展奠定了基础。研究成果达国内领先水平,获地质矿产部 1996 年度科技成果三等奖、江苏省 1997 年度科技进步二等奖。

随着水平井钻井数量的增加,施工经验、工艺水平逐步提高,形成了"长裸眼"井身结构、简化钻具组合等工艺技术,先后完成了一批裸眼水平井。2002—2003 年在江苏工区完成了 3 口长裸眼水平井(台平 110-1 井、台平 1 井、台平 2 井),且钻井深度均超过 3 000 m,水平段长度超过 200 m。为推广应用水平井钻井技术打下了良好的基础。

此外,在东北腰英台油田完成了第一口开发水平井——DB33P1 井,第一口采用欠平衡钻井技术钻进的水平井——YP1 井。在新疆塔河工区完成了 5 口超深水平井施工任务(TK449H 井、TK4-25-1 井、S112-4 井、TK431C 井、TK923H 井)。承担和完成水平井施工 11 口,水平井垂深最深的 TK1102CH 井,井深达 6 001.09 m。

四、套管开窗侧钻定向井

套管开窗侧钻是油田开发到中后期节约开采成本,提高采收率的重要技术手段,它最重要的意义和作用在于:套管开窗侧钻能够使死井复活、完善和保持原有的井网结构;可充分利用老井场的道路和地面设施,节约钻前建设费用;可充分利用老井上部井眼,降低钻井成本;同时,套管开窗不受套管尺寸、壁厚、钢级的限制,可以穿过多层套管。

1996—1998 年间,由华东石油局和中国石油化工股份公司勘探开发研究院德州石油钻井研究所,开展"小尺寸套管开窗侧钻定向井钻井工艺技术研究"。根据苏北复杂小型断状块油藏地质特征及油藏模型研究,应用不同的技术方法组合和模糊判别决策技术,落实了戴南组一段油藏剩余油富集区,确定了金湖腰滩油田苏205B 井的井位和两个目标靶区。1998 年成功钻成了中国新星石油有限责任公司系统及江苏地区第一口小尺寸套管开窗侧钻定向开发井(苏 205B 井),苏 205B 井选择"直—增—稳—降—稳"五段制井身剖面,采用与国内其他油田钻同类井不同的井下钻具组合(带液力推进器)和由有线随钻仪器组成的全井导向钻井技术,实现了裸眼井段长度 728.05 m,创国内当时同类井裸眼井段长度最高纪录。研制的 ϕ118 mm PDC 钻头、ϕ105 mm 可调式井下液力推进器、XGS 型液压尾管悬挂器等小尺寸套管开窗侧钻配套专用工具,成功地应用于苏金 205B 井。其中,尾管悬挂器的应用,获得悬挂、倒扣、固井、碰压、送入工具的提出等连续作业一次性成功,缩短了固井作业时间,提高了固井效率,节约了大量管材及其他固井材料,经济效益十分显著,尤其是悬挂尾管管串长 815.9 m,重量达 13 t,创同尺寸尾管固井全国纪录。

苏 205B 井使一个停产多年的小油田重新投入开发,实现了华东石油局在江苏金湖地区油产量的新突破,该井新发现二层油层,新增储量 196 000 t。该井于 1998 年 12 月 8 日投产,平均日产原油 20.46 t,是原苏金 205 井日产量的 25.6 倍,为邻井苏金 147 井的 17.5 倍,使停产多年的"死井"恢复了产能,其增产效果十分显著,降低了油田开发费用,提高了单井油产量,取得了十分显著的经济和社会效益。

2003 年 4 月,完成了中国新星石油有限责任公司系统及江苏省第一口 ϕ139.7 mm 小尺寸套管开窗侧钻水平井——侧平苏 185 井施工。该井是一口高难度的小尺寸套管开窗薄油层水平井,其窗体厚度只有 3 m,在江苏创出裸眼井段 1 037 m、井底位移 522.17 m、井深 3 088 m 的小眼开窗侧钻井 3 项国内新纪录,并创出一只 PDC 钻头 8 次入井、累计进尺 6 693.67 m、累计使用时间 591.47 d、机械钻速 11.31 m/h

的单只钻头最好纪录。该项研究成果又成功应用于江苏工区台平110-1井、台平1井、台平2井、侧平苏204井。在挖掘油田潜力、降低开采成本方面发挥了重要作用。

自1996年以来,共施工小尺寸套管开窗井55口,包括侧钻水平井6口,侧钻定向井49口,累计完成进尺1.56×10^4 m,中靶率100%。

截至2005年底,已具有定向专用仪器35套,其中5套国产无线随钻测斜仪(MWD),可以同时施工10口定向井。从当初的磁性单、多点照相测斜仪发展到电子单、多点测斜仪(YSS)以及有线随钻测斜仪(YST);开发了定向井现场井眼轨迹控制及预测、数据处理、井眼防碰的计算机程序,运用开发的定向井专业数据库和应用软件进行定向井施工优化设计,丰富和完善了工程设计手段,提高了钻井设计效率。1998年起实施的有线导向钻井技术作为一种新兴的钻井手段在钻井工程中应用于普通定向井的定向工作,使钻井效率得到明显的提高,试验井比常规定向平均钻井周期缩短4.39 d,平均台月效率提高了19.54%;解决了深井扭方位的技术难题;井内事故得到了有效控制,同时也取得了很好的经济效益。

至2005年底,已在国内外市场上承担施工的500多口高难度大位移定向井、水平井、丛式井、超深井和超深水平井、绕障碍井、小尺寸套管开窗侧钻定向井,以及巨厚盐膏层超深井,钻井成功率达到了100%,质量优良率达到70%,科学技术在钻探生产中的贡献率达到了50%以上。

第四节　钻井工程设备

20世纪50、60年代钻井主要设备以岩心钻机为主,钻井深度在1 000 m左右。70年代引进罗马尼亚F系列钻机(3 000~6 000 m),满足了当时江苏油气区勘探和开发的钻井需要。到了80年代后期,钻机的工作状况普遍下降,修理频繁,配件供应紧缺,已不能满足钻井工程发展的需要。特别是进入90年代后,钻井科技发展迅速,对钻机的要求越来越高,F系列钻机已难以胜任现代钻井新工艺和新技术的要求。

从1987年开始对罗马尼亚F系列钻机进行技术改造,2000年石油系统进行新一轮钻机升级改造。经多年努力,钻机的升级改造成功,形成了先进的3 500~7 000 m系列钻机配置,在江苏工区满足中深井的定向井、水平井等特殊井施工的要求;在新疆、吉林和海外市场满足深井、超深井等特殊井施工的要求。

一、设备配置

1958年建队后的两年内,公司拥有的岩芯钻机达22台套,能够承担钻探深度150~1 200 m之间。主要机型有苏联制造的基辅-1200、瑞典制造的B3-1000、国产XB-1000和KAM-500等6种机型。1960年引进1套瑞典制造的B-35型深井钻机;1962 年前后引进了 2 套苏联制造的 5Д–59 型深井钻机;1970 年由石油部调置了 3 套我国制造的 ZJ1–130 型深井钻机。1971 年后调进了罗马尼亚 4LD–150、3DH–250C、2DH–100、F200–2DH、F320–3DH、F100 等型号钻机 11 台套。

二、设备升级改造

随着钻井设备的老化,及时启动了钻机设备的升级改造。

1987—1989 年间,先后完成了 F320 钻机四机联动国产化改造一台、F200 钻机国产化改造一台,改造后的钻机技术状况达到国内同类钻机的甲级水平。在总结经验的基础上,又分别对其余的 F320、F200、3DH–250、F125、F100 钻机逐步实施技术改造,并将原来的 3 + 2、2 + 1 传动方式改造为四机联动、三机联动传动方式,1990—1996 年间,先后完成了 9 台套钻机国产化技术改造任务,其中,F320 钻机 2 台、F200 钻机 4 台、3DH–250 钻机 1 台、F125 钻机 1 台、F100 钻机 1 台,大大提高了钻探设备整体技术性能。

1999 年以来,为适应新疆塔河油田钻井工程及哈萨克斯坦国际石油钻井合作项目的需要,先后完成了 4 套 F320 钻机的升级改造为 ZJ60LC 钻机任务。

ZJ60LC 钻机升级改造完成后,截至 2006 年这套钻机钻井 14 口,总进尺超过 8.5×10^4 m,其中套管开窗大斜度定向井 1 口,超深水平井 2 口。

2000 年以来随着国内、国际钻井市场不断发展和开拓,又完成了 3 套 ZJ70L 钻机、2 套 ZJ70L/ZPD 钻机、1 套 ZJ50L 钻机和 3 套 ZJ40L 钻机的升级改造。其中 ZJ70L(70858HD 井队)钻机已钻井 11 口,总进尺 67 000 m。

在钻机后车底座及传动系统进行改造的同时,新配了钻井液循环系统,更新了空气净化制备系统和井场电路,淘汰了水刹车,更换了 FWDS–40 电磁刹车,对辅助安全设施一并进行了大修配套改造。

通过对钻井设备的升级改造,大大提升了华东石油局钻井装备的钻井能力,有助于新技术的应用和全面提高钻井机械效率。

第五节　钻井工程设计

1958—1983 年,钻井工程设计由钻井工程公司负责,根据地质任务对单井进行设计、审定,最后由公司经理签字批准实施,并上报华东石油地质局备案。钻井施工以单井地质、工程设计为依据,使钻井从生产准备、生产组织、钻井队施工到技术措施有了具体的工程目标和技术要求,单井设计也是工程验收的标准和依据。

1983 年 5 月,地质矿产部石油地质海洋局公布了《石油普查钻井工程质量合格标准(试行)》,规定了设计钻井深度、井斜角和水平位移、全角变化率(即狗腿严重度)、井眼扩大率和岩芯收获率 5 项钻井质量标准。

1991 年地质矿产部石油地质海洋局颁发了钻井工程质量、效率和安全验收标准。该标准规定了井身质量（即钻井深度、全角变化率、水平位移和井径扩大率4项）、钻井液质量、保护油气层、固井质量、取芯质量、录井质量、钻井效率、钻井事故时间、技术进步和安全生产10项标准。1992年3月又将钻井工程设计质量和井控技术安全两项纳入到上述验收标准中。1992年10月地质矿产部石油地质海洋局颁发了《钻井工程（单井）等级标准和优质加价、劣质扣款办法》。

自1985年开始，钻井工程设计继续由钻井工程公司负责编制，华东石油地质局钻井处组织编写单位，有关处室对钻井工程设计进行审定，局总工程师批准实施。

1985—2003年期间，钻井工程设计内容依据《中华人民共和国石油天然气行业标准》中有关规定进行设计，其主要内容与地质矿产部石油地质海洋局颁布的钻井工程设计要求基本一致，所增加的内容主要是：① 钻井工程设计（包括钻井液设计）的依据及邻井实钻资料对比；② 地质设计与钻井工程设计分开单独进行设计；③ 重点突出保护油气层要求；④ 进一步强调安全、健康、环境管理及风险评估；⑤ 验收及上交资料更加齐全。

2004年华东石油局成立工程技术设计研究院，钻井工程设计工作由华东石油局工程技术设计研究院具体承担，六普钻井公司、录井工程公司、固井工程公司、华东石油局有关处室参加华东石油局（分公司）组织的钻井工程设计书会审。

为适应钻井工程设计的新要求，华东石油局工程技术设计研究院对钻井工程设计进行了较大改进，一方面在篇幅上增加了油气层保护、固井设计、安全、健康、环境管理等内容，使钻井工程设计内容更全面；另一方面，钻井工程设计水平有了进一步提高。

第二章　取心与射孔

1958—1969年，华东石油局主要承担小孔径钻机岩心取芯工作，只有少量石油地质取心任务。工具多数采用当时引进的苏联产品，平均取心采取率均较低。

通过新技术的应用和不断创新，已发展到运用和研制多种类型的单筒、长筒取心工具、DS7型取心工具、刮心、橡皮筒金刚石钻头取心等工具。1973年开始试制生产了川8-3、川6-3和川5-4取心工具，满足了钻井取心的需要。1987年自行设计的液压式扩孔取样器在N-11井碳酸盐地层获得成功，解决了无法进行电缆井壁取心的难题。进入20世纪90年代后，配备金刚石或PDC取心钻头，在定向井的取心工艺技术中，解决了井斜等因素对取心收获率造成的影响，从而确保了取心收获率平均在96%以上水平。进入21世纪后，根据东北腰英台油田开发需要，开展了油层密闭取心研究试验工作，为获得准确的地质资料，优化产能开发发挥了积极的作用，密闭取心研究工作取得了令人满意的效果。

开发初期射孔完井作业主要采用电缆输送射孔技术。20 世纪 90 年代开始引进了油管输送射孔工艺,应用于大斜度井、水平井射孔完井作业。1997 年,开展了"超压酸 TCP 射孔工艺技术"研究,该技术以酸液为施压介质,将射孔与小型的压裂酸化集于一体,这在国内超高压射孔技术应用中为首次,相比邻井层油气产能增产达 60% 以上,促进了完井技术的发展。

第一节 常规取心

1958 年取心工作受苏北疏松破碎地层因素的影响,加上一直采用传统的岩心钻探的地质质量标准,故岩心采取率一直较低,不能满足地质要求。1962—1971 年深井取心率一直徘徊在 50%~60%。1971 年之后取心工具的内部构件做了一些改进,并采用投棒代替投球,以及采用压断剪销的办法来提高采取效率,同时又注重了操作人员的取芯技术培训,逐步将取心率提高到 80% 以上,如 1975 年苏 63 井,取心进尺 57.93 m,取心率达 89.38%。

1973 年试制生产了川 8-3 和川 6-3 取心工具,很大程度上满足了钻井生产需要。20 世纪 80 年代中期,华东石油局与地质矿产部德州钻井研究所合作,共同研究开发了 DS7 型取心工具,解决了软地层钻井取心率低的技术难题。

江苏工区在 1990 年以后,通过应用川 8-3 和川 6-3 取心工具,配备金刚石或 PDC 取心钻头,在定向井的取芯工艺技术中,解决了井斜等因素对取芯采取率造成的影响,2000—2005 年,钻井取心 609.56 m,岩心长 588.35 m,平均岩心收获率达到 96.52%,跃入全国先进行列。这项技术还推广到新疆塔河、东北腰英台以及哈萨克斯坦国、加蓬国等油田。2003 年以来,华东石油钻井工程作业队平均取心采取率达 96% 以上,为油田开发做出了贡献。

第二节 特殊取心

一、井壁取心

1964 年配置了 5 发式井壁取芯器,它以人工丈量电缆深度方式进行井壁取芯。1964 年 8 月 3 日,在苏 5 井开展第一次井壁取芯。1970 年 7 月 6 日,苏 20 井地质录井仅有微弱油气显示,根据测井技术人员的建议,进行井壁取芯,获取岩芯 17 颗,化验分析结果含油面积达 80%~100%,孔渗良好,为江苏地区首次突破工业油流关的苏 20 井的油气勘探评价和决策发挥了积极作用。1969 年 9 月,徐忠等人研发组装成功 36 发式井壁取芯器。1972 年,配置了 SQ-691 型跟踪射孔仪,用跟踪方式进行井壁取芯,显著地提高了"相对深度"的准确性和工作效率。1974 年又自主加工 2 支 36 发式井壁取芯器。20 世纪 70 年代后以钻井取芯为主,井壁取芯工作量相对减少。

1987 年施工的 N-11 井,针对钻进过程中发生井漏,循环液只进不出,无法取得岩心、岩屑的特殊情况,邓福林、刘嘉铭等人研制了液压式井壁取样器(井壁取心工具),它是采用"小打大扩"工艺中的液压式扩孔钻头,配套制作了捞筒,开泵使扩孔钻头张开,进行旋转扩孔时岩心落入到捞筒取样器内,用这种方式取得岩心。它为特定条件下获取岩样开拓了一条新路,取上来的岩样,清晰真实,为建立完整的地质剖面提供了第一手资料。此项目获得地质矿产部 1987 年科技成果三等奖。

二、盐膏层取心

进入 20 世纪 80 年代后,先后在江苏淮安、金坛、丹徒、湖北沙市进行盐膏岩层段取心施工,盐膏岩地层取心率平均在 95% 以上。

东淮 2 井从 1 225.64 m 开始取心(K_2P 盐层段),取心 7 回次,进尺 117.19 m。该井采用川 8-3 长筒取心工具及 PDC 取心钻头,单筒岩心长度最高达 19.10 m,平均单筒取心长度为 18.05 m,盐层平均取心率为 98.56%。

茅 1 井在 658～1 062 m 盐膏层井段,采用 215.9 mm 西瓜皮钻头取心工具,取心 31 次(铁铬盐饱和盐水钻井液),取心进尺 192.17 m,平均取心率达到 97.13%(30 回次达到 100%);茅 2 井分别采用川 8-3 长筒取心工具在井深 856～874 m、979～1 041.78 m 处(盐膏层)取心进尺 80.78 m(5 筒),平均取心率 90%(平均单筒进尺 16.16 m,其中 4 次取心为 100%)。

三、油层密闭取心

华东分公司在东北腰英台油田进行了第一口密闭取心井施工(DB25-3-1井),取心目的层段为 K_2qn^1 Ⅱ砂层组、K_2qn^2 Ⅳ砂层组和 K_2qn^2 Ⅲ砂层组。取心目的:① 落实含油饱和度;② 研究特低渗砂岩储层四性关系;③ 研究微观孔隙结构特征;④ 分析天然裂缝发育状况。全井共取心 9 筒,总进尺 64.20 m,心长 60.90 m,收获率 94.9%,平均密闭率 97.5%。完成了 14 项现场取心工作。检测滤液浸入岩心量的样品数量为 257 个,其中岩样 237 块,钻井液样品 20 个。密闭的岩心块数为 231 块,密闭率为 97.5%;其中微浸 4 块,占 1.7%;全浸 1 块,占 0.4%;强浸 1 块,占 0.4%;密闭率达到了不小于 90% 的设计要求。

第三节 射 孔

一、电缆输送射孔

电缆输送射孔工艺,依靠射孔器自身重量下至预定位置,由于其施工简便、作业时效高,所以至今仍在使用,所使用的射孔器材历经多次发展变化。

1964 年配置了 57-103 型射孔枪,在苏 5 井首次开始电缆射孔。57-103 型射孔枪可以重复使用,但密封性差,装枪烦琐,射孔弹装药量 25 克,穿地层只有45 mm。

20 世纪 70 年代初开始使用无枪身射孔弹进行射孔,施工中将弹体固定在钢筋制成的弹架上,枪身的长度可以根据一次下井要射开的地层厚度确定,最长可达 8 m,同时添置 1 台套 SQ-691 型跟踪射孔仪,结束了以人工丈量电缆深度进行射孔的方式。20 世纪 80 年代开始使用 73 枪和 89 枪。73 枪射孔弹的穿地层的深度能达 115 mm,89 枪穿透能力达 130 mm。20 世纪 90 年代开始使用 102 枪和 127 枪。102 弹的穿透能力达 160 mm,127 弹的穿透能力达 176 mm。

至 2005 年,常规电缆射孔主要应用 89、102、127 型射孔器材,累计完成常规电缆输送射孔 3 200 井次,射开厚度 10 275 mm。

二、油管传输射孔

20 世纪 90 年代,随着定向井、套管开窗侧钻井、水平井的增多,促进了油管输送射孔工艺技术的应用和发展。

1990 年 12 月从大港油田引进油管传输射孔(TCP)技术,在应用中不断对点火起爆方式进行改进,1991 年,使用"万向节滚轮式投棒",解决定向井井管串内壁摩擦阻力对金属投棒自由落体速度的影响。1991 年,使用开窗式节约型防砂撞击点火装置。1993 年,使用新型环压式 TCP 点火装置,该点火装置在下井过程中直到封隔器座封开井前,点火撞针系统均处于压力平衡状态,施工安全。1994 年开发了一套中、长半径的水平井 TCP 射孔及联作工艺技术。1995 年 4 月,在苏平-1 井进行现场应用,取得了油管传输射孔 + 地层测试 + 井底压力地面直读三联作测试的一次成功。油管传输射孔实现了 223.8 m 大跨度射孔一次成功,射孔发射成功率 99%。该水平井采油指数为直井的 3 倍。并将该工艺推广应用到开窗侧钻井、侧钻水平井。至 2005 年完成水平井射孔 21 口井。

1997 年,开展了"超压酸 TCP 射孔工艺技术"研究,1998 年 8 月苏 243 井成功地应用了该项技术。在地质条件相同的情况下,相比邻井层油气产能增产达 60% 以上。1998 年,中国石油天然气总公司信息研究所查新(编号 980121)认为:"该技术以酸液为施压介质,将射孔与小型的压裂酸化集于一体,这在国内超高压射孔技术应用中为首次。"1999 年 3 月,中国新星石油有限责任公司组织鉴定认为:该成果达到了国内领先水平。

2002 年,开展了小井眼水平井油管传输射孔技术的研究,2003 年 5 月 14 日在苏北小油田侧平苏 185 井成功地进行了应用。

至 2005 年,油管传输射孔(TCP)技术,通过技术革新、工具研发,拓展了该技术,形成了水平井定向射孔工艺技术、超压酸 TCP 射孔工艺技术及小井眼水平井油管传输射孔技术,先后进行油气井射孔作业数百井次,施工成功率 98% 以上。

第三章 固 井

华东石油局固井作业队伍组建于 1969 年底,1970 年 7 月参加了华东油气田第一口突破井苏 20 井的油层固井,获得成功;1974—1975 年,成功地完成了苏 58 井、苏 59 井等一批重要油气发现井的固井任务,为实现华东油气田第二次油气开发取得突破立下了功勋。华东石油局固井作业主要设备发展分为 4 个阶段:1969—1985 年以 SNC-300 型黄河车为主,固井施工采用人工下灰;1986—1992 年以 AC-400B 型 T148 固井车为主,从 1989 年—1990 年,随着气动下灰车引进,固井作业进入了自动下灰时代;1993—2000 年,以 SNC35-16 Ⅱ 型大功率固井车为主,辅助 SNC35-15 Ⅱ 型固井车,并在 1998 年 10 月份,自行设计、自行建造了干混散灰库。这期间建立并逐步完善了散装水泥混配库和水泥浆试验室,以及水泥浆试验仪器。

2004 年专业化重组后,固井装备更新得到了快速发展。配置了自动密度控制的双机双泵固井车、单机单泵固井车及撬装水泥车等国内领先的固井装备系列,实现了混浆自动化,具有密度、压力、排量等参数自动采集功能,水泥浆体系调控更加适应固井工程设计的要求。目前拥有 GJC100-30 Ⅱ 型双机双泵固井水泥车 3 辆、GJC45-21 Ⅱ 型固井水泥车 5 辆、GJC40-17 Ⅱ 型固井水泥车 4 辆、35-16 固井水泥车 2 辆、PCS-611B 型自动混浆撬 3 套、固井灰罐车 19 辆。江苏、新疆、东北等工区先后建立了散装水泥混配库和水泥浆试验室。固井技术从 20 世纪 60 年代的小排量注水泥固井完井方式,发展到 80 年代后的大排量水泥车注水泥的固井完井方式。随着新型固井完井工具及各种添加剂的研制成功、水泥浆实验仪器的配套完善,促进了固井完井工具及各种水泥浆体系等工艺措施的配套完善,逐步形成不同类别井固井完井技术系列。固井作业能力也由组建初期的承担表层固井,发展到一般浅层油井固井,再到目前能够承担各种类型的深井、复杂结构井油井固井。

第一节 常规井、调整井固井

一、常规井固井

20 世纪 70 年代,华东油气田多为常规中深井,其固井用水泥量是根据测井提供的平均井径,按不同区块、不同井眼尺寸、水泥塞高度、封固段长度进行计算,并增加 10% ~30% 的附加量,现场施工采用人工配浆的方法。由于钻井液对井壁的控制能力较差,井眼不规则、井径扩大率超标问题较为突出,加之固井的封固段较长、设备功率不足、顶替效率低、水泥浆技术参数差,导致固井后串槽,水泥环有效胶结强度弱。20 世纪 80 年代以来,随着钻井工艺水平的提高,钻井液质量和性能得到改善,井壁稳定的控制能力得到明显提高,完井井径扩大率得到有效控制。同时,随着固井装备和技术的发展,提高了替浆排量,引进了分级注水泥、尾管固井等完井工艺技术,特别是 1988 年,组建了标准化的水泥浆实验室,低密度水泥浆、微珠水泥浆、膨胀水泥浆体系和新型水泥浆外加剂应用技术逐年提高,满足了常规井完井要求,固井质量得到了较大提高。

二、调整井固井

华东油气田的油藏开发地质条件非常复杂,老油田调整开发井地层压力偏低,在钻井过程中时有漏失现象发生;有些井因开发需要,要求水泥封固段较长。这些井在用常规的方法固井时,往往导致水泥浆漏失,水泥低返。为防止调整井完井过程中水窜及保护油气层的要求,采用在水泥浆体系组合上加大领浆比例,优化尾浆参数,并对低水高发育地层固井引用纤维水泥固井工艺,采用低密度水泥浆、微珠水泥浆、早强膨胀水泥浆等完井方式,固井质量一次合格率98%以上,优良率85%以上。从1993年起开展了低密度水泥浆固井工艺技术研究。通过大量的室内试验,构成微硅漂珠低密度水泥浆体系:① 微硅加量40%左右的水泥浆水化反应最充分,强度最大。漂珠随着强度需求的不同,它与微硅相互混配,掺量最大可达100%;② 选择合适的水灰比,提高液相黏度,减少减轻材料与水泥的密度差、改善减轻材料与水泥的颗粒级配保证了低密度水泥浆体系的稳定性。低密度水泥浆、微珠水泥浆、膨胀水泥浆体系在调整井完井应用中发挥了重要作用。

第二节 深井、超深井、高压油气井固井

一、深井固井

1983年,随着第二轮油气普查工作的展开,井越打越深,井下情况越来越复杂,下井的大直径套管、技术套管以及油层套管越来越长。为了适应这一新的情况,固井施工广泛吸收采用了新的设计工艺和固井技术,先后成功应用了双级注水泥技术,API标准套管柱设计,美国贝克莱固A型悬挂器尾管固井工艺,大直径内插管注水泥工艺,岩芯钻探甩飞管工艺等一系列新的固井技术。针对大直径套管固井掺混严重和替浆时间过长的问题,应用内插管注水泥工艺,解决了大直径套管注水泥难题;针对深井长裸眼固井套管封固段长要求,采用双级和多级固井技术,解决了长封固段井封固难题;应用飞管固井工艺和尾管悬挂器固井工艺等一系列新的固井技术,完成了特殊技术套管和超深井尾管的固井。固井质量一次合格率在90%以上。1986年5月在江苏工区N4井应用双级注水泥工艺技术和尾管挂技术,出色完成江苏第一口超深井(井深5 644.04 m)固井作业。

二、超深井、高压油气井固井

超深井、高压油气井在新疆塔河油田所占比例较大。超深井、高压油气井在完井后,由于水泥浆在水化、凝固过程中的"失重"现象,使环空压力不能平衡地层压力而发生环空气窜,严重影响完井质量。2003年以来,通过对气窜机理的研究,制定了高压油气井完井防气窜的技术措施,采用旋转尾管固井工艺、防气窜膨胀水泥浆、加重水泥浆等完井工艺技术,使高压油气井完井质量不断提高。至2005年底,两凝、多凝晶格膨胀剂水泥浆体系在塔河油田110多口高压井中得到应用,固井质

量一次合格率100%,优质率60%以上。

1988年,进入胜利、冀东油田开展固井技术服务,在固井实践中掌握了难度较高的高压油气井固井技术,并多次采用了"两凝法"固井技术,解决高压油气井气窜难题。目前膨胀水泥固井技术在超深井、高压油气井完井中得到应用,防窜效果明显,可满足塔河油田超深井、高压油气层的完井要求。

三、含盐岩层深井固井

进入21世纪,针对新疆塔河油田盐膏层下开发井和简化井身结构长裸眼井的特点,广泛采用双级固井工艺,并根据不同区块的特点,选择应用低密度水泥浆体系,解决了含盐岩层深井固井井漏的问题;通过强化井眼准备、优选固井工具、前置液和膨胀水泥浆体系,逐步提高了塔河油田超深井尾管固井的施工质量。

针对塔河油田含盐岩层深井固井施工特点,采用直径75 mm无接箍套管和丢手工具、抗盐水泥浆体系,成功实施了T914井为代表的一批盐岩层井的固井施工,巨厚盐岩层超深井固井质量一次合格率100%,优良率达60%以上。

第三节 特殊结构井固井

20世纪90年代初,新型化学冲洗型前置液和膨胀水泥固井工艺成果自1996年起在华东油气区全面推广应用以来,取得了显著的效果,较大幅度地提高了定向井的固井质量,固井总体合格率达95%以上,优质率达85%以上,取得了显著的经济和社会效益,为采油作业及油田增产稳定创造了良好条件。

一、水平井固井

随着水平井、大位移井钻井的应用,重点引进水平井套管设计软件,使用双弓形套管扶正器、刚性扶正器和漂浮接箍,开展优选水泥浆体系和性能、紊流与塞流复合顶替等系列工艺技术攻关。经过十几年探索发展,已形成完善配套的水平井及大位移井完井工艺技术,水平井及大位移井的固井完井质量不断提高。

1995年1月,采用复合型水泥浆完井技术,成功实施原地质矿产部及江苏第一口中曲率半径水平井——苏平1井的固井完井,固井质量优秀。2005年以来,以新疆塔河油田TK923H为代表的10多口超深水平井,平均水平段长在300 m左右,应用晶格膨胀剂水泥浆体系及刚性树脂、全钢弓形、双弓形扶正器尾管完井技术,固井质量合格率100%,优良率达70%以上。

二、套管开窗侧钻定向井固井

1998年开展了套管开窗侧钻井固井技术研究,针对套管和井壁间的环空间隙小,固井质量难以保证,通过技术攻关,应用小井眼的套管附件、悬挂器和分级箍等,并优选出套管开窗侧钻井的水泥浆体系,形成了早强膨胀两凝水泥浆体系,满足了油井防水窜要求;而微珠水泥、低密度水泥浆的复合应用,提高了低压易漏地层及长封固段的固井质量;MTC等固井技术的应用使套管开窗侧钻井技术得以快速发展。

1998年4月采用MTC水泥浆工艺完成江苏地区第一口小井眼开窗侧钻井苏205B井固井,第一界面优质率达100%,第二界面合格率达100%,优质率达83%。首次采用139.7 mm×101.6 mm液压尾管悬挂器尾管固井、MTC固井技术,有效实施油气层的保护,固井质量良好。创国内同类井封固小井眼裸眼段最长纪录(723.3 m)、尾管最长纪录(815 m),为提高江苏小尺寸套管开窗侧钻井的固井质量提供了新的途径。

2003年4月,在套管开窗侧钻井尾管固井技术成功的基础上,应用FSAM非渗透水泥浆体系和全钢双弓扶正器、液压尾管悬挂器完井技术,对苏北油田小井眼开窗侧钻水平井侧平苏–185井进行固井施工作业,固井质量优质,该井平均单井日产量提高2倍多。

第四章 钻井液和完井液

20世纪50年代至70年代,在钻井过程中一直采用过平衡钻进,伤害了一些油气层。80年代后启动了油气层保护技术的探索和研究工作,并开展了"平衡钻井和井控技术"、"优质聚合物防塌钻井液(完井液)"、"钻井液转化为水泥浆等技术"等课题研究,经"八五"和"九五"重点科技攻关,该技术领域已取得了丰富的成果。大量实践证明,正压近平衡钻井既有利于发现保护油气层,又可预防井喷等事故发生,对多种类型的油气藏具有普适性。

保护油气层是在钻井生产和油气井建井过程中,防止或减少造成储层渗透率下降,阻碍油气从井眼周围储层流入井中等对油气储层伤害的技术。保护油气层直接影响到油气田的产能,所以对油气田开发十分重要。

第一节 不同井型、地层的钻井液、完井液

针对华东油气区复杂地质条件,开展钻井液、完井液技术的研究和试验,形成了针对不同井型、不同地层的钻井液、完井液体系,逐步满足了油气勘探开发的需要。

一、直井钻井液、完井液

(一)中浅井

1959年,开展了无套管钻井技术的试点推广工作。在1202机台进行钻井液配制使用技术的现场试验。采用纯碱、烧碱和碱性纸浆废液处理钻井液,使该井顺利安全施工达到设计井深1 000 m(裸眼)。但由于处理剂品种单一,方法简单,使用效果受到一定限制。

泥岩水化膨胀分散实验表明,金湖、溱潼地区易坍塌泥岩地层较易水化分散,存在一定的膨胀性。其中,中浅井段(2 500 m 内)三垛组、戴南组二段泥岩几乎全分散。三垛组、戴南组的泥页岩地层遇水后极易分散、膨胀、造浆性极强,因此,造成地层泥页岩缩径、阻卡、泥包钻头、倒划眼等复杂情况,其核心问题是要抑制泥岩的水化、膨胀、分散。

1962 年开始逐步重视和加强了钻井液工作,逐步认识了钻井液技术在苏北地区钻井的重要性,学习、应用和推广了深钻钻井液技术,初步建立了公司、井队、班组的钻井液技术管理模式,从根本上解决了以往清水钻井,井壁稳定和井眼事故多发的问题。1965 年初次使用栲胶、单宁酸钠细分散钻井液,钻井液使用开始走向正规。1962 年,3206 井队使用苏联 5д-59 型钻机,打成一口 2 010.50 m 的全取心优质井。1965 ~ 1968 年,用 B-35、5д-59 型钻机,采用钙处理钻井液在高邮凹陷钻探井和普查井多口,其中苏 7、苏 8 井分别发现含油砂岩和含油显示;苏 11 井发现了二层油气层段。这一系列油气新发现,为实现江苏油气的突破,提供了地质条件。

中浅井钻井液技术随着地质区域的扩大和设计井深的增加,工艺技术也有了很大进步。强调了基浆结构及基浆质量,提出了“四低一薄”的优质性能要求。钻井液技术已从细分散类型过渡到粗分散钙处理、铁铬盐抗钙钻井液类型。1975 年9 月,江天云、柴彭城、赵炬肃等人研发的 PAN-PAM 低密度聚合物钻井液在苏 65井首次试验成功,并顺利下入油层套管。自此,改变了以往细分散高固相重钻井液的一统天下的局面,为喷射钻井、优化钻井技术应用提供了技术条件。随后研发了钾基聚合物防塌钻井液等钻井液体系在江苏油气开发中得到了普遍应用,逐步淘汰了分散体系钻井液,在提高钻井速度、保护井壁稳定方面取得良好效果。

(二) 中深井

20 世纪 80 年代前,三垛组 2 000 m 以下地层,特别是阜宁组地层,钻井中经常发生因井塌掉块造成的阻卡、坍塌、测井困难、井径扩大、固井质量不好等复杂情况。中深井钻井液主要使用分散型的钙处理、铁铬盐抗钙钻井液类型,性能不稳定,密度高、摩阻大,影响钻井效率和井眼稳定。

进入 20 世纪 80 年代后,针对深井段上部易缩径、下部易塌的情况,先后研制和应用的新型钻井液有铁铬盐-STOP 盐水防塌钻井液、阳离子乳化沥青防塌钻井液、PAN-PAM-CPA 聚合物钻井液、羧甲基淀粉饱和盐水钻井液、甲基硅聚合物钻井液、含钾抑制性钻井液等体系。根据不同井身结构和地层,成功地运用于中深井(3 500 m)各种不同类型的复杂地层和井段,为安全、快速、优质钻井提供了保障。1971 年 9 月,3502 井队使用罗马尼亚 4LD-150D 钻机施工苏 27 井,顺利打成了一口 3 536.86 m 的井,突破了江苏钻井史上无 3 500 m 井关。

在此阶段,先后研制和应用的新型钻井液有铁铬盐－STOP 盐水防塌钻井液、阳离子乳化沥青防塌钻井液、PAN－PAM－CPA 聚合物钻井液、羧甲基淀粉饱和盐水钻井液、甲基硅聚合物钻井液、含钾抑制性钻井液等体系。

20 世纪 80 年代中期,通过对江苏地区 16 种常见易塌页岩,取得 533 个岩样点进行 CST、SSI、X－射线衍射等一系列测试方法的实验及资料对比分散基础研究,了解江苏地区的页岩黏土矿物组分,从理论上剖析本地区页岩失稳机理,以此为依据,以防塌理论为指导,针对各类不同页岩的地层特点,优选适合的钻井液类型和处理剂。

结合喷射钻井理论,在 17 口井中以流变学为基础的聚合物钻井液试验,根据地层压力和携带岩屑的要求来确定钻井液密度和流变参数试验,取得了较好的钻井速度及经济效益。并解决了调整流变参数(n、k 值)的方法,找到了符合江苏地区实际使用钻井液的流变模式。逐步将单一的 PAM 钻井液发展成为复合离子型聚合物钻井类型。钻井液密度的有效控制和降低,对发现和解放油气层起到了积极作用。

围绕提高钻井液质量、稳定井壁、提高钻速、保护油气层的主题,通过技术攻关和研究,先后研制成功 NPA 聚合物防塌钻井液、小阳离子聚合物钾钙防塌钻井液、复合离子型聚合物防塌钻井液、欠饱和聚磺盐水钻井液、MSF 金属正电胶钻井液、环保型成膜水基钻井液等体系钻井液,进一步完善了聚合物钻井液体系。钻井完井液体系利用屏蔽暂堵技术,加入 3% 超细 $CaCO_3$ 粉(QS－2)作为架桥粒子,实际钻井完井液体系配方为:密度 1.037 g/cm^3 膨润土基浆 ＋0.15% PMHA－II ＋0.2% PAC－141 ＋1% OSAM－K ＋1% 铵盐 ＋2% DYFT－1 ＋3% QS－2。

20 世纪 90 年代开始,新型高架泥浆循环系统和三级固控设备在华东油气开发区域普遍使用,对提高钻井液质量、防止深井防黏防卡起到了积极作用。

华东油气开发区域钻井以中深井(2 500～3 500 m)为主,"八五"以来钻井液体系得到完善,井壁稳定,井下事故大幅度降低(2004—2005 年两年平均井下事故时间仅占钻井总台时的 0.89%),2005 年工区钻井平均台月效率已达到 3 114 m/台月,平均机械钻速 9.46 m/h。新型钻井液的应用对于保障钻井安全,提高钻井效率,促进钻井技术的发展,降低成本,起到了积极作用。

(三)深井超深井(含盐膏地层)

华东油气开发区域超过 4 500 m 深井较少,主要是由油气形成环境条件决定的。超深井钻遇地层新生代、中生代、上古生代和下古生代 4 个地质时代的数十套地层,其地层的特点是"硬、漏、垮、涌",给钻井施工带来一系列技术难题。

1977 年初苏 89 井(井深 4 045.02 m)应用铁铬盐等抗高温处理剂,解决了深井防塌和防止钻井液高温稠化问题;6003 井队在 1979 年施工的苏 111 井,采用喷射钻井工艺技术,应用 FCLS-PAM 混油钻井液,钻穿了巨厚的水敏易塌的阜宁组地层,钻达井深 4 505.66 m,第一次获取了青龙群含油岩心。并首次采用双级注水泥新工艺,成功地以"尾管挂"新技术固井一次成功。

1984 年施工的 N-4 井是华东地区二轮油气普查阶段的一口具有战略意义的综合性普查井。1986 年 4 月钻达井深 5 644.04 m 完钻;该井共穿越了"新生代、中生代、上古生代和下古生代"4 个地质时代的 26 套地层,克服了严重不稳定的水敏性志留系高家边页岩地层和复杂的易塌地层;克服了地温高、层系多、小井眼裸眼段长等多种难题,为 N-4 井的成功钻成,为江苏地区钻井深度上台阶奠定了基础。

全井使用了 3 套钻井液类型,按其使用先后顺序分别为:

铁铬盐-石膏钻井液(二开:2 553.34 m),

铁铬盐-妥尔油盐水钻井液(2 553.34~4 462 m),

PAN-PAM-STOP 聚合物钻井液(4 462~5 644.04 m)。

3 套钻井液体系满足了各井段地层井壁稳定的需要,较顺利地完成了当时江苏地区最深的超深井施工。

截至 2005 年底,华东石油局钻井工程作业队伍在塔河油田已施工 5 500 m 以上的深井 35 口(超过 6 000 m 的超深井 10 口),其中超深水平井 5 口(侧钻水平井 1 口)、超深长裸眼井 7 口,深盐膏层井 5 口。2004 年在新疆塔里木盆地承担了一口重点预探深井(TP2 井)施工,完钻井深 6 925 m。本井在第四系-二叠系地层,采用钾聚/聚磺钻井液,石炭系-志留系地层采用聚磺聚合醇钻井液,奥陶系地层采用聚磺钻井液。该套钻井液体系在高温高压条件下性能稳定,满足了超深井施工中的井壁稳定、润滑防卡、岩屑携带的需要,并在各油田获得了很高的声誉。

二、复杂结构井钻井液、完井液

(一)定向井

华东油气开发区域定向井钻遇地层主要是新生代,钻遇东台组、盐城组、三垛组、戴南组、阜宁组、泰州组地层。盐城组地层以砂岩为主,钻速快、渗透性好,要防止砂岩缩径和渗透性漏失;三垛组地层以泥岩为主,易造浆、吸水膨胀缩径,应采取提高钻井液的抑制能力和包被能力;戴南组、阜宁组,泥岩易吸水膨胀而产生剥落掉块、垮塌,必须提高钻井液的抑制防塌能力。井身结构除表层以外,均为直径 215.9 mm 完井。钻井液技术着重解决三垛组以上地层缩径、水化膨胀,阜宁组地层的水敏垮塌和降低摩擦阻力,井眼润滑。

"十五"以来,以国内外最新井壁稳定理论为指导,采用钻井液化学和力学相结合的井壁稳定研究新方法,针对苏北新生代泥页岩地层严重的井眼不稳定具体情况,开展了井壁稳定技术研究。收集了江苏溱潼、金湖、海安工区典型易塌层位岩样(17 口井岩屑样及 12 口井岩芯样)。针对易塌地层泥页岩进行黏土矿物组分分析、扫描电镜分析、吸附膨胀和分散实验、比表面积及比亲水量等实验。并利用石油大学井壁稳定性模拟装置（SHM 仪）开展泥页岩井壁失稳机理研究实验,在此基础上完成了优选处理剂、油层保护及相应的防塌钻井液配方及钻井完井液配方实验。完成四口井岩芯的 DSA 声发射和三轴应力力学实验。25 口井测井资料分析处理,由此建立了溱潼、金湖工区新生代下第三系地层坍塌压力、孔隙压力和破裂压力三个剖面的压力模型。在完成实验研究后,成功进行了 6 口井现场应用,此项技术自 2001 年开始在华东石油局钻井工程作业队伍范围内全面推广应用。

1987 年首次承担的地质矿产部第一口定向井——草 10 井顺利完井。经过 20 年的探索和研究,先后研制了钾石灰混油钻井液、NPA 多元聚合物钻井液、复合离子聚合物钻井液、小阳离子钾钙钻井液应用于定向井中,尤其复合型多元聚合物钻井液体系构成了华东石油局定向井钻井液技术发展的一个完整体系。并在 1996 年开始用无荧光润滑剂代替原油,较好地解决了钻井液中混油对地质录井的干扰,在一定程度上减轻了定向井中的井下复杂问题。

“八五”期间为了尽快地实现对油气层的保护,就开始了将打开油气层前使用的常规钻井液经过改性处理,使其成为具有一定保护油层效果的完井液技术研究。屏蔽暂堵技术是一种易于实施的保护油气层技术,从而得到了广泛使用。

（二）水平井

水平井施工钻遇地层类同于定向井,提高钻井液防垮能力和润滑性,防止黏卡是关键。

1995 年顺利完成了地质矿产部第一口水平井（苏平–1 井）钻井液工艺和技术的现场应用。全井使用了 NPA 多元聚合物钻井液、复合离子聚合物钻井液、暂堵型乳化完井液等 3 套配方。

2002—2003 年,在江苏工区施工了 3 口长裸眼水平井（台平 110–1 井、台平 1 井、台平 2 井）在大斜度段和水平段要钻遇垮塌严重的阜宁组地层,而且钻井深度超过 3 000 m,水平段长度超过 200 m。目前的水平井钻井液应用主要为钾基聚合物防塌钻井液（直井段）,其基本配方:生产水 +4% ~5% 钠膨润土 +0.1% Na_2CO_3 + 0.1 %NaOH +0.1% ~0.2% 80A51 +0.2% ~0.3% KHPAM +0.5% ~0.6% NH_4 HPAN +1% ~2% KHM +1% ~2% SAS;无渗透聚磺混油钻井液（定向、水平段）基本配方:生产水 +3% ~4% 钠膨润土 +0.1% NaOH +0.1% ~0.15% KHPAM + 0.5% ~0.6% XY–27 +1% KHM + 2% SMP +2% SPNH +1% SAS +2% ~3% 无渗透处理剂 +3% ~12% 原油;处理添加剂:固体乳化剂 SN–1、消泡剂、硅氟稀释剂、乳化石蜡、活化复合重晶石。

为配合新型钻井液的应用,从 1995 年苏平–1 井（水平井）开始,公司在原有的钻井液三级固相控制设备（振动筛、除砂器、除泥器）的基础上,配备和使用离心机,有效地清除钻井液中大于 5 μm 固体颗粒,钻井液密度得到了有效控制,减少摩阻,防止黏卡。而且对发现和判定油气显示,保护油气层,为增储上产创造了良好条件。到 2005 年底,所有钻井队都配备了离心机和除气器,达到钻井液四级固控处理。

(三) 小尺寸套管开窗侧钻井

小尺寸套管开窗定向井钻井液技术不同于常规石油钻井,其特点是井眼小、开窗上部有套管封隔,地层稳定,技术难度相对小。施工对钻井液的要求:① 因环空间隙小,环空压耗大,排量小而导致的携岩能力受限制;② 较强的悬浮能力,保证井底清洁所钻岩屑能及时返至地面,减少重复破碎;③ 良好的润滑能力,减少摩阻,防止黏附卡钻。

通过室内研究,研制出适合套管开窗定向井施工要求的正电胶钻井液、钾基聚磺正电胶钻井液、屏蔽暂堵型钻井完井液、金属两性离子聚合物钻井液,成功地解决了套管开窗侧钻定向井施工中铁屑携带、垮塌、漏失、润滑、油层保护技术难题,保证了测井、固井作业的顺利进行,为后期采油作业创造了良好条件。

1998 年成功钻成了中国新星石油有限责任公司系统及华东油气田第一口小尺寸套管开窗侧钻定向开发井(苏 205B 井)。该井是一口高难度的 φ118 mm 长裸眼双靶定向井,其裸眼井段长达 728.05 m。开窗井段着重解决携带铁屑问题,采用正电胶钻井液;斜井段着重解决井壁稳定、润滑防卡、携屑清洗井眼等问题,采用钾基聚磺正电胶钻井液;油层井段着重解决油层防污染问题,采用屏蔽暂堵型完井液,完井固井使用了 MTC 固井液。

苏 205B 井套管开窗侧钻定向施工井段:1 520.00 ~ 2 248.05 m;裸眼长度:728.05 m;纯钻时:657.5 h;时间利用率 67%。并新发现两层油层,新增储量 19.6 × 10^4 t,该井投产后日产原油 20.46 t,是原苏 205 井产量的 25.6 倍,邻近井苏金 147 井产量的 17.5 倍,使停产多年的"死井"恢复了产能,其增产效果十分显著。

2003 年 4 月,完成了中国新星石油有限责任公司系统及江苏省第一口 φ139.7 mm 小尺寸套管开窗侧钻水平井——侧平苏 185 井施工。该井是一口高难度的小尺寸套管开窗薄油层水平井,其窗体厚度只有 3 m,在江苏创出裸眼井段 1 037 m、井底位移 522.17 m、井深 3 088 m 的小眼开窗侧钻井 3 项国内新纪录。该井侧钻定向水平段选用有机正电胶两性离子聚合物钻井液和完井液。大斜度井段,井眼净化一方面利用有机正电胶形成的网状结构悬浮岩屑,另一方面要求尽可能采用低黏紊流流态净化井眼。为防止岩屑床产生后引起井下复杂情况,井眼钻井液上返速度达到 1.2 m/s 以上。润滑防卡功能(泥饼摩阻系数小于 0.08)。使用好固控设备,降低钻井液中的劣质土含量及含砂量。水平段润滑防卡、岩屑携带仍然作为本井段重点,同时,保护储层、水平段润滑防卡、岩屑携带和保护储层是本井段重点工作。

该体系钻井液性能稳定,防黏卡、防缩径、抑制造浆能力较好,有效地控制了三垛组地层造浆及缩径,对 E_f 组垮塌起到了抑制作用,确保了井眼稳定、规则。本段泥浆基本性能:密度 $1.08 \sim 1.10 \ g/cm^3$;黏度 $60 \sim 65 \ s$;塑性黏度 $12 \sim 18 \ MPa \cdot s$;动切力 $6 \sim 9 \ Pa$;初切力 $2 \sim 3 \ Pa$;静切力 $3 \sim 5 \ Pa$;$API < 6 \ mL$;泥饼 $< 1 \ mm$;含砂量 < 1;pH 值 $8.5 \sim 9$。该项研究成果又成功应用于华东油气田台平 110-1 井、台平 1 井、台平 2 井、侧平苏 204 井。在挖掘油田潜力、降低开采成本方面发挥了重要作用。

三、碳酸盐岩地层钻井液、完井液

1983—1988 年在华东油气田开展了以新领域、新类型、新地区、新深度为主要内容的第二轮油气普查勘探。在下扬子地区中生界三叠系青龙群、上古生界(二叠系栖霞组、石炭系船山组、黄龙组)碳酸盐地层钻井(苏 174、黄验 1、华泰 1、华泰 2、华泰 3 井等)中,应用金属两性离子聚合物防塌钻井液。由于采用合理的钻井密度,掌握了黄桥地区钻井液安全窗口密度值范围,正确选择合适的钻井液密度钻进,避免了井漏和井涌事故发生。在钻进中,我们根据设计提供的地层压力资料,在白垩系浦口组、三叠系青龙组、二叠系(大隆组、龙潭组、孤峰组)选用密度 $1.18 \sim 1.20 \ g/cm^3$ 的钻井液,确保了这套地层不漏,其液柱压力又足以支撑井壁保持不垮;下入 $\phi177.8 \ mm$ 技术套管后的二叠系栖霞组、石炭系船山组选用密度 $1.08 \sim 1.10 \ g/cm^3$ 的钻井液打灰岩地层,华泰 3 井在井深 $1\,937.06 \ m$ 进行地层破漏压力试验,密度 $1.10 \ g/cm^3$ 钻井液 $15 \ MPa$ 未破。用低密度 $1.08 \sim 1.10 \ g/cm^3$ 钻井液避免了灰岩孔隙的漏失,又较好地保护了气层及井壁稳定。

苏 174 井在新、中、古生界地层中均钻遇油气显示。全井二氧化碳气层共 24 层,视厚 $369.9 \ m$,从二迭系栖霞组至志留系坟头组均有发现。在浦口组、印支面、青龙群及龙潭组地层发现含油层共 7 层,视厚 $55.5 \ m$。

第二节　油气层保护

20 世纪 50 年代至 70 年代,在钻井过程中一直过平衡钻进,伤害了一些油气层。80 年代后启动了油气层保护技术的探索和研究工作,并开展了"平衡钻井和井控技术"、"优质聚合物防塌钻井液(完井液)"、"钻井液转化为水泥浆等技术"等课题研究,经"八五"和"九五"重点科技攻关,该技术领域已取得了丰富的成果。大量实践证明,正压近平衡钻井既有利于发现保护油气层,又可预防井喷等事故发生,对多种类型的油气藏具有普适性。

(一)屏蔽暂堵技术研究和应用

屏蔽暂堵技术是一种易于实施的保护油气层技术,从而得到了广泛使用,自

1996年开展油气层保护研究以来，已在江苏溱潼、金湖、东北腰英台等油田应用300多口开发井。采用改性完井液的屏蔽暂堵技术方案，将井壁稳定与储层保护相结合，实施配套低损害射孔液和优化完井技术。

根据江苏地区1991—1997年48口钻井测试后取得的表皮系数资料调查，30%以上的测试层都存在损害，主要集中在阜宁组、三垛组，其中严重损害的占21.43%，中等损害7.14%，轻度损害的为71.43%，这说明钻井中油气层损害较普遍。通过对国内外油气层保护研究资料进行调研，结合对江苏地区"油气层伤害机理的研究"成果进行钻井(完井)液配方类型研制，经现场试验，证明达到有效减轻油气层损害的效果。

华东油气田是以中、低渗透性储层为主的复杂断块油气藏，储层压力系数普遍小于1.0，孔隙度及渗透率也比较低，储层敏感性较强，属于低压、低渗易损害油气藏。单纯地依靠近平衡压力钻井往往顾此失彼，难以取得理想的保护油层效果。在室内试验的基础上，研制出探井、开发井油气层保护的屏蔽暂堵型钾基聚磺、正电胶抑制钻井液体系。

从实验结果可知，采用屏蔽暂堵技术的钻井液，近井带封堵效果明显，钻井液浸入深度浅；未采用屏蔽暂堵技术的钻井液，近井带封堵效果差，钻井液浸入深度深。用加入QS-2、SAS的钻井液污染后岩心渗透率恢复值达92.3%，起到了有效的屏蔽暂堵作用，暂堵深度在2 cm以内，远小于射孔深度，可通过射孔来解堵。

（二）屏蔽暂堵技术应用与效果

自1996年开展油气层保护技术应用以来，先后在金湖、溱潼地区200多口井的低渗透油层进行了钻井完井液保护工艺技术应用试验。

针对华东油气田储层物性特点，找到了一套行之有效的、成本较低的油层保护技术方法，并取得了良好效果。小尺寸套管开窗定向井苏金205B井，经油层保护技术处理，该井达到了日产20 t原油的产能。

钾基聚磺、正电胶抑制性钻井液体系抑制能力强，试验井平均井径扩大率在10%以下，且无缩径现象，井径规则，为提高固井质量提供了保障。

钻井完井液附加密度低，降低了井底钻井液与地层之间的压差，有效地提高了机械钻速。

试验井无一发生由于钻井液问题而引起的井下事故，满足了安全、优质、高效钻井和取全取准地质资料的需要，该项技术已在华东石油局所属井队广泛推广应用。

阜宁组油藏属低中渗储层，由于油田注采开发井网不完善，长期利用弹性能量开采，或者注采对应性差，无效注水量大，导致油藏存水率低，原始地层压力降低，在钻采过程中如不采取油层保护措施，油层伤害就会很严重，从而导致自然产能受到严重影响。因此,要想获得更多的油气产能,必须在各施工作业中有效地运用储层保护技术,尽可能降低各种工作液和固相粒子对储层的损害,保护好地下原始的渗流通道,是提高原油产量的重要手段之一。

从2003年11月以来,针对台兴、茅山、边城油田阜宁组三段的孔隙喉道尺寸情况,优选出了适合不同区块的与现场钻井液配伍的暂堵剂:台兴为EP-1、ZD-2,茅山为EP-1、ZD-1,边城为EP-2、ZD-1。并进行岩心静态污染评价实验,加入屏蔽暂堵型的钻井完井液岩心渗透恢复率为82.17%。将岩心污染端截去1.82 cm后,测定剩余部分岩心渗透恢复率高达92.3%,起到了有效屏蔽暂堵作用。暂堵深度在2 cm以内,远小于射孔深度,可通过射孔解堵。

通过兴1、兴4等井的油层暂堵保护矿场试验,获得了一定的应用效果,暂堵率能达到99%以上,表皮系数从邻井过去的6~10降低到0,产量也获得一定程度的提高。实施暂堵后,可采用压力返排和酸化作为解堵措施。实验证明,暂堵后在返排压力为6 MPa,返排时间为48 h的条件下,渗透恢复率在85%以上;酸化后,返排解堵率可达90%以上。

第三节　欠平衡压力钻井

达2井是部署在松辽盆地南部长岭凹陷的一口重点探井。达2井三开钻进设计针对的中下白垩系登娄库组和营城组,该地层孔隙压力低,为充分发现和保护油气层,三开采用欠平衡钻井技术钻进,设计钻井液体系为水包油钻井液,密度范围0.90~0.96 g/cm³。为了保护油气层使用加重材料为超细碳酸钙。

由于地层特点、压力等不确定性,根据地质设计及邻井实测地层压力情况,确定达2井三开地层压力系数为0.96。该井欠平衡工程设计压差为0.42~2.47 MPa,在井深4 200 m折算成当量钻井液密度0.01~0.06 g/cm³,故该井三开营成组井段钻井液密度初步确定为0.90~0.95 g/cm³。

在本井的三开施工过程中,通过采用欠平衡钻井技术和欠平衡装备,用原设计密度为0.90 g/cm³的钻井液和更改的密度为0.98、1.05、1.10~1.11 g/cm³的钻井液进行欠平衡和平衡钻进,最大限度地发现并保护了储层,减轻了地层损害,为正确评价储层提供了条件;另外,欠平衡钻井降低了钻井液循环当量密度,降低了井底液柱压力,为避免地层井漏、实施安全钻进提供了保障。同时由于减小了井底压差,降低了钻井液对岩石的压实作用,使机械钻速大大提高。邻井DB11井在相同井段用4只HA537钻头钻进进尺为283.86 m,平均进尺为71 m;而达2井使用5只钻头平均进尺为95.18 m,钻头平均进尺大大提高。另外,通过本井欠平衡钻井发现了邻井DB11井未发现的储层。

此外,在新疆塔河工区和东北腰英台油田,钻井工程公司施工的S99井和YP1

井,都采用了欠平衡钻井技术,S99 井对塔河油田的重大发现做出了贡献。

本文为《中国油气田开发志·华东油气区卷》第四篇"钻井工程"(1958—2005年)部分内容,略有改动